国家自然科学基金资助（项目批准号：51978329，51778364）

GUOTU KONGJIAN
FANGZAI JIANZAI GUIHUA

国土空间防灾减灾规划

◎ 王江波 编著

东南大学出版社
SOUTHEAST UNIVERSITY PRESS
·南京·

内 容 提 要

本书系统阐述了国土空间防灾减灾规划的基本知识、典型历史灾害事件、主要规划内容、案例解析。主要内容分为15章节叙述，包括绪论、防震减灾规划、地质灾害防治规划、防洪排涝规划、消防规划、人防工程与地下空间防灾规划、重大危险源防御规划、核安全与放射性污染防治规划、突发公共卫生事件防御规划、海洋灾害防御规划、气象灾害防御规划、防灾空间与避难疏散体系规划、应急公共服务设施规划、应急保障基础设施规划、灾害风险控制线与风险区用途管制等。

本书是城乡规划学科的专业教材，也适用于地理、建筑、交通、土木、环境、管理等学科相关专业的防灾减灾规划教学，还可以作为从事国土空间规划和防灾减灾相关专业工作人员的专业参考书籍。

图书在版编目(CIP)数据

国土空间防灾减灾规划 / 王江波编著. — 南京：
东南大学出版社，2023.12
ISBN 978-7-5766-1087-1

Ⅰ. ①国… Ⅱ. ①王… Ⅲ. ①国土规划-灾害防治-
研究 Ⅳ. ①TU98②X4

中国国家版本馆 CIP 数据核字(2023)第 256264 号

责任编辑：魏晓平 责任校对：韩小亮 封面设计：毕 真 责任印制：周荣虎

国土空间防灾减灾规划

Guotu Kongjian Fangzai Jianzai Guihua

编 著	王江波
出版发行	东南大学出版社
出 版 人	白云飞
社 址	南京市四牌楼 2 号(邮编：210096 电话：025-83793330)
网 址	http://www.seupress.com
电子邮箱	press@seupress.com
经 销	全国各地新华书店
印 刷	广东虎彩云印刷有限公司
开 本	787 mm×1 092 mm 1/16
印 张	24.5
字 数	618 千字
版 次	2023 年 12 月第 1 版
印 次	2023 年 12 月第 1 次印刷
书 号	ISBN 978-7-5766-1087-1
定 价	59.00 元

本社图书若有印装质量问题，请直接与营销部联系，电话：025-83791830。

安全是发展的基础

——习近平

前言
PREFACE

"安全是发展的基础,稳定是强盛的前提"。2023年3月13日,在第十四届全国人民代表大会第一次会议上,国家主席习近平对安全稳定进行了强调,"要贯彻总体国家安全观,健全国家安全体系,增强维护国家安全能力,提高公共安全治理水平,完善社会治理体系,以新安全格局保障新发展格局"。

21世纪以来,我国各地频繁发生各类重大自然灾害事件,给各地造成了较为严重的损失,防灾问题引起了社会各界的广泛关注。因此,安全是城市规划的基石这一理念也逐步被广大专业人士所接受。

当前,防灾减灾规划所面临的重大变化主要来自两大领域,一是灾害管理,二是城乡规划。

2018年,我国各级政府开始实施机构改革,灾害管理体系和城市规划管理体系发生了重大变革。一方面,主要灾种的日常管理多数集中到了应急管理部;另一方面,城市规划管理职能调整到了自然资源部,城市规划体系开始全面转型为国土空间规划体系。

在灾害管理方面,自2008年汶川大地震之后,我国陆续出台了一系列有关防灾减灾的法律法规和标准规范,对防灾减灾规划的规范化起到了非常积极的作用。2020—2022年,我国开展了第一次全国自然灾害综合风险普查工作,这是一项重大的国情国力调查,此次普查所形成的技术规范体系和成果资料对未来防灾减灾规划的编制工作有着非常重要的影响。

在国土空间规划体系背景下,防灾领域出现了三个显著的转变:一是灾害类型的多样化不再局限于传统的地震、洪涝等灾种,气象灾害、海洋灾害、突发公共卫生事件等都被纳入进来;二是空间地域的全域化不再局限于传统的中心城区,广大乡村地区的安全问题也需要考虑;三是对策手段的空间化,防灾减灾对策涉及非常广泛的内容,而国土空间领域的对策应聚焦于空间层面。

规划体系的变革给传统城乡规划学科的专业教学带来了很多挑战。在防灾减灾领域,面向城乡规划专业本科生的教材非常缺乏,亟待出版一本适应国土空间规划时代防灾减灾规划发展需求的专业教材,本教材的编撰正是适应了这一需求。

结合城乡规划专业本科生的教学大纲和培养方案,本书聚焦在总体规划层面,针对国土空间规划编制中所面临的主要灾种和各类防灾减灾规划的特点,涵盖了基本概念、灾害分类、空间分布特征、典型历史灾害事件、风险评估方法、法规依据、主要规划内容构成、典型规划案例解析等内容。

本书仅作抛砖引玉之用,旨在为提高国土空间领域防灾减灾规划编制的系统性和规范性,提高国土空间防灾减灾能力,保护生命安全、设施安全和空间安全,起到积极的推动作用。

本书可以供城乡规划学科和相关学科的防灾减灾规划教学使用,也可供防灾相关专业的工作人员参考。在实际教学和应用过程中,应以正式颁布的规范、标准、导则、指南和技术规定为准。

由于作者水平有限,国土空间防灾减灾规划涉及的学科门类多、法律法规和政策文件多、标准规范多,且目前还处于探索阶段,本书中难免存在诸多不足和需商榷之处,万望读者指正,提出宝贵建议,以便不断修正完善。

本书由王江波通稿汇著,各章主要编写人员如下:

第一章:温佳林、赵梦涵、王江波;

第二章:温佳林、赵梦涵、王江波;

第三章:温佳林、赵梦涵、王江波;

第四章:陈涛、吴宇凡、赵梦涵、王江波;

第五章:曾繁宇、陈书润、王晗、王江波;

第六章:曾繁宇、陈书润、王晗、王江波;

第七章:曾繁宇、陈书润、赵梦涵、王江波;

第八章:温佳林、赵梦涵、王江波;

第九章:陈涛、吴宇凡、李义姝、王江波;

第十章:陈涛、吴宇凡、李义姝、王江波;

第十一章:陈涛、吴宇凡、王江波;

第十二章:郑嘉琪、胡勤才、吴宇凡、王江波;

第十三章:郑嘉琪、胡勤才、吴宇凡、王江波;

第十四章:郑嘉琪、胡勤才、许明明、王江波;

第十五章:王江波、许明明。

王江波
2023 年夏

目录
CONTENTS

1 绪 论 ··· 001

　1.1 背景 ··· 001

　1.2 基本概念 ··· 001

　1.3 灾害分类 ··· 003

　1.4 灾害管理在我国的发展演变 ································· 004

　1.5 防灾减灾规划与国土空间规划的关系 ······················· 010

2 防震减灾规划 ··· 014

　2.1 基本知识 ··· 014

　2.2 国内外重大地震灾害历史事件 ······························· 019

　2.3 地震灾害的风险评估方法 ····································· 023

　2.4 防震减灾规划的主要内容 ····································· 027

　2.5 案例解析 ··· 032

3 地质灾害防治规划 ··· 039

　3.1 基本知识 ··· 039

　3.2 国内外重大地质灾害历史事件 ······························· 046

　3.3 地质灾害的风险评估方法 ····································· 049

　3.4 地质灾害防治规划的主要内容 ······························· 058

　3.5 案例解析 ··· 059

4 防洪排涝规划 ··· 068

　4.1 基本知识 ··· 068

　4.2 国内外重大洪涝灾害历史事件 ······························· 073

　4.3 洪涝灾害风险评估 ··· 077

　4.4 防洪排涝规划的主要内容 ····································· 083

　4.5 案例解析 ··· 116

5 消防规划 ··· 138

　5.1 基本知识 ··· 138

5.2　国内外重大火灾历史事件 ………………………………………… 143

5.3　火灾风险评估方法 …………………………………………………… 145

5.4　消防规划的主要内容 ………………………………………………… 152

5.5　案例解析 ……………………………………………………………… 162

6　人防工程与地下空间防灾规划 …………………………………… 170

6.1　基本知识 ……………………………………………………………… 170

6.2　人防规划的主要内容 ………………………………………………… 172

6.3　案例解析 ……………………………………………………………… 176

7　重大危险源防御规划 ……………………………………………… 181

7.1　基本知识 ……………………………………………………………… 181

7.2　国内外重大危险源历史事件 ………………………………………… 183

7.3　重大危险源防御规划的主要内容 …………………………………… 185

8　核安全与放射性污染防治规划 …………………………………… 189

8.1　基本知识 ……………………………………………………………… 189

8.2　国内外核安全与放射性污染历史事件 ……………………………… 196

8.3　核安全与放射污染灾害防治规划的主要内容 ……………………… 199

8.4　案例解析 ……………………………………………………………… 201

9　突发公共卫生事件防御规划 ……………………………………… 208

9.1　基本知识 ……………………………………………………………… 208

9.2　国内外重大公共卫生历史事件 ……………………………………… 210

9.3　突发公共卫生事件风险评估 ………………………………………… 212

9.4　突发公共卫生事件防御规划的主要内容 …………………………… 216

9.5　案例解析 ……………………………………………………………… 221

10　海洋灾害防御规划 ………………………………………………… 227

10.1　基本知识 ……………………………………………………………… 227

10.2　国内外重大海洋灾害历史事件 ……………………………………… 234

10.3　海洋灾害风险评估 …………………………………………………… 235

10.4　海洋灾害防灾减灾规划的主要内容 ………………………………… 241

10.5　案例解析 ……………………………………………………………… 245

11　气象灾害防御规划 ………………………………………………… 253

11.1　基本知识 ……………………………………………………………… 253

11.2　国内外重大气象灾害历史事件 ……………………………………… 261

11.3　气象灾害风险评估 …………………………………………………… 263

　11.4　气象灾害防御规划的主要内容 ·························· 275

　11.5　案例解析 ··· 277

12　防灾空间与避难疏散体系规划 ·························· 286

　12.1　防灾分区 ··· 286

　12.2　容灾空间 ··· 292

　12.3　防护空间 ··· 294

　12.4　留白空间 ··· 299

　12.5　避难场所 ··· 300

　12.6　疏散通道 ··· 304

13　应急公共服务设施规划 ··································· 309

　13.1　应急指挥设施 ·· 309

　13.2　应急救援设施 ·· 312

　13.3　应急医疗设施 ·· 316

　13.4　应急物资储备设施 ··· 323

　13.5　应急物流设施 ·· 329

　13.6　应急治安设施 ·· 332

14　应急保障基础设施规划 ··································· 338

　14.1　应急水源 ··· 338

　14.2　应急电源 ··· 343

　14.3　应急通信 ··· 345

　14.4　应急气源 ··· 347

　14.5　应急热源 ··· 350

　14.6　数据灾备中心 ·· 351

15　灾害风险控制线与风险区用途管制 ···················· 358

　15.1　总体概述 ··· 358

　15.2　地震灾害 ··· 359

　15.3　地质灾害 ··· 362

　15.4　洪涝灾害 ··· 363

　15.5　海洋灾害 ··· 365

　15.6　森林草原火灾 ·· 372

　15.7　重大危险源 ··· 374

　15.8　油气输送管道 ·· 377

后　记 ·· 382

1　绪　论

1.1　背景

21世纪以来,在全球气候变暖的大背景下,我国极端天气气候事件多发频发,高温、暴雨、洪涝、干旱等自然灾害易发高发。随着城镇化进程的持续推进,基础设施、高层建筑、城市综合体、水电、油气管网等加快建设,产业链、供应链日趋复杂,各类承灾体暴露度、集中度、脆弱性不断增加,多灾种集聚和灾害链特征日益突出,灾害风险的系统性、复杂性持续加剧。面对复杂严峻的自然灾害形势,我国防灾减灾救灾体系还存在一些短板和不足[1]。

统筹协调机制有待健全。基层应急组织体系不够健全,社会参与程度有待提高。灾害风险隐患排查、预警与响应联动、社会动员等机制不适应新形势新要求。灾害防治缺少综合性法律,单灾种法律法规之间衔接不够。

抗灾设防水平有待提升。交通、水利、农业、通信、电力等领域部分基础设施设防水平低,城乡老旧危房抗震能力差,城市排水防涝设施存在短板,部分中小河流防洪标准偏低,病险水库隐患突出,蓄滞洪区和森林草原防火设施建设滞后,应急避难场所规划建设管理不足,"城市高风险、农村不设防"的状况尚未根本改观。

救援救灾能力有待强化。地震、地质、气象、水旱、海洋、森林草原火灾等灾害监测网络不健全。国家综合性消防救援队伍在执行全灾种应急任务中,面临航空救援等专业化力量紧缺、现代化救援装备配备不足等难题。地震灾害救援、抗洪抢险以及森林草原火灾扑救等应急救援队伍专业化程度不高,力量布局不够均衡。应急物资种类、储备、布局等与应对巨灾峰值需求存在差距。新科技、新技术应用不充分,多灾种和灾害链综合监测和预报预警能力有待提高。

全社会防灾减灾意识有待增强。公众风险防范和自救互救技能低,风险意识和底线思维尚未牢固树立。全社会共同参与防灾减灾救灾的氛围不够浓厚。社会应急力量快速发展,但需进一步加强规范引导。灾害保险机制尚不健全,作用发挥不充分。

我国防灾减灾救灾工作面临新形势、新挑战,同时也面临前所未有的新机遇。全面加强党的领导为防灾减灾救灾提供了根本保证,中国特色社会主义进入新阶段开启新征程为防灾减灾救灾工作提供了强大动力,全面贯彻落实总体国家安全观为防灾减灾救灾工作提供了重大契机,防灾减灾救灾工作迈入高质量发展新阶段[1]。

1.2　基本概念

灾害:能够对人类和人类赖以生存的环境造成破坏性影响的事物的总称,包括一切对自然生态环境、人类社会,尤其是人们的生命财产等造成危害的天然事件和社会事件。灾害系统是指由孕灾环境、致灾因子、承灾体与灾情共同组成具有复杂特性的异变系统。

灾害风险：以自然变异为主因导致的未来不利事件发生的可能性及其损失。

孕灾环境：由自然与人文环境所组成的综合地球表层环境以及在此环境中的一系列物质循环、能量流动以及信息与价值流动的过程-响应关系。

致灾因子：可能造成人员伤亡、财产损失、资源与环境破坏、社会系统混乱等孕灾环境中的异变因子。

承灾体：承受灾害的对象，包括人类自身在内的物质文化环境。

灾情：有关灾害发生的规模、强度、次数、灾害损失及影响的情况。

自然灾害风险管理：对自然灾害风险进行识别、评估，以及制定和实施减轻自然灾害风险的政策和措施。

自然灾害风险识别：用感知、判断或归类等方式对现实或潜在的自然灾害风险进行鉴别的过程。

自然灾害风险评估：对可能发生的灾害及其造成的后果进行评定和估计[2]。

自然灾害风险治理：针对不同类型、不同规模、不同概率的风险，通过采取相应的对策、措施或方法，降低自然灾害损失及其影响的过程。

自然灾害风险规避：通过计划的调整来避免风险源或改变风险发生条件，以达到不受自然灾害风险影响的一类风险治理的手段或措施。

自然灾害风险化解：能够实现消除某种自然灾害风险可能造成损失的一类风险治理的手段或措施。

自然灾害风险抑制：在损失发生时或发生后，为控制损失范围进一步扩大或损失程度进一步加深的一类风险治理的手段或措施。

自然灾害风险接受：为阻止风险不利因素继续扩散可能带来的更大影响，将难以避免的自然灾害风险承受下来的一类风险治理的手段或措施。

自然灾害风险分担：为降低单方承受损失的强度，由受托方与受益方之间共担自然灾害风险的一类风险治理的手段或措施。

自然灾害风险转移：将自然灾害风险从一方转移到另一方或多方而采取的一类风险治理的手段或措施。

减灾：在灾害管理的各个阶段，采取一系列措施减轻灾害造成的人员伤亡、财产损失，以及灾害对社会和环境的影响。

防灾：灾害发生前，采取一系列措施防止灾害发生或预防灾害造成人员伤亡、财产损失，以及对社会和环境的影响。

备灾：灾害发生前开展的风险调查与评估、机制建设、预案制定、应急演练、物资储备、装备和通信保障、教育培训、社会动员等一系列准备工作。

抗灾：灾害发生期间，为抗击或抵御灾害，紧急采取的抢险、抢修、救援等一系列应对工作。

救灾：灾害发生后，开展的灾情调查与评估、物资调配、转移安置、生活和医疗救助、心理抚慰、救灾捐赠等一系列灾害救助工作。

恢复重建：修复和重建被灾害破坏的建（构）筑物、生态环境、生产生活秩序和社会功能。

减灾规划：为明确一定时期内减灾工作的目标、原则、任务和保障措施等方面内容而制定的计划。

国土空间:国家主权与主权权利管辖下的地域空间,包括陆地国土空间和海洋国土空间。

国土空间可以分为城镇空间、农业空间、生态空间和其他空间 4 类。

城镇空间:以承载城镇经济、社会、政治、文化、生态等要素为主的功能空间,包括城镇建设空间和工矿建设空间,以及部分乡级政府驻地的开发建设空间。

农业空间:以农业生产、农村生活为主的功能空间,主要包括永久基本农田、一般农田等农业生产用地,以及村庄等农村生活用地。

生态空间:以提供生态系统服务或生态产品为主的功能空间[3],包括森林、草原、湿地、河流、湖泊、滩涂、岸线、海洋、荒地、荒漠、戈壁、冰川、高山冻原、无居民海岛等。

其他空间:除城镇空间、农业空间、生态空间以外的其他国土空间,包括交通设施空间、水利设施空间、特殊用地空间。交通设施空间包括铁路、公路、民用机场、港口码头、管道运输等占用的空间。水利设施空间即水利工程建设占用的空间。特殊用地空间包括居民点以外的国防、宗教等占用的空间[4]。

1.3　灾害分类

纵观人类的历史可以看出,灾害的发生原因主要有 2 个:一是自然变异,二是人为影响。因此,通常把以自然变异为主因的灾害称为自然灾害,将以人为影响为主因的灾害称为人为灾害。

1.3.1　自然灾害

自然灾害:由自然因素造成人类生命、财产、社会功能和生态环境等损害的事件或现象,包括干旱、洪涝、台风、冰雹、雪灾、沙尘暴等气象灾害,火山、地震、山体崩塌、滑坡、泥石流等地质灾害,风暴潮、海啸等海洋灾害,森林草原火灾和重大生物灾害等[5]。

自然灾害形成的过程有长有短,有缓有急。有些自然灾害,当致灾因子的变化超过一定强度时,就会在几天、几小时甚至几分钟、几秒钟内表现为灾害行为。如地震、洪水、飓风、风暴潮、冰雹等,这类灾害称为突发性自然灾害。旱灾及农林的病害、虫害、草害等虽然一般要在几个月的时间内成灾,但灾害的形成和结束仍然比较快速、明显,所以,也把它们列入突发性自然灾害。同时,还有一些自然灾害是在致灾因素长期发展的情况下逐渐显现成灾的,如土地沙漠化、水土流失、环境恶化等,这类灾害通常需要经过几年或更长时间的发展后发生,我们称之为缓发性自然灾害。

许多自然灾害,特别是等级高、强度大的自然灾害发生以后,常常诱发出一连串的其他灾害,这种现象叫灾害链。灾害链中最早发生的、起作用的灾害称为原生灾害,由原生灾害所诱导出来的灾害称为次生灾害。自然灾害的发生破坏了人类生存的和谐条件,由此还可以导生出一系列其他灾害,这些灾害泛称为衍生灾害。如大旱之后,地表与浅部淡水极度匮缺,迫使人们饮用深层含氟量较高的地下水,从而导致了氟病,这些都称为衍生灾害。

当然,灾害的过程往往很复杂,一种灾害可由几种灾因引起,一种灾因会同时引起好几种不同的灾害。这时,灾害类型的确定就要根据起主导作用的灾因和其主要表现形式而定。依据国家标准《自然灾害分类与代码》(GB/T 28921—2012)对自然灾害进行分类。

(1) 分类方法

按照科学性、实用性、可扩展性的原则,根据《自然灾害分类与代码》(GB/T 28921—2012)[6],把自然灾害划分为气象水文灾害、地质地震灾害、海洋灾害、生物灾害和生态环境灾害共5类灾害,简称灾类。灾类下又划分为39种灾害,简称灾种。

(2) 自然灾害种类

① 气象水文灾害。由于气象和水文要素的数量或强度、时空分布及要素组合的异常,对人类生命财产、生产生活和生态环境等造成损害的自然灾害。

② 地质地震灾害。由地球岩石圈的能量强烈释放剧烈运动或物质强烈迁移,或是由长期累积的地质变化,对人类生命财产和生态环境造成损害的自然灾害。

③ 海洋灾害。海洋自然环境发生异常或激烈变化,在海上或海岸发生的对人类生命财产造成损害的自然灾害。

④ 生物灾害。在自然条件下的各种生物活动或由于雷电、自燃等原因导致的发生于森林或草原,有害生物对农作物、林木、养殖动物及设施造成损害的自然灾害。

⑤ 生态环境灾害。由于生态系统结构破坏或生态失衡,对人地关系和谐发展和人类生存环境带来不良后果的一大类自然灾害。

1.3.2　人为灾害

人为灾害主要是指由人为因素引发的灾害。其种类很多,主要包括自然资源衰竭灾害、环境污染灾害、火灾、安全生产事故、有毒化学品泄漏、核灾害、战争等[7]。

1.4　灾害管理在我国的发展演变

从1949年至今,我国在灾害管理方面的进程大体可以分为4个阶段。

1.4.1　1949年—1977年:机构初设

第一个阶段从1949年至1977年,在这一时期,我国经历了一系列的重大灾害事件,成立了主要灾害管理的政府机构来应对洪水灾害、气象灾害、火灾、空袭、地震灾害等。

在灾害方面,1954年的大洪水创立了我国很多地区有文字记录以来的最高洪水位纪录,该纪录此后很多年都未被打破。1959—1961年的三年困难时期,我国农田连续几年遭受大面积自然灾害所导致的全国性的粮食和副食品短缺危机,面临1949年以来最严重的经济困难。1976年,河北唐山发生了7.8级大地震,造成了重大人员和财产损失,这次地震对后来的防灾减灾工作产生了重大影响。

在机构设立方面,1949年10月,水利部成立。同年12月,中国气象局成立。

1949年后,人民公安机关接收了原国民党政府隶属于警察机关的消防队,并重新组建了公安消防民警队伍;1955年10月,公安部成立了消防局。

1950年2月27日,政务院政治法律委员会召开会议,成立了中央救灾委员会。作为全国救灾工作的最高指挥机关,其将我国的救灾方针确定为"生产自救、社会互助、以工代赈、辅之以必要的救济"。

1950年10月,全国防空筹委会成立。

1971年8月,国家地震局成立。

1.4.2　1978—2002年:开展国际合作与出台减灾规划

第二个阶段跨越了1970年代末到1990年代初,以整个1980年代为主。这一时期,以1978年12月召开的党的十一届三中全会为标志,实现了1949年以来党的历史上具有深远意义的伟大转折,开启了改革开放和社会主义现代化建设新时期。

在灾害方面,1980年,我国遭遇"南涝北旱"灾害,面临严峻挑战。这一年夏季,华北、东北大部和西北部分地区出现了较严重的伏旱,全国受旱面积0.26亿 hm^2,成灾面积0.12亿 hm^2。这是1949年以后罕见的大旱。与此同时,南方的长江流域多处洪水滔天。仅湖北一省的洪灾就淹没农田285.5万 hm^2,粮食减产31亿 kg,棉花减产13.25万 t,倒塌房屋80万间,死亡近1 000人[8]。1987年,黑龙江省大兴安岭地区发生特大火灾,这是1949年以来最严重的一次森林火灾[9]。这让森林火灾这一灾种开始受到社会各界的广泛关注。

1987年12月11日,第42届联合国大会将1990年代确定为"国际减灾十年"。其主要目标是:通过国际社会、特别是发展中国家的共同努力,削减因灾害而造成的生命、财产损失和经济扰动。

1989年3月1日,国务院批复同意成立中国国际减灾十年委员会。这一机构属于部际协调机构,由民政部牵头。通过参加"国际减灾十年"计划,我国防灾减灾能力得到巨大的提升,实现了救灾与减灾的结合,并加强了与国际社会的减灾合作。1991年5—6月间,华东水灾发生,安徽与江苏受损最为严重。在应对过程中,我国改变了封闭的救灾模式,第一次呼吁国际社会提供援助[10]。

1994年5月12日,国务院在北京召开第十次全国民政会议,充分肯定了建立救灾工作分级管理、救灾款分级承担的救灾管理体制新思路。1998年4月,国务院颁布了我国第一部国家级减灾规划——《中华人民共和国减灾规划(1998—2010年)》[11],该规划成为之后减灾工作的基本依据。该规划于1998年4月29日经国务院批准,并于《国家综合减灾"十一五"规划》[12]印发之日起停止执行,它的出台明确了当时减灾工作的指导方针、主要目标、任务和措施以及重要行动(表1-1)。

表1-1　中华人民共和国减灾规划(1998—2010年)主要内容[11]

减灾工作目标	通过建设一批对国民经济和社会发展具有全局性、关键性作用的减灾工程,广泛应用减灾科技成果,提高全民减灾意识和知识水平,建立比较完善的减灾工作运行机制,减轻各种灾害对我国经济和社会发展的影响,使灾害造成的直接经济损失率显著下降,人员伤亡明显减少

减灾工作任务和措施	按照国民经济和社会发展总任务、总方针,围绕国民经济和社会发展总体规划,加速减灾的工程和非工程建设,完善减灾运行机制,提高我国减灾工作整体水平,推进减灾事业的全面发展 ① 进一步确立减灾在保障国民经济和社会可持续发展中的基础地位 ② 明确减灾工作的重点 ③ 逐步完善国家减灾管理机制 ④ 充分利用现代科学技术,提高国家综合减灾能力 ⑤ 加强减灾法制建设 ⑥ 拓宽资金来源渠道,增加减灾投入
减灾工作重要行动	① 农业和农村减灾。工程减灾方面,要加强大江、大河、大湖的治理,以防御建国以来最大洪水为标准,重点建设一批具有综合减灾效益的骨干水利工程……非工程减灾方面,要完成国家农业减灾规划,编制农业综合减灾区划…… ② 工业和城市减灾。工程减灾方面,抓好预防洪水、地震、台风、风暴潮、巨浪、滑坡、泥石流、崩塌、塌陷、火灾等灾害的骨干工程建设,有效提高大中型工业基地、交通干线和通讯枢纽、重要设施、生命线工程的防灾抗灾水平……非工程减灾方面,组织制定分行业的工业减灾规划和城市综合减灾规划,加强城市生命线保障系统和应急系统的减灾建设,提高现代化建筑和设施的消防水平。 ③ 区域减灾。工程减灾方面,东部地区全面加强减灾工程建设,将区域减灾工程作为重要的基础设施,重点搞好首都圈、沿海经济发达地区、人口稠密地区和主要粮棉产区的减灾工程建设……非工程减灾方面,科学划分灾害的高风险区并制定其综合减灾和资源利用规划…… ④ 社会减灾。加强国家对减灾工作的宏观管理,加快减灾立法的进程;编制各省、自治区、直辖市的综合减灾规划;制定灾害风险区划;提高减灾综合信息的采集、处理、运用和共享水平,完善重大灾害监测预警体系;加强减灾综合协调能力;制定重大自然灾害的应急预案,完善灾害应急指挥、调度和通讯系统;建立健全减灾物资储备系统;开展灾害综合评估工作,建立科学的灾害评估体系…… ⑤ 减灾国际合作。工程减灾方面,鼓励在重大减灾工程建设中引进资金和先进技术,通过多种合作方式建立各种类型的减灾示范区或示范工程;非工程减灾方面,积极推动在政府减灾能力建设,信息交换,宣传、教育和人员培训,科学研究和技术开发及国际人道主义援助等方面的国际合作

2000 年 10 月 11 日,我国将"中国国际减灾十年委员会"更名为"中国国际减灾委员会",办公室设在民政部。从职责定位看,中国国际减灾委员会的业务范围已远远超过国际防灾减灾合作,同时也负责国内灾害管理。从性质上看,该组织不再是部际协调机构,而演变为一个议事协调机构。2005 年 4 月 2 日,国务院办公厅发文,将中国国际减灾委员会更名为"国家减灾委员会"[10]。

2000 年 2 月,国务院决定成立国务院抗震救灾指挥部和建立国务院防震减灾工作联席会议。

2001 年 3 月,为加强安全生产工作,国务院决定成立安全生产委员会。

1.4.3　2003—2017 年:规划体系初步形成

2003 年的"非典"疫情成为一个引人注目的焦点性事件,受这一突发事件的驱动,我国以综合性为特征的现代应急管理体制开始出现。2006 年,国务院办公厅设置国务院应急管理办公室,承担国务院应急管理的日常工作和国务院总值班工作,履行应急值守、信息汇总和综合协调三大职能,发挥运转枢纽作用。随后,省区市、地级市和县级市政府也在办公厅(室)内部设立应急办[10]。2006 年 5 月,森林防火指挥部成立。

这一时期,我国的灾害管理工作取得了显著的进步,以综合减灾能力建设和灾害应急管理体系建设为重要内容,开展科学管理,显著提高了灾害管理的综合统筹协调能力、应急救助能力,以及救灾减灾的社会化水平[13]。其间,国家陆续出台了《国家综合减灾"十一五"规划》[12](表 1 - 2)、《国家综合防灾减灾规划(2011—2015 年)》(表 1 - 3)[14]、《国家防灾减灾科技发展"十二五"专项规划》[15]、《国家综合防灾减灾规划》(2016—2020 年)[16](表 1 - 4),以及《"十三五"综合防灾减灾科技创新专项规划》[17]等多部规划,为我国重大灾害的防灾减灾行动提供了重要指导。

表 1 - 2 《国家综合减灾"十一五"规划》主要内容[13]

规划目标	① 自然灾害(未发生巨灾)造成的年均死亡人数比"十五"期间明显下降,年均因灾直接经济损失占国民生产总值(GDP)的比例控制在 1.5% 以内 ② 各省、自治区、直辖市,多灾易灾的市(地)、县(市、区)建立减灾综合协调机制 ③ 基本建成国家综合减灾与风险管理信息共享平台,建立国家灾情监测、预警、评估和应急救助指挥体系 ④ 灾害发生 24 h 之内,保证灾民得到食物、饮用水、衣物、医疗卫生救援、临时住所等方面的基本生活救助 ⑤ 灾害损毁民房恢复重建普遍达到规定的设防水平;在多灾易灾的城镇和城乡社区普遍建立避难场所 ⑥ 创建 1 000 个综合减灾示范社区,85% 的城乡社区建立减灾救灾志愿者队伍,95% 以上城乡社区有 1 名灾害信息员,公众减灾知识普及率明显提高
主要任务	① 加强自然灾害风险隐患和信息管理能力建设。全面调查我国重点区域各类自然灾害风险和减灾能力,查明主要的灾害风险隐患,基本摸清我国减灾能力底数,建立完善自然灾害风险隐患数据库…… ② 加强自然灾害监测预警预报能力建设。逐步完善各类自然灾害的监测预警预报网络系统…… ③ 加强自然灾害综合防范防御能力建设。全面落实防灾抗灾减灾救灾各专项规划,抓好防汛抗旱、防震抗震、防风防潮、防沙治沙、森林草原防火、病虫害防治、三北防护林、沿海防护林等减灾骨干工程建设…… ④ 加强国家自然灾害应急救援能力建设。加强国家自然灾害应急救援指挥体系建设,建立健全统一指挥、分级管理、反应灵敏、协调有序、运转高效的管理体制和运行机制…… ⑤ 加强巨灾综合应对能力建设。加强对巨灾发生机理、活动规律及次生灾害相互关系的研究,开展重大自然变异模拟和巨灾应急仿真实验…… ⑥ 加强城乡社区减灾能力建设。推进基层减灾工作,开展综合减灾示范社区创建活动…… ⑦ 加强减灾科技支撑能力建设。加强综合减灾的科学研究与技术创新,促进科技成果在减灾领域的应用…… ⑧ 加强减灾科普宣传教育能力建设。强化地方各级人民政府的减灾责任意识,建立政府部门、新闻媒体和社会组织协作开展减灾宣传教育的机制……

表1-3 《国家综合防灾减灾规划(2011—2015年)》主要内容[14]

规划目标	① 基本摸清全国重点区域自然灾害风险情况,基本建成国家综合减灾与风险管理信息平台,自然灾害监测预警、统计核查和信息服务能力进一步提高 ② 自然灾害造成的死亡人数在同等致灾强度下较"十一五"时期明显下降,年均因灾直接经济损失占国内生产总值的比例控制在1.5%以内 ③ 防灾减灾工作纳入各级国民经济和社会发展规划,并在土地利用、资源管理、能源供应、城乡建设和扶贫开发等规划中体现防灾减灾的要求 ④ 自然灾害发生12h之内,受灾群众基本生活得到初步救助。自然灾害保险赔款占自然灾害直接经济损失的比例明显提高。灾后重建基础设施和民房普遍达到规定的设防标准 ⑤ 全民防灾减灾意识明显增强,防灾减灾知识在大中小学生及公众中普及率明显提高 ⑥ 全国防灾减灾人才队伍规模不断扩大,人才结构更加合理,人才资源总量达到275万人左右 ⑦ 创建5 000个"全国综合减灾示范社区",每个城乡基层社区至少有1名灾害信息员 ⑧ 防灾减灾体制机制进一步完善,各省、自治区、直辖市以及多灾易灾的市(地)、县(市、区)建立防灾减灾综合协调机制
主要任务	① 加强自然灾害监测预警能力建设 ② 加强防灾减灾信息管理与服务能力建设 ③ 加强自然灾害风险管理能力建设 ④ 加强自然灾害工程防御能力建设 ⑤ 加强区域和城乡基层防灾减灾能力建设 ⑥ 加强自然灾害应急处置与恢复重建能力建设 ⑦ 加强防灾减灾科技支撑能力建设 ⑧ 加强防灾减灾社会动员能力建设 ⑨ 加强防灾减灾人才和专业队伍建设 ⑩ 加强防灾减灾文化建设

表1-4 《国家综合防灾减灾规划(2016—2020年)》主要内容[16]

规划目标	① 防灾减灾救灾体制机制进一步健全,法律法规体系进一步完善 ② 将防灾减灾救灾工作纳入各级国民经济和社会发展总体规划 ③ 年均因灾直接经济损失占国内生产总值的比例控制在1.3%以内,年均每百万人口因灾死亡率控制在1.3以内 ④ 建立并完善多灾种综合监测预报预警信息发布平台,信息发布的准确性、时效性和社会公众覆盖率显著提高 ⑤ 提高重要基础设施和基本公共服务设施的灾害设防水平,特别要有效降低学校、医院等设施因灾造成的损毁程度 ⑥ 建成中央、省、市、县、乡五级救灾物资储备体系,确保自然灾害发生12h之内受灾人员基本生活得到有效救助。完善自然灾害救助政策,达到与全面小康社会相适应的自然灾害救助水平 ⑦ 增创5 000个全国综合减灾示范社区,开展全国综合减灾示范县(市、区)创建试点工作。全国每个城乡社区确保有1名灾害信息员 ⑧ 防灾减灾知识社会公众普及率显著提高,实现在校学生全面普及。防灾减灾科技和教育水平明显提升 ⑨ 扩大防灾减灾救灾对外合作与援助,建立包容性、建设性的合作模式

主要任务	① 完善防灾减灾救灾法律制度 ② 健全防灾减灾救灾体制机制 ③ 加强灾害监测预报预警与风险防范能力建设 ④ 加强灾害应急处置与恢复重建能力建设 ⑤ 加强工程防灾减灾能力建设 ⑥ 加强防灾减灾救灾科技支撑能力建设 ⑦ 加强区域和城乡基层防灾减灾救灾能力建设 ⑧ 发挥市场和社会力量在防灾减灾救灾中的作用 ⑨ 加强防灾减灾宣传教育 ⑩ 推进防灾减灾救灾国际交流合作

1.4.4 2018年至今:管理模式转型

2018年的机构改革是一个重大的转折点。从这一年开始,灾害管理开始从"大分散"全面转向"大集中"的模式。

2018年4月,我国成立应急管理部,将分散在国家安全生产监督管理总局、国务院办公厅、公安部、民政部、国土资源部、水利部、农业部、国家林业局、中国地震局以及国家防汛抗旱指挥部、国家减灾委员会、国务院抗震救灾指挥部、国家森林防火指挥部等部门的应急管理相关职能进行整合,以防范化解重特大安全风险,健全公共安全体系,整合优化应急力量和资源,打造统一指挥、专常兼备、反应灵敏、上下联动、平战结合的中国特色应急管理体制。2016年12月19日,中共中央、国务院印发了《关于推进防灾减灾救灾体制机制改革的意见》,修订施行防洪法、森林法、消防法、地震安全性评价管理条例等法律法规,加快推进自然灾害防治立法,一批自然灾害应急预案和防灾减灾救灾技术标准制修订实施。

2021年12月30日,为积极推进应急管理体系和能力现代化,国务院印发了《"十四五"国家应急体系规划》。

2022年5月,生态环境部等17部门联合印发了《国家适应气候变化战略2035》,对当前至2035年适应气候变化工作做出统筹谋划部署。

2022年6月19日,国家减灾委员会印发了《"十四五"国家综合防灾减灾规划》[18],以习近平新时代中国特色社会主义思想为指导,立足新发展阶段,完整、准确、全面贯彻新发展理念,统筹发展和安全,以防范化解重大安全风险为主题,加快补齐短板,与经济社会高质量发展相适应,与国家治理体系和治理能力现代化相协调,构建高效科学的自然灾害防治体系,全面提高防灾减灾救灾现代化水平,切实保障人民群众生命财产安全(表1-5)。

表1-5 《"十四五"国家综合防灾减灾规划》主要内容[18]

规划目标	(1) 总体目标:到2025年,自然灾害防治体系和防治能力现代化取得重大进展,基本建立统筹高效、职责明确、防治结合、社会参与、与经济社会高质量发展相协调的自然灾害防治体系。力争到2035年,自然灾害防治体系和防治能力现代化基本实现,重特大灾害防范应对更加有力有序有效 (2) 分项目标: ① 统筹协调、分工负责的防灾减灾救灾体制机制进一步健全,各级各类防灾减灾救灾议事协调机构的统筹指导和综合协调作用充分发挥,自然灾害防治综合立法取得积极进展 ② 救灾救助更加有力高效,灾害发生10 h之内受灾群众基本生活得到有效救助,

	年均因灾直接经济损失占国内生产总值的比例控制在 1% 以内,年均每百万人口因灾死亡率控制在 1 以内,年均每十万人受灾人次在 1.5 万以内 ③ 城乡基础设施、重大工程的设防水平明显提升,抗震减灾、防汛抗旱、地质灾害防治、生态修复等重点防灾减灾工程体系更加完善、作用更加突出 ④ 灾害综合监测预警平台基本建立,灾害综合监测预警信息报送共享、联合会商研判、预警响应联动等机制更加完善,灾害预警信息的集约性、精准性、时效性进一步提高,灾害预警信息发布公众覆盖率达到 90% ⑤ 建成分类型、分区域的国家自然灾害综合风险基础数据库,编制国家、省、市、县级自然灾害综合风险图和防治区划图,国家灾害综合风险评估能力大幅提升 ⑥ 防灾减灾救灾的基层组织体系有效夯实,综合减灾示范创建标准体系更加完善、管理更加规范,防灾减灾科普宣教广泛开展,各类防灾减灾设施规划建设科学、布局合理,掌握应急逃生救护基本技能的人口比例明显提升,城乡每个村(社区)至少有 1 名灾害信息员
主要任务	(1) 推进自然灾害防治体系现代化 ① 深化改革创新,健全防灾减灾救灾管理机制 ② 突出综合立法,健全法律法规和预案标准体系 ③ 强化源头管控,健全防灾减灾规划保障机制 ④ 推动共建共治,健全社会力量和市场参与机制 ⑤ 强化多措并举,健全防灾减灾科普宣传教育长效机制 ⑥ 服务外交大局,健全国际减灾交流合作机制 (2) 推进自然灾害防治能力现代化 ① 加强防灾减灾基础设施建设,提升城乡工程设防能力 ② 聚焦多灾种和灾害链,强化气象灾害预警和应急响应联动机制 ③ 立足精准高效有序,提升救援救助能力 ④ 优化结构布局,提升救灾物资保障能力 ⑤ 以新技术应用和人才培养为先导,提升防灾减灾科技支撑能力 ⑥ 发挥人民防线作用,提升基层综合减灾能力

2022 年 7 月 4 日,为加快推进自然灾害防治体系和防治能力现代化,应急管理部发布《中华人民共和国自然灾害防治法(征求意见稿)》,包括总则、灾害风险防控、应急准备与监测预警、抢险救灾与应急处置、灾后救助与恢复重建、法律责任、附则等七章内容。

纵观我国应急管理工作发展历程,从单项应对发展到综合协调,再发展到综合应急管理模式,我国应急管理工作理念发生了重大变革,即从被动应对到主动应对,从专项应对到综合应对,从应急救援到风险管理。

1.5　防灾减灾规划与国土空间规划的关系

随着我国经济社会不断发展,城市人口不断增多,规模不断扩大,区域运行系统日益复杂,各类灾害和安全生产风险不断增大。构建防灾减灾体系,打造安全韧性城市,保障城乡可持续发展是国土空间规划的基本任务。

国土空间总体规划是详细规划的依据、相关专项规划的基础,对各类减灾防灾专项规划具有指导性和约束性。由于防灾减灾规划对城市用地布局、基础设施配置有一定的安全防灾需求,应建立其与国土空间规划的反馈机制,在科学判别城市灾害风险、评估城市承灾潜力的基础上对城市用地安全布局提出反馈建议[19]。

为避免造成先天性区域防灾减灾和安全功能缺失,与城乡发展布局不匹配、不协调,各城市应加强防灾减灾专项规划的编制。各级政府按行政区划编制防灾减灾规划,作为国土空间规划的支撑和组成系统。同时,结合区域内外状况,充分利用全国自然灾害风险普查工作成果,科学规划防灾减灾设施体系,有效预防区域的存量、增量灾害风险[20]。

1.5.1 科学开展灾害风险评估、风险区划和防治区划

结合地理区位、人流物流、气候、地形地貌等进行区域灾害风险、重大安全风险的分析、评估。市(县)域的防灾减灾规划要注重对灾害风险评估与治理(图1-1),对市/县域的山地、丘陵地区开展1∶50 000比例尺地质灾害调查区划工作。针对风险较大的灾害隐患点,按轻重缓急开展重点隐患工程治理和周边居民搬迁安居。针对市/县域洪涝易发区,防灾减灾以"疏"为重点,以安全为主,提高城市防灾标准,优化城市防灾基础设施布局[21]。

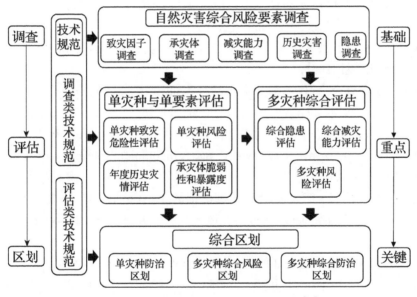

图1-1　风险评估与区划工作内容构成[22]

1.5.2 突出防灾减灾基础设施的空间布局

国土空间防灾减灾规划内容应包括消防设施和避难场所的设置、具有重大安全风险的各类企业的安全防护、行洪区及滞洪区配置、救援物资储备设施配置、应急救援道路布局等。重点强化对高层建筑、大型综合体、综合交通枢纽、地下空间、历史街区等的约束性要求。同时,在国土空间规划中应考虑区域防灾减灾的协同,设置较为明确的防灾减灾规划指标,并纳入总体规划指标体系。

1.5.3 编制国土空间灾害风险和防灾减灾设施信息"一张图"

"一张图"是指在一张底图的基础上,将全国各区域的防灾减灾规划成果输入平台数据

库,叠加各类国土空间规划图层,形成国土空间规划"一张图"。空间规划图件可以覆盖各类灾害风险区、防灾空间、灾害防御设施、监测预警设施、应急服务设施与应急保障设施等[22]。

主要参考文献

[1] 国家减灾委员会. 国家减灾委员会关于印发《"十四五"国家综合防灾减灾规划》的通知[R/OL]. (2022 - 06 - 19)[2022 - 07 - 30]. http://www. gov. cn/zhengce/zhengceku/2022-07/22/content_5702154. htm.

[2] 全国减灾救灾标准化技术委员会. 自然灾害管理基本术语:GB/T 26376—2010 [S]. 北京:中国标准出版社,2010.

[3] 全国自然资源与国土空间规划标准化技术委员会. 省级国土空间规划编制技术规程:GB/T 43214—2023[S]. 北京:中国标准出版社,2023.

[4] 渭南市自然资源和规划局. 空间规划名词解释[EB/OL]. (2023 - 01 - 16)[2023 - 06 - 15]. http://zrzyghj. weinan. gov. cn/zfxxgk/fdzdgknr/kxp/1659753674184028163. html.

[5] 全国减灾救灾标准化技术委员会. 自然灾害灾情统计 第 1 部分:基本指标:GB/T 24438. 1—2009 [S]. 北京:中国标准出版社,2009.

[6] 全国减灾救灾标准化技术委员会. 自然灾害分类与代码:GB/T 28921—2012 [S]. 北京:中国标准出版社,2013.

[7] 绍兴市人民防空办公室(民防局). 灾害的种类[EB/OL]. (2019 - 01 - 14)[2022 - 07 - 24]. http://rfb. sx. gov. cn/art/2019/1/14/art_1484615_29412057. html.

[8] 《世界知识》杂志. 1980—1981 年水灾:中国第一次寻求国际援助[EB/OL]. (2008 - 11 - 18)[2023 - 06 - 30]. https://news. ifeng. com/opinion/specials/bale/200811/1118_4818_883660. shtml.

[9] 生态龙江. 大兴安岭"5·6"大火:不能忘却的记忆[EB/OL]. (2020 - 05 - 07)[2023 - 06 - 30]. https://baijiahao. baidu. com/s? id = 1666009724900840207&wfr = spider&for =pc.

[10] 人民网. 从协调组织到政府部门 中国应急管理制度之变[EB/OL]. (2019 - 09 - 23)[2023 - 06 - 30]. https://baijiahao. baidu. com/s? id=1645422232114508339&wfr=spider&for=pc.

[11] 国务院办公厅. 中华人民共和国减灾规划(1998—2010 年)[R]. 1998.

[12] 国务院办公厅. 国家综合减灾"十一五"规划[R]. 2007.

[13] 呼唤. 新中国灾害管理思想演变研究[D]. 武汉:中国地质大学,2013.

[14] 国务院办公厅. 国家综合防灾减灾规划(2011—2015 年)[R]. 2011.

[15] 科技部. 国家防灾减灾科技发展"十二五"专项规划[R]. 2012.

[16] 国务院办公厅. 国家综合防灾减灾规划(2016—2020 年)[R]. 2016.

[17] 科技部办公厅. "十三五"综合防灾减灾科技创新专项规划[R]. 2017.

[18] 国家减灾委员会. "十四五"国家综合防灾减灾规划[R]. 2022.

[19] 中策资讯. 国土空间规划体系中综合防灾规划的定位及作用[EB/OL]. (2022 - 07 - 26)[2022 - 08 - 07]. http://www. zcgis. com/article_show. aspx? id=688.

[20] 人民网-中国共产党新闻网. 九三学社中央:关于加强国土空间规划中防灾减灾和安全

发展的规划建设工作的提案[EB/OL].(2022 - 02 - 28)[2022 - 07 - 30]. http://cpc. people. com. cn/n1/2022/0228/c442048-32361330. html.

[21]　杨超,王慧彦,杜家熙. 国土空间规划体系下县域综合防灾减灾规划编制特点和思路研究:以武强县为例[J]. 防灾科技学院学报,2021,23(3):44 - 55.

[22]　国务院第一次全国自然灾害综合风险普查领导小组办公室. 第一次全国自然灾害综合风险普查宣传手册[R]. 2021.

2 防震减灾规划

2.1 基本知识

2.1.1 概念界定

（1）地震

地震：大地震动。包括天然地震（构造地震、火山地震）、诱发地震（矿山采掘活动、水库蓄水等引发的地震）和人工地震（爆破、核爆炸、物体坠落等产生的地震）。一般指天然地震中的构造地震[1]。

地震常常造成严重的人员伤亡，能引起火灾、水灾、有毒气体泄漏、细菌及放射性物质扩散，还可能造成海啸、滑坡、崩塌、地裂缝等次生灾害。

地震灾害：地震造成的人员伤亡、财产损失、环境和社会功能的破坏[1]。

地震原生灾害：地震直接造成的灾害[1]。

地震次生灾害：地震造成工程结构、设施和自然环境破坏而引发的灾害。如火灾、爆炸、瘟疫、有毒有害物质污染以及水灾、泥石流和滑坡等对居民生产和生活区的破坏[1]。

（2）断层

断层是地壳受力发生断裂，沿断裂面两侧岩块发生的显著相对位移的构造[2]。断层规模大小不等，大者可沿走向延伸数百公里，常由许多断层组成，可称为断裂带；小者只有几十厘米。断层在地壳中广泛发育，是地壳的最重要构造之一。在地貌上，大的断层常常形成裂谷和陡崖，如著名的东非大裂谷[3]。断层破坏了岩层的连续性和完整性。在断层带上岩石往往破碎，易被风化侵蚀。沿断层线常常发育为沟谷，有时出现泉或湖泊[4]。

地壳运动中产生强大的压力和张力，超过岩层本身的强度，对岩石产生破坏作用导致岩层断裂错位。

地壳中的断层密如织网。断层从较小的破裂一直到上千公里的断裂带，有各种不同的尺度和深度，缝合带是多条断层的聚合带[5]。

活动断层：距今12万年以来有过活动的断层，包括晚更新世断层和全新世断层。

晚更新世断层：晚更新世期间发生过位移，但无全新世活动证据的断层。

全新世断层：全新世期间或距今 12 000 年以来发生过位移的断层。

隐伏活动断层：被第四系覆盖的，地表没有明显迹线的活动断层[6]。

断层面：岩块、岩层或地层断开成两部分并存在滑动的破裂面。断层面的空间位置由其走向、倾向和倾角确定[6]。

（3）断裂带

断裂带亦称"断层带"。由主断层面及其两侧破碎岩块以及若干次级断层或破裂面组成的地带。在靠近主断层面附近发育有构造岩，以主断层面附近为轴线向两侧扩散，一般依次出现断层泥或糜棱岩、断层角砾岩、碎裂岩等，再向外即过渡为断层带以外的完整岩石。

断层带的宽度以及带内岩石的破碎程度,决定于断层的规模、活动历史、活动方式和力学性质,从几米至几百米甚至上千米不等。一般压性活压扭性断层带比单纯剪切性质的断层带宽。在一些大型的断层带中,由于被后期不同方向的断层切错,夹有一些未破碎的大型岩块,断层带的结构趋于复杂化,从而在近代的断层活动中容易形成运动的阻抗,故这些地区是应力易于积累和发生地震的场所。

活动断层破裂带:震源断层错动或近地表断层蠕滑在地表产生的破裂和变形的总称。

(4)震级

震级:指对地震大小的量度,通常用字母 M 表示。地震愈大,震级数字也愈大。它是根据地震波记录测定的一个没有量纲的数值,用来在一定范围内表示各个地震的相对大小(强度)[7]。

地震震级是衡量地震大小的一种度量。每一次地震只有一个震级。它是根据地震时释放能量的多少来划分的,震级可以通过地震仪器的记录计算出来。震级越高,释放的能量越多;震级越低,释放的能量越少。

国标《地震震级的规定》(GB 17740—2017)规定:各级地震工作部门或机构在发布地震信息时,应使用发布的震级 M。电视台、广播电台、报刊、杂志和网站等新闻媒体在发布地震信息时,应使用发布的震级 M。地震灾害发生以后,各级政府应依据发布的震级 M 启动地震应急响应,开展地震应急工作。

(5)地震烈度

地震烈度是指地震引起的地面震动及其影响的强弱程度[8]。地震烈度与震级的概念根本不同。震级代表地震本身的强弱,只同震源发出的地震波能量有关。烈度则表示同一次地震在地震波及的各个地点所造成的影响的程度,与震源深度、震中距、方位角、地质构造以及土壤性质等许多因素有关。

地震烈度划分为 12 等级[8],分别用罗马数字 Ⅰ、Ⅱ、Ⅲ、Ⅳ、Ⅴ、Ⅵ、Ⅶ、Ⅷ、Ⅸ、Ⅹ、Ⅺ和Ⅻ表示。

房屋破坏等级分为基本完好、轻微破坏、中等破坏、严重破坏和毁坏五类,其定义和对应的震害指数 d 如下[8]:

① 基本完好:承重和非承重构件完好,或个别非承重构件轻微损坏,不加修理可继续使用,对应的震害指数范围为 $0.00 \leqslant d < 0.10$。

② 轻微破坏:个别承重构件出现可见裂缝,非承重构件有明显裂缝,不需要修理或稍加修理即可继续使用,对应的震害指数范围为 $0.10 \leqslant d < 0.30$。

③ 中等破坏:多数承重构件出现轻微裂缝,部分有明显裂缝,个别非承重构件破坏严重,需要一般修理后可使用,对应的震害指数范围为 $0.30 \leqslant d < 0.55$。

④ 严重破坏:多数承重构件破坏较严重,非承重构件局部倒塌,房屋修复困难,对应的震害指数范围为 $0.55 \leqslant d < 0.85$。

⑤ 毁坏:多数承重构件严重破坏,房屋结构濒于崩溃或已倒毁,已无修复可能,对应的震害指数范围为 $0.85 \leqslant d \leqslant 1.00$。

地震区划:以地震烈度、地震动参数为指标,对研究区域地震影响程度的区域划分。

抗震设防要求:建筑工程抗御地震破坏的准则和在一定风险水准下抗震设计采用的地

震烈度或地震动参数。

地震基本烈度:在 50 a 期限内,一般场地条件下,可能遭遇的超越概率为 10% 的地震烈度值。

抗震设防烈度:按国家规定的权限批准作为一个地区抗震设防依据的地震烈度,一般情况下,取地震基本烈度。

抗震设防标准:衡量抗震设防要求高低的尺度,由抗震设防烈度或设计地震动参数及建筑物抗震设防类别确定。

(6)震中

震源:产生地震的源[1]。

震中:震源在地面上的投影[1]。

震源距:震源至某一指定点的距离[1]。

震中距:震中至某一指定点的地面距离[1]。

震源深度:震源与震中的距离[9]。

浅(源地)震:震源深度小于 60 km 的地震[9]。

中源地震:震源深度在 60~300 km 范围内的地震[9]。

深(源地)震:震源深度大于 300 km 的地震[9]。

地震波是地震时从震源发出的,在地球内部和地球表面传播的波[1]。按传播方式可分为纵波(P 波)、横波(S 波)(纵波和横波均属于体波)和面波(L 波)三种类型。地震发生时,震源区的介质发生急速的破裂和运动,这种扰动构成一个波源。由于地球介质的连续性,这种波动就向地球内部及表层各处传播开去,形成了连续介质中的弹性波。

地震波按传播方式分为三种类型:纵波、横波和面波。纵波是推进波,地壳中传播速度为 5.5~7 km/s,最先到达震中,又称 P 波,它使地面发生上下振动,破坏性较弱。横波是剪切波,在地壳中的传播速度为 3.2~4.0 km/s,第二个到达震中,又称 S 波,它使地面发生前后、左右抖动,破坏性较强。面波又称 L 波,是由纵波与横波在地表相遇后激发产生的混合波。其波长大、振幅强,只能沿地表面传播,是造成建筑物强烈破坏的主要因素[10]。

2.1.2 地震成因

地震共分为构造地震、火山地震、陷落地震和诱发地震 4 种[11]。

构造地震:在构造运动作用下,当地应力达到并超过岩层的强度极限时,岩层会突然产生变形乃至破裂,将能量一下子释放出来而引起大地震动的地震。构造地震占地震总数的90% 以上。

火山地震:在火山爆发后,由于大量岩浆损失,地下压力减少或地下深处岩浆来不及补充而出现空洞,引起上覆岩层的断裂或塌陷而产生的地震。这类地震数量不多,只占地震总数的 7% 左右。

陷落地震:由于地下溶洞或矿山采空区的陷落引起的局部地震。陷落地震都是重力作用的结果,规模小,次数更少,只占地震总数的 3% 左右。

诱发地震:由于人工爆破、矿山开采、军事施工及地下核试验等引起的地震。诱发地震主要有水库地震、深井抽水、石油钻井灌水诱发地震、核试验引发地震,采矿活动等也能诱发地震。

2.1.3　地震前兆

地震前兆是指在震前自然界发生的与地震有关的异常现象。常见的地震前兆现象有：① 地震活动异常；② 地震波速度变化；③ 地壳变形；④ 地下水异常变化；⑤ 地下水中氢气含量或其他化学成分的变化；⑥ 地应力变化；⑦ 地电变化；⑧ 地磁变化；⑨ 重力异常；⑩ 动物异常；⑪ 出现地声；⑫ 出现地光；⑬ 地温异常；等等[12]。

（1）地震前动物的主要异常反应

大震前，飞禽走兽、家畜家禽、爬行动物、穴居动物和水生动物往往会有不同程度的异常反应。大震前动物异常表现有情绪烦燥、惊慌不安，或是高飞乱跳、狂奔乱叫，或是萎靡不振、迟迟不进窝等。震区群众总结出这样的谚语：震前动物有预兆，抗震防灾要搞好。牛羊驴马不进圈，老鼠搬家往外逃；鸡飞上树猪拱圈，鸭不下水狗狂叫；兔子竖耳蹦又撞，鸽子惊飞不回巢；冬眠长蛇早出洞，鱼儿惊惶水面跳。家家户户要观察，综合异常做预报[13]。

（2）动物震前异常反应的主要特点

① 发生动物异常的前兆时间分布：大量震前动物异常的时间分布主要集中在地震的前几天到震前几小时。

② 震前动物异常与震级的关系：随着地震震级增大，动物异常的种类、数量、分布地区和反应的强烈程度都有相应的增加。一般而言，3 级左右的地震前，个别动物出现异常反应；5 级左右的地震前，在一定的地区范围内，常见动物会出现较为明显的异常；7 级左右的强烈地震前，较大地区范围内，许多动物出现大量的强烈异常。动物异常反应与烈度的分布关系明显。烈度越高的地区，异常反应量越大[13]。

（3）对动物异常情况进行观察的方法

动物异常观察点应选在地震活动重点监视区域，选择周围环境安静，干扰和污染比较少的地点。观察点可设在动物园、气象站，有一定规模的饲养场和养殖场；最好与其他的前兆手段观测点合设或地点相近，便于资料的综合分析。被观察的动物要注意选择来源方便与经济、普遍多见又易于观察的动物，如家鼠、泥鳅、鲶鱼、蛇、家鸽、鹦鹉和马、羊、猪、狗、鸡等家禽家畜等。圈养动物可做定点定时观察，并记录动物的行为活动、水温、气压环境变化等。条件不允许时，也可采取早、午、晚各观察一次或随时观察，并做详细记录。对于野生动物可作定线观察，早、午、晚定时各一次，记录所见到的各种动物的种类、数量和天气状况。观察结果要做到定时上报汇总，及时绘制时空分布图，进行综合分析[13]。

（4）震前地下水的异常现象

大震前，地下含水层在构造变动中受到强烈挤压，从而破坏了地表附近的含水层的状态，使地下水重新分布，造成有的区域水位上升，有些区域水位下降。水中化学物质成分的改变，使有些地下水出现水味变异、颜色改变，出现水面浮"油花"、打旋冒气泡等。地下水位和水化学成分的震前异常，在活动断层及其附近地区比较明显，在极震区更常集中出现。灾区群众说：井水是个宝，前兆来得早；无雨泉水浑，天干井水冒；水位升降大，翻花冒气泡；有的变颜色，有的变味道；天变雨要到，水变地要闹[13]。

（5）震前的地声

不少大震震前数小时至数分钟，少数在震前几天，会从地下传出地声。有的如飞机的

"嗡嗡"声,有的似狂风呼啸,有的像汽车驶过,有的宛如远处闷雷,有的恰似开山放炮。地声的分布很广,高烈度区更为突出[13]。根据地声的特点,能够判断出地震的大小和震中的方向,"大震声发沉,小震声发尖;响的声音长,地震在远方;响的声音短,地震在近旁"。

（6）地震的宏观前兆

人的感官能直接觉察到的地震前兆被称为地震的宏观前兆。比较常见的有,井水陡涨陡落、变色变味、翻花冒泡、温度升降,泉水流量的突然变化,温泉水温的突然变化,动物的习性异常,临震前出现的地声和地光等[12]。

（7）地震的微观前兆

人的感官无法觉察,只有用专门的仪器才能测量到的地震前兆被称为地震的微观前兆,主要包括以下几类:

① 地形变异常。大地震发生前,震中附近地区的地壳可能发生微小的形变,某些断层两侧的岩层可能出现微小的位移,借助于精密的仪器,可以测出这种十分微弱的变化,分析这些资料,可以帮助人们预测未来大震的发生。

② 地球物理变化。在地震孕育过程中,震源区及其周围岩石的物理性质可能出现一些变化,可利用精密仪器测定不同地区重力、地电和地磁的变化。

③ 地下流体变化。井水、泉水、地下层中所含的水、石油和天然气,地下岩层中还可能产生和贮存一些其他气体,这些都是地下流体,可用仪器测地下流体的化学成分和某些物理量来预测地震[12]。

2.1.4　地震灾害的空间分布

我国的国土面积(陆地部分)约占世界陆地面积的7%,但我国有占全球约33%的大陆强震,是世界上大陆强震最多的国家。我国地震活动频度高、强度大、震源浅、分布广。1900年以来,我国死于地震的人数达55万之多,占全球地震死亡人数的53%。1949年以来,100多次破坏性地震袭击了22个省(自治区、直辖市),其中涉及东部地区14个省份,造成27万余人丧生,占全国各类灾害死亡人数的54%,地震成灾面积达30多万 km²,房屋倒塌量达700万间。20世纪以来,中国共发生6级以上地震近800次,遍布除贵州、浙江两省和香港特别行政区以外所有的省、自治区、直辖市[14]。

中国的地震带和山脉走势密切相关。山脉是地壳板块运动互相挤压形成的,地震是地壳运动释放能量的自然现象。在板块之间的消亡边界,可形成地震活动活跃的地震带。

中国位于世界两大地震带——环太平洋地震带与欧亚地震带之间,受太平洋板块、印度板块和菲律宾海板块的挤压,地震断裂带十分发育。有历史记载以来,中国大陆的几乎所有的8级和80%～90%的7级以上的强震都发生在这些断裂的边上。

中国的地震活动主要分布在四大地区的23条地震带上。

① 华北地区(含东北南部):包括郯城—庐江带(沿郯庐断裂,从安徽庐江经山东郯城,穿越渤海至辽东半岛、沈阳一带)、燕山带、河北平原带(太行山东麓)、山西带(主要沿汾河地堑)、渭河平原带(主要沿渭河地堑)。

② 东南沿海地区:包括东南沿海带(主要在福建及广东潮汕地区)、台湾西部带、台湾东部带。

③ 西北地区：包括银川带、六盘山带、天水—兰州带、河西走廊带、塔里木南缘带、南天山带、北天山带。

④ 西南地区：包括武都—马边带、康定—甘孜带、安宁河谷带、滇东带、滇西带、腾冲—澜沧带、西藏察隅带、西藏中部带[15]。

在我国，地震带的分布是制定地震重点监视防御区的重要依据。

2.2 国内外重大地震灾害历史事件

2.2.1 国内案例

2.2.1.1 唐山大地震

（1）灾害概况

1976 年 7 月 28 日 3 时 42 分 53.8 秒，河北省唐山市丰南一带（东经 118.2°，北纬 39.6°）发生了强度里氏 7.8 级（矩震级 7.5 级）地震，震中烈度 11 度，震源深度 12 km，地震持续约 23 s。地震造成约 24.3 万人死亡，16.5 万人重伤，65.6 万间民用建筑倒塌和受到严重破坏，直接经济损失达 30 亿元以上。地震罹难场面惨烈到极点，为世界罕见。死亡人数位列 20 世纪世界地震史中死亡人数第二位，仅次于海原地震[16]。

（2）经验教训

① 唐山大地震表明，造成人员伤亡的最主要直接原因是建筑物倒塌。所以，提高建筑物抗震能力是减轻地震灾害的一种可靠手段。② 正确识别潜在震源区是地震危险性分析的前提，应充分利用余震记录，对一系列宏观震害现象做出科学的解释。③ 震前应有震后恢复重建方案，可以有效加速恢复重建进程，缩短重建周期，消除不必要的混乱现象。

2.2.1.2 汶川大地震

（1）灾害概况

汶川大地震发生于 2008 年 5 月 12 日 14 时 28 分 4 秒。此次地震的面波震级达 8.0 级，地震震中位于四川省阿坝藏族羌族自治州汶川县境内，地震烈度达到 11 度。地震波及大半个中国及多个亚洲国家，北至北京，东至上海，南至泰国、越南，西至巴基斯坦均有震感。

汶川大地震严重破坏地区超过 10 万 km²，其中，极重灾区共 10 个县（市），较重灾区共 41 个县（市），一般灾区共 186 个县（市）。截至 2008 年 9 月 18 日 12 时，汶川大地震共造成 6.9 万人死亡，37.5 万人受伤，1.8 万人失踪，直接经济损失达 8 451 亿元，是 1949 年以来影响最大的一次地震[17]。

（2）经验教训

一是加强城市抗震标准的制定、实施与监管。汶川地震中小城镇和农村的直接损失和人员伤亡要远大于同距离甚至更远距离的大中城市，其中抗震性能低是一个重要原因。

二是整合防灾与国土空间规划的统筹。加强规划中对防震减灾内容的要求，合理安排城市空间、布局避难场所和疏散通道体系。将乡村纳入防震减灾规划的范畴，全面提高乡村地区各类建筑的抗震能力。

三是加强震害公众意识培养。由于震后的恐慌和避难常识缺乏,致使很多本可以避免的人员伤亡发生。因此,加强日常的疏散演习,提高公众风险意识和防灾技能,可以有效提高城市灾害预防能力[18]。

2.2.1.3　其他地震

我国历史上发生众多重大地震灾害事件(表2-1),包括山西洪洞赵城大地震、陕西华县大地震、山西临汾大地震、唐山大地震和汶川大地震等。

表2-1　我国地震灾害事历史件简表

序号	名称	时间	震级	损失
1	山西洪洞赵城大地震	1303年9月17日	8.0级	"民居官舍荡然无存,山摧阜移,其土之奋怒奔突数里,跨涧鄄谷,郁堡徙十余里",这场强烈地震直接使山西的地貌都为之改变,"百姓死亡20万有余"[19]
2	陕西华县大地震	1556年1月23日	8.25级	此次地震伤亡人数是历史上最为惨烈的一次,仅有姓名记载的死亡人数就超过83万,还有无法记录和失踪者更是不计其数[19]
3	山东莒县、郯城地震	1668年7月25日	8.5级	戌时地震,有声自西北来,一时楼房树木皆前俯后仰,从顶至地者连二、三次,遂一颤即倾,城楼堞口官舍民房并村落寺观,一时俱倒塌如平地[19]
4	河北三河、平谷地震	1679年9月2日	8.0级	震中烈度为Ⅺ度,破坏面积纵长500 km,北京城内故宫破坏严重[19]
5	山西临汾大地震	1695年5月18日	8.0级	因这场地震受灾的地区共28个州、县,其中受灾最重的有14个州、县,有记录的毙民人数为52 600多人[20]
6	云南东川地震	1733年8月2日	7.5级	自紫牛坡地裂,有罅由南而北,宽者四五尺,田苗陷于内,狭者尺许,测之以长竿,竟莫知浅深,相延几二百里,至寻甸之柳树河止[20]
7	宁夏平罗、银川地震	1739年1月3日	8.0级	酉时地震,从西北至东南,平罗及郡城尤甚,东南村堡渐减。地如奋跃,土皆坟起。平罗北新渠、宝丰二县,地多坼裂,宽数尺或盈丈,……三县城垣堤坝屋舍尽倒,压死官民男妇5万余人[19]
8	云南嵩明地震	1833年9月6日	8.0级	破坏范围半径达260 km。它是迄今所知云南省最大的一次地震。震前"先期黄沙四塞,昏晓不能辨,凡三昼夜,……震之时声自北来,状若数十巨炮轰,……最烈则嵩明之杨林驿,市廛旅馆,尽反而覆诸土中,瞬成平地[19]
9	甘肃文县大地震	1879年7月1日	8.0级	忽然大地声如吼,城倾屋裂无处走。第宅簸摇避山野,山崩活葬深崖下。夫觅妻兮父寻子,哭声震天天不理。可怜阶州十万齿,三万余人同日死[20]

序号	名称	时间	震级	损失
10	宁夏海原县强烈大地震	1920 年 12 月 16 日	8.5 级	有感面积达 251 万 km²，这也是我国历史上震级最高的一次地震，造成 28.82 万人死亡，约 30 万人受伤，毁城 4 座，数十座县城遭受破坏[20]
11	甘肃古浪强烈大地震	1927 年 5 月 23 日	8.0 级	造成 4 万余人死亡。地震发生时，土地开裂，冒出发绿的黑水，硫磺毒气横溢，熏死饥民无数[20]
12	新疆富蕴地震	1931 年 8 月 11 日	8.0 级	震中区形成了 170 km 长的断裂带，最大错动幅度达 20 m。这是中国大地震中已知错动幅度最大的一次地震[21]
13	甘肃昌马堡大地震	1932 年 12 月 25 日	7.6 级	地震导致我国著名古迹嘉峪关城楼被震坍一角，造成 7 万人死亡[20]
14	西藏墨脱地震	1950 年 8 月 15 日	8.5 级	道路毁坏，交通断绝，地形改观，河道改易。震前半年左右有 6 级前震[19]
15	云南省通海县大地震	1970 年 1 月 5 日	7.7 级	受灾最严重的 7 个县，共死亡 15 621 人，伤残 32 431 人，毁坏房屋 338 456 间，死亡 166 338 头大牲畜，经济损失达 38.4 亿元，是百年来云南发生的震级最大、死亡人数最多、损失最惨重的一次地震[20]
16	青海玉树地震	2010 年 4 月 14 日	7.1 级	玉树地震已造成 2 698 人遇难，其中已确认身份 2 687 人，无名尸体 11 具，失踪 270 人[22]
17	四川省雅安市芦山县地震	2013 年 4 月 20 日	7.0 级	受灾人口 152 万，受灾面积 12 500 km²，造成 196 人死亡，失踪 21 人，11 470 人受伤[23]
18	四川九寨沟地震	2017 年 8 月 8 日	7.0 级	地震造成 25 人死亡，525 人受伤，6 人失联，176 492 人受灾，73 671 间房屋不同程度受损[24]

2.2.2 国外案例

2.2.2.1 东日本大地震

东日本大地震是指当地时间 2011 年 3 月 11 日 14 时 46 分 21 秒发生在日本东北部太平洋海域的强烈地震。此次地震的矩震级达到 9.0 级，为历史第五大地震。震中位于日本宫城县以东太平洋海域，距仙台约 130 km，震源深度 20 km[25]。

此次地震引发的巨大海啸对日本东北部岩手县、宫城县、福岛县等地造成毁灭性破坏，并引发福岛第一核电站核泄漏。根据日本警察厅的数据，东日本大地震造成 15 985 人遇难，2 539 人下落不明。另外，还有 3 647 人因避难条件差、受到核辐射等原因死亡。

2.2.2.2 日本阪神大地震

阪神大地震，又称神户大地震、阪神大震灾，是指 1995 年 1 月 17 日上午 5 时 46 分 52 秒（日本标准时间）发生在日本关西地方规模为里氏 7.3 级的地震灾害。其震源深度为 10～20 km，系直下型地震。因受灾范围以兵库县的神户市、淡路岛以及神户至大阪间的都市为主而得名。阪神大地震是日本自 1923 年关东大地震以来规模最大的都市直下型地震。由于神户是日本关西重要城市，当时人口约 105 万人，地震又在清晨发生，因此造成相当多人伤亡。官方统计有 6 434 人死亡,43 792 人受伤,因房屋受创而必须住到组合屋的有 32 万人。毁坏建筑物约 10.8 万幢,水电煤气、公路、铁路和港湾都遭到严重破坏。据日本官方公布,这次地震造成的经济损失约 1 000 亿美元。总损失达到国民生产总值的 1%～1.5%[26]。

2.2.2.3 美国旧金山大地震

当地时间 1906 年 4 月 18 日早上 5 点 13 分,一场强度为里氏 8.3 级的大地震袭击了旧金山。这场大地震仅仅持续了 75 s,但该城市大部分地区的高楼大厦、平房陋室,顷刻间非倒即歪,许多人被当场压死。更加可怕的是,地震过后不久,一场大火燃起,使震后的旧金山雪上加霜。大火整整烧了三天三夜,烈火所到之处,一片火海。在烈火和地震双重打击之下,旧金山经历了一场前所未有的磨难[27]。

1989 年 10 月 17 日,美国旧金山发生大地震,里氏震级为 6.9 级,死亡逾 270 人。这是 20 世纪美国大陆经历的第二次最大地震。据测定,震中位于太平洋边缘的圣克鲁斯以北 16 km 处。地震波及加利福尼亚州从旧金山到萨克拉门托的大部分地区。

2.2.2.4 其他地震

经统计,国外发生震级较高、损失程度严重的地震包括日本关东地震、土库曼斯坦阿什哈巴德地震、巴控克什米尔地震等,如简表 2-2 所示。

表 2-2　国外地震灾害历史事件简表

序号	名称	时间	震级	损失
1	葡萄牙里斯本地震	1755 年 11 月 1 日	8.5 级	死亡人数高达 6 万～10 万人,占全市人口的 1/4～1/5,此次地震为欧洲历史上最大地震[28]
2	意大利墨西拿地震	1908 年 12 月 28 日	7.5 级	引发的海啸高达 12 m,意大利沿海受到重创,8 万人遇难,数十个小镇被毁[29]
3	日本关东地震	1923 年 12 月 1 日	7.9 级	横滨市 90% 的建筑物倒塌,东京 40% 的建筑物被毁,大约 14.3 万人遇难[29]
4	土库曼斯坦阿什哈巴德地震	1948 年 10 月	7.3 级	阿什哈巴德城市成为一片废墟,有 11 万人遇难[29]
5	智利地震	1960 年 5 月 21 日	9.5 级	造成了 2 万人的死亡,导致了 6 座死火山喷发,还掀起了海啸,对日本和菲律宾的沿海地区造成了极大的损害,日本因这次地震引发的海啸死亡 800 人,15 万人无家可归[30]
6	秘鲁钦博特地震	1970 年 5 月 31 日	7.9 级	造成 7 万人死亡,80 多万人无家可归。山顶碎石以 320 km/h 的速度滚下,数个村镇被完全砸毁[29]
7	印度洋海啸地震	2004 年 12 月 26 日	9.2 级	地震引发的海啸袭击了印度洋沿岸 11 个国家,遇难人数近 23 万人[29]
8	巴控克什米尔地震	2005 年 10 月 8 日	7.6 级	7.9 万人死亡,数百万人无家可归[29]

2.3 地震灾害的风险评估方法

2.3.1 国内方法

根据第一次全国自然灾害综合风险普查技术规范之《地震灾害风险评估技术规范》(FXPC/DZ P—02)中提到的方法[31],地震灾害风险评估分为单体地震灾害风险评估与区域地震灾害风险评估,二者评估单元不同,单体地震灾害风险评估针对单个承灾体,而区域地震灾害风险评估则针对公里网格(或较小的行政区单元)承灾体。评估内容包括地震动影响场生成、建筑物地震易损性评估、生命线工程地震易损性评估以及地震灾害风险评估(表2-3)。

表2-3　地震灾害风险不同分类工作的主要内容与要求[31]

序号	专题名称	工作分类		
		一级工作	二级工作	三级工作
		单体地震灾害风险评估		区域地震灾害风险评估
1	地震动影响场生成	A	A	B
2	建筑物地震易损性评估	A	B	C
3	生命线工程地震易损性评估	A	B	—
4	地震灾害风险评估	A	B	C

注:表中的"A"表示专题工作的工作内容、详细程度和精度要求"高","B"表示"较高","C"表示"一般",具体要求分别在各专题中详细规定,"—"表示该专题可不做。

(1)建筑物地震易损性评估分析方法

区域建筑物应按三级工作要求进行,其地震易损性分析方法可选用下列方法:

① 基于模糊相似理论的群体地震易损性模拟方法。

② 基于实际震害完善的群体易损性模拟方法。

③ 其他群体地震易损性分析方法。

(2)地震灾害风险评估

区域地震灾害风险评估根据人员伤亡评估、直接经济损失评估将风险等级分为Ⅰ级、Ⅱ级、Ⅲ级、Ⅳ级、Ⅴ级,共5级(表2-4)。

表2-4　区域地震灾害风险等级分级指标[31]

风险等级	分级指标(以区/县行政区为估算单元)
Ⅰ级	死亡人数≥300;或(直接经济损失/区域内上年度GDP)≥75%
Ⅱ级	300>死亡人数≥150;或75%>(直接经济损失/区域内上年度GDP)≥45%
Ⅲ级	150>死亡人数≥50;或45%>(直接经济损失/区域内上年度GDP)≥25%
Ⅳ级	50>死亡人数≥10;或25%>(直接经济损失/区域内上年度GDP)≥15%
Ⅴ级	死亡人数<10;或(直接经济损失/区域内上年度GDP)<15%

注:此表分级指标不适用于新疆、青海和西藏地区。

在区域地震灾害风险评估成果表达形式中,应给出不同超越概率地震作用下的地震灾害风险评估结果:

① 以公里网格为单元的直接经济损失和人员死亡结果。

② 以区/县为行政单元的地震灾害风险等级。

③ 以直接经济损失或人员伤亡表征的各类承灾体地震灾害风险的比例及分布。

④ 各类地震灾害风险图件。

在绘制各类地震灾害风险图件时,其比例尺应满足以下要求:全国层面比例尺不低于1:100万;省级行政区层面不低于1:25万;市县级行政区不低于1:5万。而且,应根据以上专题,在地震灾害防治对策中确定:① 抗震薄弱环节,应提出相应的抗震措施;② 根据区域和城市土地利用的防震减灾效能分区,划分为有利建设区、不利建设区、危险建设区三类,提出土地利用防灾规划建议。

2.3.2 美国灾害评估管理系统(HAZUS-MH)

为了对潜在的地震损失进行评估,美国联邦紧急事务管理署(FEMA)联合国家建筑科学研究所(NIBS)于 1992 年开发了 HAZUS 系统,最初的版本只针对地震灾害损失,后续逐步发展成能对地震、洪水、飓风 3 类自然灾害进行灾害损失评估的系统。目前,该系统已被应用于美国各地和国际上其他地区,是美国编制地方减灾规划的标准化软件,也是国际上影响最大的灾害损失分析软件。

在 HAZUS 系统的地震损失估计模块中,结果分为破坏和损失两类。其中,破坏包括地震直接破坏和地震次生灾害破坏,损失包括直接经济损失和间接经济损失。通过危险性分析,结合建筑物、生命线工程等的暴露量和易损性,可以得到建筑物、生命线工程等的直接破坏情况,进一步分析次生灾害的破坏情况,进而计算直接经济损失和间接经济损失。HAZUS 系统具有完善的国家数据库,包括房屋建筑数据、生命线工程数据、人口经济数据、分析模型参数等,用户可根据需要对不同尺度的区域进行损失估计(图 2-1)[32]。

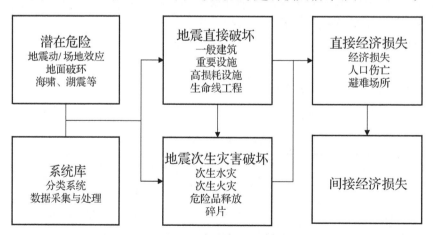

图 2-1 HAZUS 系统技术框架的组成[32]

HAZUS 方法根据实际要求可对诸多涉及人员伤亡的数据进行搜集、分类、统计。主要考虑以下因素:人员伤亡等级、震发时间、人口分布情况、房屋分类、损伤状态、损伤模型中伤亡比的数据分类。在此基础上,通过地震危险性分析或者是用户输入得到特定区域的地震动反应谱,并将其转化为相应的地震需求谱,接着将区域内各个类型结构的能力以Pushover曲线的形式表示,并将其转换为相应的能力谱。通过能力谱与需求谱的交点求得结构的性能点作为易损性分析的输入,得到结构在各个离散损伤状态下的破坏概率。最后,通过各个损伤状态的损失比计算出相应损失。

在预测地震人员伤亡方面,采用考虑诸多因素的事件树模型,每个节点处有不同分支,分支事件的概率之和为节点前事件的概率,依此类推。按此方法对室内人员伤亡进行预测[19],如图 2-2 所示。

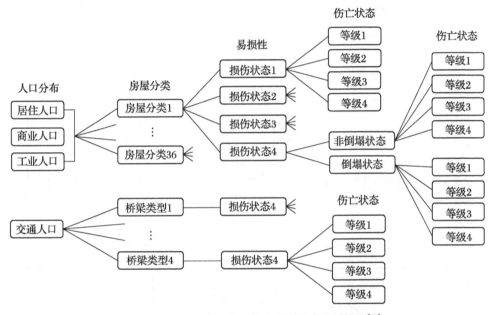

图 2-2 **HAZUS 室内人员伤亡预测的事件树模型**[33]

HAZUS 方法对结构类型、使用功能、使用特点、房屋破坏等级、人员伤亡等级划分详细,且基于地震动参数进行地震损伤评估,摒弃了传统的基于烈度的评估方法,从而避免了因基于烈度评估造成的模糊性等问题。

2.3.3 日本地震灾害评估信息系统

地震灾害评估信息系统(DIS)是日本地震主管部门规划设计的一套地震灾害预测评估和应急指挥系统,用于震前地震灾害预评估、震后实时灾害评估、制订救援计划以及震后协助修复重建计划等方面[34]。在系统运行过程中,系统开发组不断完善各子系统功能,不断提高信息系统的实用性以及评估结果的准确性,积极推进网络信息共享服务,在地震发生后短时间内向民众提供实时的监测分析数据。

DIS 系统在地震发生后 30 min 内完成初步灾害评估,并自动将结果报送所有政府部门。抗震救灾总指挥部根据 DIS 系统提供的受灾信息,进行救援计划的制定、救援人员的调拨、救灾物资的调配等工作,为地震的救援工作赢得了宝贵的时间(图 2-3)。整个系统中完全实现了自动化,数据信息实现各政府部门共享,确保救援工作顺利进行。该系统经历了 2003 年北海道十胜冲地震(M8.0)、2004 年新潟县中越地震(M6.8)、2007 年新潟县中越冲地震

（M6.8）、2008年岩手宫城内陆地震（M7.2）、2011年东日本大地震（M9.0）等多次地震的检验。实践证明，每次破坏性地震发生后救灾主管部门都需要在短时间内对大量的数据信息进行梳理和分析，根据实际的受灾状况制订相应的救灾计划。运用这套灾害评估系统可以为救援计划的制定提供准确的数据依据，从而提高了救援工作的效率，为挽救民众的生命安全和降低地震造成的经济损失起到了十分重要的作用。

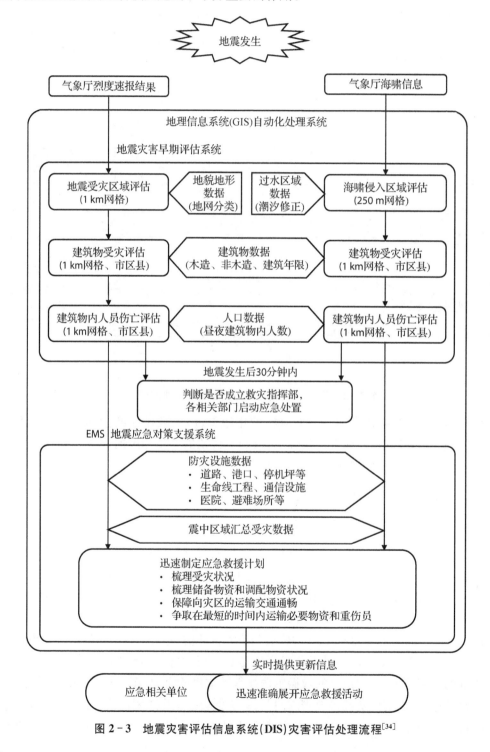

图2-3 地震灾害评估信息系统（DIS）灾害评估处理流程[34]

2.4 防震减灾规划的主要内容

2.4.1 法规依据

我国防震减灾规划方面的法律法规包括《中华人民共和国防震减灾法》(2008 年修订版)、《城市抗震防灾规划管理规定》(建设部令第 117 号)、《地震安全性评价管理条例》(2019 年修正本)、《城市抗震防灾规划标准》(GB 50413—2007)、《中国地震动参数区划图》(GB 18306—2015)、《地震震级的规定》(GB 17740—2017)、《中国地震烈度表》(GB/T 17742—2020)、《建筑工程抗震设防分类标准》(GB 50223—2008)、《建筑抗震设计规范》(GB 50011—2010)(2016 年版)、《建筑与市政工程抗震通用规范》(GB 55002—2021)、《镇(乡)村建筑抗震技术规程》(JGJ 161—2008)、《防灾避难场所设计规范》(GB 51143—2015)(2021 年版)、《地震应急避难场所场址及配套设施》(GB 21734—2008)等。

2.4.2 主要内容

2.4.2.1 国土空间的抗震性能评价

地质条件主要包括地形地貌、地层岩性、地质构造、地震、水文地质、天然建筑材料以及岩溶、滑坡、崩坍、砂土液化、地基变形等不良物理地质现象。地质条件是对工程建筑有影响的各种地质因素的总称。

城市用地抗震性能评价包括城市用地抗震防灾类型分区、地震破坏及不利地形影响估计、抗震适宜性评价。进行城市用地抗震性能评价时应充分收集和利用城市现有的地震地质环境和场地环境及工程勘察资料。当所收集的钻孔资料不满足本标准的规定时,应进行补充勘察、测试及试验,并应遵守国家现行标准的相关规定。进行城市用地抗震性能评价时所需钻孔资料应符合下述规定:

① 对一类规划工作区,每平方公里不少于 1 个钻孔。

② 对二类规划工作区,每两平方公里不少于 1 个钻孔。

③ 对三、四类规划工作区,不同地震地质单元不少于 1 个钻孔。

城市用地抗震防灾类型分区应结合工作区地质地貌成因环境和典型勘察钻孔资料,根据表 2-5 所列地质和岩土特性进行[35]。对于一类和二类规划工作区亦可根据实测钻孔和工程地质资料按《建筑抗震设计规范》(GB 50011—2010)(2016 年版)的场地类别划分方法结合场地的地震工程地质特征进行。在按照本标准进行其他抗震性能评价时,不同用地抗震类型的设计地震动参数可按照《建筑抗震设计规范》(GB 50011—2010)(2016 年版)的同级场地类别采取。必要时,可通过专题抗震防灾研究确定不同用地类别的设计地震动参数。

表 2-5 用地抗震防灾类型评估地质方法[35]

用地抗震类型	主要地质和岩土特性
Ⅰ类	松散地层厚度不大于 5 m 的基岩分布区
Ⅱ类	二级及其以上阶地分布区;风化的丘陵区;河流冲积相地层厚度不大于 50 m 的分布区;软弱海相、湖相地层厚度大于 5 m 且不大于 15 m 的分布区
Ⅲ类	一级及其以下阶地区,河流冲积相地层厚度大于 50 m 的分布区;软弱海相,湖相地层厚度大于 15 m 且不大于 80 m 的分布区
Ⅳ类	软弱海相、湖相地层厚度大于 80 m 的分布区

城市用地抗震适宜性评价应按表 2-6 进行分区,综合考虑城市用地布局、社会经济等因素,提出城市规划建设用地选择与相应城市建设抗震防灾要求和对策[35]。

表 2-6 城市用地抗震适宜性评价要求[35]

类别	适宜性地质、地形、地貌描述	城市用地选择抗震防灾要求
适宜	不存在或存在轻微影响的场地地震破坏因素。一般无需采取整治措施: ① 场地稳定; ② 无或轻微地震破坏效应; ③ 用地抗震防灾类型Ⅰ类或Ⅱ类; ④ 无或轻微不利地形影响	应符合国家相关标准要求
较适宜	存在一定程度的场地地震破坏因素,可采取一般整治措施满足城市建设要求: ① 场地存在不稳定因素; ② 用地抗震防灾类型Ⅲ类或Ⅳ类; ③ 软弱土或液化土发育,可能发生中等及以上液化或震陷,可采取抗震措施消除; ④ 条状突出的山嘴,高耸孤立的山丘,非岩质的陡坡,河岸和边坡的边缘,平面分布上成因、岩性、状态明显不均匀的土层(如故河道、疏松的断层破碎带、暗埋的塘滨沟谷和半填半挖地基)等地质环境条件复杂,存在一定程度的地质灾害危险性	工程建设应考虑不利因素影响,应按照国家相关标准采取必要的工程治理措施,对于重要建筑尚应采取适当的加强措施
有条件适宜	存在难以整治场地地震破坏因素的潜在危险性区域或其他限制使用条件的用地,由于经济条件限制等各种原因尚未查明或难以查明: ① 存在尚未明确的潜在地震破坏威胁的危险地段; ② 地震次生灾害源可能有严重威胁; ③ 存在其他方面对城市用地的限制使用条件	作为工程建设用地时,应查明用地危险程度。属于危险地段时,应按照不适宜用地相应规定执行。危险性较低时,可按照较适宜用地规定执行
不适宜	存在场地地震破坏因素,但通常难以整治: ① 可能发生滑坡、崩塌、地陷、地裂、泥石流等的用地; ② 发震断裂带上可能发生地表位错的部位; ③ 其他难以整治和防御的灾害高危害影响区	不应作为工程建设用地。基础设施管线工程无法避开时,应采取有效措施减轻场地破坏作用,满足工程建设要求

注:1. 根据该表划分每一类场地抗震适宜性类别,从适宜性最差开始向适宜性好依次推定。其中一项于该类即划为该类场地。

2. 表中未列条件,可按其对工程建设的影响程度比照推定。

2.4.2.2 建筑抗震

建筑抗震内容主要包括现状建筑抗震能力、建筑抗震标准设定与防震减灾措施。建筑可分为城区建筑和村镇建筑。

（1）城区建筑

依据《城市抗震防灾规划标准》（GB 50413—2007），在进行城市抗震防灾规划时，应结合城区建设和改造规划，在抗震性能评价的基础上，对重要建筑和超限建筑抗震防灾、新建工程抗震设防、建筑密集或高易损性城区抗震改造及其他相关问题提出抗震防灾要求和措施。

城市重要建筑包括：一是现行国家标准《建筑工程抗震设防分类标准》GB 50223 中的甲、乙类建筑；二是城市的市一级政府指挥机关、抗震救灾指挥部门所在办公楼；三是其他对城市抗震防灾特别重要的建筑。

对城市群体建筑可根据抗震评价要求，结合工作区建筑调查统计资料进行分类，并考虑结构形式、建设年代、设防情况、建筑现状等采用分类建筑抽样调查与群体抗震性能评价的方法进行抗震性能评价。

在进行群体建筑分类抽样调查时，抗震性能评价可采用行政区域作为预测单元进行，也可根据不同工作区的重要性及其建筑分布特点按下述要求进行划分：① 一类工作区的建城区预测单元面积不大于 2.25 km²；② 二类工作区的建城区预测单元面积不大于 4 km²。

在进行群体建筑分类抽样调查时，抽样率应满足评价建筑抗震性能分布差异的要求，并符合下述要求：① 一类工作区不小于 5%；② 二类工作区不小于 3%；③ 三类工作区不小于 1%。

依据《城市抗震防灾规划标准》（GB 50413—2007）中的城区建筑评价与规划要求：

① 应提出城市中需要加强抗震安全的重要建筑，对重要建筑应进行单体抗震性能评价，并针对重要建筑和超限建筑提出进行抗震建设和抗震加固的要求和措施。

② 对城区建筑抗震性能评价应划定高密度、高危险性的城区，提出城区拆迁、加固和改造的对策和要求；应对位于不适宜用地上的建筑和抗震性能薄弱的建筑进行群体抗震性能评价，结合城市的发展需要，提出城区建设和改造的抗震防灾要求和措施。

③ 新建工程应针对不同类型建筑的抗震安全要求，结合城市地震地质和场地环境、用地评价情况、经济和社会的发展特点，提出抗震设防要求和对策[35]。

（2）村镇建筑

村镇建筑系指乡镇与农村中层数为一、二层，采用木或冷轧带肋钢筋预应力圆孔板楼（屋）盖的一般民用房屋。对于村镇中三层及以上的房屋，或采用钢筋混凝土圈梁、构造柱和楼（屋）盖的房屋，应按现行国家标准《建筑抗震设计规范》GB 50011 进行设计和建造。

依据《镇（乡）村建筑抗震技术规程》（JGJ 161—2008）进行抗震设防的建筑，其设防目标是：当遭受低于本地区抗震设防烈度的多遇地震影响时，一般不需修理可继续使用；当遭受相当于本地区抗震设防烈度的地震影响时，主体结构不致严重破坏，围护结构不发生大面积倒塌。抗震设防烈度为 6 度及以上地区的村镇建筑，必须采取抗震措施。

房屋体形应简单、规整，平面不宜局部突出或凹进，立面不宜高度不等。房屋的结构体系应符合下列要求：

① 纵横墙的布置宜均匀对称，在平面内宜对齐，沿竖向应上下连续；在同一轴线上，窗间墙的宽度宜均匀。

② 抗震墙层高的 1/2 处门窗洞口所占的水平横截面面积：对于承重横墙，不应大于总

截面面积的 25%；对于承重纵墙，不应大于总截面面积的 50%。

③ 烟道、风道和垃圾道不应削弱承重墙体；当承重墙体被削弱时，应对墙体采取加强措施。

④ 二层房屋的楼层不应错层，楼梯间不宜设在房屋的尽端和转角处，且不宜设置悬挑楼梯。

⑤ 不应采用无锚固的钢筋混凝土预制挑檐。

⑥ 木屋架不得采用无下弦的人字屋架或无下弦的拱形屋架。同一房屋不应采用木柱与砖柱、木柱与石柱混合的承重结构；也不应在同一高度采用砖（砌块）墙、石墙、土坯墙、夯土墙等不同材料墙体混合的承重结构[36]。

2.4.2.3 基础设施抗震

基础设施抗震主要包括现状基础设施抗震能力评价、基础设施抗震标准与防震减灾措施。

城市在进行抗震防灾规划时，城市基础设施应根据城市实际情况，按照规定确定需要进行抗震性能评价的对象和范围。

首先，在编制抗震防灾规划时，应结合城市基础设施各系统的专业规划，针对其在抗震防灾中的重要性和薄弱环节，提出基础设施规划布局、建设和改造的抗震防灾要求和措施。其次，对城市基础设施系统的重要建筑物和构筑物应按照有关重要建筑的规定进行抗震防灾评价，制定规划要求和措施。

基础设施的抗震防灾要求和措施应包括：

① 应针对基础设施各系统的抗震安全和在抗震救灾中的重要作用提出合理有效的抗震防御标准和要求。

② 应提出基础设施中需要加强抗震安全的重要建筑和构筑物。

③ 对不适宜基础设施用地，应提出抗震改造和建设对策与要求。

④ 根据城市避震疏散等抗震防灾需要，提出城市基础设施布局和建设改造的抗震防灾对策与措施[35]。

2.4.2.4 避震疏散

首先，应对需避震疏散人口数量及其空间分布情况进行估计，合理安排避震疏散场所与避震疏散道路，提出规划要求和安全措施。

其次，需避震疏散人口数量及其空间分布情况，可根据城市的人口分布、城市功能的地震灾害和震害经验进行估计。在对需避震疏散人口数量及其分布进行估计时，宜考虑市民的昼夜活动规律和人口构成的影响。

最后，城市避震疏散场所应按照紧急避震疏散场所和固定避震疏散场所分别进行安排。甲、乙类模式城市应根据需要，安排中心避震疏散场所。紧急避震疏散场所和固定避震疏散场所的需求面积可按照抗震设防烈度地震影响下的需安置避震疏散人口数量和分布进行估计。制定避震疏散规划应和城市其他防灾要求相结合。

对避震场所以及疏散通道进行规划时，城市规划新增建设区域或对老城区进行较大面积改造时，应对避震疏散场所用地和避震疏散通道提出规划要求。新建城区应根据需要规划建设一定数量的防灾据点和防灾公园。

　　城市的出入口数量宜符合以下要求：中小城市不少于 4 个，大城市和特大城市不少于 8 个。与城市出入口相连接的城市主干道两侧应保障建筑一旦倒塌后不阻塞交通。在进行避震疏散规划时，应充分利用城市的绿地和广场作为避震疏散场所；明确设置防灾据点和防灾公园的规划建设要求，改善避震疏散条件。在进行城市抗震防灾规划时，应提出对避震疏散场所和避震疏散主通道的抗震防灾安全要求和措施，避震疏散场所应具有畅通的周边交通环境和配套设施。避震疏散场所不应规划建设在不适宜用地的范围内。

　　避震疏散场所距次生灾害危险源的距离应满足国家现行重大危险源和防火的有关标准规范要求。四周有次生火灾或爆炸危险源时，应设防火隔离带或防火树林带。避震疏散场所与周围易燃建筑等一般地震次生火灾源之间应设置不小于 30 m 的防火安全带。距易燃易爆工厂仓库、供气厂、储气站等重大次生火灾或爆炸危险源距离应不小于 1 000 m。避震疏散场所内应划分避难区块，区块之间应设防火安全带。避震疏散场所应设防火设施、防火器材、消防通道、安全通道。

　　避震疏散场所每位避震人员的平均有效避难面积应符合：紧急避震疏散场所人均有效避难面积不小于 1 m²，但起紧急避震疏散场所作用的超高层建筑避难层（间）的人均有效避难面积不小于 0.2 m²；固定避震疏散场所人均有效避难面积不小于 2 m²。避震疏散场地的规模：紧急避震疏散场地的用地不宜小于 0.1 hm²，固定避震疏散场地不宜小于 0.2 hm²，中心避震疏散场地不宜小于 15 hm²。紧急避震疏散场所的服务半径宜为 500 m，步行大约 10 min 之内可以到达；固定避震疏散场所的服务半径宜为 2～3 km，步行大约 1 h 之内可以到达。

　　避震疏散场地人员进出口与车辆进出口宜分开设置，并应有多个不同方向的进出口。人防工程应按照有关规定设立进出口，防灾据点至少应有 1 个进口与 1 个出口。其他固定避震疏散场所至少应有 2 个进口与 2 个出口。

　　在进行城市抗震防灾规划时，对避震疏散场所应逐个核定，在规划中应列表给出名称、面积、容纳的人数、所在位置等。当城市避震疏散场所的总面积少于总需求面积时，应提出增加避震疏散场所数量的规划要求和改善措施。

　　在进行避震疏散场所建设时，应规划和设置引导性的标示牌，并绘制责任区域的分布图和内部区划图。

　　防灾据点的抗震设防标准和抗震措施可通过研究确定，且不应低于对乙类建筑的要求。

　　紧急避震疏散场所内外的避震疏散通道有效宽度不宜低于 4 m，固定避震疏散场所内外的避震疏散主通道有效宽度不宜低于 7 m。与城市出入口、中心避震疏散场所、市政府抗震救灾指挥中心相连的救灾主干道不宜低于 15 m。避震疏散主通道两侧的建筑应能保障疏散通道的安全畅通。计算避震疏散通道的有效宽度时，道路两侧的建筑倒塌后的瓦砾废墟影响可通过仿真分析确定。简化计算时，对于救灾主干道两侧建筑倒塌后的废墟的宽度可按建筑高度的 2/3 计算，其他情况可按 1/2～2/3 计算[35]。

2.4.2.5　地震次生灾害

　　在进行城市抗震防灾规划时，应对地震次生火灾、爆炸、水灾、毒气泄漏扩散、放射性污染、海啸、泥石流、滑坡等制定防御对策和措施，需要时宜进行专题抗震防灾研究。

　　在进行抗震防灾规划时，应按照次生灾害危险源的种类和分布，根据地震次生灾害的潜在影响,分类分级提出需要保障抗震安全的重要区域和次生灾害源点。

对地震次生灾害的抗震性能评价应满足下列要求:

① 对次生火灾应划定高危险区;甲类模式城市可通过专题抗震防灾研究进行火灾蔓延定量分析,给出影响范围。

② 应提出城市中需要加强抗震安全的重要水利设施或海岸设施。

③ 对于爆炸、毒气扩散、放射性污染、海啸、泥石流、滑坡等次生灾害,可根据城市的实际情况选择提出城市中需要加强抗震安全的重要源点。

应根据次生灾害特点制定有针对性和可操作性的各类次生灾害防御对策和措施。对可能产生严重影响的次生灾害源点,应结合城市的发展,控制和减少致灾因素,提出防治、搬迁改造等要求[35]。

2.5 案例解析

2.5.1 《唐山市防震减灾"十三五"规划》

(1)背景

"九五""十五""十一五""十二五"期间,唐山市建成了监测预报、应急快速响应和防震减灾宣传教育三大系统,全面提高了防震减灾综合能力。在新的历史条件下,唐山市进入"突出重点、全面防御,健全体系、强化管理,社会参与、共同抵御"发展时期,工作思路由单纯地震监测预报到防震减灾综合体系建设,由局部重点防御向有重点的全面防御转变。

(2)主要内容

《唐山市防震减灾"十三五"规划》总体目标是到2020年,全市基本具备综合抗御6.0级左右,相当于本地区地震基本烈度地震的能力。提出5项分项目标[37]:

① 建成能够实时有效监测全市地震活动的全方位、多手段、多功能的地震监测、速报、预警网络体系。市内发生5.0级以上地震后5~10 s发出预警,10 min生成城市烈度速报结果,30 min开始持续生成灾区范围、人员伤亡和直接经济损失等灾情评估结果。

② 全市城乡一体化抗震设防管理整体推进,新建工程全部实现抗震设防,农村抗震设防能力整体提升。

③ 全面提升地震应急救援综合能力,破坏性地震发生后1 h提供震灾预测评估结果,2 h提供初步人员伤亡、房屋破坏信息和辅助决策建议。

④ 加大防震减灾宣传力度,全面提升社会公众防震减灾意识及地震应急避险能力;建立防震减灾救灾宣传教育长效机制,加强地震科研创新,加快科研成果转化利用。

⑤ 拓展防震减灾公共服务职能,建立创新服务平台,丰富服务产品,拓宽服务领域,构建防震减灾公共服务体系,努力提高防震减灾事业服务社会的能力。

《唐山市防震减灾"十三五"规划》包括6个重点任务,分别是:健全监测速报预警体系,提高地震风险防范能力;健全地震灾害防御体系,加强城乡抗震设防能力;健全应急救援管理体系,加强地震应急处置能力;建立减灾宣传长效机制,提高全民应急避险能力;编制城市抗震防灾规划,提升全市抗震规划能力;建立社会公共服务平台,提高科技创新服务能力。

规划还包括4项地震监测预警能力提升项目、2项抗震设防综合能力提升项目、4项地震应急救援综合能力提升项目、2项防震减灾宣传教育项目、1项防震减灾管理培训项目。最后,提出了加强组织领导;健全完善体制、完善法律法规;依法开展工作等保障措施[37]。

2.5.2 《汶川县应急管理和防震减灾"十三五"规划(2016—2020年)》

(1)背景

"十三五"时期是汶川全面建成小康社会决胜期,是加快发展生态经济、建设川西北生态文明示范区先行地的关键期。科学编制和有效实施《汶川县应急管理和防震减灾"十三五"规划》,不断提高防震减灾能力和对各类突发公共事件的应急管理能力及水平,最大限度维护社会稳定和减少突发事件及其造成的生命财产损失,对汶川实现"十三五"宏伟发展目标,有效支撑全州"川西北生态经济示范区"建设具有十分重要的意义[38]。

(2)主要内容

《汶川县应急管理和防震减灾"十三五"规划(2016—2020年)》共6章,主要包括面临形势、建设目标、总体要求、七大体系建设、重点工作、保障措施等。

面临形势部分,总结"十二五"期间汶川县应急管理和防震减灾工作方面的成效,分析应急管理和防震减灾基本情况和现状,认清当前面临的机遇和挑战。

建设目标和总体要求部分,结合指导思想和基本原则,提出发展目标和总体要求。

七大体系建设包括全面推进应急预案体系建设、应急组织体系建设、监测预警体系建设、应急保障体系建设、调查评估及恢复重建体系建设、科普宣教及培训体系建设、政策法规体系建设,提升应急管理和防震减灾工作的系统性。

重点工作的主要任务是围绕川西北生态示范区建设的新要求、决胜脱贫奔小康的新形势和全县康养经济布局新格局,结合工作实际,重点推进突发事件预防与准备、应对处置、应急保障和恢复重建等环节工作。重点建设项目包括重点开展监测预警建设、应急队伍建设、综合保障等项目工程。

保障措施包括从组织实施、资金保障、评估监督营造良好氛围等方面,搞好统筹协调、强化管理、健全机制,高效率抓好各项工作,确保按期按质完成规划任务[38]。

(3)特色及经验

规划以突出百姓群防群治和技术群防群治相结合的应急管理特色,以应急管理和防震减灾综合能力提升为中心任务,优化汶川应急标准体系,完善应急管理制度和法规,全面提升汶川各个部门应急预案的系统性和联动性,建成县级统一应急指挥平台,初步建成指挥统一、结构合理、反应灵敏、协调有序、运转高效、保障有力的应急管理机制,最终形成政府主导、部门协调、军地结合、全社会共同参与的应急管理和防震减灾工作新格局。

2.5.3 《东京都地域防灾计划·震灾篇》

2.5.3.1 规划目标

在南海海沟大地震中,海啸高度较高,可以设想海啸浸水区域的人员损失、建筑物损失巨大。在整个岛部,人员受害、建筑物受害的最大原因是海啸。在灾害中保护人的生命是最优先的课题,迅速避难的准备是非常重要的。因此,以海啸造成的人员损失为零为目标,都城与国家、相关机关、岛町村、居民以及经营者合作,推进对策实施[39]。

2.5.3.2 灾害预防对策

(1)紧急整备事业

① 对于最大级别的海啸,以保护人命为目的,在高台等安全地区谋求避难场所的整治;为确保顺利避难,谋求海岸保护设施和海啸防护设施的整备。

② 谋求解除开展消防活动困难区域的道路整治,制定电线杆倒塌而导致道路堵塞的有效对策、电线共同沟的整治方案;为了确保疏散通道安全,需要整治防砂设施、防止滑坡设施。

③ 开展救灾据点设施、消防设施、社会福利设施、公立中小学校、救灾物资储备仓库、机场设施、港湾设施的整治。

④ 在木构造住宅密集等有火灾延烧危险的区域,谋求防止延烧所需的道路、公园及其他公共空地等的整治。

(2)地震对策的推进

根据《南海海沟巨大地震等东京的受害设想》,在减轻浸水受害的同时,致力于必要的抗震强化。对于发生频度高的地震、海啸,采用海岸保护设施进行防护;同时,对于发生频度极低的最大级别的地震和海啸,以通过避难疏散来保护民众生命为目标。简要内容见表2-7。

表2-7 东京都各机关地震对策内容[39]

机关名	对策内容
都总务局	① 关于伴随救援活动等的人员和物资的运输,船舶、直升机 ② 确认在岛部进行救援活动等所需的燃料保护措施
都总务局 警视厅 东京消防厅	岛所在地区的实时直升机影像
都环境局	地域特性再生
都产业劳动局	促进渔船或养殖设施和渔业用燃料箱的抗震化、耐浪化
都建设局	① 根据东日本大地震后的设想和对地震海啸的重新评估等,促进海岸保护设施的整备推进和现有设施的改良 ② 根据岛上町村制订的海啸避难计划,确保迂回路或代替路
都港湾局	① 根据东日本大地震后的设想和对地震海啸的重新评估等,促进对港湾设施及海岸保全设施等的整备推进和现有设施的改良 ② 保证发生灾害时人员和紧急物资等的紧急运输功能,港湾、港口、机场设施的改良 ③ 在渔港区域修建海啸避难设施
町村	① 关于避难场所、避难路,针对发生频率极低、设想为最大级别的地震、海啸的整备等 ② 应对灾害风险的土地使用计划

(3)避难对策

① 完善和强化海啸警报传达体制:为了将地震引起的海啸浸水灾害控制在最小限度,

町村设置了海啸警报,迅速、准确地收集报告、注意报告等信息,确保居民、劳动者、游客、船舶等建立及早传达的体制。

② 避难所的事前指定:事先指定避难所,向居民通知,顺利推进避难工作,必须在灾前将避难者收容在安全场所进行保护。

（4）宣传教育

东京都为了让都民对南海海沟地震等灾害采取正确的行动而不断地提供关于防灾应对、教育、启发等方面的指导。在该区域内学校中,开展对幼儿、儿童、学生的地震防灾教育。

2.5.3.3　灾害应急对策

（1）应急活动体制

① 都的活动体制。知事在发生海啸灾害或有发生危险的情况下,根据法令及该计划的规定,在防灾机关及其他府县等的协助下,在实施灾害应急对策的同时,援助岛町村及其他防灾机关确保灾害应急对策的实施,并有责任进行综合调整,必要时设立灾害对策总部,实施灾害应急对策。

② 町村的活动体制。町村在发生或有可能发生海啸灾害的情况下作为第一级防灾机关,执行法令、都地域防灾计划及町村地域防灾计划,在其他区市町村及指定地方行政机关等区域内公共团体和居民等的协助下,发挥其所具有的全部功能,努力实施灾害应急预案。

（2）抢险救灾体制

为了将地震海啸造成的灾害损失控制在最小限度,事先确定消防机关在发生灾害时应在迅速、顺利地实施救援、救助活动的同时,开展与各町村及相关机构的合作,以确保受灾者的安全。

（3）公共设施的应急、修复对策

道路、港湾等公共设施在岛民生活中起着重要的作用。这些设施在遭遇地震、海啸后将对救援、救助、急救活动造成重大阻碍。因此,在受灾时,在确认了海啸警报解除后需要迅速采取应急措施谋求恢复[39]。

2.5.4　《神户市地域防灾计划》

2.5.4.1　背景

神户市的地域防灾计划最早编制于昭和三十八年（1963 年）,是根据日本的《灾害对策基本法》来进行编制的。之后,在昭和六十一年（1986 年）、平成八年（1996 年）、平成二十六年（2014 年）、平成二十八年（2016 年）进行了修编。在 2016 年的调整过程中,根据日本的《国土强韧化基本计划》,神户市的地域防灾规划升级为神户市强韧化规划。该规划强调了吸取历史灾害的经验,从中长期的视角逐步增强硬件和软件两方面应对各类灾害的能力。规划包括计划篇、施策事业篇、区计划 3 个篇章,从宏观风险分析到具体工作都做了详细周到的安排[40]。

2.5.4.2　应急活动计划

（1）地震后的紧急措施

① 掌握各办公楼、设施的受灾情况和初期灭火。

② 确保在厅人员的安全和避难引导。

③ 进行危险场所的进入限制。

④ 确保非常用自家发电功能和通信功能。

（2）地震情报的收集

地震和海啸信息收集系统,从大阪管区气象台、神户地方气象台、全国瞬时警报系统(J—ALERT)和电视广播等收集地震和海啸信息。此时,应充分注意是否发布了大海啸警报或海啸警报。各部及各区本部的信息联络组在地震后立即收集受灾信息、生命安全教导信息、火灾镇压信息以及自卫队灾害派遣请求、广域支援请求信息等。

2.5.4.3　地震火灾对策

地震发生后,立即从监视摄像机等处迅速掌握可靠的消防信息,与防灾相关机关、警察、自卫队等灾害初期应对小组开展密切合作。努力在重点防御地区防止火势蔓延,召集主要消防人员对居民进行疏散引导和紧急救助,必要时寻求其他城市消防机关和部队的支援。

2.5.4.4　特色及经验

阪神地震虽然给神户带来了巨大的打击,然而经过多年的重建,神户的都市建设和人口都已超过地震之前的规模。阪神地震引起日本乃至整个世界对于地震科学、都市建筑、交通防范的重视和一系列应对措施的调整。具体包括:加强活断层的地质调查监测和研究,编制韧性城市规划指导防灾减灾工作,逐步推进建筑和设施耐震化改造,针对神户灾害特点升级各类防灾设施,充分发挥民间组织作用,以及重视灾害记忆和经验的保留和传承。

主要参考文献

[1] 全国地震标准化技术委员会.防震减灾术语 第 1 部分:基本术语:GB/T 18207.1—2008 [S].北京:中国标准出版社,2008.

[2] 达尔文.物种起源:地质大变迁[M].马丽,王晨,译.北京:中国妇女出版社,2017.

[3] 图说天下编委会.这里是地球[M].杭州:浙江教育出版社,2017.

[4] 墨彩书坊编委会.中国少年儿童百科全书:自然环境.[M].北京:旅游教育出版社,2014.

[5] 仇勇海,刘继顺,柳建新,等.地震预测与预警[M].长沙:中南大学出版社,2010.

[6] 全国地震标准化技术委员会.活动断层避让(征求意见稿)[S],2019.

[7] 全国地震标准化技术委员会.地震震级的规定:GB 17740—2017 [S].北京:中国标准出版社,2017.

[8] 全国地震标准化技术委员会.中国地震烈度表:GB/T 17742—2020 [S].北京:中国标准出版社,2020.

[9] 全国地震标准化技术委员会.防震减灾术语 第 2 部分:专业术语:GB/T 18207.2—2005 [S].北京:中国标准出版社,2005.

[10] 中国大百科全书总编委会.中国大百科全书[M].北京:中国大百科全书出版社,2009.

[11] 陈运泰.地震成因与机制[M].北京:中国科学技术出版社,2022.

[12] 地震前兆[EB/OL].(2022 - 08 - 02)[2023 - 07 - 03].https://baike.baidu.com/item/%E5%9C%B0%E9%9C%87%E5%89%8D%E5%85%86/4509638.

[13] 翠屏区人民政府. 地震前都有哪些征兆？[EB/OL].（2017－12－25）[2023－11－03].
https：//www. cuiping. gov. cn/zwgk/yjgl/20190106_440759. html.

[14] 中国地震带[EB/OL].（2023－04－23）[2023－07－04]. https：//baike. baidu. com/i-
tem/%E4%B8%AD%E5%9B%BD%E5%9C%B0%E9%9C%87%E5%B8%A6/
2469738？fr＝ge_ala.

[15] 非也. 全国23个地震带离你家有多近？天灾莫测唯有保险安心[EB/OL].[2023－11－06].
http：//bxr. im/songjing01/article/share/55fa91ff776562973d550000. html？sso_id＝
946803＆shared_record_id＝56309487e4b09e36acca697c.

[16] 章在墉. 再论唐山大地震的经验教训[J]. 世界地震工程,1986(3):1－4.

[17] 汶川特大地震四川抗震救灾志编纂委员会. 汶川特大地震四川抗震救灾志[M]. 成都：
四川人民出版社,2017.

[18] 胡继元,叶珊珊,翟国方. 汶川地震的灾情特征、灾后重建以及经验教训[J]. 现代城市研
究,2009,24(5):25－32.

[19] 中国历史上著名的大地震[J]. 商业文化,2008(6):14－15.

[20] 家乡老照片. 盘点中国历史上死亡人数最多的十大地震[EB/OL].（2019－05－19）
[2023－06－30]. https：//www. sohu. com/a/314951379_100226569.

[21] 李忠东. 富蕴断裂带 阿尔泰山的"伤疤"[J]. 中国国家地理,2020(4):122－129.

[22] 新华社. 截至5月30日青海省玉树地震已造成2698人遇难[EB/OL].（2010－05－31）
[2023－06－30]. https：//www. gov. cn/jrzg/2010－05/31/content_1617614. htm.

[23] 四川日报网. 四川芦山龙门乡99％以上房屋垮塌 受灾人口152万[EB/OL].（2013－
04－20）[2023－06－30]. https：//www. sc. gov. cn/10462/10778/12482/12486/2013/
4/20/10257516. shtml.

[24] 四川在线. "8·8"九寨沟地震致25死525伤 搜救工作基本结束[EB/OL].（2017－08
－14）[2023－06－30]. https：//www. chinanews. com. cn/sh/2017/08－14/8303973.
shtml.

[25] 唐伟. 东日本大地震两周年回顾与总结[J]. 建筑结构,2013,43(S1):617－623.

[26] 日本总务省消防厅. 阪神·淡路大震災について（確定報）[R]. 2018.

[27] USGS. The great 1906 San Francisco earthquake[EB/OL].（2008－01－25）[2023－05－
06]. https：//earthquake. usgs. gov/earthquakes/events/1906calif/18april/.

[28] 中科院地质与地球物理研究所研究员. 科学史话:催生现代地震学的1755年里斯本
8.5级地震[EB/OL].（2022－10－08）[2023－06－30]. https：//new. qq. com/rain/
a/20221008A05T3Q00.

[29] 世界十大地震 中国占了仨 [EB/OL].（2013－04－23）[2023－06－30]. https：//m. so-
hu. com/n/373736047/.

[30] 海外网. 智利发生8.1级地震:盘点智利历史上的大地震[EB/OL].（2014－04－02）
[2023－06－30]. https：//www. 163. com/news/article/9OQI9ED00001121M. html.

[31] 中国地震局. 地震灾害风险评估技术规范:FXPC/DZ P－02[S]. 北京:国务院第一次全
国自然灾害综合风险普查领导小组办公室,2022.

［32］陆吉赟,石树中.基于 HAZUS 的地震灾害风险评估系统设计［J］.地理空间信息,2020,18(9):80-83+86+7.

［33］何明哲,周文松.基于地震损伤指数的地震人员伤亡预测方法［J］.哈尔滨工业大学学报,2011,43(4):23-27.

［34］闫恩辉,龙海云.日本地震灾害评估信息系统概述［J］.地震科学进展,2020,50(4):28-33.

［35］北京工业大学抗震减灾研究所(北京城市与工程安全减灾中心),河北省地震工程研究中心.城市抗震防灾规划标准:GB 50413—2007［S］.北京:中国建筑工业出版社,2007.

［36］中国建筑科学研究院.镇(乡)村建筑抗震技术规程:JGJ 161—2008［S］.北京:中国建筑工业出版社,2008.

［37］唐山市人民政府.唐山市防震减灾"十三五"规划［EB/OL］.(2016-11-18)［2020-06-08］.http://new.tangshan.gov.cn/zhengwu/szfjbgswj/20161118/910370.html.

［38］汶川县政府办.《汶川县应急管理和防震减灾"十三五"规划(2016—2020 年)》解读［R/OL］.(2018-04-26)［2020-06-08］.http://www.wcxrmzf.gov.cn/wcxrmzf/c100089/201804/0133e1e7ba29418d88e539f24182487a.shtml.

［39］东京都防灾会议.东京都地域防灾计划·震灾篇［R］.2019.

［40］神户市防灾会议.神户市地域防灾计划［R］.2019.

3 地质灾害防治规划

3.1 基本知识

3.1.1 概念界定

地质灾害:以地质动力活动或地质环境异常变化为主要成因的自然灾害,是在地球内动力、外动力或人为地质动力作用下,地球发生异常能量释放、物质运动、岩土体变形位移以及环境异常变化等危害人类生命财产、生活与经济活动或破坏人类赖以生存与发展的资源、环境的现象或过程。地质灾害是在自然或者人为因素的作用下形成的,对人类生命财产造成损失、对环境造成破坏的地质作用或地质现象。地质灾害在时间和空间上的分布变化规律,既受制于自然环境,又与人类活动有关,往往是人类与自然界相互作用的结果[1]。

地质环境条件:与人类生存、生活和工程设施依存有关的地质要素。包括地形地貌、水文气象、地层岩性、地质构造、水文地质、工程地质,以及人类活动影响等。

地质灾害易发区:具有发生地质灾害的地质环境条件、容易发生地质灾害的区域。

地质灾害危险性:一定发育程度的地质体在天然或人为因素作用下可能造成的危害。可根据发育程度、危害程度和诱发因素等 3 个指标确定。

地质灾害发育程度:地质体在天然或人为因素作用下形成的变形和破坏特征。

地质灾害危害程度:地质灾害造成或可能造成人员伤亡、经济损失与生态环境破坏的水平。

地质灾害诱发因素:引起地质体发生变化的自然和人为活动要素。

地质灾害危险性评估:对工程建设诱发和建设工程遭受地质灾害的危险性做出评估,并对建设用地适宜性做出评价,提出地质灾害防治措施建议的技术工作[2]。

3.1.2 地质灾害等级

地质灾害按照人员伤亡和经济损失的大小可分为 4 个等级[3]:

① 特大型:因灾死亡 30 人以上,或者直接经济损失达 1 000 万元以上的。

② 大型:因灾死亡 10 人以上 30 人以下,或者直接经济损失在 500 万元以上 1 000 万元以下的。

③ 中型:因灾死亡 3 人以上 10 人以下,或者直接经济损失在 100 万元以上 500 万元以下的。

④ 小型:因灾死亡 3 人以下,或者直接经济损失在 100 万元以下的。

3.1.3 地质灾害类型

地质灾害,包括地面沉降、地裂缝、崩塌、滑坡、泥石流、地面塌陷、岩爆、坑道突水、突泥、突瓦斯、煤层自燃、黄土湿陷、岩土膨胀、砂土液化、土地冻融、水土流失、土地沙漠化及沼泽化、土壤盐碱化,以及地震、火山喷发、地热害等。

3.1.3.1 地面沉降

地面沉降:因自然因素和人为活动引发地层压缩导致的地面高程降低的地质现象[4],又称为地面下沉或地陷。地面沉降主要发生于平原和内陆盆地大量开采地下水的城市和农业区,油气田开采区也会出现地面沉降问题。

地面沉降分为构造沉降、非构造沉降和复合型沉降3种类型[5]。

构造沉降:由地壳运动引起的地面下沉现象,伴随地壳隆起、拗陷、断裂活动和其他构造变形产生的地面沉降现象。构造沉降的特点是沉降范围大,一般沉降速度较为缓慢,而且不为人类活动所控制。

非构造沉降:因长期超量抽汲地下水和建筑物荷载过重引起的地面沉降。这是地面沉降中发生最普遍、危害最严重的一类。油气资源开发也会引起地面沉降,但沉降的程度一般没有地下水开采区的沉降那么严重。当前有部分大城市的局部区域超大建筑物集中引起的地面沉降已较为突出。

复合型沉降:地面沉降与地裂缝伴生的类型,即非构造沉降和构造型的地裂缝相伴生,这类沉降在断陷盆地内最显著,如渭河断陷盆地内的西安市和山西断陷盆地的大同市等。长江三角洲的苏州、无锡和常州,地面沉降区域也出现了地裂缝,说明地面沉降与地裂缝存在着一定的关联性。

3.1.3.2 地裂缝

地裂缝:在自然或人为因素的作用下,地表岩土体开裂、差异错动,在地面形成一定长度和宽度的裂缝并造成危害的现象[6]。地裂缝一般产生在第四系松散沉积物中。地裂缝与地面沉降的区别是地裂缝的分布没有很强的区域性规律,形成原因也较为复杂[5]。

3.1.3.3 崩塌

崩塌:陡峻斜坡的岩土体,在重力或其他外力作用下突然脱离母体,发生以竖向为主的运动,并堆积在坡脚的过程与现象[7]。其主要特征是:崩塌体下落速度快,发生突然,崩塌体脱离母体并在下落过程中整体性遭到破坏,崩塌体垂直位移远远大于水平位移。

崩塌有许多通俗的叫法,如崩落、塌方或垮塌等。堆积在坡脚的大小不等、零乱无序的岩块或土块称为崩积物,也可称为岩堆或倒石堆。如果崩塌发生在河、湖、水库岸边,常常称为塌岸或岸崩。

不同的崩塌体规模差异大,小到一块石头或一堆土,大到成千上万立方米的巨型块体,个别的山崩可大到数亿立方米。崩塌如果发生在土体中,就称土崩;如果发生在岩体中,就叫岩崩;当崩塌体规模巨大,涉及山体者称山崩。具有崩塌前兆的不稳定岩体称为危岩体。

3.1.3.4 滑坡

滑坡:在重力作用下,沿地质弱面向下向外滑动的地质体和堆积体[8]。其特点是滑动的岩、土体结构能保持基本完整,滑体上各部分的相对位置在滑动前后变化不大。

滑坡在山区有许多通俗的叫法,如地滑、走山、垮山、土溜、山剥皮等。

按滑坡体的物质组成,滑坡可分为土质滑坡(包括堆积层滑坡、黄土层滑坡、人工填土滑坡等)和岩体(岩层)滑坡。

按滑坡体的规模,滑坡可分为小型、中型、大型和特大型滑坡。根据滑坡形成的年代可分为新滑坡、老滑坡、古滑坡和正在发展中的滑坡。根据滑坡的滑动速度可分为蠕动型滑坡、慢速滑坡、中速滑坡和快速滑坡。按滑动的性质可分为牵引式滑坡、推动式滑坡和混合式滑坡。

滑坡的形成过程:典型滑坡从开始形成到发生、发展,是一个缓慢、长期的变化过程。一般都会经历滑坡前兆(山坡上产生了裂缝,有助于地表水的渗入)、滑坡发生(斜坡上部分岩土体产生变形破坏,坡面上形成局部的拉张裂缝,滑动面基本形成,开始蠕动变形)、滑坡发展(滑坡开始整体下滑,滑动后壁明显露出)、滑坡停止(滑坡压密稳定下来)4个阶段。

3.1.3.5　泥石流

泥石流:山区沟谷或坡面在降雨、融冰、决堤等自然或人为因素作用下发生的一种挟带大量泥、沙、石等固体物质的流体[9]。泥石流是山区特有的一种突发性的地质灾害,一般携带大量水分和泥沙、石块、巨砾,爆发力极强,破坏力极大。泥石流多数由暴雨,也可能由大量的冰雪融水或因江湖、水库溃决后的洪水触发。泥石流的俗称有龙扒、蛟龙、走蛟等形象称谓。

泥石流的特征是突然暴发。在暴发过程中,有时伴随山谷雷鸣、地面震动、巨石翻滚现象;其混浊的、急速的洪流,将陡峻山谷斜坡和沟底的泥土、沙石连冲带滚一古脑儿冲出沟外,堆积在山口。由于泥石流具有极强的冲击力和破坏力,常常给群众的生命和财产造成很大危害。

泥石流与滑坡、崩塌的最大区别是:滑坡、崩塌是个体或群体,而泥石流是小流域,通常由流域上游的形成区、中部的流通区和下部(沟口)的堆积区共同构成。

3.1.3.6　地面塌陷

由于地面塌陷形成区域地质条件和作用因素的差异,地面塌陷可分为岩溶地面塌陷和非岩溶地面塌陷两大类型。

岩溶地面塌陷:与岩溶有关的地面塌陷现象。它是由于溶洞或溶蚀裂隙上覆岩土体在自然或人为因素影响下发生变形破坏,最后在地面形成塌陷坑(洞)的过程和现象。岩溶地面塌陷可分为基岩塌陷和土层塌陷两种。前者由于溶洞顶板失稳塌落而产生,后者由于土洞顶板塌落或土层在地下水渗流作用下发生破坏而产生[10]。

非岩溶地面塌陷:非岩溶地层的洞穴产生的塌陷,最常见的是采矿塌陷,偶见黄土层陷穴引起的塌陷和玄武岩分布区域其通道顶板产生的塌陷,以及城市地下管网建设引起的塌陷[5]。

3.1.3.7　采空塌陷

采空区:地下固体矿床开采后的空间,及其围岩失稳而产生位移、开裂、破碎垮落,直到上覆岩层整体下沉、弯曲所引起的地表变形和破坏的地区或范围。

采空塌陷:由于地下采矿形成空间,造成上部岩土层在自重作用下失稳而引起的地面塌陷现象[11]。

采煤沉陷区:因地下采煤活动引起一定范围内地面高程下降、地表发生形变的区域。

采煤沉陷区治理:对采煤沉陷区受损的土地采取一系列工程措施、生物措施和耕作措施,使其达到与当地生态系统相和谐并可被利用的状态,其主要治理过程包括地表整形、土壤改良、植被恢复、配套工程等。

3.1.3.8　不稳定斜坡

不稳定斜坡:在受到各种地质、气候、人类工程活动等作用影响时,具有自然滑动或蠕动、崩塌或坡面泥石流等变形或失稳迹象的斜坡。处于蠕变阶段的不稳定斜坡,在台风暴雨、持续强降水等诱发条件下极有可能进一步演变,甚至发生滑动或剧滑,其潜在危害程度可能达到重大级[12]。

3.1.3.9　砂土液化

砂土液化:饱水的疏松粉、细砂土在振动作用下突然破坏而呈现液态的现象,是由于孔隙水压力上升,有效应力减小所导致的砂土从固态到液态的变化现象。其机制是饱和的疏松粉、细砂土体在振动作用下有颗粒移动和变密的趋势,对应力的承受从砂土骨架转向水。由于粉和细砂土的渗透力不良,孔隙水压力会急剧增大,当孔隙水压力大到总应力值时,有效应力就降到零,颗粒悬浮在水中,砂土体即发生液化。

3.1.3.10　黄土湿陷

湿陷性黄土:在一定压力下受水浸湿,土的结构迅速被破坏,并产生显著附加下沉的黄土[13]。湿陷性黄土属于特殊土,有些杂填土也具有湿陷性。黄土湿陷是黄土的一种特殊的工程地质性质。黄土具有在自重或外部荷重下,受水浸湿后结构迅速被破坏而发生突然下沉的性质。

3.1.4　地质灾害的成因

地质灾害是地质因素和引发条件耦合作用及承灾对象遭遇的结果。地质因素包括地形地貌、地质成分结构和构造活动背景等,决定了地质灾害的易发程度。引发条件包括气温变化引起的冻融作用、降雨渗流、地震作用和人类工程活动等多因素叠加效应。承灾对象包括人员、财产、基础设施和生态环境等,决定了危害类型及社会影响[14]。

3.1.4.1　自然演化累积效应

地质环境自然演化的必然性与人类生存发展遭遇的偶然性或概率增大,是地质灾害生成的重要因素。例如,长江三峡仙女山活动断裂带既是构造地震带,也是崩滑灾害发育带,沿断裂带南有老林河崩塌体,中有狮子崖崩塌,北部(长江边)有新滩滑坡,表现出显著的空间系统性。新滩滑坡自汉永元十二年(公元 100 年)以来具有约 460 年的复发周期,与该地区的地震活动期基本对应,崩滑活动期稍滞后于地震活跃期,是内动力作用(地震)控制外动力作用(崩滑)的一处典型案例[15]。

自然演化形成的崩塌滑坡和泥石流广泛存在,在地质构造复杂、地壳活动强烈和气候变化显著地区的表现尤其突出。2018 年 10 月,金沙江、雅鲁藏布江先后发生山体滑坡堵江形成堰塞湖,水位升高漫顶、泄洪及涌浪造成巨大经济损失和广泛社会影响。事实上,早在 2009 年 7 月,当地政府就发现了金沙江白格滑坡变形迹象。2014 年 11 月,当地政府对滑坡威胁范围内的村民全部实施了搬迁避让。雅鲁藏布江色东普段数十年来因冰川消融引发多次崩滑碎屑流堵江事件。2018 年堵江灾害发生前,该河段 2/3 处于堰塞状态,沟源区存在崩滑堆积"零存整取"现象,河道多次堰塞形成"累积效应"[14]。

3.1.4.2 气温变化与冻融地质灾害

（1）区域气温变化

全球气候变暖是极端事件增多增强的大背景,气温升高会导致极端天气气候事件增多趋强,成为暂时性或长期性冰雪冻融和山地斜坡稳定性变化的重要因素。

由于青藏高原影响着东亚季风气候,使中国成为全球气候变化的敏感区和影响显著区。1951—2018 年,中国地表年平均气温平均升高 0.24 ℃/10 a,升温率高于同期全球平均水平[14]。其中,北方增温速率明显大于南方地区,西部地区大于东部地区,其中青藏地区增温速率最大。1961 年以来,西藏高原年平均气温上升 0.32 ℃/10 a,尤其表现在秋冬两季。1981 年以来升温 0.60 ℃/10 a。气候变化造成普遍性冰川退缩、湖泊面积扩张、冻土深度变浅、植被增加和强降水、干旱日数、冰湖溃决、冰崩、滑坡—碎屑流等极端事件显著增多。

1977—2018 年期间,藏东雅鲁藏布江色东普流域因气温升高冰川退缩面积达 15.67 km²,退缩率为 45.46％。气温升高造成南迦巴瓦峰格嘎冰川和加拉白垒峰色东普冰川自 1950 年代以来多次活动跃进引发崩滑碎屑流,冲击堵塞雅鲁藏布江[14]。

（2）冻融引发的地质灾害

中国西北、西南高山峡谷地区或黄土塬边对秋冬或春夏交替温度变化引起的冻融作用反应敏感,冰雪冻融水流下渗或在斜坡前缘形成"冻结滞水"后融化软化引发崩塌滑坡—碎屑流灾害。

2000 年 4 月 9 日,西藏波密县易贡藏布河扎木弄沟左侧山体巨型冰崩—滑坡碎屑流,堵河形成堰塞湖,溃决后造成下游 100 多人失踪和巨大经济损失[14]。事后调查,该地段 1998 年 5 月以来山体断续出现垮塌[16],2000 年 3 月数日"高温"和降雨叠加作用引发大规模崩滑事件[17-18]。

2009 年 11 月 16 日,山西中阳县张子山乡张家咀村降雪融水渗流引发黄土崩塌,造成 23 人死亡。2010 年 3 月 10 日,陕西子洲县双湖峪镇双湖峪村石沟降雪融水渗流引发黄土崩塌,造成 27 人死亡。2013 年 1 月 11 日,云南镇雄县果珠乡赵家沟降雪融水渗流引发滑坡,造成 46 人死亡。2013 年 3 月 29 日,西藏墨竹工卡县扎西岗乡普朗沟因降雪融水渗透导致矿山弃土场滑坡碎屑流,造成 83 人死亡失踪[14]。

3.1.4.3 大气降雨与地质灾害

降雨因素具有覆盖面广、持续时间长和局地冲刷渗流作用强烈等特征,是地质灾害的主要引发因素。中国夏季风的进退同大陆上主要雨带的季节性位移密切相关。

1997 年以来,年均降雨量与地质灾害造成的死亡失踪人数总体成正相关,但死亡失踪人数随时间趋势性下降。1998、2010 和 2013 年趋势一致,2005、2015 和 2018 年趋势不同,尤其是 2011 年以后,年度降雨量总体增加,但因灾死亡失踪人数显著下降。1998 年,中国华中、华南、东北地区强烈降雨引发大规模洪水灾害,同时也是地质灾害严重年份。2005 年,台风"海棠""麦莎""珊瑚""泰利""卡努"和 2006 年超强台风"碧利斯"和"桑美"等带来的强降雨在中国东南山地丘陵区引发群发型地质灾害,造成的经济损失较大。2010 年人员伤亡最严重,主要是局地强降雨引发的特大型地质灾害事件较多[14]。

3.1.4.4 地震活动

地震作用表现在长期多次地震活动累积效应造成山体结构损伤、斜坡的渐进性破坏,强烈地震作用直接拉断岩土体,引发崩塌滑坡及碎屑流堆积,其滞后效应可延续数十年。

一般地,地震烈度Ⅵ度以上区域的山体斜坡才可能出现变形破坏,Ⅷ度及其以上区域可能出现大型山体崩塌滑坡,Ⅸ度及以上区域肯定出现大型崩塌滑坡。2008年汶川地震激发的大型崩塌滑坡主要分布在Ⅸ~Ⅺ地震烈度区内,尤其出现在顺向斜坡结构地带或斜坡坡向与地震作用方向一致的区域。地震台网监测发现,地震强地面运动峰值加速度(PGA)超过0.2 g的区域才会引发比较严重的崩塌滑坡灾害[14]。

3.1.4.5 人类工程活动

人类活动如地下开挖、地表切坡、弃土堆载、水库浸润、灌溉渗漏和爆破振动等会加剧原有的滑坡活动或直接形成新的地质灾害。多年前开挖的边坡在持续降雨条件下失稳,错误的治理工程可能酿成地质灾难。水库水位涨落伴随的反复浸润岩土体特别是弱化带引发的滑坡可能沿水库周边成带成群出现。溶蚀侵蚀、水位升降(涨落)会在斜坡内部产生软化作用、浮托作用和向外的动水压力作用及其滞后效应,急剧降低斜坡的整体稳定性[14]。

3.1.5 地质灾害的时空分布特征

3.1.5.1 地质灾害空间分布特征

根据《全国地质灾害防治"十三五"规划》,滑坡、崩塌、泥石流和地面塌陷地质灾害的高、中易发区,主要分布在川东渝南鄂湘西山地、青藏高原东缘、云贵高原、秦巴山地、黄土高原、汾渭盆地边缘、东南丘陵山地、新疆伊犁、燕山等地区[19]。

在所有的地质灾害中,除地震灾害外,崩塌、滑坡、泥石流灾害是最为严重的,其以分布广、灾发性和破坏性强为特点,每年都造成巨大的经济损失和人员伤亡。土地沙(漠)化、地面沉降和水土流失等缓变型地质灾害发展迅速,危害愈来愈大,成为令人担忧的地质灾害。

在西北、华北和东北部分地区,气候干旱少雨,年内温差悬殊,风蚀作用剧烈,土地沙漠化、土地冻融等灾害发育严重。在温暖湿润的东部、南部地区,尤其在西南山区,降雨多且集中,崩、滑、流灾害频繁发生。在东部平原地区,土地盐渍化、沼泽化、冷浸田等地质灾害广泛分布。

地面沉降、地裂缝灾害主要出现在华北平原、长江三角洲和汾渭断陷盆地等区域。全国有80多个城市存在地面沉降,其中出现灾害性地面沉降的城市或地区有50多个。长江三角洲和环渤海地区的地面沉降范围已从城市扩展到农村,形成区域性地面沉降。沿海城市如上海市多年来超高建筑群荷载作用与深基坑降排水成为中心城区地面沉降的重要影响因素。地裂缝灾害主要分布在汾渭盆地、河北平原、大别山东北麓平原和长江三角洲中北部地区,形成多个地裂缝密集区。

岩溶塌陷灾害分布在24个省(自治区、直辖市),塌陷坑总数约50 000处,中南、西南地区的塌陷坑数约占总数的70%。华北南部、华中和华南岩溶丘陵盆地是岩溶地面塌陷易发地区,成为城镇和基础工程建设的重大问题。黄土分布地区局部出现湿陷性塌陷灾害。矿山采空沉陷主要出现在煤矿分布区,开裂沉陷区总面积超过 1 200 km²。

2022 年 12 月 7 日,自然资源部印发了《全国地质灾害防治"十四五"规划》(简称"规划"),介绍了全国地质灾害易发区的规模和空间分布。其中,滑坡、崩塌、泥石流和地面塌陷易发区面积约 717 万 km²,其中高易发区面积约 128 万 km²,中易发区面积约 279 万 km²,低易发区面积约 310 万 km²,高、中易发区主要分布在川东渝南鄂西湘西山地、青藏高原东缘、云贵高原、秦巴山地、黄土高原、汾渭盆地周缘、东南丘陵山地、新疆伊犁、燕山等地区。地面沉降和地裂缝高、中易发区主要分布在长江三角洲、华北平原、汾渭盆地、珠江三角洲、淮河平原、东北平原等地区。

规划提出,"十四五"期间的 16 个地质灾害重点防治区,总面积约 315.3 万 km²。其中,滑坡、崩塌、泥石流、地面塌陷重点防治区面积约 288.2 万 km²,地面沉降和地裂缝重点防治区面积约 27.1 万 km²。

16 个地质灾害重点防治区包括:西藏喜马拉雅重点地区高位远程滑坡及链式灾害重点防治区、滇西川西藏东横断山区高山峡谷滑坡崩塌泥石流重点防治区、川南滇东北黔东黔西高山峡谷区滑坡崩塌泥石流重点防治区、桂北黔南粤西北中山区岩溶崩塌地面塌陷重点防治区、湘东南赣西中低山区群发性滑坡崩塌重点防治区、浙闽粤赣皖低山丘陵区台风暴雨型滑坡崩塌重点防治区、长江中上游三峡库区滑坡崩塌重点防治区、陇南陕南川北秦岭大巴山区滑坡崩塌泥石流重点防治区、青东陇中陕北晋西北黄土滑坡崩塌泥石流重点防治区、新疆南部滑坡崩塌泥石流重点防治区、新疆伊犁地区滑坡泥石流重点防治区、辽东低山丘陵区泥石流重点防治区、华北平原地面沉降重点防治区、长江三角洲地面沉降重点防治区、汾渭盆地地面沉降地裂缝重点防治区、珠江三角洲地面塌陷地面沉降重点防治区[20]。

总体上,我国东部地区地质环境较安全,以地质灾害易发程度为主要影响因素,仅在太行山燕山局部地区零星分布有地质环境不安全区;我国西部地区地质环境较不安全,以区域地壳不稳定性为主;地质环境不安全区,也就是区域构造稳定性极差和极易发生地质灾害重叠的地区,主要分布在青藏高原东南缘的陇南中山山地、藏东南、川滇和横断山高山峡谷区,主要涉及甘肃南部天水和陇南地区、四川中西部和云南中西部地区、西藏南部部分地区,其地震地质灾害链综合风险很大[21]。

3.1.5.2 地质灾害时间分布特征

多年统计数据显示,约 2/3 的突发性地质灾害主要发生在每年的 5—9 月。这个时段除了区域地质环境控制和人为因素引发作用外,降雨成为主要的直接引发或间接加剧地质灾害的因素。

我国崩塌、滑坡和泥石流等突发性地质灾害的时间分布既反映了气候变化、水文环境与地质环境叠加作用的演化规律,也反映了人类工程经济活动干扰地质环境强度与范围的变化。总体趋势上,2001—2010 年地质灾害年度发生数量呈上升趋势,2011 年以后呈下降趋势。前一阶段反映了我国地质环境开发利用盲目无序态势未得到有效控制,地质灾害防治能力不足;后一阶段反映国家地质灾害防治能力快速提升,地质灾害发生数量显著减少[14]。

3.2 国内外重大地质灾害历史事件

3.2.1 国内案例

3.2.1.1 甘肃舟曲特大泥石流

2010 年 8 月 7 日 22 时左右,甘南藏族自治州舟曲县城东北部山区突降特大暴雨,降雨量达 97 mm,持续 40 多 min,引发三眼峪、罗家峪等四条沟系特大山洪地质灾害,泥石流长约 5 km,平均宽度 300 m,平均厚度 5 m,总体积 750 万 m³,流经区域被夷为平地。泥石流冲进县城,形成堰塞湖。截至 2010 年 9 月 7 日,舟曲"8·7"特大泥石流灾害中遇难 1 557 人,失踪 284 人。

舟曲泥石流灾害主要有以下 5 方面原因[22]:

① 地质地貌原因。舟曲是全国滑坡、泥石流、地震三大地质灾害多发区。舟曲一带是秦岭西部的褶皱带,山体分化、破碎严重,大部分属于炭灰夹杂的土质,非常容易形成地质灾害。

② "5·12"地震震松了山体。舟曲是"5·12"地震的重灾区之一,地震导致舟曲的山体松动,极易垮塌。

③ 气象原因。遭遇严重干旱,这使岩体、土体收缩,裂缝暴露出来,遇到强降雨,雨水容易进入山缝隙,形成地质灾害。

④ 瞬时的暴雨和强降雨。由于岩体产生裂缝,瞬时的暴雨和强降雨深入岩体深部,导致岩体崩塌、滑坡,形成泥石流。

⑤ 地质灾害自由的特征。地质灾害隐蔽性、突发性、破坏性强,难以排查出来,所以一旦成灾,损失很大。

3.2.1.2 四川茂县山体垮塌事件

2017 年 6 月 24 日 5 点 45 分,四川省阿坝藏族羌族自治州茂县叠溪镇新磨村新村组富贵山山体突发高位垮塌,垮塌方量巨大,约 800 万 m³,堵塞河道约 2 km。截至 24 日下午 5 点,有 62 户 120 余人被掩埋,约 1 600 m 道路被掩埋[23]。中国电信四川公司公布消息称,受山体垮塌影响,电信光缆受损 3 km,茂县较场—叠松—松坪乡基站传输中断,松坪沟和叠松掉线,黑虎乡传输中断,四个基站退服,松坪沟乡政府新磨村以远的固定电话、宽带和天翼业务中断[24]。

3.2.1.3 山阳县山体滑坡事件

2015 年 8 月 12 日 0 时 30 分左右,陕西省山阳县中村镇烟家沟村发生一起突发性山体滑坡,滑坡土石量达 150 多万 m³。截至 15 日晚上 8 时,事故造成厂区 15 间职工宿舍、3 间民房被埋,64 人失踪。2016 年 1 月初,国务院批复陕西省人民政府《关于山阳县"8·12"突发特大山体滑坡灾害处置工作情况报告》。经调查认定,该滑坡是在不利地质条件下,受重力、岩溶和地质构造的长期作用而形成的特大型自然灾害[25]。

3.2.1.4 其他地质灾害案例事件

2000年以来,我国各地地质灾害事件频繁发生,造成了较为严重的损失,典型案例如表3-1所示。

表3-1 我国近年典型地质灾害事件信息简表

序号	名称	时间	损失
1	云南楚雄泥石流	2008年11月2日	造成24人死亡,42人失踪,8人受伤,52万人受灾,紧急转移3万余人[26]
2	重庆武隆山体垮塌事故	2009年6月5日	造成26人死亡,至少有87人被埋[27]
3	湖南双峰地陷事件	2010年7月25日	160多栋农房受损,受灾人口800余人,受损面积约1.5 km²,多处发生裂缝、沉降,并产生了多处天坑[28]
4	云南镇雄山体滑坡事件	2013年1月11日	造成46人死亡,2人受伤[29]
5	贵州福泉山体滑坡事件	2014年8月27日	造成6人死亡,22人受伤,21人失联[30]
6	云南东川山体滑坡事件	2014年10月28日	成功救出3人,仍有9人失踪[31]
7	广东深圳光明长圳洪浪村山体滑坡事件	2015年12月20日	造成73人死亡,4人下落不明,17人受伤,33栋建筑物被损毁、掩埋,90家企业生产受影响,涉及员工4 630人。事故造成直接经济损失8.81亿元[32]
8	湖北南漳山体崩塌事故	2017年1月20日	造成12人遇难[33]
9	陕西白河滑坡事件	2017年4月17日	1栋居民楼垮塌,7人下落不明[34]
10	贵州纳雍县山体垮塌事件	2017年8月28日	造成23人死亡,8人受伤,12人失联[35]
11	广西南宁崩塌事故	2017年11月26日	造成6人死亡,9人受伤[36]
12	山西乡宁枣岭山体滑坡	2019年3月15日	当地卫生院1栋家属楼、信用社1栋家属楼和1座小型洗浴中心垮塌,造成20人死亡,13人受伤[37]
13	贵州水城山体滑坡事件	2019年7月23日	造成1 600人受灾,43人死亡,9人失踪,700余人紧急转移安置,直接经济损失1.9亿元[38]
14	四川汶川泥石流	2019年8月20日	造成45万人受灾,26人死亡,19人失踪,7.3万人紧急转移安置,1 000余间房屋倒塌,直接紧急损失约159亿元[39]
15	青海西宁路面塌陷事故	2020年1月13日	造成10人遇难,17人受伤[40]
16	四川乐山鹿儿坪国有林场山体垮塌	2023年6月4日	垮塌体砸中并掩埋了矿井平台上的部分生产生活设施,造成19人遇难[41]

3.2.2 国外案例

3.2.2.1 缅甸帕敢矿区塌方事故

缅甸盛产翡翠,全球闻名,其北部克钦邦的帕敢更是久负盛名的玉矿产地。2020年7月

2日,帕敢的韦卡(WaiKhar)翡翠矿区发生废土堆坍塌,174人遇难,55人受伤,失踪约20人。这是缅甸历史上伤亡最严重的矿难事故[42]。

缅甸每年为全球翡翠市场提供巨大产量,但伴随而来却是各种非法开采、安全事故、混乱的管理。据统计,仅2015年帕敢矿区就发生了40多次塌方,上百人遇难。每年6—10月是缅甸雨季,7月和8月更是洪水泛滥的季节。2020年6月,缅甸资源与环保部就发布通知,要求7月1日至9月30日暂停矿区的采掘作业以防坍塌事故。然而,这并没有阻止7月悲剧的发生。经调查,7月2日矿难发生的直接原因是暴雨导致的矿山废土堆塌陷,而当时在废土堆下方聚集的都是个体淘玉者,他们缺少安全保护措施,瞬间就被坍塌的土堆掩埋,数百人和疏松的废土堆一同堕入矿井池中,激起6 m多高的巨浪。

3.2.2.2　塞拉利昂特大型泥石流

塞拉利昂共和国(Republic of Sierra Leone)位于西非大西洋岸,是全世界最贫穷的国家之一。然而,这个国家却蕴藏着丰富的钻石矿,钻石矿是塞拉利昂共和国的经济支柱。2017年8月14日,一场特大型泥石流袭击了首都弗里敦市(Freetown),造成1 141人遇难,吸引了全球新闻媒体的聚光灯[43]。

其实,在泥石流发生前,弗里敦市已经经受了连续三整天的暴雨天气,最终使弗里敦半岛上最高的舒格洛夫山(Sugar Loaf Mountain)发生山体崩塌。8月14日清晨,雨水裹挟着泥土岩石,毫不留情地冲入市区,吓醒了还在熟睡中的人们。泥石流一路断桥毁路,分分钟淹没了首都的大街小巷,成千上万人的家园遭遇毁灭性打击。

弗里敦特大型泥石流的形成是多种地质因素综合作用的结果。首先,全球气候变化让原本暴雨期的降雨量剧增。据统计,首都8月平均降水量高达539.9 mm,为泥石流的形成提供了充足水源。其次,弗里敦市依山傍海,地形以山地为主,加上当地森林大量被砍伐而导致土质疏松、水土流失严重,因此成为泥石流易发地带。最后,当地建筑物密集而又简陋,生活垃圾堆积成山,排水系统不畅,增加了地表径流,客观上加剧了泥石流危害。

3.2.2.3　危地马拉地面塌陷事件

2010年5月30日,危地马拉的首都危地马拉市中心佐纳2区出现"轰"的一声巨响,一片地面突然塌陷。短短几分钟内,原本平整的路面裂开一个幽深的大口子,仿佛黑洞般吞噬了一座三层楼高的工厂和一位保安,路上的电线杆也被一同拖入地下。这次地陷事件造成了至少15人死亡,还有300位居民的生命受到威胁。经测量,这个洞直径18 m,深100 m[44]。

这次地陷很有可能是由人类活动导致的。首先,在危地马拉城地下基础设施建造的区域内,头几百米地层由松散的火山浮石构成,这些火山喷发的沉积物没有硬化成为岩石,因此很容易被湍急的流水侵蚀,逐渐在地下形成中空的洞。

此外,危地马拉周围的火山喷发给城市盖上了一层新火山灰,这种物质进入下水道和排水沟内可能会造成堵塞,让管道更容易破裂。加上城市规划、建筑规范并没有得到足够的重视,地下管道开裂漏水后,长时间都没人去检查修复,为地陷隐患埋下了伏笔。终于,热带风暴"阿加莎"来袭,密集的雨量让下水道和排水沟超负荷运作,严重的漏水加剧了浮石层的流失。地下被掏空之后,再也承受不住地面之重,轰然塌陷。

3.2.2.4　其他地质灾害案例事件

近年来,国外各地的地质灾害事件不断发生,典型案例如表3-2所示。

表 3-2 国外近年地质灾害事件信息简表

序号	名称	时间	损失
1	美国华盛顿州泥石流	2014 年 3 月 22 日	除导致 8 人死亡外,还有 108 人失踪[45]
2	阿富汗巴达赫尚省山体滑坡事件	2014 年 5 月 2 日	至少有 2 100 人死亡,300 间房屋倒塌[46]
3	哥伦比亚山体滑坡事故	2015 年 5 月 18 日	至少 47 人遇难[47]
4	埃塞俄比亚垃圾场滑坡事故	2017 年 3 月 11 日	造成 113 人死亡,至少有 80 人失踪[48]
5	斯里兰卡垃圾山坍塌事故	2017 年 4 月 14 日	造成 10 人死亡[49]
6	吉尔吉斯斯坦山体滑坡事件	2017 年 4 月 29 日	24 人被埋[50]
7	印度尼西亚中爪哇山体垮塌事故	2017 年 12 月 18 日	在河边采砂的多名矿工被埋,至少有 8 人死亡、8 人受伤[51]
8	赞比亚矿渣山坍塌事故	2018 年 6 月 20 日	造成至少 10 人死亡、7 人受伤[52]
9	肯尼亚山体滑坡事故	2019 年 11 月 23 日	造成 56 人死亡[53]
10	尼泊尔山体滑坡事件	2020 年 6 月 13 日	造成 8 人死亡、1 人失踪,2 栋民房被摧毁[54]

3.3 地质灾害的风险评估方法

3.3.1 评估目的

地质灾害风险评估的目的是对城乡建设遭受地质灾害的风险性程度做出判断,对建设用地的适宜性做出评价,为提出地质灾害防治措施提供依据。

3.3.2 评估内容

地质灾害危险性评估的主要依据是国家标准《地质灾害危险性评估规范》(GB/T 40112—2021)[2]、2020 年 3 月版的《地质灾害风险调查评价技术要求(1∶50 000)(试行)》[55]、《地质灾害风险调查评价规范(1∶50 000)》(报批稿)等[56]。

地质灾害危险性评估的主要内容是:阐明工程建设区和规划区的地质环境条件基本特征;分析论证工程建设区和规划区各种地质灾害的危险性,进行现状评估、预测评估和综合评估;提出防治地质灾害措施与建议,并做出建设场地适宜性评价结论。

地质灾害风险普查主要是以孕灾主控地质条件和地质灾害隐患判识为主,开展 1∶50 000 风险普查,深化地质灾害早期识别、形成机理和规律认识,总结成灾模式,开展不同层次地质灾害风险区划,提出综合防治对策建议,为地质灾害防治管理提供基础依据。其主要工作内容如下:

(1) 开展 1∶50 000 地质灾害隐患调查

主要查明地质灾害孕灾条件和基本特征,包括地质灾害隐患的地理位置、规模等级、威胁人口、威胁财产和风险等级等;建立地质灾害调查空间数据库。

（2）视情况开展1:10 000地质灾害隐患调查

根据防灾需求,视情况采用无人机三维倾斜摄影测量、三维激光扫描、边坡雷达探测等新技术新方法,针对受地质灾害威胁严重的集镇等人口聚居区,开展1:10 000地质灾害隐患调查,主要查明地质灾害隐患的变形特征和危害程度。

（3）视情况开展1:2 000高精度工程地质勘查

视情况,可选择少数重大地质灾害隐患点开展1:500～1:2 000工程地质勘查,分析地质灾害形成机理、演变规律、成灾模式,评价隐患点的稳定性。

（4）开展地质灾害风险评价与区划

综合考虑地质灾害隐患危险性和威胁对象等因素,评价地质灾害风险。在易发性、危险性、易损性评价基础上按照极高、高、中、低4级划分地质灾害风险等级,分类提出监测、治理、避险移民搬迁等防治对策和时序安排建议。

地质灾害风险评价包括一般调查区地质灾害风险评价、重点调查区地质灾害风险评价以及单体地质灾害风险评价。应按照滑坡和崩塌、泥石流、地面塌陷、地裂缝、地面沉降分类型评价地质灾害风险,根据实际情况综合叠加确定风险等级,据此开展风险区划。地质灾害风险区划结果应实地核查,对区划边界、风险等级、异常区等进行复核,必要时补充相应调查工作量,并对区划结果进行局限性评述。

（5）开展地质灾害防治区划

在风险评价与区划的基础上,综合考虑区域地质灾害发育分布特征以及社会、经济、管理现有条件,划分重点、次重点和一般等3级地质灾害防治区,合理提出监测、治理、避险移民搬迁等防治对策和时序安排建议。

地质灾害危险性评估的灾种主要包括滑坡、崩塌、泥石流、岩溶塌陷、采空塌陷、地裂缝、地面沉降等。地质灾害诱发因素应根据成因分为自然和人为2类(表3-3),危害程度应根据灾情和险情分为危害大、危害中等和危害小3级(表3-4),危险性应根据地质灾害发育程度、危害程度和诱发因素分为危险性大、危险性中等和危险性小3级(表3-5)。应依据《地质灾害危险性评估规范》(GB/T 40112—2021),规定各类工程建设及国土空间总体规划、村庄和集镇规划地质灾害危险性评估的内容、要求、方法和程序等。

表3-3　地质灾害诱发因素分类表[2]

分类	滑坡	崩塌	泥石流	岩溶塌陷	采空塌陷	地裂缝	地面沉降
自然因素	地震、降水、融雪、融冰、地下水位上升、河流侵蚀、新构造运动	地震、降水、融雪、融冰、温差变化、河流侵蚀、树木根劈	降水、融雪、融冰、堰塞湖溢流、地震	地下水位变化、地震、降水	地下水位变化、地震	地震、新构造运动	新构造运动
人为因素	开挖扰动、爆破、采矿、加载、抽排水、沟渠溢流或渗水	开挖扰动、爆破、机械震动、抽排水、加载、沟渠溢流或渗水	水库溢流或垮坝、沟渠溢流、弃渣加载、植被破坏	抽排水、开挖扰动、采矿、机械震动、加载	采矿、抽排水、开挖扰动、震动、加载	抽排水	抽排水、油气开采

表 3-4　地质灾害危害程度分级表[2]

危害程度	灾情		险情	
	死亡人数/人	直接经济损失/万元	受威胁人数/人	可能直接经济损失/万元
危害大	>10	>500	>100	>500
危害中等	3~10	100~500	10~100	100~500
危害小	<3	<100	<10	<100

表 3-5　地质灾害危险性分级表[2]

发育程度			危害程度	诱发因素
强发育	中等发育	弱发育		
危险性大	危险性大	危险性中等	危害大	自然、人为
危险性大	危险性中等	危险性中等	危害中等	
危险性中等	危险性小	危险性小	危害小	

3.3.2.1　滑坡危险性现状评估

根据滑坡的发育程度、危害程度和诱发因素,结合地质环境条件,按表 3-6、表 3-7 进行滑坡地质灾害危险性现状评估。

表 3-6　滑坡发育程度分级表[2]

发育程度	发育特征	稳定系数
强发育	a) 滑坡前缘临空,坡度较陡且常处于地表径流的冲刷之下,有发展趋势并有季节性泉水出露,岩土潮湿、饱水; b) 滑体平均坡度>40°,坡面上有多条新发展的滑坡裂缝,其上建筑物、植被有新的变形迹象; c) 后缘壁上可见擦痕或有明显位移迹象,后缘有裂缝发育	不稳定,$F_s \leqslant 1.00$
中等发育	a) 滑坡前缘临空,有间断季节性地表径流流经,岩土体较湿,斜坡坡度为 30°~45°; b) 滑体平均坡度为 25°~40°,坡面上局部有小的裂缝,其上建筑物、植被无新的变形迹象; c) 后缘壁上有不明显变形迹象,后缘有断续的小裂缝发育	欠稳定,$1.00 < F_s \leqslant F_{st}$
弱发育	a) 滑坡前缘斜坡较缓,临空高差小,无地表径流流经和继续变形的迹象,岩土体干燥; b) 滑体平均坡度<25°,坡面上无裂缝发展,其上建筑物、植被未有新的变形迹象; c) 后缘壁上无擦痕和明显位移迹象,原有裂缝已被充填	稳定,$F_s > F_{st}$

注:F_{st}为滑坡稳定安全系数,根据滑坡防治工程等级及其对工程的影响综合确定。可参考当地经验值。

表 3-7　滑坡变形阶段及特征表[2]

变形阶段	滑动带(面)	滑坡前缘	滑坡后缘	滑坡两侧	滑坡体
弱变形阶段	主滑段滑动带(面)在蠕动变形,但滑体尚未沿滑动带位移	无明显变化,未发现新的泉点	地表建设工程出现一条或数条与地形等高线大体平行的拉张裂缝,裂缝断续分布	无明显裂缝,边界不明显	无明显异常,偶见"醉树"
强变形阶段	主滑段滑动带(面)已大部分形成,部分探井及钻孔发现滑带有镜面、擦痕及搓揉现象,滑体局部沿滑动带位移	常有隆起,发育放射状裂缝或大体垂直等高线的压张裂缝,有时有局部坍塌现象或出现湿地或泉水溢出	地表或建设工程拉张裂缝多而宽且贯通,外侧下错	出现雁行羽状剪裂缝	有裂缝及少量沉陷等异常现象,可见"醉汉林"
滑动阶段	滑动带(面)已部分形成,滑带土特征明显且新鲜,绝大多数探井及钻孔发现滑动带有镜面、擦痕及搓揉现象,滑带土含水量常较高	出现明显的剪出口并经常错出。剪出口附近湿地明显,有一个或多个泉点,有时形成了滑坡舌,鼓张及放射状裂缝加剧并常伴有坍塌	张裂缝与滑坡两侧羽状裂缝连通,常出现多个阶坎或地堑式沉陷带。滑坡壁常较明显	羽状裂缝与滑坡后缘张裂缝连通,滑坡周界明显	有差异运动形成的纵向裂缝;中、后部有水塘,不少树木成"醉汉林"。滑坡体整体位移
停滑阶段	滑体不再沿滑动带位移,滑带土含水量降低,进入固结阶段	滑坡舌伸出,覆盖于原地表上或到达前方阻挡体而壅高,前缘湿地明显,鼓丘不再发展	裂缝不再增多、不再扩大,滑坡壁明显	羽状裂缝不再扩大,不再增多甚至闭合	滑体变形不再发展,原始地形总体坡度显著变小,裂缝不再扩大增多甚至闭合

3.3.2.2　崩塌危险性现状评估

根据崩塌的发育程度、危害程度和诱发因素,结合地质环境条件,按表 3-8 进行崩塌地质灾害危险性现状评估。

表 3-8　崩塌发育程度分级表[2]

发育程度	发育特征
强发育	崩塌处于欠稳定—不稳定状态,评估区或周边同类崩塌分布多,大多已发生;崩塌体上方发育多条平行沟谷的张性裂隙,主控裂隙面上宽下窄,且下部向外倾,裂隙内近期有碎石土流出或掉块,底部岩(土)体有压碎或压裂状;崩塌体上方平行沟谷的新生裂隙明显
中等发育	崩塌处于欠稳定状态,评估区或周边同类崩塌分布较少,有个别发生;危岩体主控破裂面直立呈上宽下窄,上部充填杂土生长灌木杂草,裂面内近期有碎石土流出或掉块现象;崩塌上方有新生的细小裂隙分布
弱发育	崩塌处于稳定状态,评估区或周边同类崩塌分布但均无发生;危岩体破裂面直立,上部充填杂土,灌木年久茂盛,多年来裂面内无掉块现象;崩塌上方无新裂隙分布

3.3.2.3 泥石流危险性现状评估

根据泥石流的发育程度、危害程度和诱发因素,结合地质环境条件,按表3-9、表3-10、表3-11进行泥石流地质灾害危险性现状评估。

表3-9 泥石流发育程度分级表[2]

发育程度	发育特征
强发育	评估区位于泥石流冲淤范围内的沟中和沟口,中上游主沟和主要支沟纵坡大,松散物源丰富,有堵塞成堰塞湖(水库)或水流不通畅,区域降雨强度大
中等发育	评估区局部位于泥石流冲淤范围内的沟上方两侧或距沟口较远的堆积区中下部,中上游主沟和主要支沟纵坡较大,松散物源较丰富,水流基本通畅,区域降雨强度中等
弱发育	评估区位于泥石流冲淤范围外历史最高泥位以上的沟上方两侧高处和距沟口较远的堆积区边部,中上游主沟和支沟纵坡小,松散物源少,水流通畅,区域降雨强度小

表3-10 泥石流发育程度量化评分及评判等级标准[2]

序号	影响因素	量级划分							
		强发育(A)	得分	中等发育(B)	得分	弱发育(C)	得分	不发育(D)	得分
1	崩塌、滑坡及水土流失(自然和人为活动的)严重程度	崩塌、滑坡等重力侵蚀严重,多层滑坡和大型崩塌,表土疏松,冲沟十分发育	21	崩塌、滑坡发育,多层滑坡和中小型崩塌,有零星植被覆盖,冲沟发育	16	有零星崩塌、滑坡和冲沟存在	12	无崩塌、滑坡、冲沟或发育轻微	1
2	泥砂沿程补给长度比/%	>60	16	60~30	12	30~10	8	<10	1
3	沟口泥石流堆积活动程度	主河河形弯曲或堵塞,主流受挤压偏移	14	主河河形无较大变化,仅主流受迫偏移	11	主河形无变化,主流在高水位时偏,低水位时不偏	7	主河无河形变化,主流不偏	1
4	河沟纵坡/%	>12°	12	12°~6°	9	6°~3°	6	<3°	1
5	区域构造影响程度	强抬升区,6级以上地震区,断层破碎带	9	抬升区,4—6级地震区,有中小支断层	7	相对稳定区,4级以下地震区,有小断层	5	沉降区,构造影响小或无影响	1
6	流域植被覆盖率/%	<10	9	10~30	7	30~60	5	>60	1
7	河沟近期一次变幅/m	>2	8	2~1	6	1~0.2	4	<0.2	1
8	岩性影响	软岩、黄土	6	软硬相间	5	风化强烈和节理发育的硬岩	4	硬岩	1

序号	影响因素	量级划分						
		强发育(A)	得分	中等发育(B)	得分	弱发育(C)	得分	不发育(D) 得分
9	沿沟松散物储量/(10^4 m³/km²)	>10	6	10～5	5	5～1	4	<1　　1
10	沟岸山坡坡度/%	>32 >62.5	6	32～25 62.5～46.6	5	25～15 46.6～26.8	4	<15 <26.8　1
11	产沙区沟槽横断面	V型谷、U型谷、谷中谷	5	宽U型谷	4	复式断面	3	平坦型　1
12	产沙区松散物平均厚度/m	>10	5	10～5	4	5～1	3	<1　　1
13	流域面积/km²	0.2～5	5	5～10	4	10～100	3	>100　1
14	流域相对高差/m	>500	4	500～300	3	300～100	2	<100　1
15	河沟堵塞程度	严重	4	中等	3	轻微	2	无　　1
评判等级标准		综合得分		116～130		87～115		<86
		发育程度等级		强发育		中等发育		弱发育

表 3-11　泥石流堵塞程度分级表[2]

堵塞程度	特征
严重	河槽弯曲,河段宽窄不均,卡口、陡坎多。大部分支沟交汇角度大,形成区集中。物质组成黏性大,稠度高,沟槽堵塞严重,阵流间隔时间长
中等	沟槽较顺直,沟段宽窄较均匀,陡坎、卡口不多。主支沟交角多小于60°,形成区不太集中。河床堵塞情况一般,流体多呈稠浆—稀粥状
轻微	沟槽顺直均匀,主支沟交汇角小,基本无卡口、陡坎,形成区分散。物质组成黏度小,阵流的间隔时间短而少

3.3.2.4　岩溶塌陷危险性现状评估

根据岩溶塌陷的发育程度、危害程度和诱发因素,结合地质环境条件,按表3-12进行岩溶塌陷地质灾害危险性现状评估。

表 3-12　岩溶塌陷发育程度分级表[2]

发育程度	发育特征
强发育	a) 以纯厚层灰岩为主,地下存在溶洞、土洞或有地下暗河通过; b) 地面多处下陷、开裂,塌陷严重; c) 地表建设工程变形开裂明显; d) 上覆松散层厚度<30 m; e) 地下水位变幅大,水位在基岩面上下波动

发育程度	发育特征
中等发育	a) 以次纯灰岩为主,地下存在溶洞裂隙、土洞等; b) 地面塌陷、开裂明显; c) 地表建设工程变形有开裂现象; d) 上覆松散层厚度 30～80 m; e) 地下水位变幅不大,水位在基岩面以下
弱发育	a) 灰岩质地不纯,地下存在溶蚀裂隙,土洞等不发育; b) 地面塌陷、开裂不明显; c) 地表建设工程无变形、开裂现象; d) 上覆松散层厚度>80 m; e) 地下水位变幅小,水位在基岩面以上

3.3.2.5 采空塌陷危险性现状评估

根据采空塌陷的发育程度、危害程度和诱发因素,结合地质环境条件,按表 3-13 进行采空塌陷地质灾害危险性现状评估。

表 3-13 采空塌陷发育程度分级表[2]

发育程度	发育特征	参考指标						
		地表移动变形值				开采深厚比	采空区及其影响带占建设场地面积/%	治理工程面积占建设场地面积/%
		下沉量/$(mm \cdot a^{-1})$	倾斜/$(mm \cdot m^{-1})$	水平变形/$(mm \cdot m^{-1})$	地形曲率/$(mm \cdot m^{-2})$			
强发育	地表存在塌陷和裂缝;地表建设工程变形开裂明显	>60	>6	>4	>0.3	<80	>10	>10
中等发育	地表存在变形及地裂缝;地表建设工程有开裂现象	20～60	3～6	2～4	0.2～0.3	80～120	3～10	3～10
弱发育	地表无变形及地裂缝;地表建设工程无开裂现象	<20	<3	<2	<0.2	>120	<3	<3

3.3.2.6 地裂缝危险性现状评估

根据地裂缝的发育程度、危害程度和诱发因素,结合地质环境条件,按表 3-14 进行地裂缝地质灾害危险性现状评估。

表 3-14 地裂缝发育程度分级表[2]

发育程度	发育特征	参考指标	
		平均活动速率 $v/(mm \cdot a^{-1})$	地震震级 M
强发育	评估区有活动断裂通过,中或晚更新世以来有活动,全新世以来活动强烈,地面地裂缝发育并通过建设用地区。地表开裂明显;可见陡坎、斜坡、微缓坡、陷坑等微地貌现象;房屋裂缝明显	$v>1$	$M \geqslant 7$

发育程度	发育特征	参考指标	
		平均活动速率 v/(mm·a^{-1})	地震震级 M
中等发育	评估区有活动断裂通过,中或晚更新世以来有活动,全新世以来活动较强烈,地面地裂缝中等发育,并从建设用地区附近通过。地表有开裂现象;无微地貌显示;房屋有裂缝现象	$1 \geqslant v \geqslant 0.1$	$7 > M \geqslant 6$
弱发育	评估区有活动断裂通过,全新世以来有微弱活动,地面地裂缝不发育或距建设用地区较远。地表有零星小裂缝,不明显;房屋未见裂缝	$v < 0.1$	$M < 6$

3.3.2.7 地面沉降危险性现状评估

根据地面沉降的发育程度、危害程度和诱发因素,结合地质环境条件,按表 3-15 进行地面沉降地质灾害危险性现状评估。

表 3-15 地面沉降发育程度分级表[2]

发育程度	发育特征	
	近 5 年平均沉降速率/(mm·a^{-1})	累计沉降量/mm
强发育	$\geqslant 30$	$\geqslant 800$
中等发育	$10 < \sim < 30$	$300 < \sim < 800$
弱发育	$\leqslant 10$	$\leqslant 300$

注:上述两项因素满足一项即可,并按照强至弱顺序确定。

3.3.2.8 不稳定斜坡危险性现状评估

根据不稳定斜坡的发育程度、危害程度和诱发因素,结合地质环境条件,按表 3-16 进行不稳定斜坡地质灾害危险性现状评估。

表 3-16 不稳定斜坡地质灾害发育程度分级表[2]

岩土体类型	发育程度	发育特征				
		堆积成因类型	地下水特征	坡高/m	流土或掉块	坡面变形
土体	强发育	滨海堆积、湖沼沉积	有地下水	>4	有流土有掉块	中下部有轻微变形
	中等发育			2~4	有流土	上部有轻微变形
	弱发育			<2	无流土无掉块	无坡面变形
	强发育		无地下水	>5	有流土有掉块	中下部有轻微变形
	中等发育			3~5	有流土	上部有轻微变形
	弱发育			<3	无流土无掉块	无坡面变形

续表

岩土体类型	发育程度	发育特征						
		堆积成因类型 / 岩性	地下水特征	倾角	倾向关系	坡高/m	流土或掉块	坡面变形
土体	强发育	大陆流水堆积、风积、坡积、残积、人工堆积	有地下水			>10	有流土有掉块	中下部有轻微变形
	中等发育		有地下水			5~10	有流土	上部有轻微变形
	弱发育		有地下水			<5	无流土无掉块	无坡面变形
	强发育		无地下水			>20	有流土有掉块	中下部有轻微变形
	中等发育		无地下水			10~20	有流土	上部有轻微变形
	弱发育		无地下水			<10	无流土无掉块	无坡面变形
岩体	强发育	风化带、构造破碎带、成岩程度较差的泥岩	有地下水	>15°	相同	>10	有流土有掉块	中下部有轻微变形
	中等发育		有地下水	8°~15°	相同、斜交	5~10	有流土	上部有轻微变形
	弱发育		有地下水	<8°	相同、相反、斜交	<5	无流土无掉块	无坡面变形
	强发育		无地下水	>15°	相同	>15	有流土有掉块	中下部有轻微变形
	中等发育		无地下水	10°~15°	相同、斜交	10~15	有流土	上部有轻微变形
	弱发育		无地下水	<10°	相反、斜交	<10	无流土无掉块	无坡面变形
	强发育	层状岩体 有泥页岩软弱夹层	有地下水	>12°	相同	>15	有流土有掉块	中下部有轻微变形
	中等发育		有地下水	8°~12°	相同、斜交	8~15	有流土	上部有轻微变形
	弱发育		有地下水	<8°	相反、斜交	<8	无流土无掉块	无坡面变形
	强发育		无地下水	>18°	相同	>20	有流土有掉块	中下部有轻微变形
	中等发育		无地下水	12°~18°	相同、斜交	15~20	有流土	上部有轻微变形
	弱发育		无地下水	<12°	相反、斜交	<15	无流土无掉块	无坡面变形
	强发育	层状岩体 均质较坚硬的碎屑岩和碳酸岩类	有地下水	>18°	相同	>20	有流土有掉块	中下部有轻微变形
	中等发育		有地下水	12°~18°	相同、斜交	10~20	有流土	上部有轻微变形
	弱发育		有地下水	<12°	相反、斜交	<10	无流土无掉块	无坡面变形
	强发育		无地下水	>20°	相同	>30	有流土有掉块	中下部有轻微变形
	中等发育		无地下水	15°~20°	相同、斜交	15~30	有流土	上部有轻微变形
	弱发育		无地下水	<15°	相反、斜交	<15	无流土无掉块	无坡面变形
	强发育	较完整坚硬的变质岩和岩浆岩类	有地下水	>20°	相同	>25	有流土有掉块	中下部有轻微变形
	中等发育		有地下水	15°~20°	相同、斜交	15~25	有流土	上部有轻微变形
	弱发育		有地下水	<15°	相反、斜交	<15	无流土无掉块	无坡面变形
	强发育		无地下水	>20°	相同	>40	有流土有掉块	中下部有轻微变形
	中等发育		无地下水	15°~20°	相同、斜交	20~40	有流土	上部有轻微变形
	弱发育		无地下水	<15°	相反、斜交	<20	无流土无掉块	无坡面变形

3.4　地质灾害防治规划的主要内容

3.4.1　法规依据

编制地质灾害防治规划需遵循相关法律法规、规范规程以及相关规划文件的要求。法规包括《地质灾害防治条例》(国务院令第 394 号)等。标准规范包括《矿山地质环境保护与恢复治理方案编制规范》(DZ/T 0223—2011)、《崩塌防治工程设计规范(试行)》(T/CAGHP 032—2018)、《滑坡防治设计规范》(GB/T 38509—2020)、《泥石流防治工程设计规范(试行)》(T/CAGHP 021—2018)、《泥石流灾害防治工程设计规范》(DZ/T 0239—2004)、《采空塌陷防治工程设计规范(试行)》(T/CAGHP 012—2018)、《采煤沉陷区治理技术规范》(NB/T 10533—2021)、《地面沉降防治工程设计技术要求(试行)》(T/CAGHP 026—2018)、《坡面防护工程设计规范(试行)》(T/CAGHP 027—2018)等。

3.4.2　主要内容

地质灾害防治规划应包括以下主要内容：

第一部分：总则。包括规划目的、规划依据、规划期限、适用范围。

第二部分：自然地理与区域地质环境概况。自然地理概况包括：气象、水文、地形地貌。区域地质环境概况包括：地层岩性、地质构造、新构造运动与地震、水温地质特征。

第三部分：地质灾害现状及发展趋势预测。包括地质灾害类型、地质灾害发育特征、地质灾害分布规律、地质灾害防治工作现状、取得的成效、薄弱环节、面临的形势等。

第四部分：指导思想、基本原则与规划目标。

第五部分：地质灾害易发区和重点防治区。地质灾害易发区包括分区原则、地质灾害易发程度分区。地质灾害防治分区包括地质灾害重点防治区、次重点防治区、一般防治区等。

第六部分：地质灾害防治任务。① 加强地质灾害调查评价包括：地质灾害隐患排查与应急调查、地质灾害风险普查。② 完善地质灾害监测预警体系包括地质灾害群测群防能力建设、地质灾害气象预警预报体系建设、提升突发地质灾害应急能力等。③ 实施重要地质灾害隐患点防治工程包括：搬迁避让工程、治理工程。④ 其他方面还有完善突发地质灾害应急体系建设、强化基层防灾能力建设、地质灾害防治经费估算等。

第七部分：实施规划的保障措施。包括加强组织领导、明确防治责任；坚持依法防灾，强化制度保障；加强资金保障，完善投入机制；强化科技支撑，提高防灾水平；深化宣传教育，构建良好氛围。

附则包括：地质灾害隐患点统计表、地质灾害群测群防一览表、地质灾害易发性分区表、地质灾害防治规划分区表等。

3.5　案例解析

3.5.1　《舟曲灾后恢复重建总体规划》

3.5.1.1　规划区概况

舟曲县地处甘肃南部,位于白龙江上游,全县县域面积 3 010 km²,辖 19 个乡镇、210 个行政村,总人口 14.3 万人。根据灾害范围和损失评估报告,舟曲特大山洪泥石流灾害主要涉及城关镇和江盘乡的 15 个村、2 个社区,主要在县城规划区范围内,受灾面积约 2.4 km²。受泥石流冲击的区域被夷为平地,城乡居民住房大量损毁,交通、供水、供电、通信等基础设施陷于瘫痪,白龙江河道严重堵塞,堰塞湖致使大片城区长时间被水淹,造成严重损失。这是 1949 年以来最为严重的山洪泥石流灾害[57]。

3.5.1.2　规划主要内容

（1）监测预警

① 预测预警。加强地质、地震、气象、洪涝灾害等专业监测系统建设,提高监测预报预警能力。健全基层监测机构和队伍,科学设置暴雨、地质灾害监测站（点）,扩大监测覆盖面,加强预测预警装备配备,提高预测预警和临近预报水平。建立地质灾害调查与监测数据库及信息系统,强化预报预警和信息发布。加强基础测绘,建立区域地理信息数据库,为灾后恢复重建提供基础测绘资料。建设雨量站和山洪、泥石流灾害预警平台。

② 群测群防。完善县、乡、村三级地质灾害监测网络,充分发挥乡村群测群防监测员、灾害信息员、气象信息员的作用,鼓励动员乡村干部群众在专业技术人员的指导下进行巡查、观测,及时报告灾害征兆,形成专群结合的山洪、泥石流等地质灾害预防体系。简要内容见表 3 - 17。

表 3 - 17　舟曲地质灾害监测预警[57]

类别	内容
预测预警	建设灾害预警系统和专业监测网络。建设雨量站、自动气象站、县级综合预警平台,健全县乡村预警体系
现代测绘基准建设	在县城周边建设 6 个测绘基准点
基础测绘及数据库建设	完成县城及周边、就近新建区地理信息数据库建设
气象灾害防御	新建气象防灾减灾中心。建设白龙江流域暴雨灾害监测网及气象灾害预报预警业务平台
群测群防网络建设	建设必要的监测设施,建设减灾教育基地,培训群防人员
应急能力建设	建设县灾害救助应急指挥系统、应急避难场所、救灾物资储备库

（2）综合治理

① 隐患排查。加强县城及周边居民点和农村居民点的地质灾害排查、勘查,采用多手段、多方法,查明地质结构及灾害类型、分布范围。进行原地重建区、峰迭新区地质环境适宜性评价和地质灾害危险性评估,科学划定危险区域,研究制定地质灾害防治方案。

② 综合整治。坚持预防为主、合理避让、重点整治、保障安全的原则,对山洪、泥石流、滑坡和不稳定斜坡体等灾害风险区和隐患点进行综合治理,采取相应的工程措施和生物措施,有效消除灾害威胁。统筹建设三眼峪、罗家峪等沟道山洪与泥石流防治工程,提高山洪、泥石流通道疏排能力,严禁各类建筑物挤占侵占山洪、泥石流通道。加强对南山、锁儿头、龙江新村等滑坡体的监测和治理。实施峰迭新区山洪和地质灾害防护工程。抓紧编制白龙江流域地质灾害防治和生态环境综合治理规划,并尽快启动实施。

③ 避让搬迁。对县城及周边处于山洪、泥石流、滑坡、崩塌等地质灾害严重危险区和地震活动断层两侧一定范围内的居民,要坚决避让搬迁。灾后重建项目选址要充分考虑地震和各种地质灾害防治要求,避开灾害风险区和隐患点。现有的灾害防治、易地扶贫搬迁、新农村建设等项目向灾区倾斜(表 3-18)。

表 3-18 舟曲地质灾害综合治理[57]

类别	内容
地质勘查	开展地质灾害遥感调查、工程地质勘查、地震活动断层探查
综合整治	县城及周边、峰迭等新区重点地质灾害隐患点治理 26 处。建设三眼峪沟、罗家峪等 6 条沟道泄洪通道
避让搬迁	对三眼峪沟泥石流、罗家峪沟泥石流、南山滑坡东侧不稳定斜坡体、龙江新村不稳定斜坡体等区域的居民实施避让搬迁

3.5.2 《三峡库区地质灾害防治总体规划》(简本)

3.5.2.1 规划区概况

三峡工程库区地质灾害的主要类型是滑坡和崩塌。目前,已查出库区两岸崩滑体 2 490 余处,尚有大小泥石流沟 90 余条。三峡水库干、支流库岸总长 5 300 km,蓄水后水库塌岸也将引发地质灾害。1982 年以来,库区两岸发生滑坡、崩塌、泥石流达 70 多处,规模较大的 40 余处,据不完全统计致死约 400 人,损失严重[58]。

3.5.2.2 规划主要内容

按防治对象和类型,编制 5 个分项规划,分别是:崩滑地质灾害防治和塌岸防护调(勘)查评价规划、崩滑地质灾害防治规划、塌岸防护规划、地质灾害监测预警规划、高切坡防护和深基础处理规划。受 135 m 蓄水影响的崩滑体防治和塌岸防护是防治规划的重点。

(1)调查评价规划

地质灾害调(勘)查评价是实施库区地质灾害防治的基础和依据。做好调(勘)查评价可以有效地避免防治决策的失误。调(勘)查评价的目的是对可能成灾的崩滑体、塌岸岸坡和高切坡进行防治前期的工程地质调(勘)查,查明其规模、结构、稳定性、可能成灾范围及该范围内的主要实物指标(居民和财产等),提出调(勘)查评价意见和防治方案,做出搬迁避让或工程治理经费与方案的估算和比选。

对库区范围内 2 490 处崩滑体调(勘)查评价 1 646 处,调(勘)查评价水库库岸 441 km,调查高切坡 1 428 处。2003 年以前重点完成崩滑体调(勘)查评价 493 处,库岸 184 km,高切坡 1 428 处。

（2）崩塌滑坡防治规划

库区崩滑地质灾害共计 2 490 处,总体规划(2001—2009 年)分类规划为:工程治理的 617 处,搬迁避让的 553 处,监测预警的 1 738 处,不需实施防治措施的 578 处。近期(2003 年 6 月 135 m 蓄水前)重点防治的崩滑体 957 处。其中,规划近期工程治理的 197 处,搬迁避让的 232 处,监测预警的 349 处,不需防治的 376 处。

（3）塌岸防护规划

塌岸防护的重点是县(区)城镇所在地的不稳定岸坡,以及库区内重点公路等交通干线所在地的不稳定岸坡。塌岸防护初步规划长度为 139 km。近期(2003 年 6 月以前)防护受 135 m 水位影响的库岸 79 km,其中湖北 30 km,重庆 49 km。

（4）监测预警规划

在专业监测体系和群测群防体系相结合的基础上,以国家、省(市)和县三级地质环境监测站为依托,采用现代化监测技术、计算机网络技术和群测群防手段,建立为三峡工程建设和库区社会经济发展服务的地质灾害监测预警系统,实现对库区地质灾害的适时监控。在坝前 135 m 水位蓄水影响范围内,增加监测预警崩滑体 152 处,其中湖北库区 43 处,重庆库区 109 处。监测预警工程在 2003 年 6 月 135 m 水位蓄水前建成运行。监测期暂定到三峡工程正式蓄水后 3～5 年。

（5）高切坡防护和深基础处理规划

列入规划的是截至 2001 年 10 月已经形成的,并经湖北省和重庆市人民政府确认后上报的位于移民迁建区内有可能失稳造成危害的高切坡和因不良地质条件造成并可能成灾的深基础。纳入本规划还有以移民经费为主建成的位于库区范围内的复建路和复建设施形成的高切坡和深基础。由房地产开发商、物业公司等以商业为目的形成的高切坡和深基础也被纳入防治规划,由地方政府责成开发商按有关规定在指定时间段内完成防治工作,防治费用由开发商承担。防治重点是移民迁建城镇和重要交通等复建设施所形成的高切坡和深基础。高切坡规划防护 1 428 处,其中湖北 883 处,重庆 545 处。深基础防护处理以奉节、巫山、巴东等新城区为主[58]。

3.5.3 《重庆市地质灾害防治规划(2004—2015 年)》

3.5.3.1 规划区概况

重庆市复杂的自然地理环境以及不断增加的人类工程活动,决定了市域内地质灾害发生较为频繁。截至 2003 年年底,全市共有地质灾害隐患点 8 301 处,其中库区内(三峡水库回水影响范围和移民安置及专业设施复建区域内)2 480 处,库区外 5 821 处。地质灾害类型主要有滑坡、崩塌、泥石流、地面塌陷及地裂缝等。其中,滑坡 6 954 处,崩塌 1 073 处,泥石流 110 处,地面塌陷 120 处,地裂缝 44 处[59]。

3.5.3.2 规划主要内容

（1）监测预警

① 专业监测

纳入重庆市库区外专业监测规划的重大地质灾害隐患点共计 18 处。凡规划为专业监测的,监测资料应 3 个月一次汇交,遇紧急情况应随时上报。经连续 3 年监测,若地质灾害无明显变化,经专家论证后可将该点转为群测群防;若在监测过程中发现有异常变化,经专家论证后应立即启动应急处置程序。

② 群测群防监测

纳入库区外群测群防监测规划的地质灾害隐患点 6 354 处。凡规划为群测群防监测的,监测资料应半年一次汇交,遇紧急情况应随时上报。如在监测过程中发现异常情况,经专家论证后应立即启动应急处置程序。

③ 地质灾害监测预警网络系统建设

在地质灾害调查的基础上,建立全市地质灾害群测群防预警网络及重点地区地质灾害隐患点的专业监测预报网络,建设全市地质灾害空间数据库及信息系统,全面掌握全市地质灾害的发展动态,发挥预警网络的信息功能,最大限度地降低地质灾害损失。在信息系统建设方面,2010 年前全面推进市级地质灾害监控中心及 40 个区县(自治县、市)级监控站的建设,实现各级监控站信息数据共享。

(2)工程治理

对人民生命财产安全构成严重威胁的重大地质灾害隐患点实施工程治理,其中优先对严重危害机关、学校、医院等国家公益性机构和组织及城镇的重大地质灾害隐患点进行勘查与治理,同时有计划地对威胁重要水电工程、大中型矿山、重要的旅游景点及重要交通干线等安全的重大地质灾害隐患点分期分批实施治理。纳入重庆市库区外工程治理的重大地质灾害隐患点共计 105 处。选择江津四面山镇滑坡作为调查与治理示范点,通过示范总结经验,逐步推广,探索地质灾害治理与土地开发利用相结合的新路。

(3)搬迁避让

搬迁避让应遵循以下原则:

① 以避让为主,搬迁为辅,适时进行避让、搬迁。

② 稳定性评价为现状不稳定,同时对保护对象构成威胁和危害的地质灾害隐患点,经方案论证后,认为搬迁避让更经济可行的。

③ 规划为监测预警的,但经过一段时间监测后,认定其稳定性恶化且符合上述条件的。

按以上原则对受地质灾害隐患点威胁和危害的群众实施搬迁避让。重庆市规划为搬迁避让的地质灾害隐患点共 1 395 处。

搬迁避让点在规划实施中应根据各区县(自治县、市)地质灾害监测预警情况,按照轻重缓急、突出重点的原则,适时进行调整。

经重庆市国土资源行政主管部门会同相关部门组织专家认定后,确定为搬迁避让的地质灾害隐患点,由各区县(自治县、市)人民政府负责组织对受威胁和危害的群众实施搬迁避让。

(4)应急调查和处置

地质灾害发生后,县级以上人民政府应当启动并组织实施相应的突发性地质灾害应急预案。当发生特大级或者重大级地质灾害时,市人民政府应当成立地质灾害抢险救灾指挥机构。发生其他地质灾害或者出现地质灾害险情时,有关区县(自治县、市)人民政府应根据地质灾害抢险救灾工作的需要,成立地质灾害抢险救灾指挥机构。地质灾害抢险救灾指挥机构由政府领导负责、有关部门组成,在本级人民政府的领导下,统一指挥和组织地质灾害的抢险救灾工作[59]。

3.5.4 《北京市地质灾害防治总体规划(2001—2015)》

3.5.4.1 规划区概况

在世界大都市中,北京是发生地质灾害较多较严重的城市之一,由于地形地质条件较复杂,断裂构造发育,降水时空分布不均,致使北京地区的地质环境脆弱,地质灾害较为发育,并且地质灾害具有灾害频发、灾种多、群发性强的特点,又因灾害的突发性与隐蔽性,故存在着大量的灾害隐患,地质灾害已成为限制北京经济发展的重要因素[60]。

3.5.4.2 规划主要内容

(1)总体部署

根据北京地质环境条件、致灾地质作用特点和"统筹规划、综合治理、突出重点"的原则,结合北京地区国土总体规划以及国民经济和社会发展规划,把北京地区防治工作的重点放在经济发达地区、人口密集区、地质灾害严重区和重大工程项目建设区,按平原区、山区进行部署。平原区以防治地面沉降、地裂缝、土地沙化为主。山区以防治泥石流、滑坡、崩(滑)塌和矿山地面塌陷灾害为主。山区再按崩、滑、流及采矿塌陷重点发育区和一般发育区进行部署。

(2)泥石流防治规划

完成北京市泥石流灾险勘查工作,补充勘察西山大石河流域、密云水库周边及延庆、平谷等地区的泥石流灾害,与气象部门紧密协作,达到预测预报之目的。

在深入调查的基础上,建立完整的泥石流防治工程体系。除了要对现有的一些防护工程,如谷坊坝、拦挡坝、排水沟等进行加固维修外,还要修建百年一遇的泥石流灾害防治工程,继续搬迁险村险户。同时,还要加强预警预报系统的建设。

(3)地面沉降防治规划

严格执行国务院颁布的《取水许可制度实施办法》和《北京市水资源管理条例》,控制地下水开采量,取用地下水实行分级审批制度,切实加强对地下水资源开发利用的监督管理工作。

配合地下水动态监测工作,建立三个地面沉降专业监测站及地面沉降监测信息系统、预警预报系统,监控、预报已有地面沉降灾害的发展趋势,防止因地下水过量开采导致新的缓变型地质灾害的发生,监测数据争取达到适时传输、自动处理。

成立地面沉降的专业研究机构,研究地面沉降的成因和机理,建立北京市地面沉降监测网站预警预报系统地面沉降资料信息库[60]。

(4)采矿塌陷防治规划

对不明老采空区进一步勘察,了解和掌握地下采空情况,制定建设规划,预防灾害发生。

通过勘察工作,确定危险地带居民地,做好搬迁工作,防止回迁现象发生。

对塌陷区内已被破坏的建筑、公路等设施实施加固和修复工程,根据具体情况对塌陷坑进行必要的填埋和复垦治理,再造原始生态环境。

加强对小煤窑的管理工作,建立采矿技术档案,严格进行采矿登记审批,加强年检和技术监督,杜绝滥采乱挖。

加强采空区内新建或改扩建工程的选址论证和地灾评估工作。在危险区边界周围树立警示牌。

在门城镇地区,建立预防塌陷灾害综合站,综合监测地面变形、地震和矿震、地下水、地面塌陷等动态变化情况。

(5)土地沙化防治规划

积极营造防风固沙片林,初步建立全市土地沙化监测网络和信息管理系统。

严格管理建筑沙石开采点,配合北京市矿政管理部门做好沙石坑的复垦和再利用工作。

实施风沙区综合治理工程。该工程主要包括五大风沙区、规划营造防风固沙林 1 万 hm²。综合治理开发风沙化土地 1 万 hm²,更新改造现有林地 6.87 万 hm²。同时,完成与之配套的水利工程,包括打井 1 000 眼、渠道衬砌 100 km、大型蓄水池 50 座、输水管道 3 000 km。

(6)滑坡、崩塌(滑塌)防治规划

对滑坡、崩塌(滑塌)的防治主要侧重在有人居住、有经济活动的场所、旅游景区和交通设施附近的地方,首先要准确辨认危险性地质体的存在,然后采取以避让为主的措施进行防治,对新建住房、厂房、道路和旅游景点应事先做好地质灾害危险性评估工作。为治理已有的滑坡、崩塌(滑塌)和防止新的滑坡、崩塌(滑塌)产生,要采取生物治理措施,必要地段将实施护坡工程或清除崩塌危岩的爆破工程进行防治。

(7)地裂缝防治规划

开展北京地区地裂缝的专项调查,在查明其地理位置、规模、活动性、影响因素和危害性的基础上,逐步开展动态监测、预警预报工作,控制其发展态势,加强对地裂缝所在地附近建设用地地质灾害的危险性评估。

(8)沙土液化防治规划

调查沙土液化的易发区段,进一步加强建设用地地质灾害危险性评估工作中的沙土液化的评估工作,认真做好现状评估和预测评估,对可能出现的沙土液化,根据具体情况采取相应的防范措施[60]。

主要参考文献

[1] 李铁峰.灾害地质学[M].北京:北京大学出版社,2002.

[2] 全国自然资源与国土空间规划标准化技术委员会.地质灾害危险性评估规范:GB/T 40112—2021[S].北京:中国标准出版社,2021.

[3] 中华人民共和国自然资源部.地质灾害防治条例[Z/OL].(2003-11-24)[2022-06-26].http://f.mnr.gov.cn/201702/t20170206_1436206.html.

[4] 中国地质灾害防治工程行业协会.地面沉降防治工程设计技术要求(试行):T/CAGHP 026—2018[S].武汉:中国地质大学出版社,2018.

[5] 朱耀琪.中国地质灾害与防治[M].北京:地质出版社,2017.

[6] 中国地质灾害防治工程行业协会.地裂缝地质灾害监测规范(试行):T/CAGHP 008—2018[S].武汉:中国地质大学出版社,2018.

[7] 中国地质灾害防治工程行业协会.崩塌监测规范(试行):T/CAGHP 007—2018[S].武

汉：中国地质大学出版社，2018.

[8] 全国国土资源标准化技术委员会. 滑坡防治工程勘查规范：GB/T 32864—2016[S]. 北京：中国标准出版社，2016.

[9] 全国国土资源标准化技术委员会. 滑坡崩塌泥石流灾害调查规范（1∶50000）：DZ/T 0261—2014[S]. 北京：中国标准出版社，2015.

[10] 中国地质灾害防治工程行业协会. 岩溶地面塌陷防治工程勘查规范（试行）：T/CAGHP 076—2020[S]. 武汉：中国地质大学出版社，2020.

[11] 中国地质灾害防治工程行业协会. 采空塌陷勘查规范（试行）：T/CAGHP 005—2018 [S]. 武汉：中国地质大学出版社，2018.

[12] 俞火明，李新华，鲁华桥. 不稳定斜坡的稳定性评价研究[J]. 科技通报，2012，28(9)：127 - 131.

[13] 陕西省建筑科学研究院有限公司，陕西建工第三建设集团有限公司. 湿陷性黄土地区建筑标准：GB 50025—2018[S]. 北京：中国建筑工业出版社，2019.

[14] 刘传正，陈春利. 中国地质灾害成因分析[J]. 地质论评，2020，66(5)：1334 - 1348.

[15] 叶正伟. 长江新滩滑坡的历史分析，趋势预测与启示[J]. 灾害学，2000(3)：30 - 34.

[16] 邢爱国，徐娜娜，宋新远. 易贡滑坡堰塞湖溃坝洪水分析[J]. 工程地质学报，2010，18 (1)：78 - 83.

[17] 崔鹏，马东涛，陈宁生，等. 冰湖溃决泥石流的形成、演化与减灾对策[J]. 第四纪研究，2003，23(6)：621 - 628.

[18] 康志成，李焯芬，马蔼乃，等. 中国泥石流研究[M]. 北京：科学出版社，2004.

[19] 国土资源部. 全国地质灾害防治"十三五"规划[EB/OL]. (2017 - 01 - 04)[2023 - 10 - 13]. https：//www. gov. cn/xinwen/2017 - 01/04/content_5156350. htm.

[20] 自然资源部. 全国地质灾害防治"十四五"规划[EB/OL]. (2022 - 12 - 7)[2023 - 10 - 13]. https：//www. gov. cn/zhengce/zhengceku/2023 - 01/04/content_5734957. htm.

[21] 孟晖，张若琳，石菊松，等. 地质环境安全评价[J]. 地球科学，2021，46(10)：3764 - 3776.

[22] 新华社. 国土资源部部长：舟曲泥石流灾害有五方面原因[EB/OL]. (2010 - 08 - 09) [2023 - 05 - 06]. http：//www. gov. cn/jrzg/2010 - 08/09/content_1674816. htm.

[23] 新华社. 四川茂县叠溪镇新磨村发生山体高位垮塌灾害[EB/OL]. (2017 - 06 - 24)[2023 - 05 - 06]. http：//www. gov. cn/xinwen/2017 - 06/24/content_5205124. htm♯1.

[24] 新华网. 电信、移动、联通启动应急预案，全力保障四川茂县灾区通信[EB/OL]. (2017 - 06 - 24)[2023 - 06 - 27]. https：//www. thepaper. cn/newsDetail_forward_1717078.

[25] 人民网. 国务院认定山阳县"8·12"突发特大山体滑坡自然灾害[EB/OL]. (2016 - 01 - 15)[2023 - 05 - 06]. http：//politics. people. com. cn/n1/2016/0115/c1001 - 28059270. html.

[26] 新华社. 楚雄滑坡泥石流灾区大部分受灾群众得到妥善安置[EB/OL]. (2008 - 11 - 05)[2023 - 06 - 30]. https：//www. gov. cn/jrzg/2008 - 11/05/content_1140205. htm.

[27] 中国新闻网现有新闻评论. 重庆山体滑坡事故至少 87 人被埋 已有 26 人遇难[EB/OL]. (2009 - 06 - 06)[2023 - 06 - 30]. https：//www. qingdaonews. com/content/2009 - 06/ 06/content_8061178. htm.

[28] 双峰发生地裂,160 多栋房屋受损[EB/OL].(2010 - 07 - 27)[2023 - 06 - 30]. https://hnrb. voc. com. cn/hnrb_epaper/html/2010 - 07/27/content_236879. htm.

[29] 中国新闻网. 云南镇雄山体滑坡灾民紧急转移 将整村搬迁(图)[EB/OL].(2013 - 01 - 12)[2023 - 06 - 30]. https://news. sohu. com/20130112/n363226901. shtml.

[30] 新京报. 贵州福泉滑坡事故调查:违规采矿致多年滑坡预兆[N/OL].(2014 - 09 - 03)[2023 - 06 - 30]. https://news. sina. com. cn/c/2014 - 09 - 03/023930785150. shtml.

[31] 中新网. 云南东川山体滑坡致 9 人被埋 已救出 3 人[EB/OL].(2014 - 10 - 28)[2023 - 06 - 30]. https://news. sohu. com/20141028/n405543513. shtml.

[32] 新华社. 广东深圳光明新区渣土受纳场"12·20"特别重大滑坡事故调查报告公布[EB/OL].(2016 - 07 - 15)[2023 - 06 - 30]. http://www. xinhuanet. com/politics/2016 - 07/15/c_1119227686. htm.

[33] 北京青年报. 湖北南漳山体崩塌致 12 人遇难 酒店老板于事故中遇难[N/OL].(2017 - 01 - 22)[2023 - 06 - 30]. https://www. chinanews. com. cn/sh/2017/01 - 22/8131761. shtml.

[34] 中国青年网. 白河山体滑塌事故搜救工作结束[EB/OL].(2017 - 04 - 20)[2023 - 06 - 30]. http://news. youth. cn/jsxw/201704/t20170420_9530317. htm.

[35] 央视网. 贵州纳雍县山体滑坡灾害致 3 人死亡 32 人失联[EB/OL].(2017 - 08 - 29)[2023 - 06 - 30]. http://news. cctv. com/2017/08/29/ARTIomI7TQSFKnhDCjyaEm5m170829. shtml.

[36] 广西新闻频道. 南宁马山山体崩塌事件原因:石山危岩体岩石风化[EB/OL].(2017 - 11 - 28)[2023 - 06 - 30]. https://baijiahao. baidu. com/s? id=1585282735572191046.

[37] 山西省应急管理厅. 乡宁"3·15"山体滑坡调查评估报告[EB/OL].(2020 - 04 - 10)[2023 - 06 - 30]. http://yjt. shanxi. gov. cn/jz/sgdc/202110/t20211023_2832694. shtml.

[38] 林小杰,钟静,张艳梅,等. 水城"7·23"特大山体滑坡气象保障服务案例与启示[J]. 农业灾害研究,2020,10(2):3.

[39] 新京报. 汶川山洪泥石流灾害已致 12 人遇难,26 人失联[N/OL].(2019 - 08 - 23)[2023 - 06 - 30]. http://www. bjnews. com. cn/news/2019/08/23/618811. html.

[40] 新华社. 西宁"1·13"路面塌陷重大事故灾难调查报告公布[EB/OL].(2020 - 07 - 08)[2023 - 06 - 30]. https://www. gov. cn/xinwen/2020 - 07/08/content_5525169. htm.

[41] 中国新闻网. 四川乐山金口河区境内发生高位山体垮塌[EB/OL].(2023 - 06 - 04)[2023 - 06 - 30]. https://www. chinanews. com. cn/sh/2023/06 - 04/10019139. shtml.

[42] 央视新闻. 缅甸帕敢翡翠矿区发生大规模塌方 遇难人数上升至 174 人[EB/OL].(2020 - 07 - 03)[2023 - 05 - 06]. http://m. news. cctv. com/2020/07/02/ARTIq82T4qpTlG9S4TPnAGDG200702. shtml.

[43] 塞拉利昂首都发生特大型泥石流灾害,损失惨重,教训深刻[J]. 中国地质,2017,44(5):1041 - 1042.

[44] WALTHAM T. Sinkhole hazard case histories in karst terrains[J]. Quarterly Journal of Engineering Geology and Hydrogeology,2008,41(3),291 - 300.

［45］观察者网.美国华盛顿州泥石流已致 14 人死至少 18 人失踪 救援人员深陷泥浆［EB/OL］.（2014 - 03 - 25）［2023 - 05 - 06］. https：//www. guancha. cn/america/2014_03_25_216708. shtml.

［46］人民网.阿富汗发生山体滑坡 官员称或致 2 700 人死亡（组图）［EB/OL］.（2014 - 05 - 03）［2023 - 05 - 06］. http：//world. people. com. cn/n/2014/0503/c1002 - 24967176. html.

［47］海外网.哥伦比亚山体滑坡致 50 余人亡［EB/OL］.（2015 - 05 - 20）［2023 - 05 - 06］. http：//m. haiwainet. cn/middle/456507/2015/0520/content_28754120_1. html.

［48］中国新闻网.埃塞俄比亚首都发生塌方事故 致 113 人死多人失踪［EB/OL］.（2017 - 03 - 16）［2023 - 05 - 06］. http：//news. cnr. cn/native/gd/20170316/t20170316_523661641. shtml.

［49］中国新闻网.斯里兰卡首都发生垃圾山坍塌事故已致 10 人死亡［EB/OL］.（2017 - 04 - 15）［2023 - 05 - 06］. https：//news. ifeng. com/a/20170415/50944131_0. shtml.

［50］新华社. 快讯：吉尔吉斯斯坦南部发生山体滑坡 24 人被埋［EB/OL］.（2017 - 04 - 29）［2023 - 05 - 06］. http：//www. xinhuanet. com/world/2017 - 04/29/c_1120895871. htm.

［51］环球网.印尼中爪哇省山体垮塌多人被埋 造成至少 8 死 8 伤［EB/OL］.（2017 - 12 - 19）［2023 - 05 - 06］. https：//baijiahao. baidu. com/s？id＝1587176765251203874&wfr＝spider&for＝pc.

［52］国家应急广播网综合.赞比亚一矿渣山发生坍塌 至少 10 人死亡［EB/OL］.（2018 - 06 - 20）［2023 - 05 - 06］. http：//www. cneb. gov. cn/2018/06/20/ARTI152950660037 31223. shtml.

［53］新华社新媒体.肯尼亚山体滑坡致死 56 人［EB/OL］.（2019 - 11 - 25）［2023 - 05 - 06］. https：//baijiahao. baidu. com/s？id＝1651165604824871976&wfr＝spider&for＝pc.

［54］新华网.尼泊尔西部山体滑坡致 8 人死亡 1 人失踪［EB/OL］.（2020 - 06 - 14）［2023 - 05 - 06］. http：//www. xinhuanet. com/world/2020 - 06/14/c_1126113536. htm？baike.

［55］中华人民共和国自然资源部. 地质灾害风险调查评价技术要求（1：50000）（试行）［EB/OL］.［2023 - 10 - 13］. https：//wenku. so. com/d/ff778f7d268e5a2af44ad45443137223.

［56］中华人民共和国自然资源部. 地质灾害风险调查评价规范（1：50000）（报批稿）［EB/OL］.［2023 - 10 - 13］. https：//www. gsgec. com/upload/gcdzyjy/contentmanage/article/file/2023/02/16/202302160915113687. pdf.

［57］中华人民共和国国务院. 舟曲灾后恢复重建总体规划［R/OL］.（2010 - 11 - 10）［2023 - 10 - 13］. https：//www. gov. cn/zhengce/content/2010 - 11/10/content_6563. htm.

［58］中华人民共和国国土资源部.三峡库区地质灾害防治总体规划（简本）［J］. 国土资源通讯，2002（3）：5 - 9.

［59］重庆市国土资源和房屋管理局. 重庆市地质灾害防治规划（2004—2015 年）［R/OL］.（2010 - 03 - 01）［2020 - 06 - 16］. http：//www. mnr. gov. cn/gk/ghjh/201811/t20181101_2324594. html.

［60］北京市国土资源局网站.北京市地质灾害防治总体规划（2001—2015）［R/OL］.（2010 - 04 - 16）［2020 - 06 - 16］. http：//www. mnr. gov. cn/gk/ghjh/201811/t20181101_2324605. html.

4 防洪排涝规划

4.1 基本知识

4.1.1 概念界定

洪水:由暴雨、急骤融冰化雪、风暴潮等自然因素引起的江河湖海水量迅速增加或水位迅猛上涨,超过江河、湖泊、水库、海洋等容水场所的承纳能力而威胁到有关地方安全的淹没灾害(水流现象)。

内涝:一定范围内的强降雨或连续性降雨超过其雨水设施消纳能力,导致地面产生积水的现象[1]。

城镇内涝:城镇范围内的强降雨或连续性降雨超过城镇雨水设施消纳能力,导致城镇地面产生积水的现象[1]。

防洪:根据洪水规律与洪灾特点,研究并采取各种对策和措施,以防止或减轻洪水灾害,保障社会经济发展的水利工作。

防洪等级:对于同一类型的防护对象,为了便于针对其规模或性质确定相应的防洪标准,从防洪角度根据一些特性指标将其划分的若干等级[2]。

洪泛区:尚无工程设施保护的洪水泛滥所及的地区[3]。

防洪保护区:洪(潮)水泛滥可能淹及且需要防洪工程设施保护的区域[2]。

蓄滞洪区:包括分洪口在内的河堤背水面以外临时贮存洪水或分泄洪水的低洼地区及湖泊[3]。

安全区:在蓄滞洪区周围,利用蓄滞洪区围堤的一部分修建的小圩区,蓄滞洪水时不受淹,区内建设房屋和基础设施用来安置居民,并具有生产、生活条件,也称围村埝或保庄圩。

城市内涝防治系统:用于防止和应对城镇内涝的工程性设施和非工程性措施以一定方式组合成的总体,包括雨水渗透、收集、输送、调蓄、行泄、处理和利用的自然和人工设施以及管理措施等[1]。

排涝除险设施:用于控制内涝防治设计重现期下超出源头减排设施和排水管渠承载能力的雨水径流的设施[1]。

4.1.2 洪水类型

4.1.2.1 按地区划分[4]

(1)河流洪水

河流洪水是指由于过度降雨或融雪,导致河流、湖泊或溪流中的水位上升并溢出到周围的河岸、海岸和邻近土地上而引发的洪水。根据形成的直接成因,可分为暴雨洪水、融雪洪水、冰凌洪水、溃坝洪水与土体坍滑洪水等。其特点主要表现在具有明显的洪水产流与汇流过程、洪水传播、挟带泥沙以及洪水周期性与随机性等问题。

（2）海岸洪水

海岸洪水主要是由大气扰动、天文潮、海底地震、海底火山爆发等因素形成的暴潮所造成，大致可分为天文潮、风暴潮、台风（飓风）、海啸等。当海水受到外力作用时，水质点将在其平衡位置附近做周期性升降运动，称为波浪。海水波浪向海岸传播时，因底部摩擦阻力大，且近岸水深较浅，产生波能集中，波陡增大，水深继续减小，波峰逐渐赶上波谷，波浪向前倾覆，甚至产生破碎现象。波浪破碎后，水质点有明显的向前移动，蓄有较大能量，在岸边破碎的波称击岸波，继续向岸边传播，可再次或多次破碎，最后在岸坡上破碎形成强烈的击岸水流，并上涌到一定高度，就构成洪水威胁，甚至造成灾害。

（3）湖泊洪水

由于河湖水量交换或湖面气象因素作用或两者同时作用会产生湖泊洪水。中国大型湖泊多与河流通连，湖面气象因素的影响也明显，湖泊洪水比较强烈。

4.1.2.2　按成因划分

（1）暴雨洪水

由暴雨通过产流、汇流在河道中形成的洪水称为暴雨洪水，简称雨洪。雨洪是最常见的、威胁性最大的洪水，按暴雨的成因可划分为不同类型，包括雷暴雨洪水、台风暴雨洪水、锋面暴雨洪水等。其主要是由集中降落在流域上的暴雨所形成，即使暴雨结束，洪水并不会随之停止，其历时长短受流域大小、下垫面情况与河道坡降等因素影响。此外，暴雨中心落点、暴雨中心移动与否、移动路径、暴雨的面分布和时程分配特点也会对雨洪特点产生影响，因此，即使是同一成因类型的暴雨，在同一流域上也可能造成大小和峰形大不相同的洪水[5]。

（2）山洪

山区溪沟，由于地面和河床坡降都较陡，降雨后产流、汇流都较快，形成急剧涨落的洪峰。按形成过程可分为高速滑坡型、崩塌流动型、淤积漫溢型、冲刷崩岸型以及松散堆积物型。其主要特点为突发性强，灾害过程短暂，水量集中且流速大，同时往往夹带大量泥沙石块，冲刷破坏力强。山洪主要由强度很大的暴雨，融雪在一定地形地质地貌条件下形成，同时也会受森林覆盖、水体水源以及人类活动影响[6]。

（3）融雪洪水

在高纬度严寒地区，冬季积雪较厚，春、夏季气温大幅度升高时，积雪大量融化而形成的洪水称为融雪洪水，简称雪洪。按成因可分为积雪融水洪水以及积雪融水与降雨混合洪水。影响雪洪大小和过程的主要因素包括积雪的面积、雪深、雪密度、持水能力和雪面冻深，融雪的热量，积雪场的地形、地貌、方位、气候和土地使用情况，这些因素彼此之间会有交叉影响。融雪洪水一般发生在4—5月，在我国主要分布于东北和西北的高纬度地区[7]。

（4）冰凌洪水

河流中因冰凌阻塞和河道内蓄冰、蓄水量的突然释放而引起的显著涨水现象称为冰凌洪水，简称凌汛。按洪水成因可分为冰塞洪水、冰坝洪水和融冰洪水3种。① 冰塞洪水是在河流封冻后，冰盖下冰花、碎冰大量堆积，堵塞部分过水断面，造成上游河段水位显著壅高，当冰塞融解时，蓄水下泄形成洪水过程。② 冰坝洪水一般发生在开河期，由于大量流冰在河道内受阻，冰块上爬下插，堆积成横跨断面的坝状冰体，严重堵塞过水断面，使坝的上游水位显著壅高，当冰坝突然破坏时，原来的蓄冰和槽蓄水量迅速下泄而形成凌峰向下游推进的过程。③ 融冰洪水是封冻河流或河段主要因热力作用，使冰盖逐渐融解，河槽蓄水缓慢下泄而形成的洪水，相较其余类型其水势较平稳，凌峰流量也较小[8]。

（5）溃坝洪水

堤坝、水库或其他挡水建筑物失事时，存蓄的大量水体突然泄放，形成下游河段的水流急剧增涨甚至漫槽成为立波向下游推进的现象。溃坝洪水的破坏力远远大于一般暴雨洪水或融雪洪水，属于非正常、难以预料的突然事件。其成因包括超标准洪水、冰凌、地震等导致大坝溃决的自然因素，以及设计不周、施工不良、管理不善、战争破坏等导致大坝溃决的人为因素[9]。

（6）天文潮

天文潮是地球上海洋受月球和太阳引潮力作用所产生的潮汐现象，它的高潮和低潮潮位和出现时间具有规律性，可以根据月球、太阳和地球在天体中相互运行的规律进行推算和预报[10]。

（7）风暴潮

台风、温带气旋、冷锋的强风作用和气压骤变等强烈的天气系统引起的水面异常升降现象多出现在中低纬度沿海沿湖地区。它和相伴的狂风巨浪可引起水位上涨，又称风潮增水。风暴潮一般分为两类：一类是由热带气旋（包括台风、飓风、热带低压等）引起，大多数发生在夏、秋两季，成为台风风暴潮，其主要特点为水位变化急剧；另一类是由热带气旋及寒潮大风引起，主要发生于冬、春两季，其主要特点为水位变化较为缓慢，但持续时间较长[11]。

（8）海啸

由于海底地震造成的沿海地区水面突发性巨大涨落现象[12]。

4.1.3　洪涝灾害的成因

4.1.3.1　自然原因

（1）气象气候因素

持续或集中的高强度降雨等气象气候因素是造成洪涝灾害的最主要原因。温室效应引起的全球气候变暖会对水循环造成影响，破坏自然生态系统的平衡，导致近些年来全球各地不断出现极端恶劣的气象[13]。另外，对于季风气候显著的地区，因水资源时空分布不均匀，造成短历时高强度暴雨或台风的影响而形成长历时的连续降水，在这个过程期间极易导致洪涝灾害的发生。

气候变化对洪涝灾害存在直接和间接作用两个方面的可能影响，从气候系统变化的直接作用来看：一方面，大气环流系统的异常［如恩索（ENSO）、季风变化等］对全球大尺度水汽分布和降水格局带来深远影响。这种大尺度降水格局的变化将给区域极端降水变化造成一定的影响。另一方面，从区域热动力过程来看，大气饱和水汽压与温度之间存在指数增加的关系，在相对湿度不变和全球增温的背景下，蒸散发加强，大气中的水汽总量呈上升趋势，而大气中的水汽含量的上升在一定程度上增加了降水的频率和强度。从气候系统变化长期的间接作用来看，在气候变化背景下，地表植被覆盖和土壤的物理性质与结构均会产生一定变化，部分地区水土流失和荒漠化加剧，这种变化将会影响流域的降水—径流过程，带来更大更快的洪峰流量。

（2）流域水系因素

古往今来，人类往往聚集在河流附近生活，形成各类规模大小的城市。河流在基于人类生活便利的同时，对人类生命财产和城市文明都构成一定威胁。城市河网密集区，由于具有特定的地理环境，很容易造成洪涝灾害的发生[14]。城市河道网大部分位于主要河流流域的中尾部,上游洪水短期内大量集中通过,加重了城市河道网的防洪排水负担。部分河道网位于极易发生暴雨的气候区,受短期暴雨和涨潮叠加影响较大,很容易诱发区域性的洪涝灾害。沿海地区的河道网通常被台风或强海洋气候条件影响,导致该地区短时间内汇流大量雨水而加剧暴雨洪涝灾害风险。我国水系分布不均衡,大多数河流在东南部的外流河流域。这些河流受西高东低的地形和夏季风的影响,很容易造成同一流域上下游洪水的叠加现象,导致洪峰流量增大,大大增加了产生洪涝灾害的概率。

（3）地形地势因素

地形地势差异同样是造成洪涝灾害的重要影响因素之一。不同的地势对气流的运行作用不同导致降水的分布具有差异[15]。

平原地形有利于海洋水汽的进入,增大了降水概率。洪涝易发区主要分布在平原低洼地区和水网地区,如我国的东部平原地区、欧洲中部地区、美国中东部地区。平原水灾波及范围广,持续时间长,造成损失大,发生频率高。

山地地形的迎风坡在一定的高度上降水较多,背风坡降水较少,原因是暴雨容易在山地的迎风坡一侧发生或加强,导致洪涝灾害易发。河谷地带由于地势低、温度高而降水少,如横断山区。盆地地形由于地势封闭,周围高山围绕,海洋水汽难以进入,降水也较少,如塔里木盆地。

高原因为地形高,海洋水汽也难以爬上高原面形成降水,所以高原上的降水也不多,如东非高原、青藏高原、巴西高原等,降水都不多。

4.1.3.2 人为原因

（1）植被破坏

人类的过度砍伐导致地表植被的逐年减少,森林过度砍伐削弱了其对降水的储蓄能力和对雨洪的再分配功能,使林地径流速度加快,洪水相对集中,从而加大了河流的泥沙淤积和中小河流的山洪威胁。同时,植被减少引起的水土流失增加了河流的含沙量,形成下游水库湖泊的淤积,破坏天然河湖调蓄和宣泄洪水的能力,加剧了洪水的危害[16]。

（2）围湖造田

湖泊是江河的调节器,对减轻洪涝灾害,保护湖区人民生命财产起着重大作用[17]。但由于泥沙淤积和人类围垦,导致湖泊面积不断缩小,减少了对江河洪水调蓄的容积,降低了其对洪水的调蓄能力,导致洪水位升高,洪水持续时间延长,洪水频率升高。

（3）城市化进程

城市化改变了城市土地利用方式,导致湖泊面积萎缩,城市湿地、绿地不断减少。一方面,不透水面积成倍增加,提高了城市综合径流系数[18]。另一方面,城市化使得流域地表汇流呈现坡面和管道相结合的汇流特点,明显降低了流域的阻尼作用,汇流速度将显著加快,水流在地表的汇流历时和滞后时间大大缩短,集流速度明显增大,城市及其下游的洪水过程线变高、变尖、变瘦,洪峰出现时刻提前,城市地表径流量大为增加。

此外,城市建设改变了城市排水方式和排水格局,增加了排水系统脆弱性。部分河道被人为填埋或暗沟化,河网结构及排水功能退化。道路及地下管道基础设施建设破坏了原来的排水系统,管道与河道排水之间的衔接和配套不合理,排水路径发生变化,排水格局紊乱。

城市建设形成的地下停车场、商场、立交桥等微地形有利于雨水积聚和洪涝的形成,也是城市洪涝最为严重的地点。

4.1.4 洪涝灾害的时空分布特征

4.1.4.1 时间分布特征

（1）年际变化

我国洪水的年际变化存在一定的周期规律。全国洪涝灾害发生频率总体变化大致为降—升—降—升。1950 年代初期基本为下降趋势，1950 年代中期至 1960 年代中期洪灾受灾面积百分比上升，1960 年代末至 1980 年代初为下降趋势，随后开始持续上升到 21 世纪初[19]。

（2）季节分布

我国重大洪涝灾害具有明显的季节性特征，主要集中于夏季[20]。从历史重大洪涝灾害月季分布来看，6—8 月的重大洪涝灾害占总洪涝次数的 90.65%。从各旬重大洪涝次数来看，6 月中下旬和 7 月上中旬次数最多，仅此 4 旬就占洪涝次数的 56%[21]。

受东亚季风的影响，每年 4—6 月，东亚季风在东亚大陆建立，长江以南将出现大暴雨；7—8 月，东亚季风最强烈，大暴雨会在川西和华北地区出现，与此同时，台风登陆东南沿海，也会带来大暴雨；9—11 月，大暴雨移动到南方，在台风和南下冷空气的影响下，东南沿海地区仍然会有大暴雨产生。

4.1.4.2 空间分布特征

我国城市洪涝灾害总体上呈现出南重北轻、中东部重西部轻的空间分布格局，受灾最频繁的城市基本集中于长江流域和珠江流域，并分布在几大城市群范围内，特别是长江中游城市群、长三角城市群、珠三角城市群和成渝城市群。从气候角度分析，我国东部和南部地区基本都处在季风的影响范围内，大暴雨产生的频率较大[22]。

（1）长江流域

长江是我国第一大河流，流域范围涉及 11 个省（自治区、直辖市），横跨我国西南、华中、华东三大经济区。长江中游水道弯曲，地势平缓，不利于江水快速下泻，当上游大量来水的时候，水位会快速上升，如果此时堤防发生垮塌或者漫顶，就会发生严重的水灾，流域中下游多平原，地势低平，不利于泻洪[23]。因此，长江流域中下游为洪涝灾害易发区域与防洪重点区，如嘉陵江和汉江上游地带，鄱阳湖北部和洞庭湖沅江，以及澧水至中游荆江河段。

（2）黄河流域

黄河流域的降雨量多集中于 7—8 月份，暴雨强度大，河道宣泄不及，致使常发生水灾。黄河上游地区的洪水灾害，主要发生在兰州市河段及宁、蒙河段的河套平原。由于上游地区暴雨少，洪水出现频率小，洪峰流量不大，加之过去这些地区人烟稀少，经济不发达，所以洪水灾害较下游为轻[24]。黄河中游的龙门至潼关河段，两岸为黄土台塬，有滩地 100 多万亩（约 667 km²），洪水漫滩时成灾。三门峡水库建成运用以后，渭河下游河道淤高，洪灾加重。

（3）淮河流域

淮河流域地处我国南北气候过渡地带，气候变化复杂，降雨时空分布不均。流域内众多支流多为扇形网状水系结构，洪水集流迅速。淮河上游干流及其南部山区，河道坡度大，汇流时间短，洪峰水位高，历时短。当淮北支流洪水泄洪入淮河干流时，与淮河上游干流及其淮南山区洪水遭遇，在淮河干流形成特大洪水。淮河中游历史上洪水频繁，大别山区的潢河、史河上游洪水发生频率较高，淮河下游地区是淮河流域洪涝重灾区之一[25]。

（4）海河流域

海河流域东临渤海,南界黄河,西靠云中山、大岳山,北倚蒙古高原,包括滦河水系、蓟运河水系、海河水系以及鲁北平原的徒骇河、马颊河。海河流域处于我国干旱与湿润气候的过渡地带,由于受季风气候影响,流域降水量年内分配很不均匀,约75%～85%集中在汛期,在汛期又往往集中于几场暴雨。同时,海河是扇状水系,遇到暴雨,支流同时涨水,下游河道难以容纳,导致海河流域水灾频发[26]。

（5）珠江流域

珠江流域地处亚热带,北回归线横跨流域中部,气候温和多雨,多年平均降水量为1 200～2 200 mm,珠江水量丰富,年均河川径流总量仅次于长江。珠江流域洪水峰高、量大、历时长,水灾主要集中在中下游河谷平原和珠江三角洲地区;同时,地区水灾与台风和风暴潮有直接关系[27]。

（6）松辽流域

松辽流域主要河流有辽河、松花江、黑龙江、乌苏里江、绥芬河、图们江、鸭绿江以及独流入海河流等。辽河流域的洪水由暴雨产生,洪水有80%～90%出现在7—8月,尤以7月下旬—8月中旬为最多。由于暴雨历时短,雨量集中,汇流速度快,洪水多呈现陡涨陡落的特点,一次洪水过程不超过7 d,主峰在3 d之内。西辽河洪水主要来源于老哈河。东辽河、浑河、太子河洪水主要来源于流域上游山区。辽河干流洪水主要来源于东辽河及干流左侧支流清河、柴河、泛河。松花江流域的涝区主要分布在松嫩平原、三江平原、松干中部和西流松花江中下游地区,多由暴雨形成。80%的洪水发生在7—9月,尤以8月为多;洪水主要来自嫩江和西流松花江的上游山区[28]。

4.1.5　全国重点和重要防洪城市

（1）全国重点防洪城市

全国重点防洪城市共有31个,包括:北京、天津、盘锦、沈阳、长春、吉林、哈尔滨、佳木斯、齐齐哈尔、上海、南京、安庆、蚌埠、合肥、淮南、芜湖、九江、南昌、济南、开封、郑州、黄石、荆州、武汉、长沙、岳阳、广州、柳州、南宁、梧州、成都[29]。

（2）全国重要防洪城市

全国重要防洪城市共有54个,包括:邯郸、石家庄、太原、包头、呼和浩特、鞍山、大连、丹东、抚顺、大庆、牡丹江、常州、苏州、无锡、徐州、扬州、杭州、宁波、衢州、温州、阜阳、黄山、马鞍山、铜陵、福州、泉州、厦门、漳州、赣州、景德镇、上饶、青岛、淄博、信阳、常德、益阳、汕头、深圳、湛江、珠海、北海、桂林、海口、绵阳、宜宾、重庆、贵阳、昆明、拉萨、西安、兰州、西宁、银川、乌鲁木齐[30]。

4.2　国内外重大洪涝灾害历史事件

4.2.1　国内案例

4.2.1.1　1954年长江洪水

1954年汛期开始时间早,雨带长期徘徊于长江流域;暴雨强度大、面积广、历时长、水位高,长江干流上自枝江下至镇江均超过了历年有记录以来的最高水位。各支流、干流区间汛期洪量较多年平均值大 30%～80%,为 20 世纪最大的一次全流域性的大水。

自 4 月开始到 6 月中旬,鄱阳湖、洞庭湖两湖水系频繁出现洪峰,致使湖区水位持续上升,长江中下游河道的水位也随之持续上涨,江湖已成满槽之势。7 月,全流域又普降暴雨,长江干流水位在各支流的交互上涨情况下洪峰频发;中下游及鄱阳湖和洞庭湖的水情在 8 月上中旬达到了最高潮。在荆江采取分洪措施后,沙市 8 月 7 日的最高水位仍达 44.67 m,汉口 8 月 18 日达到了最高峰,水位为 29.73 m,超过了 1931 年的最高水位 1.45 m,为有水位记载以来的新纪录。

长江中下游湖南、湖北、江西、安徽、江苏五省,有 123 个县市受灾,淹没耕地 4 755 万亩(约 31 700 km²),受灾人口 1 888 万人,死亡 3.3 万人,京广铁路不能正常通车达 100 天,直接经济损失达 100 亿元[31]。

4.2.1.2　1998 年长江洪水

1998 年汛期,长江以南地区降雨量较往常偏多,暴雨日数多、强度大,降雨持续时间长、范围广,6 月 12—17 日,鄱阳湖水系抚河、信江、昌江水位超过历史最高水位。洞庭湖水系资水、沅江、湘江也发生了洪水,两湖洪水汇入长江致使长江干流监利段以下超过警戒水位。7 月 2 日,宜昌出现第 1 次洪峰,流量 54 500 m³/s,监利、武穴、九江等超过历史最高水位。7 月 18 日,宜昌出现第 2 次洪峰,流量 55 900 m³/s,由于两湖水系来水不大,中下游水位一度回落。7 月 24 日,两湖发生大洪水,宜昌出现第 3 次洪峰,流量 51 700 m³/s,监利、莲花塘、螺山、城陵矶、湖口再次超过历史最高水位。8 月 7 日,宜昌出现第 4 次洪峰,流量 63 200 m³/s,沙市水位达到 44.95 m。8 月 16 日,宜昌出现第 6 次洪峰,流量 63 300 m³/s,为 1998 年的最大洪峰流量,与清江、洞庭湖及汉水洪水遭遇,中游各水文站相继达到最高水位,沙市站水位 45.22 m,监利站水位 38.31 m,莲花塘站水位 35.80 m,螺山站水位 34.95 m,武汉站水位 29.43 m。随后出现的第 7 和经 8 次洪峰,流量均小于第 6 次洪峰流量[32]。

受灾最重的是江西、湖南、湖北等省。同期,全国共有 29 个省(区、市)遭受了不同程度的洪涝灾害,受灾面积 0.21 亿 hm²,成灾面积 0.13 亿 hm²,受灾人口 2.23 亿人,死亡 4 150 人,倒塌房屋 685 万间,直接经济损失达 1 660 亿元。

4.2.1.3　2021 年"7·20"郑州特大暴雨

2021 年 7 月 17 日至 23 日,河南省遭遇历史罕见特大暴雨。降雨过程 17 日至 18 日主要发生在豫北(焦作、新乡、鹤壁、安阳)。19 日至 20 日暴雨中心南移至郑州,发生长历时特大暴雨。21 日至 22 日暴雨中心再次北移,23 日逐渐减弱结束。过程累计面雨量,鹤壁最大(589 mm)、郑州次之(534 mm)、新乡第三(512 mm);过程点雨量鹤壁科创中心气象站最大(1 122.6 mm)、郑州新密市白寨气象站次之(993.1 mm);小时最强点雨量郑州最大,发生在 20 日 16 时至 17 时(郑州国家气象站 201.9 mm),鹤壁、新乡晚一天左右,分别发生在 21 日 14 时至 15 时(120.5 mm)和 20 时至 21 时(114.7 mm)。特大暴雨引发河南省中北部地区严重汛情,12 条主要河流发生超警戒水位以上洪水。河南省共有 150 个县(市、区)1 478.6 万人受灾,直接经济损失达 1 200.6 亿元,其中郑州市 409 亿元,占全省 34.1%[33]。

此外,我国历史上多次发生重大洪水灾害事件,典型案例如表 4-1 所示。

表 4-1　我国历史重大洪涝灾害事件表

年份	洪涝名称	灾情与损失
1117 年(北宋政和七年)	黄河决口	淹死百余万人[34]
1569 年(明隆庆三年)	海河洪水	南运河的林县、汲县等 7 县县城俱被水淹;子牙河系的邢台、赞皇等 5 县"大水浸城"[35]
1642 年(明崇祯十五年)	黄河决口	水淹开封城,全城 37 万人中有 34 万人淹死[34]
1915 年	珠江特大洪涝灾害	珠江三角洲受灾农田 43.2 万 hm²,灾民 300 多万,死伤 10 余万人[36]
1931 年	江淮大水	受灾人口 4 000 万人,370 万人死亡,经济损失 13.5 亿银元[37]
1932 年	汉江大水	受灾面积 150.9 万 hm²,1 003 万人受灾,死亡 14.2 万人[34]
1933 年	黄河决口	受灾面积 1.1 万 km²,受灾人口 360 多万,死亡 1.8 万人[34]
1939 年	海河全流域普遍大水	333.3 万 hm² 耕地、800 万人受灾,冲毁铁路 160 km[38]
1956 年	海河洪水	淹地 285.3 hm²,受灾 1 500 万人[38]
1963 年	海河特大洪水	淹地 380 万 hm²,倒房 1 450 万间,冲毁铁路 75 km,损失 60 亿元[38]
1968 年	淮河大水	受淹农田 50.7 万 hm²,受灾人口 365.23 万,死亡 480 人,倒塌房屋 76.07 万间,冲垮堤防 845 km[38]
1975 年	河南大洪水	"75·8"特大暴雨引发的淮河上游大洪水,使包括 2 座大型水库在内的数十座水库漫顶垮坝,73 万 hm² 农田受到毁灭性的灾害,1 015 万人受灾,超过 2.6 万人死亡,经济损失近百亿元[39]
1981 年	长江大水	53 个县以上城市、580 个城镇、2 600 多座工厂企业、83.3 万 hm² 耕地受淹,倒塌房屋 160 万间[39]
1982 年	汉江特大洪水	安康老城被淹,89 600 余人受灾,870 人丧生。损毁房屋 3 万余间。经济损失约 4.1 亿元[40]
1991 年	淮河洪水	全流域受灾耕地 551.7 万 hm²,成灾 401.6 万 hm²,受灾人口 5 423 万人,死亡 572 人,倒塌房屋 196 万间[38]
2010 年	鸭绿江特大洪水	丹东全市 44 个乡镇受灾严重,多个乡镇电力、通信中断,房屋倒塌 230 间[41]
2012 年	北京特大暴雨	房屋倒塌 10 660 间,160.2 万人受灾,死亡 79 人,经济损失 116.4 亿元[42]
2016 年	河北特大暴雨	倒塌房屋 5.29 万间,农作物受灾面积 723 500 hm²,因灾造成直接经济损失达 163.68 亿元[43]
2020 年	南方洪涝灾害	造成 27 个省(区、市)3 020 万人次受灾,141 人死亡失踪,2.2 万间房屋倒塌,25.1 万间受到不同程度损坏,直接经济损失 617.9 亿元[44]

4.2.2　国外案例

4.2.2.1　1927 年密西西比河洪水

1927 年密西西比河洪水,也称为 1927 年大洪水,几个月的大雨导致密西西比河水量骤增,第一个大堤于 4 月 16 日在伊利诺伊州破裂,4 月 21 日,密西西比州的堤坝决口。在接下来的几周里,沿河的整个堤坝系统基本坍塌,一些地方的居民区被淹没在 30 ft(9 m) 深的水中,至少两个月后,洪水才完全消退。密西西比河洪水为美国历史上最严重的自然灾害之一,超过 2.3 万 mile^2(1 mile^2≈2.59 km^2) 的土地被淹没,数十万人流离失所,约 250 人死亡[45]。

4.2.2.2　1953 年北海洪水

北海洪水为北海有史以来最严重的风暴潮,发生于 1953 年 1 月 31 日至 2 月 1 日。在荷兰,大约 40 万 acre(1 acre≈0.404 7 hm^2) 被洪水淹没,造成至少 1 800 人死亡以及巨大的财产损失。在英格兰东部,多达 18 万 acre 的土地被洪水淹没,约 300 人丧生,24 000 所房屋受损。至少有 200 人在海上丧生,其中包括维多利亚公主号渡轮上的 133 名乘客[46]。

此外,历史上国外发生的典型洪水事件如表 4-2 所示。

表 4-2　国外历史重大洪涝灾害事件表

时间	洪涝名称	灾情与损失
1219 年	意大利罗马圣马塞勒斯洪水	在西弗里斯兰和格罗宁根海岸淹死了 3 万余人[47]
1287 年	圣卢西亚洪水	7 万多人死亡,城市温切尔希(Winchelsea)和布鲁姆希尔(Broomhill)被毁灭[48]
1421 年	荷兰圣伊丽莎白洪水	许多堤坝破裂,低洼的圩田土地被淹,多座村庄被洪水吞没,造成 2 000～10 000 人伤亡[49]
1530 年	意大利罗马圣费利克斯水灾	10 万人死亡[50]
1889 年	美国约翰斯敦洪灾	2 000 万 m^3 水压崩山谷,数个城镇变成废墟,死亡人数达 7 000 人[47]
1908 年	俄罗斯莫斯科大水	全城 1/5 没顶,死亡百余人,损失惨重[51]
1921 年	美国密西西比河洪水	中下游 6.7 万 km^2 土地受淹,城乡建筑多被摧毁,淹死数千人,无家可归者百余万[51]
1952 年	日本静冈水灾	河川泛滥,堤坝崩溃,稻田荡然无存,共死亡 1.3 万人[51]
1987 年	孟加拉国特大水灾	2 000 多人死亡,2.5 万头牲畜淹死,200 多万 t 粮食被毁,20 000 km 道路及 772 座桥梁和涵洞被冲毁,千万间房屋倒塌,大片农作物受损,受灾人数达 2 000 万人[52]
2000 年	日本名古屋特大暴雨	新川决堤近百米,3 万户居民避难,18 000 户家庭受淹[51]
2011 年	泰国曼谷大洪水	受灾人口达 1 359.5 万人,因灾死亡 813 人,总损失达 432.536 亿美元[53]
2013 年	印度北部洪水	桥梁和道路被毁,6 054 人死亡[54]

4.3 洪涝灾害风险评估

4.3.1 洪涝灾害风险评估方法

洪水灾害风险评估的依据是第一次全国自然灾害综合风险普查技术规范《洪水风险区划及防治区划编制技术要求(试行)》(FXPC/SL P-01)(2021年9月版)[55]。

4.3.1.1 风险区划技术流程

区划流程主要包括资料收集与整理、三区划分、区域单元划分、区域分析方案拟定、区域分析模型构建、风险要素分析计算、风险等级划分、聚类分析与区划边界划定、成果合理性检验等,如图4-1所示。

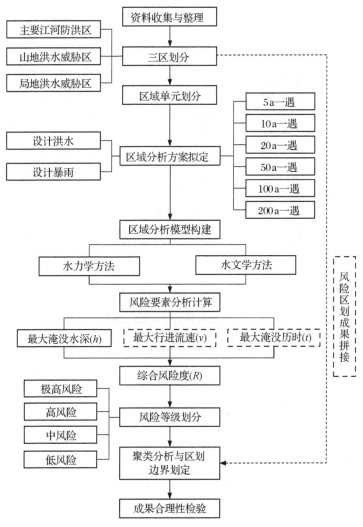

图4-1 洪水风险区划技术流程图[55]

应根据区划单元的自然地理、洪水特征、三区划分类型以及现有资料情况,合理确定洪水风险分析方法。应优先采用水力学法或水文水力学方法,当资料条件达不到以上方法要求时,可以考虑采用水文学方法、实际水灾法(历史洪水法)或其他适宜的简化方法计算。

洪水灾害防治区划流程主要包括资料收集与整理、三区划分、区划单元划分、主要江河防洪区防治区划、山地洪水防治区划、成果合理性检验、防治区划图制作等,主要技术流程如图 4-2 所示。防治区划采用的技术方法主要是空间分析法、综合分析法等[55]。

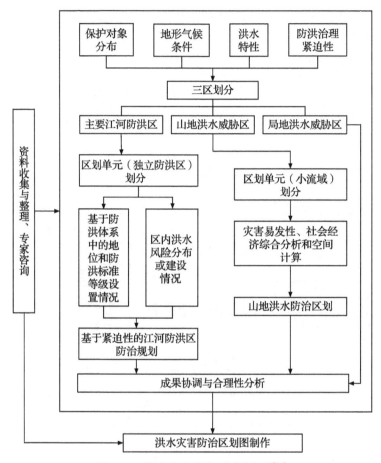

图 4-2 洪水灾害防治区划流程图[55]

4.3.1.2 三区划分

三区划分是开展洪水风险区划及防治区划的基础和前提,是指根据各地暴雨、洪水、地形、河流水系等自然因素,人口分布、地区生产总值等经济社会因素,以及历史洪水发生情况及其灾害影响范围与程度,对我国不同地区受洪水威胁及其形成灾害的程度进行区划,划分为主要江河防洪区、山地洪水威胁区和局地洪水威胁区三种类型。

不同类型区域对应不同的防洪策略。主要江河防洪区一般人口稠密、经济发达,洪水来源复杂,上下游、左右岸、干支流、洪涝潮互相影响,成灾过程相对较长,灾害防御依赖流域工程体系,以工程措施为主,非工程措施为辅;山地洪水威胁区从降雨到发生灾害时间短,防御难度大,防治措施以防为主,防治结合,以非工程措施为主,非工程措施与工程措施相结合;局地洪水威胁区由于人烟稀少或极度干旱,一般无洪水灾害防治需求[55]。

(1) 主要江河防洪区

主要江河防洪区范围包括主要江河洪水泛滥可能淹及以及东部沿海易受风暴潮灾害的集中连片的地区,包括大江大河中下游地区、东部独流入海河流中下游及滨海地区,以及西南和西北地区中洪水可能集中连片淹没的范围。地形主要以平原和盆地为主,局部位于丘陵或山前。

主要江河防洪区范围主要依据第一次全国自然灾害综合风险普查技术规范《洪水风险区划及防治区划编制技术要求》(FXPC/SL P-01)中有关区划单元划分的规定进行划定。对于防洪规划中已明确边界范围的洪泛区、蓄滞洪区和防洪保护区,按照防洪规划所确定的边界划定主要江河防洪区范围。对于防洪规划中未明确各类防洪区边界的区域,应依照流域的干支流顺序自下而上依次划定主要江河防洪区范围。其范围划定的具体方法和指标如下:

① 平原区(一般为多河交叉区域)防洪保护区应以干流堤防标准同级或者低一级的河道堤防为边界划定。

② 山丘区(一般为两山夹一河区域)防洪保护区以20 a 一遇(当干流堤防标准为10 a 一遇时,则取10 a 一遇)及以上标准的堤防至两侧高地所形成的封闭区域划定。

③ 干支流共同保护的区域划入干流防洪保护区。

④ 对于流域内无堤防或堤防防洪标准较低(一般指10 a 一遇及以下)的河流,可作为防洪保护区的内河考虑。

⑤ 流域内包含蓄滞洪区的,应根据防洪规划的规定,将其纳入主要江河防洪区范围。

主要江河防洪区范围应以区域内所有防洪区的边界范围取外包后进行划定[55]。

(2) 山地洪水威胁区

山地洪水威胁区是指主要江河防洪区以外,受山洪、泥石流等灾害威胁而影响的山地、丘陵、台地、黄土峁梁台塬和中小河流河谷小平原、小盆地和山前平原等地区。山地洪水威胁区范围应以区域内所有山丘区河流所对应的流域边界范围取外包后进行划定。对于跨山丘区和平原区的河流,其范围应根据河流出山口以上河段对应的流域边界范围进行划定[55]。

(3) 局地洪水威胁区

局地洪水威胁区范围是除以上两个区域外的地区,主要位于我国第一、二级阶梯内,包括内蒙古高原、青藏高原大部、西北诸河大部和沙漠、戈壁等人烟稀少地区。该地区除大兴安岭西部有局部森林和绿洲分布外,主要以草原、戈壁、沙漠、高原荒漠以及高山峡谷为主,人口密度一般小于30 人/km²。这些区域大多属于干旱和半干旱地区,大部分范围降水稀少,年最大24 h点雨量均值在50 mm 以下,除偶有局地短历时强暴雨外,一般不会发生较大范围的洪水,即使局部地区发生洪水也由于人烟稀少而不致成灾,洪水威胁总体不大。局地洪水威胁区范围主要根据区域河湖水系特点、防洪工程体系布局,以及下垫面条件、降雨强度等要素进行综合划定。其中,满足以下条件中任意一项的区域可直接划定为局地洪水威胁区:① 沙漠地区、戈壁地区和冰川地区;② 年最大24 h点雨量均值小于50 mm 的地区;③ 人口分布密度小于30 人/km²的草原、森林等地区;④ 其他降雨量稀少、水系不发达、人口分布密度低、无工程设防的地区[55]。

4.3.1.3 区划单元划分

区划单元划分是指在三区划分成果基础上,根据地形地貌、流域边界、重要控制节点和防洪控制工程等,将主要江河防洪区、山地洪水威胁区和局地洪水威胁区进行进一步的细化分解,以便于针对单个区划单元开展洪水风险区划分析模型构建和区划分析方案拟定。

对于主要江河防洪区,应以流域、区域防洪规划为基础,考虑流域内不同区域的洪水来源及风险特征的差异性,结合流域内的地形地貌、内河与地物分割以及控制性工程等,按照防洪保护区、防潮保护区、蓄滞洪区、洪泛区、城区等类型,将流域划分为若干个子区域。

对于山地洪水威胁区,应以流域面积在 3 000 km² 以下的山区性河流为对象,根据洪水风险分析计算的需要,将山地洪水威胁区划分为若干个子流域单元。可参考全国山洪灾害调查评价项目中有关小流域单元划分成果。

对于局地洪水威胁区,可以根据区域气候特点、降雨特征、地形地貌、行政区划、社会经济、人口分布情况等,将局地洪水威胁区划分为若干个面积不小于 10 km² 的子分析单元[55]。

4.3.1.4 区划分析方案

区划分析方案拟定是指根据各区划单元的洪水来源、现状设防标准、洪水组合以及溃口位置等,确定各区划单元需要进行洪水分析计算的方案集合,包括洪源分析、洪水计算频率选取、洪水组合确定及溃口(分洪)位置选取等步骤。

洪(涝、潮)水频率一般选取:5 a 一遇、10 a 一遇、20 a 一遇、50 a 一遇、100 a 一遇、200 a 一遇。其中,山地洪水威胁区洪水频率最高选取至 100 a 一遇。对于无设计洪水资料的地区,应根据区域的设计暴雨或暴雨洪水查算手册,计算并推求区域不同暴雨频率下的设计洪水,再将其用于区划分析方案拟定。对于采用典型年洪水作为洪水分析计算输入条件的,应将该场次洪水按照某一时段洪量或洪峰流量等指标换算成对应的洪水频率,以用于后期的综合风险度 R 值计算。

对于山地洪水威胁区中流域面积在 200 km² 以上的山区性河流,区划分析方案一般应选取干流不同洪水频率下的洪水淹没范围分析方案;已开展山丘区中小河流洪水淹没范围图编制的河流,可直接采用该项成果开展风险要素分析计算。对于流域面积在 200 km² 以下的山区性河流,可根据全国山洪灾害调查评价项目成果,确定调查评价河段不同频率洪水影响范围和风险状况。

对于局地洪水威胁区,可根据当地的水文手册、暴雨图集等水文资料,获得区划单元内不同区域的年最大 24 h 点雨量均值和 C_v 值,并将其用于综合风险度 R 值计算[55]。

4.3.1.5 风险要素分析计算

风险要素分析计算是指根据建立的洪水风险区划分析模型,对拟定的区划分析方案进行洪水风险分析计算后,得到的计算单元风险要素指标值的集合。风险要素指标一般包括最大淹没水深(h)、最大行进流速(v)、最大淹没历时(t)和产流系数、不同频率年最大 24 h 点雨量等。

风险要素值计算应根据实际地区的资料和经费情况,采用适合本地区的方法,包括水力学方法、水文水力学方法、水文学方法。对于已编制过洪水风险图的地区,可选取洪水风险图编制成果中的部分计算方案作为该地区的洪水风险要素值计算成果。对特殊情况(资料不充分且洪水风险程度大小主要以淹没深度为主要特征的)地区,可考虑只选取最大淹没水深(h)作为风险要素值指标,以反映主要洪水风险要素的相对大小和地区间差异[55]。

4.3.1.6　综合风险度计算

对于风险要素值为最大淹没水深、最大行进流速、最大淹没历时等3个风险要素指标或仅为最大淹没水深的区划单元,计算各单元的"综合风险度(R)"值。

4.3.1.7　风险等级划分

风险等级用于表征区划分析模型中各计算单元以及洪水风险区划图中不同区域(块)的洪水风险程度。风险等级共分为低风险、中风险、高风险、极高风险4个级别。计算单元的风险等级以"综合风险度(R)"为指标,按以下规则进行确定:$R<0.15$为"低风险",$0.15{\leqslant}R<0.5$为"中风险",$0.5{\leqslant}R<1$为"高风险",$R{\geqslant}1$为"极高风险"。基本风险度矩阵见表4-3。

表4-3　基本风险度矩阵表[55]

洪水频率/[重现期(a)]	当量水深/m									
	0.5	1.0	1.5	2.0	2.5	3.0	3.5	4.0	4.5	5.0
5	0.5	1.0	1.5	2.0	2.5	3.0	3.5	4.0	4.5	5.0
10	0.25	0.5	0.75	1.0	1.25	1.5	1.75	2.0	2.25	2.5
20	0.125	0.25	0.375	0.5	0.625	0.75	0.875	1.0	1.125	1.25
50	0.075	0.15	0.225	0.3	0.375	0.45	0.525	0.6	0.675	0.75
100	0.025	0.05	0.075	0.1	0.125	0.15	0.175	0.2	0.225	0.25
200	0.0125	0.025	0.0375	0.05	0.0625	0.075	0.0875	0.1	0.1125	0.125

注:基本风险度是指在只考虑单一洪源和单个洪水频率下计算得到的综合风险度(R)值及其对应的风险等级。

综合风险度R值及洪水风险等级划分成果应覆盖全部洪水风险区划对象范围及制图区域。经各频率洪水(或暴雨)的洪水风险分析计算均不形成淹没或有效积水(即最大淹没水深大于0.05 m)的区域,其洪水风险等级可直接确定为低风险。

4.3.1.8　区划边界

洪水风险区划中的区划边界划定,应根据计算单元的聚类分析成果,按照风险等级的区域分布情况,划分不同风险等级区域的边界线,并对区划边界进行平滑处理。区划边界划定应充分考虑区域内具有统一风险特征地块(如:防洪保护区内的圩垸、蓄滞洪区内的安全区等)的完整性和风险等级的合理过渡,以保证区划成果的合理性[55]。

4.3.2　洪水风险图的编制

4.3.2.1　基本情况

(1)基本概念

洪水风险图是直观反映洪水可能淹没区域洪水风险要素空间分布特征或洪水风险管理信息的地图。根据其表现的信息和用途分为基本洪水风险图和专题洪水风险图。

基本洪水风险图是反映洪水风险要素信息空间分布的地图,包括洪水淹没范围图、淹没水深图、淹没历时图、到达时间图、洪水承灾体脆弱性图、洪水损失图等。

专题洪水风险图是在基本洪水风险图的基础上,根据不同行业需要表现特定洪水风险管理信息的地图。根据其用途分为避洪转移图、洪水风险区划图、洪水保险图等[56]。

(2) 编制流程

洪水风险图的编制主要可以分为 5 个阶段,分别为基础资料收集与整理、洪水分析计算、洪水影响分析、避险转移分析、洪水风险图绘制。

基础资料收集与整理的主要任务为收集基础地理、社会经济、水文、工程及其调度、洪涝灾害等相关的基础资料。

洪水分析计算阶段主要根据洪水来源、河流水系、区域地理特征等,选择制定合适的洪水分析模型架构,拟定合理的分析计算边界条件,开展洪水分析计算。

洪水影响分析阶段主要根据洪水计算分析结果,确定洪水淹没范围、淹没水深、淹没历时等旨在特性指标,结合社会经济图层,获取洪水影响范围内社会经济不同财产类型的价值及分布。

避险转移分析是依据洪水风险的分析成果,确定避险转移范围和人口,划分避险转移单元,规划安置场所,制定避险转移路线。

最后在基础地理底图的基础上,将水利工程分布图层和社会经济图层与洪水分析计算结果叠加,按照统一的格式绘制洪水风险图。

4.3.2.2 洪水分析

洪水分析包括洪水分析方法选择、计算范围确定、资料收集与处理、计算方案设定、洪水分析模型构建、模型参数率定与模型验证、洪水计算和洪水计算结果合理性分析等内容。

洪水分析方法应科学、实用,洪水分析模型应选择经类似区域实践检验可靠,并被有关部门认可,能够分析得到必要洪水风险要素指标的模型。

应充分论证、合理选取模型计算参数,计算范围内有实测和(或)调查洪水资料的,应进行模型参数率定和模型验证。对于按照相关规范推求的或经复核需更改的设计洪水、设计暴雨或设计潮位,应经审查认定。对洪水分析成果应进行多方面分析,检验论证其合理性。有历史洪水淹没实测或调查资料的编制区域应编制洪水淹没实况图[56]。

4.3.2.3 洪水影响分析与损失评估

洪水影响分析是对洪水淹没范围和各洪水淹没要素(淹没水深、淹没历时、洪水流速、前锋到达时间等)等级区域内社会经济指标进行的统计分析,洪水损失评估是对各量级洪水可能造成的直接经济损失进行的评估分析。洪水影响分析与损失评估以不同级别的行政区域为统计单元进行。洪水影响分析与损失评估内容包括基础资料收集、社会经济数据空间展布、淹没区受影响社会经济指标统计、洪水损失率确定及洪水损失评估等[56]。

(1) 洪水影响分析

洪水经济影响通过受淹面积、受淹耕地面积、受淹居民地面积、受淹交通道路长度、受淹重点防洪对象(医院、学校、危化企业、城市地下空间等)的数量等统计值反映;洪水社会影响通过淹没区人口的统计值反映。通过空间展布建立社会经济统计数据与行政区划及土地利用数据的空间关联,以保证社会经济数据在空间分布上的合理性。

(2) 洪水损失评估

洪水直接经济损失是指因洪水直接淹没造成的房屋及室内财产、农林牧渔业、工业信息交通运输业、商贸服务业、水利设施和其他资产的损失。应在洪水影响分析的基础上，通过不同淹没等级下的各类资产值与其对应的洪灾损失率计算得到。应结合当地资产和经济活动类型与特征，社会经济资料情况，以及历史场次洪水损失调查统计、洪水保险理赔资料等合理确定需进行损失评估的资产类型、相应的洪水致灾特性及其损失率与洪水淹没要素之间的关系[56]。

4.3.2.4　避洪转移分析

避洪转移分析包括危险区与避洪单元确定、资料收集和现场调查、避洪转移人口分析、避洪方式选择、安置区划定、转移方向或路线确定、转移批次确定、检验核实等内容。

（1）危险区与避洪单元确定

危险区宜根据洪水分析中最大量级洪水可能淹没的范围确定。有堤防保护且堤防可能溃决的区域，可针对最大量级洪水下堤防不同位置溃决淹没情景，确定相应的危险区。有多个洪水来源的编制区域，危险区范围应针对不同洪水来源分别确定。

蓄滞洪区、洪泛区、城镇的避洪单元应不大于行政村（街道），大面积防洪保护区和溃坝洪水没区，避洪单元应不大于乡镇。避洪方式分为就地安置和转移安置两类。对于水深大于 1.0 m、流速大于 0.5 m/s 的避洪单元，宜采取转移安置方式。采取转移安置和就地安置的人口数量及分布，可通过避洪单元空间分布数据、避洪单元人口统计数据和危险区内洪水淹没要素分布数据分析确定[56]。

（2）安置区选择

无安置预案的区域，应根据转移人口数量，按照安全、就近和充分容纳转移人口的原则，并兼顾行政隶属关系选择安置区。

有安置预案的区域，应利用预案设定的安置区，若预案设定的安置区位于危险区内或容量不足时，按照无安置预案区域的规定调整或增加安置区。

（3）转移方向与路线确定

根据避洪单元、安置区和道路分布，分析确定转移方向。路网数据完备但不具备道路通量信息时，可按照最短路径原则确定转移路线；路网数据完备且具备道路通量信息时，可按照时间最短原则建立路径分析模型，分析确定转移路线。蓄滞洪区应确定转移路线，并明确避洪单元、转移路线和安置区之间的对应关系，其他区域可仅标识转移方向。

（4）转移批次确定

对于洪水前锋演进时间较长、转移人数较多、危险区范围较大的溃堤或溃坝洪水，可采取分批转移方式。转移批次分区按照洪水到达时间划分，宜取洪水到达时间小于 12 h 的区域为第一批转移区，12～24 h 的为第二批转移区，大于 24 h 的为第三批转移区[56]。

4.4　防洪排涝规划的主要内容

4.4.1　法规依据

编制防洪排涝规划须遵循相关法律法规、规范规程以及相关规划文件的要求。

法律法规包括《中华人民共和国水法》(2016 年修正)、《中华人民共和国防洪法》(2016年修正)、《中华人民共和国城乡规划法》(2019 年修正)、《中华人民共和国河道管理条例》(国务院令第 3 号,1988 年),以及省地方水利工程管理条例和省地方河道管理条例等。

规范规程包括《防洪规划编制规程》(SL 669—2014)、《防洪标准》(GB 50201—2014)、《城市防洪规划规范》(GB 51079—2016)、《城市防洪规划编制大纲》《城市排水(雨水)防涝综合规划编制大纲》《堤防工程设计规范》(GB 50286—2013)、《城镇内涝防治技术规范》(GB 51222—2017)、《城市排水工程规划规范》(GB 50318—2017)、《室外排水设计规范》(GB 50014—2021)、《海绵城市建设评价标准》(GB/T 51345—2018)、《海绵城市建设技术指南——低影响开发雨水系统构建(试行)》(2014 年版)等。

相关规划文件包括主要河流流域规划、省市国土空间总体规划、地方"四水同治"规划、水系连通规划、海绵城市规划、地方水利志、地方五年发展规划,以及各类专项规划等。

4.4.2 防洪规划

4.4.2.1 主要规划内容

城市防洪规划规划期限与规划范围应与国土空间总体规划期限一致,重大防洪设施应考虑更长远的城市发展要求。城市防洪规划应在流域防洪规划指导下进行,规划内容应与流域防洪规划协调统一。城市防洪规划主要内容包括:

① 应确定城市防洪标准;

② 应根据城市用地布局、设施布点方面的差异性,进行城市用地防洪安全布局;

③ 应确定城市防洪体系和防洪工程措施与非工程措施[57]。

4.4.2.2 城市防洪标准

城市防洪标准是指城市应具备的防洪能力,即城市整个防洪体系的综合抗洪能力。

《防洪标准》(GB 50201—2014)、《城市防洪规划规范》(GB 51079—2016)规定,在确定防洪标准时,应分析受洪水威胁地区的洪水特征、地形条件,以及河流、堤防、道路或其他地物的分隔作用;可以分为几个部分单独进行防护时,应划分为独立的防洪保护区,各个防洪保护区的防洪标准应分别确定。划分防洪保护区防护等级的人口、耕地、经济指标的统计范围,应采用相应标准洪水的淹没范围。对受灾后社会影响大或洪灾损失严重的城市,经过专门论证后,防洪标准可适当提高。

确定城市防洪标准应符合下列要求:

① 城市防洪标准应考虑城市防洪与流域、区域防洪体系的依托关系。

② 应区分城市主要外洪(潮)的防洪标准和城市内河排水标准。应分析洪水灾害影响范围和程度,合理确定内河排水标准和对城市局部地区构成威胁河流(段)的防洪标准。

③ 城市需分区保护的,应分别确定不同区域的防洪标准。

④ 受风暴潮影响的滨海或河口城市还应分析确定风暴潮防御标准。

(1)城市防护区

城市防护区应根据政治、经济地位的重要性、常住人口或当量经济规模指标分为 4 个防护等级,其防护等级和防洪标准应按表 4-4 确定。

表 4-4 城市防护区的防护等级和防洪标准[2]

防护等级	重要性	常住人口/万人	当量经济规模/万人	防洪标准/[重现期(a)]
Ⅰ	特别重要	≥150	≥300	≥200
Ⅱ	重要	<150,≥50	<300,≥100	200~100
Ⅲ	比较重要	<50,≥20	<100,≥40	100~50
Ⅳ	一般	<20	<40	50~20

注:当量经济规模为城市防护区人均国内生产总值(GDP)指数与人口的乘积,人均 GDP 指数为城市防护区人均 GDP 与同期全国人均 GDP 的比值。

（2）乡村防护区

乡村防护区应根据人口或耕地面积分为 4 个防护等级,其防护等级和防洪标准应按表 4-5 确定。

表 4-5 乡村防护区的防护等级和防洪标准[2]

防护等级	人口/万人	耕地面积/万亩	防洪标准/[重现期(a)]
Ⅰ	≥150	≥300	100~50
Ⅱ	<150,≥50	<300,≥100	50~30
Ⅲ	<50,≥20	<100,≥30	30~20
Ⅳ	<20	<30	20~10

注:1 亩≈0.067 hm²。

人口密集、乡镇企业较发达或农作物高产的乡村防护区,其防洪标准可提高。地广人稀或淹没损失较小的乡村防护区,其防洪标准可降低。

（3）工矿企业

冶金、煤炭、石油、化工、电子、建材、机械、轻工、纺织、医药等工矿企业应根据规模分为 4 个防护等级,其防护等级和防洪标准应按表 4-6 确定。对于有特殊要求的工矿企业,还应根据行业相关规定,结合自身特点经分析论证确定防洪标准。

表 4-6 工矿企业的防护等级和防洪标准[2]

防护等级	工矿企业规模	防洪标准/[重现期(a)]
Ⅰ	特大型	200~100
Ⅱ	大型	100~50
Ⅲ	中型	50~20
Ⅳ	小型	20~10

注:各类工矿企业的规模按国家现行规定划分。

（4）交通运输设施

① 铁路

国家标准轨距铁路的各类建筑物、构筑物,应根据铁路在路网中的重要性和预测的近期年客货运量分为 2 个防护等级,其防护等级和防洪标准应按表 4-7 确定。

表4-7　国家标准轨距铁路各类建筑物、构筑物的防护等级和防洪标准[2]

防护等级	铁路等级	铁路在路网中的作用、性质	近期年客货运量/Mt	防洪标准/[重现期(a)]			
				设计		校核	
				路基	涵洞	桥梁	技术复杂、修复困难或重要的大桥和特大桥
I	客运专线	以客运为主的高速铁路	—	100	100	100	300
	I	在铁路网中起骨干作用的铁路	≥20				
	II	在铁路网中起联络、辅助作用的铁路	<20,≥10				
II	III	为某一地区或企业服务的铁路	<10,≥5	50	50	50	100
	IV	为某一地区或企业服务的铁路	<5				

注:1. 近期指交付运营后的第10年;2. 年客货运量为重车方向的运量,每天一对旅客列车按1.0 Mt年货运量折算。

② 公路

公路的各类建筑物、构筑物应根据公路的功能和相应的交通量分为4个防护等级,其防护等级和防洪标准应按表4-8确定。

表4-8　公路各类建筑物、构筑物的防护等级和防洪标准[2]

防护等级	公路等级	分等指标	防洪标准/[重现期(a)]							
			路基	桥面			涵洞及小型排水构筑物	隧道		
				特大桥	大、中桥	小桥		特长隧道	长隧道	中、短隧道
I	高速	专供汽车分向、分车道行驶并应全部控制出入的多车道公路,年平均日交通量为25 000~100 000辆	100	300	100	100	100	100	100	100
	一级	供汽车分向、分车道行驶,并可根据需要控制出入的多车道公路,年平均日交通量为15 000~55 000辆								
II	二级	供汽车行驶的双车道公路,年平均日交通量为5 000~15 000辆	50	100	100	50	50	100	50	50
III	三级	供汽车行驶的双车道公路,年平均日交通量为2 000辆~6 000辆	25	100	50	25	25	50	50	25
IV	四级	供汽车行驶的双车道公路或单车道公路,双车道年平均日交通量在2 000辆以下,单车道年平均日交通量为400辆以下	—	100	50	25	—	50	25	25

注:年平均日交通量指将各种汽车折合成小客车后的交通量。

③ 航运

河港主要港区的陆域,应根据重要性和受淹损失程度分为 3 个防护等级,其防护等级和防洪标准应按表 4-9 确定。

表 4-9 河港主要港区陆域的防护等级和防洪标准[2]

防护等级	重要性和受淹损失程度	防洪标准/[重现期(a)]	
		河网、平原河流	山区河流
Ⅰ	直辖市、省会、首府和重要城市的主要港区陆域,受淹后损失巨大	100~50	50~20
Ⅱ	比较重要城市的主要港区陆域,受淹后损失较大	50~20	20~10
Ⅲ	一般城镇的主要港区陆域,受淹后损失较小	20~10	10~5

注:码头的防洪标准根据相关行业标准确定。

内河航道上的通航建筑物,应根据可通航内河船舶的吨级分为 4 个防护等级,其防护等级和防洪标准应按表 4-10 和所在水域的防洪要求确定。

表 4-10 内河航道通航建筑物的防护等级和防洪标准[2]

防护等级	通航建筑物级别	船舶吨级/t	防洪标准/[重现期(a)]
Ⅰ	Ⅰ	3 000	100~50
Ⅱ	Ⅱ	2 000	50~20
Ⅲ	Ⅲ、Ⅳ	1 000、500	20~10
Ⅳ	Ⅴ~Ⅶ	300、100、50	10~5

注:1. 船舶吨级按船舶设计载重吨确定;2. 船舶吨级 3 000 t 以上通航建筑物的防护等级按Ⅰ等确定。

海港主要港区的陆域,应根据港口的重要性和受淹损失程度分为 3 个防护等级,其防护等级和防洪标准应按表 4-11 确定。

表 4-11 海港主要港区陆域的防护等级和防洪标准[2]

防护等级	重要性和受淹损失程度	防洪标准/[重现期(a)]
Ⅰ	重要的港区陆域,受淹后损失巨大	200~100
Ⅱ	比较重要港区陆域,受淹后损失较大	100~50
Ⅲ	一般港区陆域,受淹后损失较小	50~20

④ 民用机场

民用机场应根据重要程度和飞行区指标分为 3 个防护等级,其防护等级和防洪标准应按表 4-12 确定。

表 4-12 民用机场的防护等级和防洪标准[2]

防护等级	重要程度	飞行区指标	防洪标准/[重现期(a)]
Ⅰ	特别重要的国际机场	4D 及以上	≥100
Ⅱ	重要的国内干线机场及一般的国际机场	4C、3C	≥50
Ⅲ	一般的国内支线机场	3C 以下	≥20

⑤ 管道工程

穿越和跨越有洪水威胁水域的输油、输气等管道工程,应根据工程规模分为3个防护等级,其防护等级和防洪标准应按表4-13及所穿越和跨越水域的防洪要求确定。

表4-13 输油、输气等管道工程的防护等级和防洪标准[2]

防护等级	工程规模	防洪标准/[重现期(a)]
Ⅰ	大型	100
Ⅱ	中型	50
Ⅲ	小型	20

(5) 电力设施

① 火电厂

火电厂厂区应根据规划容量分为3个防护等级,其防护等级和防洪标准应按表4-14确定。

表4-14 火电厂厂区的防护等级和防洪标准[2]

防护等级	规划容量/MW	防洪标准/[重现期(a)]
Ⅰ	>2 400	≥100
Ⅱ	400~2 400	≥100
Ⅲ	<400	≥50

注:对于风暴潮影响严重地区的海滨Ⅰ级火电厂厂区,防洪标准取200 a一遇。

火电厂地表水岸边泵房应根据火电厂规模分为2个防护等级,其防护等级和防洪标准应按表4-15确定。

表4-15 火电厂地表水岸边泵房的防护等级和防洪标准[2]

防护等级	火电厂规模	防洪标准/[重现期(a)]	
		设计	校核
Ⅰ	大中型	100	1 000
Ⅱ	小型	50	100

② 核电厂

核电厂与核安全相关物项的防洪标准应为设计基准洪水,设计基准洪水应根据可能影响厂址安全的各种严重洪水事件及其可能的不利组合,并结合厂址特征综合分析确定。

可能影响核电厂厂址安全的严重洪水事件,应包括天文潮高潮位、海平面异常、风暴潮增水、假潮增水、海啸或湖涌增水、径流洪水、溃坝洪水、波浪,以及其他因素引起的洪水等。

对于滨海、滨河和河口核电厂,应根据厂址的自然条件,分别确定可能影响厂址安全的严重洪水事件,并应按相关规定进行组合,应选择最大值作为设计基准洪水位。

最终确定的核电厂设计基准洪水位不应低于有水文记录或历史上的最高洪水位。

③ 高压、超高压和特高压输变电设施

35 kV及以上的高压、超高压和特高压架空输电线路基础,应根据电压分为4个防护等级,其防护等级和防洪标准应按表4-16确定。大跨越架空输电线路的防洪标准可经分析论证提高。

表 4-16　高压、超高压和特高压架空输电线路的防护等级和防洪标准[2]

防护等级	电压/kV	防洪标准/[重现期(a)]
Ⅰ	1 000、±800	100
Ⅱ	750、±660、±500	50
Ⅲ	500、330	30
Ⅳ	≤220、≥35	20～10

35 kV 及以上的高压、超高压和特高压变电设施,应根据电压分为 3 个防护等级,其防护等级和防洪标准应按表 4-17 确定。

表 4-17　高压和超高压变电设施的防护等级和防洪标准[2]

防护等级	电压/kV	防洪标准/[重现期(a)]
Ⅰ	≥500	≥100
Ⅱ	<500、≥220	100
Ⅲ	<220、≥35	50

（6）环境保护设施

①尾矿库工程

工矿企业尾矿库工程主要建筑物的防护等级和防洪标准,应符合现行国家标准《尾矿设施设计规范》(GB 50863—2013)的有关规定。

尾矿库失事将对下游重要的居民区、工矿企业或交通干线造成严重灾害时,经论证其防护等级可提高一等。

储存铀矿等有放射性和有害尾矿,失事后可能对环境造成极其严重危害的尾矿库,其防洪标准应予以提高,必要时其后期防洪标准可采用可能最大洪水。

②贮灰场工程

火电厂山谷贮灰场工程应根据工程规模分为 3 个防护等级,其防护等级和防洪标准应按表 4-18 确定。

表 4-18　火电厂山谷贮灰场工程的防护等级和防洪标准[2]

防护等级	灰场级别	工程规模		防洪标准/[重现期(a)]	
		总容积/亿 m³	最终坝高/m	设计	校核
Ⅰ	一	>1.0	>70	100	500
Ⅱ	二	≤1.0、>0.1	≤70、>50	50	200
Ⅲ	三	≤0.1	≤50、>30	30	100

③垃圾处理工程

城市生活垃圾卫生填埋工程应根据工程建设规模分为 3 个防护等级,其防护等级和防洪标准应按表 4-19 确定,并不得低于当地的防洪标准。

表 4-19　城市生活垃圾卫生填埋工程的防护等级和防洪标准[2]

防护等级	填埋场建设规模/万 m³	防洪标准/[重现期(a)]	
		设计	校核
Ⅰ	>500	50	100
Ⅱ	200～500	20	50
Ⅲ	<200	10	20

（7）通信设施

公用长途通信线路,应根据重要程度和设施内容分为 3 个防护等级,其防护等级和防洪标准应按表 4-20 确定。

表 4-20　公用长途通信线路的防护等级和防洪标准[2]

防护等级	重要程度和设施内容	防洪标准/[重现期(a)]
Ⅰ	国际干线,首都至各省会(首府、直辖市)的线路,省会(首府、直辖市)之间的线路	100
Ⅱ	省会(首府、直辖市)至各地(市、州)的线路,各地(市、州))之间的重要线路	50
Ⅲ	各地(市、州)之间的一般线路,地(市、州)至各县的线路,各县之间的线路	30

公用通信局、所,应根据重要程度和设施内容分为 2 个防护等级,其防护等级和防洪标准应按表 4-21 确定。

表 4-21　公用通信局、所的防护等级和防洪标准[2]

防护等级	重要程度和设施内容	防洪标准/[重现期(a)]
Ⅰ	省会(首府、直辖市)及省会以上城市的电信枢纽楼,重要市内电话局,长途干线郊外站,海缆登陆局	100
Ⅱ	省会(首府、直辖市)以城市的电信枢纽站,一般市内电话局	50

公用通信台、站,应根据重要程度和设施内容分为 2 个防护等级,其防护等级和防洪标准应按表 4-22 确定。

表 4-22　公用通信台、站的防护等级和防洪标准[2]

防护等级	重要程度和设施内容	防洪标准/[重现期(a)]
Ⅰ	国际通信短波无线电台,大型和中型卫星通信地球站,1 级和 2 级光缆和微波通信干线链路接力站(包括终端、中继站、郊外站等)	100
Ⅱ	国内通信短波无线电台、小型卫星通信地球站、光缆和微波中继站	50

（8）文物古迹和旅游设施

① 文物古迹

不耐淹的文物古迹,应根据文物保护的级别分为 3 个防护等级,其防护等级和防洪标准应按表 4-23 确定。

表4-23　文物古迹的防护等级和防洪标准[2]

防护等级	文物保护的级别	防洪标准/[重现期(a)]
Ⅰ	世界级、国家级	≥100
Ⅱ	省(自治区、直辖市)级	100～50
Ⅲ	市、县级	50～20

注：世界级文物指列入《世界遗产名录》的世界文化遗产以及世界文化和自然双遗产中的文化遗产部分。

对于特别重要的文物古迹,其防洪标准经充分论证和主管部门批准后可提高。

② 旅游设施

受洪水威胁的旅游设施,应根据景源的级别、旅游价值、知名度和受淹损失程度分为3个防护等级,其防护等级和防洪标准应按表4-24确定。

表4-24　旅游设施的防护等级和防洪标准[2]

防护等级	景源级别	旅游价值、知名度和受淹损失程度	防洪标准/[重现期(a)]
Ⅰ	特级、一级	世界或国家保护价值,知名度高,受淹后损失巨大	100～50
Ⅱ	二级	省级保护价值,知名度较高,受淹后损失较大	50～30
Ⅲ	三级、四级	市县级或一般保护价值,知名度较低,受淹后损失较小	30～10

（9）水利水电工程

① 水库工程

水库工程水工建筑物的防洪标准,应根据其级别和坝型,按表4-25确定。

表4-25　水库工程水工建筑物的防洪标准[2]

水工建筑物级别	防洪标准/[重现期(a)]				
	山区、丘陵区			平原区、滨海区	
	设计	校核		设计	校核
		混凝土坝、浆砌石坝	土坝、堆石坝		
1	1 000～500	5 000～2 000	可能最大洪水或10 000～5 000	300～100	2 000～1 000
2	500～100	2 000～1 000	5 000～2 000	100～50	1 000～300
3	100～50	1 000～500	2 000～1 000	50～20	300～100
4	50～30	500～200	1 000～300	20～10	100～50
5	30～20	200～100	300～200	10	50～20

② 水电站工程

水电站厂房的防洪标准,应根据其级别按表4-26确定。河床式水电站厂房作为挡水建筑物时,其防洪标准应与主要挡水建筑物的防洪标准一致。水电站副厂房、主变压器场、开关站和进厂交通等建筑物的防洪标准可按表4-26确定。

表 4 - 26 水电站厂房的防洪标准[2]

水电站厂房级别	防洪标准/[重现期(a)]	
	设计	校核
1	200	1 000
2	200～100	500
3	100～50	200
4	50～30	100
5	30～20	50

③ 拦河水闸工程

拦河水闸工程水工建筑物的防洪标准,应根据其级别并结合所在流域防洪规划规定的任务,按表 4 - 27 确定。

表 4 - 27 拦河水闸工程水工建筑物的防洪标准[2]

水工建筑物级别	防洪标准/[重现期(a)]	
	设计	校核
1	100～50	300～200
2	50～30	200～100
3	30～20	100～50
4	20～10	50～30
5	10	30～20

④ 灌溉与排水工程

灌溉与排水工程中调蓄水库的防洪标准,应按本标准表确定。灌溉与排水工程中引水枢纽、泵站等主要建筑物的防洪标准,应根据其级别按表 4 - 28 确定。

表 4 - 28 引水枢纽、泵站等主要建筑物的防洪标准[2]

水工建筑物级别	防洪标准/[重现期(a)]	
	设计	校核
1	100～50	300～200
2	50～30	200～100
3	30～20	100～50
4	20～10	50～30
5	10	30～20

⑤ 供水工程

供水工程中引水枢纽、输水工程、泵站等水工建筑物的防洪标准,应根据其级别按表 4 - 29 确定。

表 4 - 29　供水工程水工建筑物的防洪标准[2]

水工建筑物级别	防洪标准/[重现期(a)]	
	设计	校核
1	100～50	300～200
2	50～30	200～100
3	30～20	100～50
4	20～10	50～30
5	10	30～20

⑥ 堤防工程

堤防工程的防洪标准,应根据其保护对象或防洪保护区的防洪标准,以及流域规划的要求分析确定。

蓄、滞洪区堤防工程的防洪标准应根据流域规划的要求分析确定。堤防工程上的闸、涵、泵站等建筑物及其他构筑物的设计防洪标准,不应低于堤防工程的防洪标准,并应留有安全精度。

4.4.2.3　城市用地防洪安全布局

城市建设用地选择必须避开洪涝、泥石流灾害高风险区域。城市用地布局应按高地高用、低地低用的用地原则,并应符合下列规定:

① 城市防洪安全性较高的地区应布置城市中心区、居住区、重要的工业仓储区及重要设施。

② 城市易涝低地可用作生态湿地、公园绿地、广场、运动场等。

③ 城市发展建设中应加强自然水系保护,禁止随意缩小河道过水断面,并保持必要的水面率。

④ 当城市建设用地难以避开易涝低地时,应根据用地性质,采取相应的防洪排涝安全措施。

当城市受用地限制,只能选择受洪涝灾害威胁的区域时,应采取高标准的防御措施,但防御范围不宜过大。

城市用地布局必须满足行洪需要,留出行洪通道。严禁在行洪用地空间范围内进行有碍行洪的城市建设活动。

城市防洪规划范围内区域性交通设施和公用设施布置应避开洪泛区、蓄滞洪区;当不能避开时,应根据其各自规模和地位,按照现行国家标准《防洪标准》(GB 50201—2014)确定的相应防洪标准,采取自保及应急避险工程措施与非工程措施。

4.4.2.4　城市防洪体系

(1) 防洪工程措施

① 堤防工程

堤防工程指沿河、渠、湖、海岸或行洪区、分洪区、围垦区的边缘修筑的挡水建筑物,是河流防洪的主要措施(图 4 - 3、图 4 - 4)。堤防工程规划应满足流域、区域防洪减灾体系的总体布局和任务要求,主要应确定堤防标准、堤线总体布置方案、建堤后河道水面线及初步确定堤防断面等（图4-5、图4-6）。

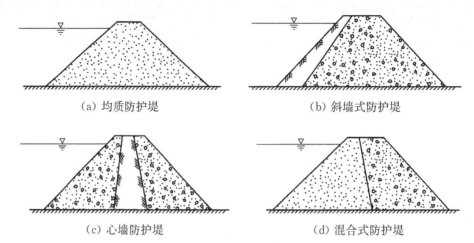

（a）均质防护堤　　　　　　　（b）斜墙式防护堤

（c）心墙防护堤　　　　　　　（d）混合式防护堤

图4-3　防护堤类型[58]

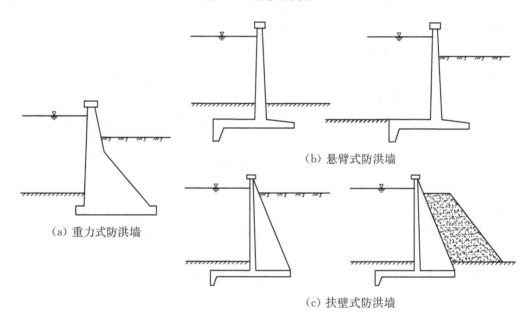

（b）悬臂式防洪墙

（a）重力式防洪墙

（c）扶壁式防洪墙

图4-4　防洪墙类型[58]

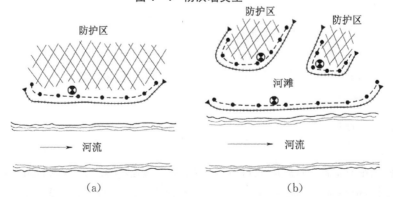

（a）　　　　　　　　　　　　　（b）

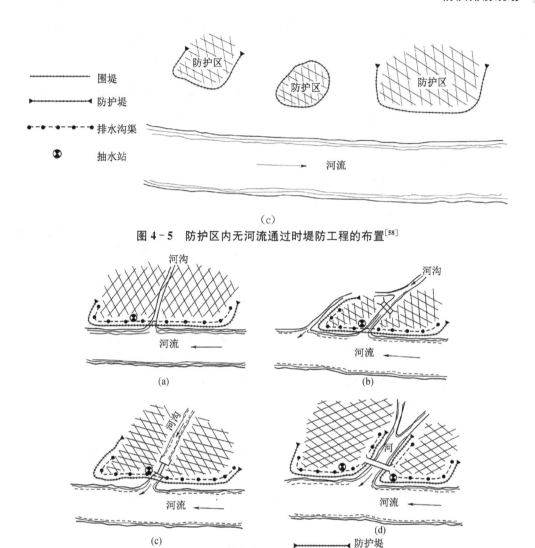

图 4-5　防护区内无河流通过时堤防工程的布置[58]

图 4-6　防护区内有河流通过时堤防工程的布置[58]

堤防防洪标准、堤防工程等级应符合相关技术规范的规定,根据堤防保护范围的经济社会指标,并协调上下游和干支流堤防防洪标准,综合论证确定。

堤线选择应综合考虑地形、地质条件、河流或海岸线变迁、施工条件、已有工程状况以及环境保护、征地拆迁、文物保护、行政区划等因素,根据洪水流量分段成果,合理确定行洪断面及堤距,经过技术经济比较后,综合分析确定堤线总体布置方案。堤防工程原则上应采用现有堤防加高加固,规划的新建堤防严禁侵占河道,城区段可采用防洪墙等型式。

堤防设计洪水位的拟定应符合下列要求:第一,流域防洪控制节点堤防设计洪水位,应通过防洪体系洪水联合调度计算,经多方案比较,合理确定。第二,多沙河流堤防设计洪水位,应根据河道冲淤变化规律,按不同水平年分别拟定。第三,感潮河段堤防设计洪水位,应研究洪、潮遭遇规律，合理确定。第四，应根据相关技术规范的要求，合理确定堤防断面，明确堤防超高、堤顶宽度、堤防边坡等指标[58]。

②河道整治

在天然河流中经常发生冲刷和淤积现象，容易发生水害，妨碍水利发展，为适应除患兴利要求，必须采取适当措施对河道进行整治，包括治导、疏浚和护岸等工程。

河道治理应明确治理任务与要求，应分析河段治理开发与保护存在的问题，调查了解河道治理工程情况及河势变化。在分析河床演变规律的基础上，提出河势控制方案，确定治导线位置。经方案优化后，提出河道治理的工程方案与规模。

河道治理措施应根据河段特点分析确定。河道整治主要包括疏浚拓宽、截弯取直、护岸工程、河道清理、截污治污与水生态修复。对于堤距过窄或卡口河段，进行退堤、疏浚，扩大河道行洪断面等。河道治理措施应注意与保护河道生态环境相结合，宜采取适应自然的生态措施。

游荡型河段的治理应与泥沙处置相结合，根据河流具体情况和条件，综合采取修建调节水沙的水库、修建河道治理工程、划分确定滞沙区（河段）等综合治理措施。

河口治理应充分考虑河口的水沙特性以及防洪、防潮、航运、淡水资源利用、岸线资源利用、滩涂资源利用以及维持河口稳定的动力条件等方面的要求，还应充分考虑河口地区环境保护与生态建设的要求。治理措施应主要包括修建控导工程、挡潮闸及泥沙疏浚等，设置的河工建筑物宜顺应河势、适应河口水沙变化规律[58]。

③水库工程

水库是指在河道、山谷等处修建水坝等挡水建筑物形成蓄积水的人工湖泊。水库的作用是拦蓄洪水，调节河川、径流和集中落差。水库枢纽工程主要根据其总库容分为五级，级别根据《防洪标准》（GB 50201—2014）和《水利水电工程等级划分及洪水标准》（SL 252—2017）确定（表4-30）。

表4-30 水库工程等别[2]

工程等别	工程规模	总库容/亿 m³
I	大(1)型	≥10
II	大(2)型	<10,≥1.0
III	中型	<1.0,≥0.10
IV	小(1)型	<0.10,≥0.01
V	小(2)型	<0.01,≥0.001

水库的特征水位表示水库工程规模及运用要求的各种水库水位，如图4-7所示。

校核洪水位是指水库遇到大坝的校核洪水时，在坝前达到的最高水位。它是水库在非常运用校核情况下允许临时达到的最高洪水位，是确定大坝顶高程及进行大坝安全校核的主要依据。

设计洪水位是指水库遇到大坝的设计洪水时，在坝前达到的最高水位。它是水库在正常运用设计情况下允许达到的最高洪水位,也是挡水建筑物稳定计算的主要依据。

防洪高水位是指水库遇下游保护对象的设计洪水时,在坝前达到的最高水位。只有水库承担下游防洪任务时,才需确定这一水位。此水位至防洪限制水位间的容积成为防洪库容。

防洪限制水位(汛前限制水位)是指水库在汛期允许兴利的上限水位,也是水库汛期防洪运用时的起调水位。

正常蓄水位(正常高水位、设计蓄水位、兴利水位)是指水库在正常运用的情况下,为满足设计的兴利要求在供水期开始时应蓄到的最高水位。它决定水库的规模、效益和调节方式,在很大程度上决定了水工建筑物的尺寸、形式和水库的淹没损失,是水库最重要的一项特征参数,也是挡水建筑物稳定计算的主要依据。

死水位(设计低水位)是指水库在正常运用的情况下,允许消落到的最低水位。水库正常蓄水位与死水位之间的变幅称为水库消落深度。除非在特殊干旱年份,或在其他特殊情况下如战备、地震等,经慎重研究,才允许临时泄放或动用死库容中的存水。

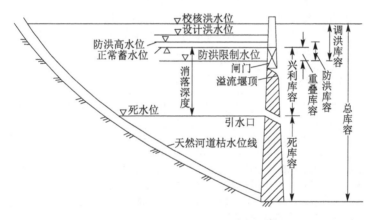

图 4 - 7　水库特征水位及其相应库容示意图[59]

水库工程规划方案应根据整体防洪方案,结合建库条件、下游防洪要求以及其他综合利用要求,明确水库的防洪作用与任务,确定水库的防洪高水位、防洪限制水位及防洪库容等主要水库特征值。应在充分了解洪水特性、洪灾成因及其影响的基础上,根据防洪保护对象的防洪要求,以及可能采取的其他防洪措施,合理确定水库的防洪任务。

水库调洪方式应根据设计洪水及泄洪设备条件、下游河道安全泄量、水库库容曲线等合理确定,应按照拟定的水库调度方式和规则进行水库调洪计算,分析确定防洪库容及相应的防洪控制水位。

为下游承担防洪任务的水库调度应符合下列要求:应根据下游江河防洪控制节点的防洪控制水位、安全泄量和区间洪水组成情况,结合水库本身的防洪要求,研究水库对下游进行补偿调节,进行错峰、削峰调度的防洪调度方式。应在汛期按防洪要求留足防洪库容。为兼顾供水、发电、灌溉等综合效益,可根据洪水特性和水情测报预见期,在不降低水库防洪能力的前提下,制定分期汛限水位。由水库群共同承担江河中下游防洪任务时,应研究各水库入库洪水和各区间洪水的地区组成,根据水库特性及综合利用要求等条件,确定水库群防洪联合调度方式以及汛末蓄水调度方式。对于多泥沙河流上的水库,其防洪调度方式应根据洪水的洪量、洪峰流量、沙量情况，综合考虑下游河道减淤和水库减淤情况，制定洪水调度方案[59]。

④ 蓄滞洪区

蓄滞洪区是江河防洪体系中的重要组成部分，是保障重点防洪安全、减轻洪水灾害的有效措施。为了保证重点地区的防洪安全，将有条件地区开辟为蓄滞洪区，有计划地蓄滞洪水，是流域或区域防洪规划现实与经济合理的需要，也是为保全大局，而不得不牺牲局部利益的全局考虑。目前，我国现有蓄滞洪区 98 处，主要分布于长江、黄河、淮河、海河流域中下游平原地区的湖北、湖南、河北、河南、安徽、江苏等 10 个省（直辖市），如表 4 - 31 所示[60]。

表 4 - 31　中国蓄滞洪区统计[60]

流域	蓄滞洪区	数量
长江流域	围堤湖、六角山、九垸、西官垸、安澧垸、澧南垸、安昌垸、安化垸、南顶垸、和康垸、南汉垸、民主垸、共双茶、城西垸、屈原农场、义和垸、北湖垸、集成安合、钱粮湖、建设垸、建新农场、君山农场、大通湖东、江南陆城、荆江分洪区、宛市扩大区、虎西备蓄区、人民大垸、洪湖分洪区、杜家台、西凉湖、东西湖、武湖、张渡湖、白潭湖、康山圩、珠湖圩、黄湖圩、方洲斜塘、华阳河、荒草二圩、荒草三圩、汪波东荡、蒿子圩	44
黄河流域	北金堤、东平湖	2
淮河流域	蒙洼、城西湖、城东湖、瓦埠湖、老汪湖、泥河洼、老王坡、蛟停湖、黄墩湖、南润段、邱家湖、姜唐湖、寿西湖、董峰湖、汤渔湖、荆山湖、花园湖、杨庄、洪泽湖周边（含鲍集圩）、南四湖湖东、大逍遥	21
海河流域	永定河泛区、小清河分洪区、东淀、文安洼、贾口洼、兰沟洼、宁晋泊、大陆泽、良相坡、长虹渠、柳围坡、白寺坡、大名泛区、恩县洼、盛庄洼、青甸洼、黄庄洼、大黄铺洼、三角淀、白洋淀、小滩坡、任固坡、共渠西、广润坡、团泊洼、永年洼、献县泛区、崔家桥	28
松花江流域	月亮泡、胖头泡	2
珠江流域	潖江	1

根据《防洪规划编制规程》（SL 669—2014），应对蓄滞洪区进行分类[61]。蓄滞洪区分类应综合考虑蓄滞洪区的启用概率和重要性等因素分为重要蓄滞洪区、一般蓄滞洪区和蓄滞洪保留区 3 类。蓄滞洪区工程设施、安全设施建设方案应根据不同类型蓄滞洪区的特点分别拟定。

蓄滞洪区工程建设应按照蓄滞洪区的运用标准和分蓄洪水的具体任务要求，合理确定围堤、隔堤等工程建设标准、等级，合理确定进退洪控制设施的形式和规模；在经济技术比较的基础上，拟定工程建设方案。工程建设应符合下列要求：

对于运用频繁的蓄滞洪区，应按照合理的标准加固围堤、修建隔堤，建设必要的进退洪设施或口门。

对于运用概率相对较低的蓄滞洪区，工程建设以加固临水侧围堤和隔堤为主，必要时建设固定的进退洪控制闸和口门。

对于面积较大蓄滞洪区，应针对不同量级洪水蓄洪的需要，建设分区隔堤，确定隔堤位置,确定分洪口门,实行分区调度应用。

对于蓄滞洪保留区等运用概率较低的蓄滞洪区,宜采用扒口运用方式,初步确定扒口位置,进行裹头工程等规划。

蓄滞洪区安全建设,应根据蓄滞洪区的运用标准、洪水风险程度、人口及财产分布情况等确定区内居民避洪安置方案,包括区外安置区。

⑤ 分洪工程

分洪工程是将河道安全泄量的洪水分走或进行蓄滞,以减轻洪水对原河道两岸防护区的威胁,减免洪水灾害所采取的措施。根据分洪方式的不同可分为分洪道式、滞蓄式和综合式三类[62]。

分洪道式又称减河,指在河岸一侧选定适当地点,利用天然河道或开挖新河,并在两侧筑堤,将超过河道所能容纳的洪水分泄入海、入分洪区或其他河流,也可绕过保护区再返回原河道,以保证防护区的安全。分洪道的布置方式一般分为 3 种,包括分洪绕过防护区复归原河道或入邻近河流(图 4-8)、分洪入邻近湖泊、洼地(图 4-9)、直接分洪入海(图 4-10)。

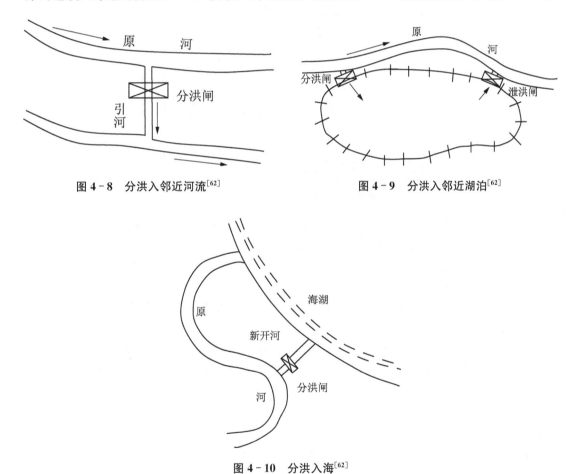

图 4-8　分洪入邻近河流[62]　　　　图 4-9　分洪入邻近湖泊[62]

图 4-10　分洪入海[62]

滞蓄式以荆江分洪工程为代表(图 4-11)。当防护区附近有洼地、坑塘、废墟、民垸、湖泊等承泄区(分洪区),能够容纳部分洪水时,可利用上述承泄区临时滞蓄洪水,当河道洪水消退后或在汛末,再将承泄区中的部分洪水排入原河道。

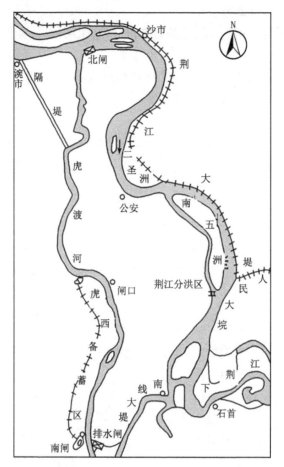

图 4-11　荆江分洪工程示意图[62]

如果防护区附近无洼地、坑塘、湖泊等分洪区，但在防护区下游不远处有适合的分洪区，则可在防护区上游的适当地点修建分洪道，直达上述分洪区，将超标准的部分洪水泄入防护区下游的分洪区。也可利用邻近的河沟筑坝形成水库作为分洪区，并修建分拱道将河道超标准洪水引入水库滞蓄。

蓄滞洪区及分洪工程的布设应在计算防御目标洪水的超额洪量和规划分蓄洪量基础上，通过综合研究、比较后确定。

蓄滞洪区及分洪工程的确定应根据整体防洪方案，结合蓄滞洪水及分泄水量的条件进行方案比较，综合分析选定。蓄滞洪区及分洪工程应初步拟定启用原则，研究工程可能引起的上下游及邻近河流河势和洪水位的变化，分析其对生态与环境的影响。

分洪道泄洪能力核定与分泄方式确定应符合下列要求：分洪道泄洪能力核算应考虑洪水较不利的遭遇情况；分洪走向应根据地形条件，宜避开城镇、厂矿、重要交通设施等；应考虑分泄洪水对下游河道防洪的影响，并采取必要的措施；应明确分洪道的运用条件[62]。

⑥ 水闸及其他工程

水闸为修建在河道和渠道上利用闸门控制流量和调节水位的低水头水工建筑物。关闭闸门可以拦洪、挡潮或抬高上游水位，以满足灌溉、发电、航运、水产、环保、工业和生活用水等需要；开启闸门，可以宣泄洪水、涝水、弃水或废水，也可为下游河道或渠道供水。

具有防洪作用的大中型水闸应根据整体防洪方案，结合建闸条件、防洪要求以及其他综合利用要求,明确水闸的防洪作用与任务,拟定工程规模、防洪调度运行方式。除上述工程以外的小型水闸、撇洪渠等其他工程,应确定其建设任务、规模和数量等。

除险加固工程应以安全鉴定结论为依据,统计规划范围内病险水库、堤坝、水闸等工程的规模、数量,结合实际运行情况,分析存在的主要问题。除险加固方案的拟定应符合下列要求:应坚持经济实效、因地制宜的原则,在现有工程基础上,通过采取综合加固措施,消除病险,恢复工程标准,确保工程安全和正常使用,恢复和完善水库、水闸、堤坝等工程应有的防洪减灾和兴利效益。应按分级负责建设管理的原则,明确各级部门的职责分工和项目的实施程序与要求。

(2)防洪非工程措施

防洪非工程措施规划内容应主要包括信息采集、预警预报、防汛指挥、洪水调度管理、排涝管理、防洪区管理、抢险队伍建设、防汛物资储备、防洪交通管理、防洪工程管理、社会管理、公众宣传教育、超标准洪水防御方案制定、应急管理等方面[48]。

① 防汛指挥系统

防汛指挥系统包括信息采集系统、信息传输和计算机网络系统、预警预报系统、决策支持系统等。确定防汛指挥系统规划方案时应符合下列要求:

分析规划范围内防汛指挥方面的不足和存在的问题。

结合流域、区域管理的需要,提出防汛指挥系统建设的目标和任务总体方案。

应提出信息采集系统站网布设原则,初步确定分类监测站点的数量与分布。站网布设应充分考虑现有站点的利用,并实现信息资源共享。

重要防洪设施应布置必要的监控设施。

应提出预警预报建设内容和要求,宜采用高新技术提高预警预报能力。

应进行计算机网络规划,拟定信息传输方式,提出通信网的建设规模。信息传输应采用公共网络为主,公共网络不能覆盖的站点,适当建设专用通信网络。应提出信息安全保障的要求与对策。

② 防洪管理

防洪管理主要包括洪水调度管理、排涝管理、防洪区管理、抢险队伍建设、防汛物资储备、防洪交通管理、防洪工程管理等。

应根据流域或区域具体情况,提出防洪管理的政策法规建议、管理体制与制度建议。

应根据流域防洪工程布局,拟定流域干流、支流、重要控制枢纽的洪水调度原则,提出编制防御洪水方案、洪水调度方案的总体要求,提出流域排涝管理的总体安排。重要控制枢纽应确定调度管理权限。

应提出河湖管理要求,提出规划划定的防洪保护区、蓄滞洪区、洪泛区以及规划保留区管理要求;应明确蓄滞洪区、洪泛区管理的主要目的和任务。

防洪保护区宜进行洪水风险分析与评价,分析估算不同频率或量级洪水可能波及的淹没范围、淹没程度和造成的灾害损失,综合评价区域洪水风险。蓄滞洪区应进行洪水风险分析,并提出分区管理、控制的原则和要求。具备条件时可分别对防洪保护区、蓄滞洪区、洪泛区、城市等,编制洪水风险图。

应提出抢险队伍建设、防汛物资储备的规划内容,提出防洪交通管理内容。

应明确防洪工程管理范围和保护范围,提出防洪工程管理体制、管理权属以及管理机构的设置,提出防洪工程管理能力建设内容。

③ 超标准洪水防御方案

应根据规划范围的洪水防御目标,考虑历史上曾经发生的最大洪水及其他大洪水情况,提出超标准洪水防御的目标与任务。

应根据拟定的超标准洪水特征及其地区组成,估计超标准洪水条件下的洪水量及其洪水过程。在充分发挥防洪工程体系的作用,确保流域整体防洪安全和防洪工程自身安全的前提下,分析估算规划区的超额洪量。

应根据超标准洪水的超额洪量和防洪保护对象的重要性,以及受灾后对经济社会的冲击程度,通过比选提出采用部分地势低洼且灾害损失较少地区分蓄部分超量洪水的方案以及限制部分地区涝水外排,减少归槽洪水量的方案。应以维护流域整体防洪安全,保证重点防洪保护区、重要城市和重要基础设施的安全为目标,提出超标准洪水防御方案。

④ 应急管理

应根据规划区的特点和管理任务要求,初步提出防洪应急管理预案体系,明确预案编制的任务要求和主要内容。防洪应急管理预案应包括提高群众避灾自救意识和能力、加强政府应急抢险能力建设的相关内容。

应初步提出防洪应急管理的组织构架建设和应急管理机制方案内容。

4.4.3 内涝防治规划

4.4.3.1 排涝规划标准

城市排涝设计标准是确定城市河道排涝流量及排水沟道、滞涝设施、排水闸站等排涝(除涝)工程形式、规模、等级和位置的重要依据。2013年《国务院办公厅关于做好城市排水防涝设施建设工作的通知》《城市排水(雨水)防涝综合规划编制大纲》以及《室外排水设计规范》(GB 50014—2021)中提出不同城市内涝防治标准。但水利部门、城建部门对城市排涝设计标准的理解和相关的计算方法尚未统一。

(1) 水利部门采用的排涝标准

《城市防洪工程设计规范》(GB/T 50805—2012)中提出的排涝标准为:特别重要的城市市区,采用不小于 20 a—遇 24 h 设计暴雨 1 d 排完的标准,重要的城市市区、比较重要的城市采用不小于 10 a—遇 24 h 设计暴雨 1 d 排完的标准,一般重要的城市采用不小于 5 a—遇 24 h 设计暴雨 1 d 排完的标准。

城市郊区农田的排涝标准,应根据《农田排水工程技术规范》(SL/T 4—2020)中规定的如下排涝标准确定:排涝标准应根据排区内主要作物种类确定。设计暴雨的历时和涝水排除时间、排除程度,应根据治理区的暴雨特性、汇流条件、河网湖泊调蓄能力、农作物的耐淹水深和耐淹历时及对农作物减产率的相关分析等条件确定。旱作区可采用 1~3 d 暴雨从耐淹水深起 1~3 d 排至田面无积水;稻作区可采用 1~3 d 暴雨从耐淹水深起 3~5 d 排至允许蓄水深度;经济作物种植区可采用 1 d 暴雨从耐淹水深起 1 d 排至田面无积水。

(2) 城建部门采用的排涝标准

城建部门采用《室外排水设计标准》(GB 50014—2021)[63]和《城镇内涝防治技术规范》(GB 51222—2017)[1]中规定的标准,内涝防治设计重现期,应根据城镇类型、积水影响程度和内河水位变化等因素,经技术经济比较后确定,按表 4-32 的规定取值,并应符合下列规定:

① 人口密集、内涝易发且经济条件较好的城镇,宜采用规定的上限;② 当地面积水不满

足表4-32的要求时,应采取渗透、调蓄、设置行泄通道和内河整治等措施;③对超过内涝防治设计重现期的降雨,应采取应急措施。

表4-32　内涝防治设计重现期[1]

城镇类型	重现期/a	地面积水设计标准
超大城市	100	1. 居民住宅和工商业建筑物的底层不进水; 2. 道路中一条车道的积水深度不超过15 cm
特大城市	50～100	
大城市	30～50	
中等城市和小城市	20～30	

注:按表中所列重现期适用于采用年最大值法确定的暴雨强度公式。超大城市指城区常住人口在1 000万以上的城市;特大城市指城区常住人口在500万以上1 000万以下的城市;大城市指城区常住人口在100万以上500万以下的城市;中等城市是指城区常住人口在50万以上100万以下的城市;小城市指城区常住人口在50万以下的城市(以上包括本数,以下不包括本数)。

城市管渠和泵站的设计标准、径流系数等设计参数应根据《室外排水设计规范》(GB 50014—2021)的要求确定。其中,径流系数应该按照不考虑雨水控制设施情况下的规范规定取值,以保障系统运行安全。

4.4.3.2　内涝防治系统

城镇内涝防治系统应包括源头减排、排水管渠和排涝除险等工程性设施,以及应急管理等非工程性措施,并与防洪设施相衔接。

(1) 工程性措施

① 源头减排设施

源头减排设施是城镇内涝防治系统的重要组成部分,可以控制雨水径流的总量和削减峰值流量,延缓其进入排水管渠的时间,起到缓解城镇内涝压力的作用。部分源头减排设施对控制径流污染或雨水资源利用也具有重要的作用。

源头减排设施划分为渗透、转输和调蓄三大类。以渗透功能为主的设施包括绿色屋顶、下凹式绿地、透水路面和生物滞留设施等。以转输功能为主的设施仅包括植草沟和渗透管渠等。以调蓄功能为主的设施包括雨水塘、雨水罐和调蓄池等。除主要功能外,每项源头减排设施也兼具其他功能,如下凹式绿地和生物滞留设施也具有调蓄和削减径流污染的功能,植草沟和渗透管渠也具有渗透功能等。

② 排水管渠设施

城镇内涝防治系统中的排水管渠设施主要包括管渠系统和管渠调蓄设施。管渠系统包括分流制雨水管渠、合流制排水管渠、泵站以及雨水口、检查井等附属设施。

排水管渠设施除应满足雨水管渠设计重现期标准外,尚应和城镇内涝防治系统中的其他设施相协调,满足内涝防治的要求。排水管渠按内涝防治设计重现期进行校核时,应按压力流计算。易受河水或潮水顶托的排水管渠出水口应设置防倒灌设施。

③ 排涝除险设施

排涝除险设施主要用于解决超出源头减排设施和排水管渠设施能力的雨水控制问题,是城镇内涝防治系统的重要组成部分,排涝除险设施主要包括城镇水体、调蓄设施和行泄通道等。其中,城镇水体包括河道、湖泊、池塘和湿地等天然或人工水体,调蓄设施包括下凹式绿地、下沉式广场、调蓄池和调蓄隧道等设施。排涝除险设施承担着在暴雨期间调蓄雨水径流、为超出源头减排设施和市政排水管渠设施承载能力的雨水径流提供行泄通道和最终出

103

路等重要任务,是满足城镇内涝防治设计重现期标准的重要保障。排涝除险设施的建设,应遵循低影响开发的理念,充分利用自然蓄排水设施,发挥河道行洪能力和水库、洼地、湖泊调蓄雨水的功能,合理确定排水出路。

（2）非工程性措施

城镇内涝防治系统的运行维护应统筹源头减排设施、排水管渠设施和排涝除险设施,并由市政排水、道路交通、园林绿地和城市防洪等多系统共同组成。

城镇内涝防治系统运行维护应建立运行管理制度、岗位操作制度、设施设备维护制度和事故应急预案。城镇内涝防治系统运行管理制度应包含汛期和非汛期运行、维护、管理和调度等内容。对于在降雨期间和非降雨期间承担不同功能的多功能内涝防治设施,应制定不同运行模式相互切换的管理制度。应建立当地的内涝防治设施统一运行管理监控平台。

① 日常维护

各项内涝防治设施应有专人运行和维护管理,各岗位运行操作和维护人员应经培训后持证上岗。

对调蓄池、隧道调蓄工程内部设施的运行维护操作,应按现行国家标准《城镇雨水调蓄工程技术规范》(GB 51174—2017)和现行行业标准《城镇排水管道维护安全技术规程》(CJJ 6—2009)的有关安全规定执行。

城镇河道上设置的水闸和橡胶坝等设施在暴雨期间应处于排涝状态。当河道水位高于设计高水位时,应关闭连通的水闸,采用强排措施。

城镇内河水位应统一调度,并应符合下列规定:暴雨前,应预先降低城镇内河水位;暴雨后,一般地区应在 24 h 内将内河水位排至设计水位以下,重要地区可根据需要将内河涝水排除时间缩短;有条件的地区可将在排除时间内最高水位控制在设计水位以下。

暴雨前、暴雨期间和暴雨后,应及时清理和疏通被堵塞的城镇道路雨水口、排水管道和排放口。当遭遇内涝灾害后,应按照原标准或规划的新标准对毁坏的内涝防治设施进行修复或重建。

② 应急管理

城镇内涝防治应急管理体系应包括城镇内涝防治预警系统、应急系统和评价系统。

城镇内涝防治预警系统应建设城镇内涝防治数字信息平台,整合城镇排水数值模拟、地理信息系统、雨量监测、气象监测预报、内涝实时模拟系统、内涝防治应急系统、信息发布系统、实时道路监测系统和交通管制发布系统等。

城镇内涝防治应急系统应包括源头减排设施、排水管渠设施和排涝除险设施的事故应急以及超过内涝防治设计重现期情况下的应急,应建立应急联动管理和应急预案,并应由内涝防治设施管理单位共同参与,分工协作,并应符合下列规定。

当周边发生污染事故,污染物质汇流入具有渗透功能的源头减排设施并可能影响地下水时,应及时启动应急预案,清除污染源和污染土壤,修复地下水。

当排水泵站等排水管渠设施和排涝泵站等排涝除险设施发生突然失电等事故时,应及时启动应急预案,采取立即检查抢修、防止泵站自身受淹、启动临时发电设施和启动移动排涝泵车等措施。

当城镇河道堤防(墙)等排涝除险设施发生损坏和倒塌等事故时,应及时启动应急预案,采取立即检查抢修、临时加固、临时堆筑围堰和防水挡板等措施。

当降雨超过内涝防治设计重现期情况时,应及时启动应急预案,按照统一应急调度指令执行应急抢险,疏散危险区域人员。

城镇内涝防治评价系统应建立内涝防治评价体系,对内涝防治预警系统、内涝防治应急系统和内涝防治设施运行效果进行综合评价,并提出改进建议。

4.4.4　海绵城市规划

4.4.4.1　建设原则

（1）规划引领

城市各层级、各相关专业规划以及后续的建设程序中,应落实海绵城市建设、低影响开发雨水系统构建的内容,先规划后建设,体现规划的科学性和权威性,发挥规划的控制和引领作用。

（2）生态优先

城市规划中应科学划定蓝线和绿线。城市开发建设应保护河流、湖泊、湿地、坑塘、沟渠等水生态敏感区,优先利用自然排水系统与低影响开发设施,实现雨水的自然积存、自然渗透、自然净化和可持续水循环,提高水生态系统的自然修复能力,维护城市良好的生态功能。

（3）安全为重

以保护人民生命财产安全和社会经济安全为出发点,综合采用工程和非工程措施提高低影响开发设施的建设质量和管理水平,消除安全隐患,增强防灾减灾能力,保障城市水安全。

（4）因地制宜

各地应根据本地自然地理条件、水文地质特点、水资源禀赋状况、降雨规律、水环境保护与内涝防治要求等,合理确定低影响开发控制目标与指标,科学规划布局和选用下沉式绿地、植草沟、雨水湿地、透水铺装、多功能调蓄等低影响开发设施及其组合系统。

（5）统筹建设

地方政府应结合城市总体规划和建设,在各类建设项目中严格落实各层级相关规划中确定的低影响开发控制目标、指标和技术要求,统筹建设。低影响开发设施应与建设项目的主体工程同时规划设计,同时施工,同时投入使用[64]。

4.4.4.2　建设途径

海绵城市的建设途径主要有以下 3 方面:一是对城市原有生态系统的保护。最大限度地保护原有的河流、湖泊、湿地、坑塘、沟渠等水生态敏感区,留有足够涵养水源、应对较大强度降雨的林地、草地、湖泊、湿地,维持城市开发前的自然水文特征,这是海绵城市建设的基本要求。二是生态恢复和修复。对传统粗放式城市建设模式下,已经受到破坏的水体和其他自然环境,运用生态的手段进行恢复和修复,并维持一定比例的生态空间。三是低影响开发。按照对城市生态环境影响最低的开发建设理念,合理控制开发强度,在城市中保留足够的生态用地,控制城市不透水面积比例,最大限度地减少对城市原有水生态环境的破坏。同时,根据需求适当开挖河湖沟渠,增加水域面积,促进雨水的积存、渗透和净化。

海绵城市建设应统筹低影响开发雨水系统、城市雨水管渠系统及超标雨水径流排放系统。低影响开发雨水系统可以通过对雨水的渗透、储存、调节、转输与截污净化等功能,有效控制径流总量、径流峰值和径流污染;城市雨水管渠系统即传统排水系统,应与低影响开发雨水系统共同组织径流雨水的收集、转输与排放;超标雨水径流排放系统,用来应对超过雨水管渠系统设计标准的雨水径流,一般通过综合选择自然水体、多功能调蓄水体、行泄通道、调蓄池、深层隧道等自然途径或人工设施构建。以上 3 个系统并不是孤立的,也没有严格的界限,三者相互补充、相互依存,是海绵城市建设的重要基础元素[64]。

4.4.4.3 技术路线

海绵城市低影响开发雨水系统构建需统筹协调城市开发建设的各个环节。在城市各层级、各相关规划中均应遵循低影响开发理念,明确低影响开发控制目标,结合城市开发区域或项目特点确定相应的规划控制指标,落实低影响开发设施建设的主要内容。设计阶段应对不同低影响开发设施及其组合进行科学合理的平面与竖向设计,在建筑与小区、城市道路、绿地与广场、水系等规划建设中,应统筹考虑景观水体、滨水带等开放空间,建设低影响开发设施,构建低影响开发雨水系统。低影响开发雨水系统的构建与所在区域的规划控制目标、水文、气象、土地利用条件等关系密切,因此,在选择低影响开发雨水系统的流程、单项设施或其组合系统时需要进行技术经济分析和比较,优化设计方案(图 4 - 12)。低影响开发设施建成后应明确维护管理责任单位,落实设施管理人员,细化日常维护管理内容,确保低影响开发设施运行正常[64]。

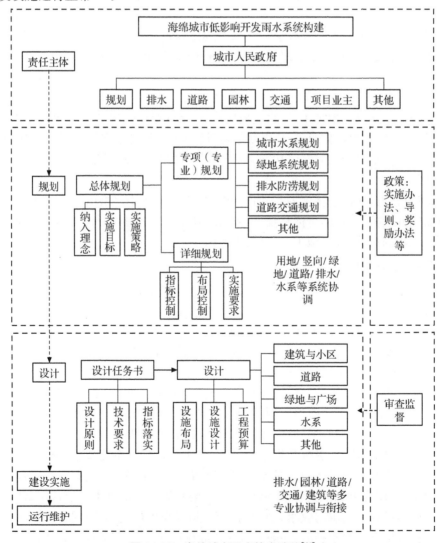

图 4 - 12　海绵城市研究技术路线[64]

4.4.4.4 实施方案

(1) 建筑与小区

建筑屋面和小区路面径流雨水应通过有组织的汇流与转输,经截污等预处理后引入绿地内的以雨水渗透、储存、调节等为主要功能的低影响开发设施。因空间限制等原因不能满足控制目标的建筑与小区,径流雨水还可通过城市雨水管渠系统引入城市绿地与广场内的低影响开发设施。低影响开发设施的选择应因地制宜、经济有效、方便易行,如结合小区绿地和景观水体优先设计生物滞留设施、渗井、湿塘和雨水湿地等。建筑与小区低影响开发雨水系统典型流程如图 4 - 13 所示。

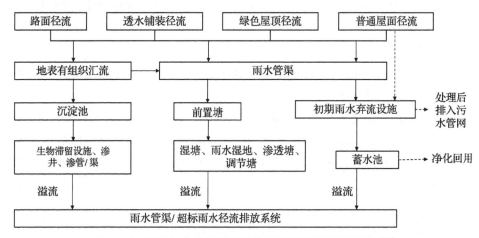

图 4 - 13　建筑与小区低影响开发雨水系统典型流程示例[64]

① 场地

应充分结合现状地形地貌进行场地设计与建筑布局,保护并合理利用场地内原有的湿地、坑塘、沟渠等。应优化不透水硬化面与绿地空间布局,建筑、广场、道路周边宜布置可消纳径流雨水的绿地。建筑、道路、绿地等竖向设计应有利于径流汇入低影响开发设施。

低影响开发设施的选择除生物滞留设施、雨水罐、渗井等小型、分散的低影响开发设施外,还可结合集中绿地设计渗透塘、湿塘、雨水湿地等相对集中的低影响开发设施,并衔接整体场地进行竖向与排水设计。

景观水体补水、循环冷却水补水及绿化灌溉、道路浇洒用水的非传统水源宜优先选择雨水。按绿色建筑标准设计的建筑与小区,其非传统水源利用率应满足《绿色建筑评价标准》(GB/T 50378—2019)的要求,其他建筑与小区宜参照该标准执行。

有景观水体的小区,景观水体宜具备雨水调蓄功能,景观水体的规模应根据降雨规律、水面蒸发量、雨水回用量等,通过全年水量平衡分析确定。

雨水进入景观水体之前应设置前置塘、植被缓冲带等预处理设施,同时可采用植草沟转输雨水,以降低径流污染负荷。景观水体宜采用非硬质池底及生态驳岸,为水生动植物提供栖息或生长条件,并通过水生动植物对水体进行净化,必要时可采取人工土壤渗滤等辅助手段对水体进行循环净化。

② 建筑

屋顶坡度较小的建筑可采用绿色屋顶,绿色屋顶的设计应符合《屋面工程技术规范》(GB 50345—2012)的规定。

宜采取雨落管断接或设置集水井等方式将屋面雨水断接并引入周边绿地内小型、分散的低影响开发设施,或通过植草沟、雨水管渠将雨水引入场地内的集中调蓄设施。

建筑材料也是径流雨水水质的重要影响因素,应优先选择对径流雨水水质没有影响或影响较小的建筑屋面及外装饰材料。

水资源紧缺地区可考虑优先将屋面雨水进行集蓄回用,净化工艺应根据回用水水质要求和径流雨水水质确定。雨水储存设施可结合现场情况选用雨水罐、地上或地下蓄水池等设施。当建筑层高不同时,可在较低楼层的屋面上设置雨水集蓄设施,收集较高楼层建筑屋面的径流雨水,从而借助重力供水而节省能量。应限制地下空间的过度开发,为雨水回补地下水提供渗透路径。

③ 小区道路

道路横断面设计应优化道路横坡坡向、路面与道路绿化带及周边绿地的竖向关系等,便于径流雨水汇入绿地内低影响开发设施。

路面排水宜采用生态排水的方式。路面雨水首先汇入道路绿化带及周边绿地内的低影响开发设施,并通过设施内的溢流排放系统与其他低影响开发设施或城市雨水管渠系统、超标雨水径流排放系统相衔接。路面宜采用透水铺装,透水铺装路面设计应满足路基路面强度和稳定性等要求。

③ 小区绿化

绿地在满足改善生态环境、美化公共空间、为居民提供游憩场地等基本功能的前提下,应结合绿地规模与竖向设计,在绿地内设计可消纳屋面、路面、广场及停车场径流雨水的低影响开发设施,并通过溢流排放系统与城市雨水管渠系统和超标雨水径流排放系统有效衔接。

道路径流雨水进入绿地内的低影响开发设施前,应利用沉淀池、前置塘等对进入绿地内的径流雨水进行预处理,防止径流雨水对绿地环境造成破坏。有降雪的城市还应采取措施对含融雪剂的融雪水进行弃流,弃流的融雪水宜经处理(如沉淀等)后排入市政污水管网。

低影响开发设施内植物宜根据水分条件、径流雨水水质等进行选择,宜选择耐盐、耐淹、耐污等能力较强的乡土植物。

(2)城市道路

城市道路径流雨水应通过有组织的汇流与转输,经截污等预处理后引入道路红线内、外绿地内,并通过设置在绿地内的以雨水渗透、储存、调节等为主要功能的低影响开发设施进行处理。低影响开发设施的选择应因地制宜、经济有效、方便易行,如结合道路绿化带和道路红线外绿地优先设计下沉式绿地、生物滞留带、雨水湿地等。城市道路低影响开发雨水系统典型流程如图 4-14 所示。

城市道路应在满足道路基本功能的前提下达到相关规划提出的低影响开发控制目标与指标要求。为保障城市交通安全,在低影响开发设施的建设区域,城市雨水管渠和泵站的设计重现期、径流系数等设计参数应按《室外排水设计规范》(GB 50014—2021)中的相关标准执行。

道路人行道宜采用透水铺装,非机动车道和机动车道可采用透水沥青路面或透水水泥

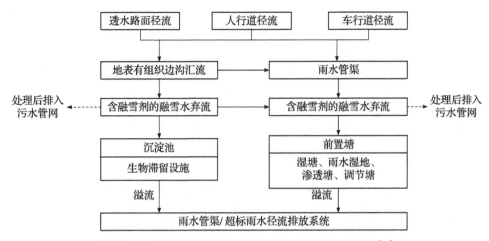

图 4-14　城市道路低影响开发雨水系统典型流程示例[64]

混凝土路面,透水铺装设计应满足国家有关标准规范的要求。

道路横断面设计应优化道路横坡坡向、路面与道路绿化带及周边绿地的竖向关系等,便于径流雨水汇入低影响开发设施。

规划作为超标雨水径流行泄通道的城市道路,其断面及竖向设计应满足相应的设计要求,并与区域整体内涝防治系统相衔接。

路面排水宜采用生态排水的方式,也可利用道路及周边公共用地的地下空间设计调蓄设施。路面雨水宜首先汇入道路红线内绿化带,当红线内绿地空间不足时,可由政府主管部门协调,将道路雨水引入道路红线外城市绿地内的低影响开发设施进行消纳。当红线内绿地空间充足时,也可利用红线内低影响开发设施消纳红线外空间的径流雨水。低影响开发设施应通过溢流排放系统与城市雨水管渠系统相衔接,保证上下游排水系统的顺畅。

城市道路绿化带内低影响开发设施应采取必要的防渗措施,防止径流雨水下渗对道路路面及路基的强度和稳定性造成破坏。

城市道路经过或穿越水源保护区时,应在道路两侧或雨水管渠下游设计雨水应急处理及储存设施。雨水应急处理及储存设施的设置,应具有截污与防止事故情况下泄露的有毒有害化学物质进入水源保护地的功能,可采用地上式或地下式。

道路径流雨水进入道路红线内外绿地内的低影响开发设施前,应利用沉淀池、前置塘等对进入绿地内的径流雨水进行预处理,防止径流雨水对绿地环境造成破坏。有降雪的城市还应采取措施对含融雪剂的融雪水进行弃流,弃流的融雪水宜经处理(如沉淀等)后排入市政污水管网。

低影响开发设施内植物宜根据水分条件、径流雨水水质等进行选择,宜选择耐盐、耐淹、耐污等能力较强的超标雨水径流排放系统,提高区域内涝防治能力。低影响开发设施的选择应因地制宜、经济有效、方便易行,如湿地公园和有景观水体的城市绿地与广场宜设计雨水湿地、湿塘等。城市绿地与广场低影响开发雨水系统典型流程如图 4-15 所示。

城市绿地与广场应在满足自身功能条件下(如吸热、吸尘、降噪等生态功能,为居民提供游憩场地和美化城市等功能),达到相关规划提出的低影响开发控制目标与指标要求。

城市绿地与广场宜利用透水铺装、生物滞留设施、植草沟等小型、分散式低影响开发设

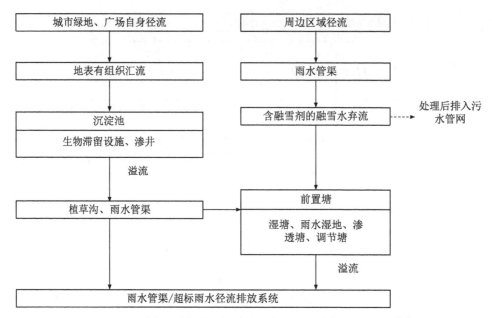

图 4-15　城市绿地与广场低影响开发雨水系统典型流程示例[64]

施消纳自身径流雨水。

城市湿地公园、城市绿地中的景观水体等宜具有雨水调蓄功能,通过雨水湿地、湿塘等集中调蓄设施,消纳自身及周边区域的径流雨水,构建多功能调蓄水体/湿地公园,并通过调蓄设施的溢流排放系统与城市雨水管渠系统和超标雨水径流排放系统相衔接。

规划承担城市排水防涝功能的城市绿地与广场,其总体布局、规模、竖向设计应与城市内涝防治系统相衔接。

城市绿地与广场内湿塘、雨水湿地等雨水调蓄设施应采取水质控制措施,利用雨水湿地、生态堤岸等设施提高水体的自净能力,有条件的可设计人工土壤渗滤等辅助设施对水体进行循环净化。

应限制地下空间的过度开发,为雨水回补地下水提供渗透路径。周边区域径流雨水进入城市绿地与广场内的低影响开发设施前,应利用沉淀池、前置塘等对进入绿地内的径流雨水进行预处理,防止径流雨水对绿地环境造成破坏。有降雪的城市还应采取措施对含融雪剂的融雪水进行弃流,弃流的融雪水宜经处理(如沉淀等)后排入市政污水管网。

低影响开发设施内植物宜根据设施水分条件、径流雨水水质等进行选择,宜选择耐盐、耐淹、耐污等能力较强的乡土植物。

城市公园绿地低影响开发雨水系统设计应满足《公园设计规范》(CJJ 48—1992)中的相关要求。

（3）城市水系

城市水系在城市排水、防涝、防洪及改善城市生态环境中发挥着重要作用,是城市水循环过程中的重要环节,湿塘、雨水湿地等低影响开发末端调蓄设施也是城市水系的重要组成部分,同时城市水系也是超标雨水径流排放系统的重要组成部分。

城市水系设计应根据其功能定位、水体现状、岸线利用现状及滨水区现状等,进行合理保护、利用和改造。在满足雨洪行泄等功能条件下,实现相关规划提出的低影响开发控制目标及指标要求,并与城市雨水管渠系统和超标雨水径流排放系统有效衔接(图4-16)。

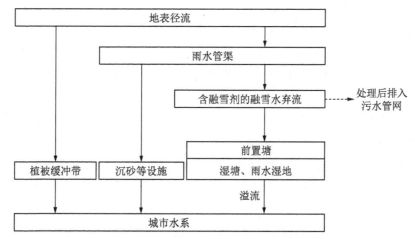

图4-16　城市水系低影响开发雨水系统典型流程示例[64]

应根据城市水系的功能定位、水体水质等级与达标率、保护或改善水质的制约因素与有利条件、水系利用现状及存在问题等因素,合理确定城市水系的保护与改造方案,使其满足相关规划提出的低影响开发控制目标与指标要求。

应保护现状河流、湖泊、湿地、坑塘、沟渠等城市自然水体。

应充分利用城市自然水体设计湿塘、雨水湿地等具有雨水调蓄与净化功能的低影响开发设施,湿塘、雨水湿地的布局、调蓄水位等应与城市上游雨水管渠系统、超标雨水径流排放系统及下游水系相衔接。

规划建设新的水体或扩大现有水体的水域面积,应与低影响开发雨水系统的控制目标相协调,增加的水域宜具有雨水调蓄功能。

应充分利用城市水系滨水绿化控制线范围内的城市公共绿地,在绿地内设计湿塘、雨水湿地等设施调蓄、净化径流雨水,并与城市雨水管渠的水系入口、经过或穿越水系的城市道路的排水口相衔接。

滨水绿化控制线范围内的绿化带接纳相邻城市道路等不透水面的径流雨水时,应设计为植被缓冲带,以削减径流流速和污染负荷。

有条件的城市水系,其岸线应设计为生态驳岸,并根据调蓄水位变化选择适宜的水生及湿生植物。

地表径流雨水进入滨水绿化控制线范围内的低影响开发设施前,应利用沉淀池、前置塘等对进入绿地内的径流雨水进行预处理,防止径流雨水对绿地环境造成破坏。有降雪的城市还应采取措施对含融雪剂的融雪水进行弃流,弃流的融雪水宜经处理(如沉淀等)后排入市政污水管网。

低影响开发设施内植物宜根据水分条件、径流雨水水质等进行选择,宜选择耐盐、耐淹、耐污等能力较强的乡土植物。

城市水系低影响开发雨水系统的设计应满足《城市防洪工程设计规范》(GB/T 50805—2012)中的相关要求。

4.4.4.5　主要技术措施

低影响开发技术按主要功能一般可分为渗透、储存、调节、转输、截污净化等几类。通过各类技术的组合应用,可实现径流总量控制、径流峰值控制、径流污染控制、雨水资源化利用等目标。实践中,应结合不同区域水文地质、水资源等特点及技术经济分析,按照因地制宜和经济高效的原则选择低影响开发技术及其组合系统[64]。

(1)透水铺装

透水铺装按照面层材料不同可分为透水砖铺装、透水水泥混凝土铺装和透水沥青混凝土铺装,嵌草砖、园林铺装中的鹅卵石、碎石铺装等也属于渗透铺装。透水铺装结构应符合《透水砖路面技术规程》(CJJ/T 188—2012)、《透水沥青路面技术规程》(CJJ/T 190—2015)和《透水水泥混凝土路面技术规程》(CJJ/T 135—2005)的规定。

透水砖铺装和透水水泥混凝土铺装主要适用于广场、停车场、人行道以及车流量和荷载较小的道路,如建筑与小区道路、市政道路的非机动车道等,透水沥青混凝土路面还可用于机动车道。

透水铺装应用于以下区域时,还应采取必要的措施防止次生灾害或地下水污染的发生:一是可能造成陡坡坍塌、滑坡灾害的区域,湿陷性黄土、膨胀土和高含盐土等特殊土壤地质区域;二是使用频率较高的商业停车场、汽车回收及维修点、加油站及码头等径流污染严重的区域。

透水铺装适用区域广、施工方便,可补充地下水并具有一定的峰值流量削减和雨水净化作用,但易堵塞,寒冷地区有被冻融破坏的风险。

(2)绿色屋顶

绿色屋顶也称种植屋面、屋顶绿化等,根据种植基质深度和景观复杂程度,绿色屋顶又分为简单式和花园式,基质深度可根据植物需求及屋顶荷载确定,简单式绿色屋顶的基质深度一般不大于150 mm,花园式绿色屋顶在种植乔木时基质深度可超过600 mm,绿色屋顶的设计可参考《种植屋面工程技术规程》(JGJ 155—2013)。

绿色屋顶适用于符合屋顶荷载、防水等条件的平屋顶建筑和坡度小于或等于15°的坡屋顶建筑。绿色屋顶可有效减少屋面径流总量和径流污染负荷,具有节能减排的作用,但对屋顶荷载、防水、坡度、空间条件等有严格要求。

(3)下沉式绿地

下沉式绿地具有狭义和广义之分。狭义的下沉式绿地指低于周边铺砌地面或道路在200 mm以内的绿地,广义的下沉式绿地泛指具有一定的调蓄容积(在以径流总量控制为目标进行目标分解或设计计算时,不包括调蓄容积),且可用于调蓄和净化径流雨水的绿地,包括生物滞留设施、渗透塘、湿塘、雨水湿地、调节塘等。

下沉式绿地可广泛应用于城市建筑与小区、道路、绿地和广场内。对于径流污染严重、设施底部渗透面距离季节性最高地下水位或岩石层小于1 m及距离建筑物基础小于3 m(水平距离)的区域,应采取必要的措施防止次生灾害的发生。

狭义的下沉式绿地适用区域广,其建设费用和维护费用均较低,但大面积应用时,易受地形等条件的影响,实际调蓄容积较小。

(4)生物滞留设施

生物滞留设施指在地势较低的区域,通过植物、土壤和微生物系统蓄渗、净化径流雨水的设施。生物滞留设施分为简易型生物滞留设施和复杂型生物滞留设施,按应用位置不同又称作雨水花园、生物滞留带、高位花坛、生态树池等。

生物滞留设施主要适用于建筑与小区内建筑、道路及停车场的周边绿地，以及城市道路绿化带等城市绿地内。

对于径流污染严重、设施底部渗透面距离季节性最高地下水位或岩石层小于 1 m 及距离建筑物基础小于 3 m(水平距离)的区域，可采用底部防渗的复杂型生物滞留设施。

生物滞留设施形式多样，适用区域广，易与景观结合，径流控制效果好，建设费用与维护费用较低；但地下水位与岩石层较高、土壤渗透性能差、地形较陡的地区，应采取必要的换土、防渗、设置阶梯等措施避免次生灾害的发生，这样会增加建设费用。

(5)渗透塘

渗透塘是一种用于雨水下渗补充地下水的洼地，具有一定的净化雨水和削减峰值流量的作用。渗透塘典型构造如图 4-17 所示。

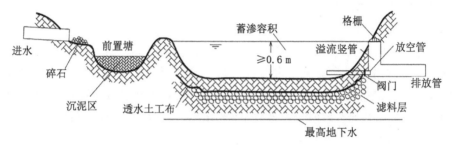

图 4-17　渗透塘典型构造示意图[64]

渗透塘适用于汇水面积较大(大于1 hm²)且具有一定空间条件的区域，但应用于径流污染严重、设施底部渗透面距离季节性最高地下水位或岩石层小于 1 m 及距离建筑物基础小于 3 m(水平距离)的区域时，应采取必要的措施防止发生次生灾害。

渗透塘可有效补充地下水、削减峰值流量，建设费用较低，但对场地条件要求较严格，对后期维护管理要求较高。

(6)渗井

渗井指通过井壁和井底进行雨水下渗的设施，为增大渗透效果，可在渗井周围设置水平渗排管，并在渗排管周围铺设砾(碎)石。

渗井主要适用于建筑与小区内建筑、道路及停车场的周边绿地内。渗井应用于径流污染严重、设施底部距离季节性最高地下水位或岩石层小于 1 m 及距离建筑物基础小于 3 m(水平距离)的区域时，应采取必要的措施防止发生次生灾害。渗井占地面积小，建设和维护费用较低，但其水质和水量控制作用有限。

(7)湿塘

湿塘指具有雨水调蓄和净化功能的景观水体，雨水同时作为其主要的补水水源。湿塘有时可结合绿地、开放空间等场地条件设计为多功能调蓄水体，即平时发挥正常的景观及休闲、娱乐功能，暴雨发生时发挥调蓄功能，实现土地资源的多功能利用。湿塘一般由进水口、前置塘、主塘、溢流出水口、护坡及驳岸、维护通道等构成。湿塘典型构造如图 4-18 所示。

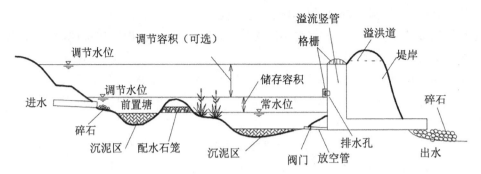

图 4-18 湿塘典型构造示意图[64]

湿塘适用于建筑与小区、城市绿地、广场等具有空间条件的场地,可有效削减较大区域的径流总量、径流污染和峰值流量,是城市内涝防治系统的重要组成部分,但对场地条件要求较严格,建设和维护费用高。

(8)雨水湿地

雨水湿地利用物理、水生植物及微生物等作用净化雨水,是一种高效的径流污染控制设施,雨水湿地分为雨水表流湿地和雨水潜流湿地,一般设计成防渗型以便维持雨水湿地植物所需要的水量,雨水湿地常与湿塘合建并设计一定的调蓄容积。雨水湿地与湿塘的构造相似,一般由进水口、前置塘、沼泽区、出水池、溢流出水口、护坡及驳岸、维护通道等构成。雨水湿地典型构造如图 4-19 所示。

雨水湿地适用于具有一定空间条件的建筑与小区、城市道路、城市绿地、滨水带等区域。雨水湿地可有效削减污染物,并具有一定的径流总量和峰值流量控制效果,但建设及维护费用较高。

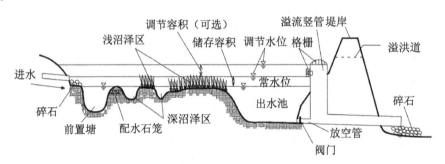

图 4-19 雨水湿地典型构造示意图[64]

(9)蓄水池

蓄水池指具有雨水储存功能的集蓄利用设施,同时也具有削减峰值流量的作用,主要包括钢筋混凝土蓄水池,砖、石砌筑蓄水池及塑料雨水模块拼装式蓄水池,用地紧张的城市大多采用地下封闭式蓄水池。蓄水池典型构造可参照国家建筑标准设计图集《雨水综合利用》(10SS705)。

蓄水池适用于有雨水回用需求的建筑与小区、城市绿地等,根据雨水回用用途(绿化、道路喷洒及冲厕等)不同需配建相应的雨水净化设施;不适用于无雨水回用需求和径流污染严重的地区。

蓄水池具有节省占地、雨水管渠易接入、避免阳光直射、防止蚊蝇滋生、储存水量大等优点,雨水可回用于绿化灌溉、冲洗路面和车辆等,但建设费用高,后期需重视维护管理。

（10）雨水罐

雨水罐也称雨水桶,为地上或地下封闭式的简易雨水集蓄利用设施,可用塑料、玻璃钢或金属等材料制成。雨水罐适用于单体建筑屋面雨水的收集利用。雨水罐多为成型产品,施工安装方便,便于维护,但其储存容积较小,雨水净化能力有限。

（11）调节塘

调节塘也称干塘,以削减峰值流量功能为主,一般由进水口、调节区、出口设施、护坡及堤岸构成,也可通过合理设计使其具有渗透功能,起到一定的补充地下水和净化雨水的作用。调节塘典型构造如图 4-20 所示。

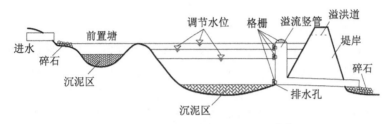

图 4-20 调节塘典型构造示意图[64]

调节塘适用于建筑与小区、城市绿地等具有一定空间条件的区域,可有效削减峰值流量,建设及维护费用较低,但其功能较为单一,宜利用下沉式公园及广场等与湿塘、雨水湿地合建,构建多功能调蓄水体。

（12）调节池

调节池为调节设施的一种,主要用于削减雨水管渠峰值流量,一般常用溢流堰式或底部流槽式,可以是地上敞口式调节池或地下封闭式调节池。

调节池适用于城市雨水管渠系统中,削减管渠峰值流量。调节池可有效削减峰值流量,但其功能单一,建设及维护费用较高,宜利用下沉式公园及广场等与湿塘、雨水湿地合建,构建多功能调蓄水体。

（13）植草沟

植草沟指种有植被的地表沟渠,可收集、输送和排放径流雨水,并具有一定的雨水净化作用,可用于衔接其他各单项设施、城市雨水管渠系统和超标雨水径流排放系统。除转输型植草沟外,还包括渗透型的干式植草沟及常有水的湿式植草沟,可分别提高径流总量和径流污染控制效果。

植草沟适用于建筑与小区内道路,广场、停车场等不透水面的周边,城市道路及城市绿地等区域,也可作为生物滞留设施、湿塘等低影响开发设施的预处理设施。植草沟也可与雨水管渠联合应用,场地竖向允许且不影响安全的情况下也可代替雨水管渠。

植草沟具有建设及维护费用低,易与景观结合的优点,但已建城区及开发强度较大的新建城区等区域易受场地条件制约。

（14）渗管/渠

渗管/渠指具有渗透功能的雨水管/渠,可采用穿孔塑料管、无砂混凝土管/渠和砾(碎)石等材料组合而成。

渗管/渠适用于建筑与小区及公共绿地内转输流量较小的区域,不适用于地下水位较高、径流污染严重及易出现结构塌陷等不宜进行雨水渗透的区域(如雨水管渠位于机动车道下等)。渗管/渠对场地空间要求小,但建设费用较高,易堵塞,维护较困难。

(15)植被缓冲带

植被缓冲带为坡度较缓的植被区,经植被拦截及土壤下渗作用减缓地表径流流速,并去除径流中的部分污染物,植被缓冲带坡度一般为2%～6%,宽度不宜小于2 m。

植被缓冲带适用于道路等不透水面周边,可作为生物滞留设施等低影响开发设施的预处理设施,也可作为城市水系的滨水绿化带,但坡度较大(大于6%)时其雨水净化效果较差。植被缓冲带建设与维护费用低,但对场地空间大小、坡度等条件要求较高,且径流控制效果有限。

(16)初期雨水弃流设施

初期雨水弃流指通过一定方法或装置将存在初期冲刷效应、污染物浓度较高的降雨初期径流予以弃除,以降低雨水的后续处理难度。弃流雨水应进行处理,如排入市政污水管网(或雨污合流管网)由污水处理厂进行集中处理等。常见的初期弃流方法包括容积法弃流、小管弃流(水流切换法)等,弃流形式包括自控弃流、渗透弃流、弃流池、雨落管弃流等。

初期雨水弃流设施是其他低影响开发设施的重要预处理设施,主要适用于屋面雨水的雨落管、径流雨水的集中入口等低影响开发设施的前端。初期雨水弃流设施占地面积小,建设费用低,可降低雨水储存及雨水净化设施的维护管理费用,但径流污染物弃流量一般不易控。

(17)人工土壤渗滤

人工土壤渗滤主要作为蓄水池等雨水储存设施的配套雨水设施,以达到回用水水质指标。人工土壤渗滤设施的典型构造可参照复杂型生物滞留设施,主要适用于有一定场地空间的建筑与小区及城市绿地。人工土壤渗滤雨水净化效果好,易与景观结合,但建设费用较高。

4.5 案例解析

4.5.1 《长江流域防洪规划》(2008年版)

4.5.1.1 流域概况

长江干流全长6 300多 km,流域面积约180 万 km²。干流流经青海、西藏、四川、云南、重庆、湖北、湖南、江西、安徽、江苏、上海等11个省(自治区、直辖市),于上海崇明岛以东注入东海。支流布及甘肃、陕西、贵州、河南、浙江、广东、广西、福建等8个省(自治区)。长江自江源至湖北宜昌称上游,长约4 500 km,集水面积约100 万 km²;宜昌至江西鄱阳湖出口(湖口)称中游,长约955 km,集水面积约68 万 km²;湖口至入海口为下游,长约938 km,集水面积约12 万 km²。长江的支流众多,流域面积超过8 万 km² 的有雅砻江、岷江、嘉陵江、乌江、沅江、湘江、汉江、赣江等8条[65]。

4.5.1.2 防洪形势

1949年以来,经过大力建设,长江以堤防、蓄滞洪区、防洪水库为主体的防洪体系已初步形成。1998年长江大洪水后,通过大规模的防洪工程建设,长江中下游长江干堤已全部达到规划标准,三峡工程已进入初期运行期。目前,长江中下游干流主要河段现有防洪能力大致为:荆江河段依靠堤防可防御约10 a一遇洪水,加上考虑三峡水库的防洪作用,可防御100 a一遇洪水;城陵矶河段依靠堤防可防御10～15 a一遇洪水,考虑比较理想地使用蓄滞洪区,可基本满足防御1954年洪水的需要;武汉河段依靠堤防可防御20～30 a一遇洪水,考虑河段上游及本地区蓄滞洪区比较理想地使用,可基本满足防御1954年洪水(其最大30 d洪量约200 a一遇)的防洪需要;湖口河段依靠堤防可防御20 a一遇洪水,考虑河段上游及本地区蓄滞洪区比较理想的运用,可基本满足防御1954年洪水的需要。

4.5.1.3 防洪标准

长江中下游总体防洪标准为防御1949年以来发生的最大洪水1954年洪水。根据荆江河段的重要性及洪灾严重程度,按照《防洪标准》(GB 50201—2014)、《中共中央、国务院关于灾后重建、整治江湖、兴修水利的若干意见(中发〔1998〕15号)》及《国务院批转水利部关于加强长江近期防洪建设若干意见的通知》(国发〔1999〕12号),确定荆江河段的防洪标准为100 a一遇,即以防御枝城百年一遇洪峰流量为目标。对遭遇类似1870年洪水应有可靠的措施保证荆江南北两岸大堤不自然漫溃,防止发生毁灭性灾害。

河口段江苏省长江口堤防防洪潮标准为100 a一遇高潮位遇11级风;上海市宝山区、浦东新区防洪潮标准为200 a一遇高潮位遇12级风,其余堤段均为100 a一遇高潮位遇11级风。

长江流域上游及支流的地级城市防洪标准一般为50 a一遇,县级城镇防洪标准一般为20 a一遇[65]。

4.5.1.4 防洪工程规划

(1)堤防工程规划

长江中下游干流堤防规划设计依据的干流主要控制站防洪控制水位(亦即堤防设计洪水位,冻结吴淞高程)为沙市45.00 m,城陵矶34.40 m、汉口29.73 m、湖口22.50 m,南京10.60 m(有台风影响时11.10 m)。

根据堤防保护对象的重要性,对长江中下游干流堤防分级进行建设。1级堤防包括荆江大堤、无为大堤、南线大堤、汉江遥堤以及沿江重点防洪城市堤防;2级堤防包括松滋江堤、荆南长江干堤、洪湖监利江堤、岳阳长江干堤、四邑公堤(含咸宁、武昌境内)、粑铺大堤、黄广大堤、九江长江干堤、同马大堤、广济圩江堤、枞阳江堤、和县江堤、江苏长江干堤等;其余为3～4级堤防。

1级堤防堤顶超高2.0 m,2级及3级堤防堤顶超高1.5 m,其他堤防超高1.0 m。针对近年来城陵矶附近发生高洪水位的情况,考虑这一地区洪水组成的复杂性,为增加防洪调度的灵活性,对城陵矶附近河段的长江干堤的堤顶超高再增加0.5 m。

(2)河(洪)道整治规划

长江中下游干流河道,按照河型和控制节点划分为33个河段。根据河段的重要性和治理的迫切性划分为 3 类,第一类河段为重点治理河段,第二类和第三类河段为一般治理河段,规划分期分批进行治理。第一类河段为上荆江、下荆江、岳阳、武汉、九江、安庆、铜陵、芜湖、马鞍山、南京、镇扬、扬中、澄通、长江口等 14 个河段;第二类河段为陆溪口、簰洲湾、团风、戴家洲、龙坪、马垱、东流、太子矶、贵池、黑沙洲等 10 个河段;第三类河段为宜昌、宜都、嘉鱼、叶家洲、黄州、黄石、韦源口、田家镇和大通等 9 个河段。此外,还需加强洞庭湖区、鄱阳湖区及主要支流洪道治理。

（3）蓄滞洪区规划

按照防御 1954 年洪水的要求,在长江中下游的荆江地区、城陵矶附近地区、武汉附近地区和湖口附近地区共规划安排 40 处蓄滞洪区,蓄滞洪区总面积 1.19 万 km²,内有耕地面积约 55.4 万 hm²,人口约 616 万人,规划蓄洪 492 亿 m³。地区分布为荆江地区 4 处,蓄洪 54 亿 m³;城陵矶附近地区 25 处(洞庭湖区 24 处,洪湖 1 处),蓄洪 320 亿 m³;武汉附近地区 6 处,蓄洪 68 亿 m³;湖口附近地区 5 处(鄱阳湖区 4 处,华阳河 1 处),蓄洪 50 亿 m³。

根据长江防洪总体布局,考虑三峡工程兴建、上游后续建设其他水库后长江中下游防洪形势的变化,按照蓄滞洪区的启用概率和重要性,将长江中下游蓄滞洪区分为重要、一般和规划保留 3 类。

重要蓄滞洪区为现状条件下使用概率较大(一般在 20 a 一遇以下)的蓄滞洪区,共 13 处,包括荆江分洪区、洪湖东分块、钱粮湖、共双茶、大通湖东、围堤湖、民主、城西、澧南、西官、建设、杜家台、康山蓄滞洪区。

一般蓄滞洪区为三峡工程建成后为防御 1954 年洪水,除重要蓄滞洪区外,还需启用的蓄滞洪区,共 14 处,包括洪湖中分块、九垸、建新、江南陆城、屈原、西凉湖、武湖、张渡湖、白潭湖、东西湖、珠湖、黄湖、方州斜塘和华阳河蓄滞洪区。

规划保留蓄滞洪区是指三峡工程建成后为防御超标准洪水或特大洪水需要使用的蓄滞洪区,共有 15 处,包括涴市扩大分洪区、人民大垸、虎西备蓄区、洪湖西分块、集成安合、南汉、和康、安化、安澧、安昌、北湖、义合、南顶、六角山、君山。

规划近期首先建设好城陵矶附近可分蓄 100 亿 m³ 超额洪量的 4 处蓄滞洪区,其中对洞庭湖钱粮湖垸、共双茶垸、大通湖东垸 3 处蓄洪垸进行围堤加固,新建进洪闸,建设安全区、安全台等;洪湖东分块蓄滞洪区需新建东隔堤(腰口—金船湾),新建套口进洪闸、补元退洪闸和一些安全区。

（4）水库工程规划

以三峡工程为骨干的长江干支流水库群,是长江防洪体系的重要组成部分。规划三峡水库防洪库容 221.5 亿 m³;金沙江干流石鼓—宜宾段的梯级水库,在长江主汛期 7 月预留防洪库容 249 亿 m³,为妥善协调发电与防洪的关系,水库采取分期预留、逐步蓄水的方式运行,8 月以后逐步抬高汛限水位;雅砻江的两河口、锦屏一级、二滩等 3 座主要控制性水库 7 月预留防洪库容共 40 亿 m³,以后逐步抬高汛限水位运用;岷江的紫坪铺、双江口、瀑布沟等 3 座控制性水库在 7—8 月预留防洪库容共 13.4 亿 m³,9 月开始兴利蓄水运用;嘉陵江亭子口、草街、宝珠寺等主要控制性水库预留防洪库容共约 20 亿 m³;乌江的乌江渡、构皮滩、思林、沙沱、彭水等 5 座梯级水库预留防洪库容共计为 10.89 亿 m³;清江的隔河岩、水布垭、姚家坪、大龙潭等 4 座主要水库预留防洪库容共 10 亿 m³。

洞庭湖水系规划扩大五强溪、柘溪水库的防洪库容;重建涔天河水库,防洪库容扩大至1.62亿 m³;澧水在已建江垭水库、皂市水库基础上,规划兴建宜冲桥水库,三库共设防洪库容17.7亿 m³。鄱阳湖水系规划将万安水库按设计规模运用,防洪库容扩大至10.19亿 m³;新建赣江峡江水库,预留防洪库容6.0亿 m³;抚河廖坊水库预留防洪库容3.1亿 m³。

(5) 平垸行洪、退田还湖规划

对长江中下游河道、湖泊中严重阻碍行洪的民垸和面积较小的民垸,采取双退的方式,彻底扒毁圩垸堤,退垸还江、还湖。对部分面积较大,已具一定开发规模的民垸,规划采取单退的方式,对其设计水位和堤顶高程进行限制,一般年份尤其是非汛期,仍可进行农业生产,江湖达到规定水位时,行蓄洪水。

1998年长江大洪水后,长江中下游开展了平垸行洪、退田还湖、移民建镇工作,对1998、1999年等近几个大水年溃决的民垸及严重碍洪的洲滩民垸做了安排,今后主要是巩固平垸行洪、退田还湖、移民建镇工作成果,并重点结合蓄滞洪区建设进行。

4.5.1.5 城市防洪

位于上游干流的城市重庆及昆明、贵阳等省会城市,根据淹没区非农业人口和损失的大小,结合城市所处地位的重要性,确定主城区防洪标准为100 a 一遇以上。宜宾市、泸州市防洪标准为50 a 一遇。成都市是全国重点防洪城市,位于成都平原,拟定防洪标准为200 a 一遇。

位于中下游干流的城市:荆州、岳阳、武汉、黄石、九江、安庆、芜湖、南京等重点防洪城市及马鞍山、镇江等地级城市,其防洪问题都不能完全独立地自行解决,必须依赖流域整体防洪体系,达到相应的防洪标准。因此,其防洪标准与中下游干流整体防御对象一致。上海市位于长江三角洲前缘,是我国最大的工商业城市和对外开放的港口城市,防洪主要受台风暴潮的威胁。根据城市的经济发展状况及所处地位,城区黄浦江干流及主要支流防洪标准为1 000 a 一遇,宝山区和浦东新区海塘防洪标准为200 a 一遇高潮位加12级风,其余海塘防洪标准为100 a 一遇高潮位加11级风。位于中下游支流的省会城市(长沙、南昌、合肥),根据城市的经济社会情况,结合其发展状况,确定防洪标准为100~200 a 一遇。上游主要城市的防洪,需依靠其上游修建的水库调控洪水,结合市区堤防和河道整治,提高防洪能力。中下游主要城市滨临江、湖,其防洪安全主要依靠江、湖防洪工程体系,市区洪、涝的防治根据各市的情况进行规划。

4.5.1.6 水土保持与山洪防治规划

(1) 水土保持

规划近期治理水土流失面积16万 km²,远期治理水土流失面积13万 km²,通过近、远期的建设,使上中游54.63%适宜治理的水土流失地区得到治理,治理保存率达80%,重点水土流失区实现初步治理,消灭宜林荒山荒坡,生态环境进入良性循环的轨道。

水土流失治理措施主要包括工程、植物与保土耕作三大措施,具体有坡改梯、坡面水系及沟道治理工程、水保林、经济果木林、种草、封禁治理、保土耕作等七大措施。规划对现有25°以上的陡坡耕地全部退耕还林。中游地区以及部分人均基本农田已超过1亩(约667 m²)的上游地区,加大坡耕地退耕还林的比例。对其余的坡耕地,一部分通过坡改梯建设基本农田,坡度相对较小的实行保土耕作措施逐步控制水土流失。规划设立水土保持预防保护区和预防监督区。近期完成3个国家级和5个省级重点预防保护区的设立,重点保护中上游地区存在土壤侵蚀潜在危险的水源涵养林及水土保持林区;完成 2 处国家级、5 处省级重点监督区的设立,将开发建设密度较大的三峡地区、金沙江下游地区作为国家级重点监督区。

规划建立流域水土保持监测网络与信息系统。近期建立流域监测中心站 1 个,省级监测总站 7 个,区域性监测分站 45 个;建立和完善 1 个滑坡泥石流预警中心站、3 个一级站、10 个二级站、50 个群测群防试点县和 100 个监测预警点,实现有效的站点预警和群众性防灾减灾相结合,力争长江上游水土流失重点防治区年减灾率达 30% 以上。

（2）山洪灾害防治

长江流域山丘区面积大,山洪灾害严重。山洪及其诱发的泥石流、滑坡分布范围广,突发性强,预测预报难度大,常导致人员伤亡。

山洪灾害防治坚持"以防为主,防治结合""以非工程措施为主,非工程措施与工程措施相结合"的原则。对于受山洪及其诱发的泥石流、滑坡威胁的地区,根据灾害的严重性,划分山洪灾害重点防治区与一般防治区,规划采取建立监测通信及预警系统、群测群防组织体系、风险区管理、编制防御预案、宣传教育等非工程措施,结合堤防、护岸、谷坊、拦沙坝、排导沟、水库等工程措施,逐步形成完善的山洪灾害防治体系[65]。

4.5.1.7　防洪非工程措施规划

（1）防汛指挥调度系统建设规划

建设由信息采集、通信、计算机网络、决策支持四大分系统组成,覆盖长江流域高效、可靠、先进、实用的防汛指挥调度系统,全面提高水文基础设施防洪能力和水文测报能力,完善水文站网,提高洪水测预报的精度;建成报汛通信主干网、重点防洪省份通信系统及长江流域的计算机网络分系统;建立实时分析计算江河洪水的演进模型,为防洪调度决策提供科学依据。

（2）防洪区管理

以《中华人民共和国防洪法》《中华人民共和国河道管理条例》《中华人民共和国防汛条例》等为依据,完善防洪区管理制度,规范防洪区人们的经济社会活动。要加强防洪区管理,完善现有涉河项目的审查审批制度,加强河道管理与涉河项目的管理,并根据《蓄滞洪区运用补偿暂行办法》,加强蓄滞洪区的社会管理,建立蓄滞洪区运用补偿机制。近期要建立防洪风险评价体系,对防洪工程的防洪能力和防洪区洪水风险进行评价,编制实用、具可操作性的洪水风险图,并建设重点风险区的预警预报系统,规避风险,建立分担、转移洪水风险的社会化保障机制,分散和转移灾害区的洪水风险。

（3）洪水调度与工程管理

长江流域面积大,防洪体系庞大,为充分发挥流域防洪体系的综合防洪作用,最大限度地减轻洪水灾害,规划加强洪水调度与工程管理。研究制定长江流域防御洪水方案和洪水调度预案;编制三峡、丹江口、五强溪、隔河岩、江垭等具重要防洪作用的大型水库的洪水调度方案,并协调好兴利与防洪的关系,开展水库联合调度研究。

按照各类防洪工程的特点,水管单位可分为公益性、准公益性和经营性 3 种类型。要逐步建立权责一致、运行协调、行为规范、流域和区域相协调的防洪管理体制,实行事企分开、管养分离。

4.5.1.8　规划特点

（1）建立人水协调的综合防洪减灾体系

根据长江防洪减灾面临的形势及防洪特点,长江中下游防洪治理须坚持"蓄泄兼筹,以泄为主"的方针,按治江新理念对防洪提出的新要求,长江中下游应采取防洪工程措施与防洪非工程措施相结合的综合防洪体系。规划中提出长江中下游必须建立以堤防为基础,以三峡工程为骨干,干支流水库、蓄滞洪区、河道整治相配套,结合封山植树、退耕还林、平垸行洪、退田还湖、水土保持措施及其他非工程防洪措施组成人水协调的综合防洪减灾体系。

(2)"平垸行洪、退田还湖"纳入防洪体系

由历史形成的对洪泛区土地过度围垦开发,并要求在任何洪水情况下都不被淹没,不给洪水以必要的出路,出现人水争地、水致人灾的局面,有时也影响防汛大局,不利于保护重点地区,因此该防洪规划中将"平垸行洪、退田还湖"纳入长江综合防洪体系,既符合长江流域防洪的实际情况,也可促进社会、经济的可持续发展,是防洪规划中正确协调人与洪水关系的具体举措。

(3)拟定合适的堤防级别、设计水位和超高

规划中对于不同级别的堤防拟定不同的超高。由于长江堤防仍未得到全面、彻底的整治,遭遇大水即险象环生,极大地影响了沿江地区经济、社会的持续发展。因此,鉴于堤防工程在长江防洪中的重要性和存在问题在短期内不能根治的局限性,在不能完全控制洪水的情况下,为了尽量降低洪水灾害风险,妥善处理人与洪水的关系,规划中提出按照确保重点、兼顾一般的原则对长江堤防进行分级建设,并规定了各级堤防的建设标准。

由于长江中下游干流堤防每段所处位置不同,保护对象的重要性也有差别,因而万一失事后带来的后果迥然。依照《防洪标准》《堤防工程设计规范》,同时考虑长江流域防洪规划的总体安排,规划对长江中下游堤防进行分级。

(4)更加重视防洪非工程措施

防洪非工程措施是长江综合防洪体系的重要组成部分。工程措施与非工程措施相结合是长江防洪工作的长期方针。近几年的防汛实践充分反映了非工程措施的重要性,规划中提出了防洪非工程措施的建设意见,也是协调人水关系的具体体现。

4.5.2　《南京城市防洪规划(2013—2030年)》

4.5.2.1　现状情况

(1)现状防洪排涝能力

1949年后,在流域性河道防洪治理的基础上,南京市逐步开展了城市防洪工程建设,尤其是1991年以来,进一步加强了城市防洪和排涝基础设施建设,强化工程管理和洪涝调度管理,防洪减灾水平有了显著提高,初步适应了城市发展要求[66]。

流域防洪:长江河势总体相对稳定,堤防基本达到"长流规"标准;秦淮河干流段基本达到50 a一遇,下游城区段堤防达到50~100 a一遇挡洪标准;滁河干流段基本达到10~20 a一遇,六合城区堤段基本达到20~50 a一遇挡洪标准。

城市防洪:主城区防洪标准基本达到100 a一遇;江宁、浦口城区约50 a一遇,六合城区、仙林地区、溧水城区、高淳城区及南京化学工业园达20~50 a一遇。

城市排涝:主城区排涝标准基本达到10~20 a一遇;江宁城区基本达到10 a一遇;浦口、六合城区及仙林地区5~10 a一遇。主城、东山、仙林、江北副城排涝模数分别达3.16 m³/(s·km²)、3.06 m³/(s·km²)、2.25 m³/(s·km²)、1.32 m³/(s·km²)。

（2）主要问题

流域性防洪工程尚未全部实施。长江局部岸段河势不稳，部分堤防仍需进一步加固提升；秦淮河、滁河下游河道行洪能力不足问题仍较突出，干支流堤防加固及河道拓浚等工程未实施到位。

现有城市防洪工程布局不尽合理，与发展需求差距较大。现有城市防洪工程主要集中在老城区，且以堤防为主，城市建成区及规划范围已显著扩大，新扩大区域的防洪工程基础薄弱，迫切需要完善工程布局，建立健全与发展相适应的防洪工程体系。

城市防洪排涝标准偏低。按国家现行规范，南京主城和副城防洪标准应分别达到 200 a、100 a 一遇，城区排涝要达到 20 a 一遇，远高于现有标准。随着城市经济社会的快速发展，发生洪涝灾害将会造成更为严重的损失，为保证城市人民生命财产安全，需要建立高标准的防洪减灾体系。

防洪排涝设施功能单一，且存在不同程度的安全隐患。现有设施单纯以"防、挡、排"为主，缺乏综合效益，与城市人居环境改善要求不相适应。同时堤防、闸泵仍存在着渗漏、失稳等安全隐患。

防洪非工程及管理措施相对薄弱。防洪排涝"条块分割、多龙管水"，管理效率较低；管理基础设施不健全，信息化现代化程度不高；依法管理缺乏强有力措施；工程分级建设与管理、资金投入、防洪影响补偿等尚未形成良性运行机制；洪水风险管理尚未起步。

4.5.2.2 规划目标

2020 年近期目标：实施长江、秦淮河、滁河等流域性河道骨干工程，加强城市防洪排涝薄弱及关键环节工程建设，并配套完善非工程及管理措施，基本形成与经济社会发展相适应的现代化城市防洪减灾体系。

2030 年远期目标：进一步完善骨干工程及节点工程建设，系统开展支流河道治理，全面提升和巩固城市防洪排涝工程体系，完善非工程及管理措施。全面形成高标准现代化城市防洪减灾体系[66]。

4.5.2.3 规划标准

（1）防洪标准

主城防洪标准达到 200 a 一遇，山洪防治标准达到 50 a 一遇；副城防洪标准达到 100 a 一遇，山洪防治标准达到 20 a 一遇；新城防洪标准达到 50～100 a 一遇，山洪防治标准达到 20 a 一遇；新市镇防洪标准达到 20～50 a 一遇，山洪防治标准达到 10 a 一遇。重要基础设施和园区的防洪标准为 100 a 一遇，山洪防治标准为 20 a 一遇。

（2）排涝标准

排涝河道及泵站：20 a 一遇，特别重要地区（中央商务区、机场、大型变电站、立交桥、隧道等）50 a 一遇或以上。

排水管网：建成区 1～3 a 一遇，新建地区、重要地区 3～5 a 一遇，特别重要地区 10 a 一遇或以上。

（3）流域性河道防洪标准

长江：达到整体防御 1954 年型洪水的标准，即"长流规"标准，对应下关站防洪设计水位 10.60 m，考虑台风影响为 11.10 m。

秦淮河:流域整体 50 a 一遇,主城区 200 a 一遇,东山副城 100 a 一遇;秦淮东河实施后,东山站 100、200 a 一遇洪水位分别为 11.35 m、11.60 m。

滁河:流域整体 20 a 一遇,江北副城 100 a 一遇;八百河撇洪道实施后,六合站 50、100 a 一遇洪水位分别为 10.50 m、10.80 m。

(4) 堤防标准

堤防级别:中心城区内长江、秦淮河、秦淮新河、规划秦淮东河、滁河及马汊河堤防级别为 1 级,支流河道堤防级别为 2 级,其他河道堤防级别按规范规定确定。

堤顶超高:长江堤防堤顶超高不小于 2.0 m,秦淮河、秦淮新河、滁河干流及马汊河堤防堤顶超高不小于 1.5 m,其他河道堤防按照规范要求计算选取。

4.5.2.4 总体布局

(1) 流域防洪体系的补充和完善

长江:按流域规划要求,整治南京河段新济洲和八卦洲汊道,系统加固已实施的护岸工程,保持现有河势的稳定;结合沿江开发和城市建设,对江堤进行分类改造和加固,进一步提升防洪能力。

秦淮河:通过新开秦淮东河、干流河道疏浚、秦淮新河扩卡清淤等措施,在解决流域规划 50 a 一遇洪水出路的基础上,控制干流 100~200 a 一遇水位不至大幅度抬高,提升南京主城和东山副城防洪能力。

滁河:按流域规划要求,实施马汊河、岳子河、划子口河分洪道扩挖拓浚以及八百河撇洪道工程,并进行城区段干流河道清淤、堤防加固,提高江北副城六合城区防洪标准。

(2) 中心城市防洪排涝工程布局

在流域防洪体系基础上,以长江、秦淮河、滁河等骨干河道为界,将中心城区划分为 10 个防洪圈分区设防;防洪圈内部,根据地形进一步划分为 18 个排涝分区分片治涝。长江以南有 6 个防洪圈、10 个排涝分区。主城以秦淮河为界划分为老城、新城 2 个防洪圈,以此为基础划分为城北、城南、河西、宁南 4 个排涝分区;东山副城以秦淮河为界划分为东山、秣陵 2 个防洪圈,以此为基础划分东山、科学园、百家湖、九龙湖 4 个排涝分区;仙林副城以九乡河为界划分为仙林东部、仙林西部 2 个防洪圈,以此为基础划分为仙林西部、仙林东部 2 个排涝分区。

长江以北有 4 个防洪圈、8 个排涝分区。江北副城以滁河、马汊河、朱家山河为界,划分为雄州、龙池、桥北、江浦 4 个防洪圈。以此为基础划分为团结圩、城东圩、九袱州、桥北、大厂、滁北、灵岩、龙池 8 个排涝分区。

各防洪圈四周以堤防为基础、水闸等建筑物为节点等构建防洪工程体系,保障防洪圈内部的安全。在通江支流九乡河、七乡河、城南河、七里河、高旺河及惠民河等河口建闸站控制,以减少长江洪水倒灌压力。

各排涝区按高、低水分开原则确定自排区和机排区。自排区河道要综合考虑山洪防治、城区排水及下游防洪要求进行合理布局和综合治理;机排区要按"蓄、滞、排"综合治理思路,科学布局排涝水系及泵站,合理确定工程规模,同时,要控制适当水面率,改进提升排水技术[66]。

4.5.2.5 规划特点

（1）把握城市定位及发展规模,合理确定城市防洪标准

防御标准的确定是城市防洪规划编制的核心,必须充分考虑城市规划发展定位、发展规模以及保护人口和价值等因素,按照相关规范、流域防洪规划等要求,提出与城市发展相适应的标准。过高的标准无论是在技术上还是在经济上既不现实,也无必要;过低标准形成的防洪体系,会让城市面临较大的洪涝风险。

（2）结合河湖水系地形特征,优化完善防洪排涝总体布局

根据城市水系地形特点,依托流域防洪安排,按照分区设防,挡、分、排相结合的原则,构建南京城市防洪排涝总体布局。

（3）坚持综合治理整体谋划,强化防洪排涝非工程措施

非工程措施是城市防洪工程体系的重要补充,在加强城市防洪基础设施建设的同时,要进一步完善防洪排涝预案体系,及时修订完善防汛、防台、防涝应急预案和重点河道洪水调度方案,以及超标准洪水应对措施等。根据规划范围,新增建一批水位、雨量监测站,建设堤防、水库、闸站等重点水利设施的视频监控系统,对现有防涝排涝指挥系统进行升级改造。洪水淹没风险图是合理制定土地利用规划、科学指导防汛抢险工作和增强人们防洪减灾意识的一项基础工作,为直观体现中心城区发生洪水后可能淹没的范围和风险情况,规划研究提出高、中、低三个等级的洪水风险区,并以图表形式进行了分析论证,南京城市洪水风险区总面积约 472 km², 占中心城区面积的 48%。

（4）突出生态文明理念,促进城市功能品质提升

把生态文明理念贯穿于城市防洪规划的整个过程,努力建设适应现代生态文明发展的城市防洪排涝体系和水景观、水生态体系,促进城市宜居环境的改善和提升。

4.5.3 《上海市防洪除涝规划(2020—2035 年)》

4.5.3.1 现状情况

（1）基本情况

上海市位于长江流域和太湖流域下游,易受风、暴、潮、洪等多种灾害影响,是全国 31 个重点防洪城市之一。近年来,受自然和人为因素影响,风、暴、潮、洪"三碰头"和"四碰头"多重袭击概率增加,现有防洪除涝设施抗风险能力有待进一步提高[67]。

（2）现状防洪排涝能力

经过两轮太湖流域综合治理,太湖流域已基本形成"充分利用太湖调蓄、北排长江、东出黄浦江、南排杭州湾"的流域防洪工程布局,目前上海涉及的二轮治太确定的流域防洪工程除吴淞江工程外均已实施完成,基本达到流域和区域防洪标准。黄浦江市区段防汛墙达到1 000 a 一遇防潮标准;大陆及长兴岛主海塘防御能力基本达到 200 a 一遇、崇明岛和横沙岛基本达到 100 a 一遇。全市已基本形成 14 个水利分片综合治理总体格局,除涝能力基本达到 15 a 一遇。

（3）主要问题

现状存在的主要问题为:一是现状防洪除涝标准与城市定位不完全适应,现有的防洪除涝标准与国外类似城市相比尚有差距。二是防洪除涝设施抗风险能力有待加强,部分堤防

岸段安全超高不足,除涝能力总体仍需提高。三是建设理念和管理水平有待提升,行业精细化、智能化管理水平仍有差距,在长三角区域一体化治理方面仍有待进一步加强。

4.5.3.2 规划目标

规划至 2035 年,基本建成与上海社会主义现代化国际大都市发展定位相适应的城乡一体、洪涝兼治、安全可靠、水岸生态、人水和谐、管理智慧,具有韧性的现代化防洪除涝保障体系。

4.5.3.3 规划标准

流域防洪标准方面,防御太湖流域不同降雨典型 100 a 一遇洪水标准;区域防洪方面,防御区域达到 50 a 一遇洪水标准;黄浦江市区段防汛墙按 1 000 a 一遇高潮位设防;全市主海塘按 200 a 一遇标准设防。

主城区等重要地区的除涝标准 30 a 一遇,其他地区 20 a 一遇。

4.5.3.4 规划布局

以流域综合规划和城市总体规划为依据,立足上海滨江临海地理区位和河口湾区潮汐特点,构建由"2 江 4 河、1 弧 3 环、1 网 14 片"组成的行洪、挡潮和除涝的防洪除涝体系和布局。

"2 江 4 河"千里江堤防洪体系主要防御流域、区域和城市洪水,"2 江"指黄浦江、吴淞江,"4 河"指太浦河、拦路港—泖河—斜塘、大蒸塘—园泄泾、胥浦塘—掘石港—大泖港等 4 条黄浦江上游主要支流。深化黄浦江河口闸技术研究和闸址预控。

"1 弧 3 环"千里海塘防潮体系主要防御沿江沿海高潮位,"1 弧"指本市大陆弧形主海塘,"3 环"指崇明三岛环形主海塘。

"1 网 14 片"河、湖、泵、闸、堤防等工程是全市防洪除涝体系基础,"1 网"指覆盖全市的一张河网,"14 片"指 14 个水利分片。

同时按照城镇雨水排水规划,推进"绿色源头削峰、灰色过程蓄排、蓝色末端消纳、管理提质增效"的城镇雨水排水系统建设[67]。

4.5.3.5 规划特点

(1)防汛安全与水生态文明建设相结合

规划对标与社会主义现代化国际大都市相匹配的防汛体系标准和重要河湖的滨水空间定位,将堤防达标建设、河道整治工程与区域水景观营造、水生态改善、水文化建设相结合,加快泵闸建设与合理优化区域水资源调度相结合,提高防汛能力与提高水生态文明建设相结合,不断满足市民对水安全、水资源、水环境、水生态、水景观和水文化的更高需求。

(2)体现新治水思路和发展理念

规划坚持"依托流域、分片治理,洪涝兼治、外挡内控,管建并重、统筹兼顾"的规划理念,充分发挥河、堤、泵、闸等各类水利和排水设施的综合作用,"蓝、绿、灰、管"多措并举,实现水安全、水资源、水环境、水生态协调发展,为上海建设成为社会主义现代化国际大都市提供有力支撑,同时,规划体现区域协同发展理念,围绕长三角高质量、一体化发展要求,树立超大城市人民观和安全观,严守城市防汛安全这一民生底线。

4.5.4 《广州市防洪(潮)排涝规划(2021—2035年)》(公开征求意见稿)

4.5.4.1 现状情况

（1）基本情况

广州位于广东省东南部,珠江三角洲北缘,地形地貌呈现"五山、一水、四平地"的特征,多山地、少平地、水道密布,适宜性广,地形复杂。同时,背靠亚洲大陆,南濒南方海洋,除冬季受来自北方大陆干冷的偏北季风影响外,其余时间受来自南方海洋的暖湿季风的影响,典型的亚热带季风气候和特殊的地势地貌使广州成为暴雨的多发城市[68]。

（2）主要问题

① 流域防洪骨干工程建设尚未完善

珠江流域防洪体系为"堤库结合",上游大藤峡水库、潖江蓄滞洪区等骨干工程均在建设中。广州辖区内工程体系主要由堤防和挡潮闸组成,目前中心城区堤防达标率较高,外围相对较低,全市堤防达标率78%,其中海堤达标率65%,江堤达标率87%。

② 部分已建堤防水闸亟待提标加固

受"黑格比"(2008年)、"天鸽"(2017年)、"山竹"(2018年)等强台风暴潮袭击,实测最高潮位接连突破历史极值。经复核,南沙站、三沙站200 a一遇设计潮位提高约0.74 m,部分已达标工程被动降标。新水文情势下,全市堤防达标率为57%,其中江堤达标率65%、海堤达标率仅为47%。

③ 城市化改变产汇流格局加剧城市内涝

与2000年相比,2020年全市不透水面积增加3.3倍。池塘、湖泊占填降低了城市自然调蓄能力,城市"硬底化"更是使得雨水的下渗量和截流量下降,径流系数增加。城市热岛、雨岛效应导致暴雨中心向高度城市化地区转移,短历时强降雨频次增加62%。

④ 排水系统建设与城市发展要求不匹配

广州市部分建成区地势低洼,高程在8.0 m以下面积占城区总面积40.3%。目前中心城区55个排涝片中仅有18片设置有排涝泵站,且部分设备破损、老化严重,使得排涝设施的运行效率低。汛期若突降暴雨,再遇洪潮水位顶托,易造成"水浸街"。

⑤ 防范处置超标准洪涝灾害能力有待提高

广州市极端天气感知能力有待提升。灾害性天气预报预警空间、时间分辨率不足,针对极端灾害性天气落区、极值的预报能力有待提升。城市综合应对能力有待强化。极端洪涝灾害情况下,实施停课、停工、停产、停运、停业机制有待完善,大面积供水、供电、通信等故障的应对经验不够,医院、学校等重点防护对象自身的应急保障措施有限。

4.5.4.2 防洪区划

防洪保护区:根据《广州市防洪排涝建设近期实施方案(2019—2025)》,全市可分为九大区域。九大区域受洪潮威胁特征不同,由地形、联围天然分割,规划独立设防洪保护区[54]。

洪泛区:根据广东省水利厅《关于珠江(广州市区段)两岸治导线方案及整治工程规划的批复》(粤水管〔1998〕54号)文,珠江两岸之间的江心洲(岛)属行洪滞洪区。目前在尚未大规模开发的江心洲(岛)中,沉香沙、洪圣沙、大蚝沙已全部或部分划入城镇开发边界,规划其堤围设防标准低于珠江两岸堤防的防洪标准;其余江心洲(岛)应加强管理,限制不合理开发。

蓄滞洪区:广州全市无蓄滞洪区。

规划保留区:江堤、海堤达标加固 508 km,占地 593 hm²;新开、调整河道 195 km,占地 100 hm²。该部分用地划为规划保留区。

4.5.4.3　规划标准

(1) 防洪(潮)标准

近期至 2025 年,中心城区防洪(潮)标准 200 a 一遇。远期至 2035 年,广州具备防御西、北江 1915 年洪水及北江 300 a 一遇洪水能力,中心城区具备防御 300 a 一遇潮位能力。

副中心城区方面,南沙区涉城市开发联围,防洪(潮)标准 200 a 一遇;不涉及城市开发的联围,防洪(潮)标准 50~100 a 一遇。

外围城区方面,番禺区涉城镇开发联围,防洪(潮)标准达到 200 a 一遇;不涉及城镇开发的联围,防洪(潮)标准达到 50~100 a 一遇,其他外围城区,防洪标准 50~100 a 一遇。新型城镇的防洪标准达到 20 a 一遇。

(2) 内涝防治标准及治涝标准

规划广州城市内涝防治设计重现期 20~100 a。广州城市治涝标准为 20~50 a 一遇;乡镇、农田治涝标准为 5~20 a 一遇,24 h 小时暴雨 24 h 排干,不成灾。

4.5.4.4　防洪排涝工程体系

广州市地处珠江三角洲,受洪、潮、涝三类水患灾害威胁。总体而言,西、北、东江中下游防洪体系基本成形,过境洪水问题基本得以解决;老鸦岗、新家埔站以下属潮控区,受外海台风暴潮侵袭,珠堤达标提升后已可防御"山竹"级别台风暴潮;而由本地暴雨造成的城市内涝,近年已成为影响社会经济稳定发展的最突出水患问题。广州本地水系发达、交织成网,规划按"千涌通百川、三江护安澜"总体布局,构建广州市洪涝安全网。

(1) "三江"——珠江流域防洪工程布局

西江、北江、东江,主要经两涌一河、平洲水道、顺德水道以及东江北干流进入广州,与珠江广州段交织成三角洲水网,由虎门、蕉门、洪奇门、横门入海。根据《珠江流域综合规划》《珠江流域防洪规划》,西、北、东江中下游防洪体系均为"堤库结合"。

目前,西、北江中下游防洪体系基本形成但尚未完善,大藤峡水利枢纽预计 2023 年年底完工,潖江蓄滞洪区 2020 年年底开工建设。广州市应按照珠江流域防洪布局,积极支持、配合水利部珠江水利委员会、广东省水利厅推进蓄滞洪区建设,与"百川"堤防工程形成完整防洪工程体系,使广州市具备防御抵御北江 300 a 一遇洪水、1915 年型洪水的能力。

(2) "百川"——广州市域防洪(潮)工程布局

① 广州流域防洪工程布局

广州流域防洪体系以联围为单元,由海堤、江堤、挡潮闸三类工程措施构建而成。

规划按照"堤库结合,以泄为主,泄蓄兼施"的防洪方针,统筹推进全市江堤、海堤防巩固提升,补中心短板之缺,固新城发展之基,添湾区生态之姿,应海潮上升之势。全市规划新建堤防 8.5 km、重建 15.7 km、加固 487.8 km。

重点完善珠江河口海堤、珠江广州段堤防、东江北干流堤防、两涌一河堤防。与城市建设相融合,打造集生态、景观、交通功能于一体的精品岸线;与《珠江河口综合治理规划》相协调,维系珠江口门行洪纳潮格局稳定。

② 广州区域防洪工程布局

九大区域内的广州本地洪水灾害,以区域防洪工程体系防御,由区域防洪河道两岸堤防、上游水库组成。规划按"补短板、优调度、消隐患"的思路,提高骨干河道泄洪能力,挖潜区域洪水调蓄空间,彻底消除病险水库隐患,推进水库新建扩建提标。全市规划河道新开1.5 km,河道整治110.01 km;新建6座骨干河道沿线调蓄湖,总容积83万 m³;完成17座小型水库以及茂墩水库除险加固,新建、扩建水库5座。

重点挖潜存量水库调蓄能力,优化水库调度规程,动态管控汛限水位、预泄腾空库容;加快推进南大、大封门水库扩建和牛路、沙迳水库新建工程;针对受威胁区域人口密集、存在重要基础设施的高风险坝,通过工程及非工程措施,切实提高水库保坝水平。

(3)"千涌"——广州片区排涝工程布局

片区排涝体系用于防御本地暴雨造成内涝灾害,由源头减排、排水管渠、排涝除险三类工程性措施组成,并与流域、区域防洪工程体系相衔接。根据全市各区降雨特性及河流、管网分布,全市可划分成为105个排涝片,"千涌"即1 248条内河涌,是各排涝片区的涝水行泄通道,起排除本地雨水的作用。

结合广州全市自然地貌特征,105个排涝片区可划为"三大分区",即北部山林生态区、中部都会区及南部滨海湾区。规划按"定竖向、散调蓄、拓通道、强泵排"的总体治涝思路,运用"+海绵"理念,因地制宜规划城市治涝体系布局,加强蓝绿灰一体化海绵城市建设,消除严重影响生产生活的易涝点,提升城市内涝防御韧性。

全市整治排涝河道365条,总长890 km;挖潜24座调蓄湖、新建33宗调蓄设施,新增调蓄容积750万 m³;新建泵站145座、改扩建63座,新增流量3 830 m³/s,17个排涝片区调整为"集中抽排"模式[68]。

4.5.4.5 规划特点

(1)构建宏中微的全面洪涝安全网

广州市受洪、潮、涝三类水患灾害威胁,规划结合本地地理环境与防洪(潮)实际情况,立足整体防御,强化流域—区域—片区三级洪涝防御体系,构建宏观、中观、微观全面视角下的洪涝安全网络,同时,规划以海绵城市理念统领防洪排涝能力的全面提升,通过统筹"蓝绿灰管",完善基础设施,统筹实施全市江海堤防巩固提标,充分挖潜和保障水库蓄泄能力,逐步完善片区排水防涝体系;通过强化源头管控,加强竖向设计,落实详细规划阶段洪涝安全评估和项目验收阶段海绵城市效果评估机制,综合提升城市水安全韧性,打造系统化全域推进海绵城市建设示范城市。

(2)提升城市洪涝韧性,保障体系可持续性

规划为应对未来条件不确定性,提高洪涝防御韧性,保障体系可持续性,除明确工程措施外,规划坚持"以水定城、以水定地、以水定产",从暴雨径流形成的各环节,提出城市建设指引,包括"绿色低碳,缓解热岛雨岛""分散调蓄,延长汇水时间""逐步清退,恢复行泄通道""城市更新,优化城市竖向"四大方面,全面提升城市洪涝韧性。

(3)智能化洪涝防御能力提升

规划强调洪涝工程调度的智慧化赋能以及洪涝管理的效能高质化提升。通过统筹洪涝

区域监测需求,加强站网密度规划指引,加强全面精准监测,构建开放统一管理中枢,构建智能指挥决策平台,实现流域联合调度顶层应用。《广州市水务发展"十四五"规划》还提出充分运用物联网、大数据、5G等新一代信息技术,以"四横三纵"智慧水务顶层架构为引领("四横"为大感知、大平台、大数据、大应用,"三纵"为强标准、强安全、强运维),到2025年,基本实现高效立体的物联感知、科学有效的模型演算、智能融合的业务应用,管理模式向"智慧水务"升级转型,排水智能化建设走在全国前列。

同时,规划提出洪涝防御能力的社会化协同,通过加强引导,形成企业民众共同参与的基层防灾体系,通过全民宣传科普,提高全社会防灾减灾、避险自救的意识和能力,并且在总结现有自然灾害保险的基础上,探索符合广州实际的洪水保险制度。

4.5.5 《深圳市海绵城市建设专项规划及实施方案》

4.5.5.1 规划目标

总体目标:通过海绵城市建设,综合采取"渗、滞、蓄、净、用、排"等措施,最大限度地减少城市开发建设对生态环境的影响。除特殊地质地区、特殊污染源地区以外,到2020年,建成区20%以上的面积达到海绵城市要求;到2030年,建成区80%以上的面积达到海绵城市要求。以最高标准、最高质量开展海绵城市的规划和建设工作[69]。

4.5.5.2 建设分区指引

(1)生态敏感性分析

对深圳市山、水、林、田、湖等海绵基底进行分析,识别海绵基底现状空间布局与特征,确定其空间位置及相应保护及修复要求。

① 生态高敏感区,占全市总面积的26.0%,该区的海绵城市建设应以生态涵养和生态保育为主。

② 生态较高敏感区,约占全市总面积的15.0%,该区的海绵城市建设应以生态保护和修复为主。

③ 生态中敏感区,约占全市总面积的23.8%,该区以生态修复和水土保持为主。

④ 生态较低敏感区和生态低敏感区,分占全市总面积的17.5%和17.7%,该区域是城市建设的主要空间,城市建设过程中需要做好人工海绵设施建设,做好源头水量水质控制,以缓解城市面源污染、城市内涝等问题。

(2)海绵生态空间格局

基于深圳市海绵基底空间布局与特征,结合中心城区的海绵生态安全格局、水系格局、和绿地格局,构建"山水基质、蓝绿双廊、多点分布"的海绵空间结构。

① 海绵生态基质,以区域绿地为核心的山水基质,包括各类天然、人工植被以及各类水体和大面积湿地,在全市的生态系统中承担着重要的海绵生态和涵养功能,是整个城市和区域的海绵主体和城市的生态底线。

② 海绵生态廊道,由水系廊道和绿色生态廊道组成的"蓝绿双廊"。水系廊道在控制水土流失、净化水质、消除噪声和污染控制等方面,有着非常明显的效果;绿色生态廊道一方面承担大型生物通道的功能,另一方面承担城市大型通风走廊的功能,通过将凉爽的海风与清新的空气引入城市,改善城市空气污染状况。

③ 海绵生态斑块,主要由河道两侧的小湿地斑块和城市绿地组成,包括离大型基质有一定距离的生态敏感地块、重要的动物迁徙及栖息节点的地块,组合在一起能够实现提供物种生境、保持景观连续度的功能。

(3) 海绵城市建设功能分区

根据生态敏感性及海绵空间格的分析,划分海绵城市建设功能分区,按照不同功能的特点制定相应的空间管控要求与建设要求,如表 4-33 所示。

表 4-33 深圳市海绵空间分区[69]

区域	面积/km²	特点	空间管制要求	海绵城市管控与建设要求
海绵生态保育区	303.87	对水生态、水安全、水资源等极具重要作用的生态功能	纳入生态控制线	禁止任何城镇开发建设行为
海绵生态涵养区	330.44	具有一定水生态、水安全、水资源重要性的地区,且具备生态涵养功能的海绵生态较敏感区域	纳入生态控制线	除下列项目外禁止建设:重大道路交通设施、市政公用设施、旅游设施、公园。并且上述建设项目应通过重大项目依法进行的可行性研究、环境影响评价及规划选址论证
海绵生态缓冲区	326.05	连接海绵生态保育区、涵养区与城市建设用地的区域地块	酌情纳入生态控制线	有计划、有步骤地对该区域内包括水体、裸地、荒草地等进行生态修复。城市建设用地需要尽量避让,如果因特殊情况需要占用,应做出相应的生态评价,在其他地块上提出补偿措施
海绵功能提升区	444.91	近期新建、更新的地块,海绵建设基础良好,且海绵技术适宜性相对较高,适宜全面推进海绵城市建设的区域	城市建设区	按照海绵城市建设的要求,合理确定建设项目海绵建设的指标,积极开展新、改、扩建设项目的规划建设管控。为海绵城市建设系统推进的近期重点区域
海绵功能强化区	293.03	内涝问题突出的街道和水体黑臭的排水分区	城市建设区	积极推进面源污染控制、河道生态化改造、增加调蓄设施等,改善水体黑臭和城市内涝问题。为黑臭治理、内涝治理工程集中的近期区域
海绵功能优化区	274.29	城市已开发强度较高的地区和海绵技术限制建设、有条件建设区	城市建设区	以海绵技术优化使用和现状海绵本底优化为主

4.5.5.3 建设管控规划

根据深圳市各流域内河流水系流向、地表高程、规划排水管渠系统,将九大流域划分为25 个管控片区。

各管控分区主要管控水安全、水环境、水生态三大系统的核心指标,包括年径流总量控制率指标,雨水管渠设计标准、内涝防治标准、防洪标准、地表水环境质量标准等,如表4-34所示。

海绵城市管控单元应按流域推进,注重因地制宜、灰绿结合、功能景观并重、集中与分散相结合的原则,并达到以下主要的海绵城市建设标准。

表 4-34 深圳市海绵城市建设单元管控标准[69]

流域	片区	年径流总量控制率目标/%	雨水管渠设计标准(特殊地区除外)/a	内涝防治标准(部分地区除外)/a	河流防洪标准/a	地表水环境质量标准
深圳河流域	福田河片区	65	5年	50	200	地表水Ⅴ类
	布吉河片区	60	3	50	200	地表水Ⅴ类
	深圳水库片区	75	5	50	200	地表水Ⅴ类
深圳湾流域	新洲河片区	70	5	50	50~100	地表水Ⅴ类
	大沙河片区	72	5	50	50~100	地表水Ⅴ类
	蛇口片区	65	5	50	50~100	地表水Ⅴ类
珠江口流域	前海片区	65	5	50	200	地表水Ⅴ类
	铁岗西乡片区	70	3	50	200	地表水Ⅴ类
	大空港片区	70	3	50	200	地表水Ⅴ类
茅洲河流域	石岩河片区	70	3	50	200	地表水Ⅴ类
	茅洲河南部片区	72	3	50	200	地表水Ⅴ类
	茅洲河北部片区	70	3	50	200	地表水Ⅴ类
观澜河流域	观澜河上游片区	70	3	50	100	地表水Ⅳ类
	观澜河西部片区	72	3	50	100	地表水Ⅳ类
	观澜河东部片区	70	3	50	100	地表水Ⅳ类
龙岗河流域	龙岗河上游片区	72	3	50	100	地表水Ⅳ类
	龙岗河中游片区	72	3	50	100	地表水Ⅳ类
	龙岗河下游片区	75	3	50	100	地表水Ⅳ类
坪山河流域	坪山河上游片区	75	3	50	100	地表水Ⅳ类
	坪山河下游片区	72	3	50	100	地表水Ⅳ类
大鹏湾流域	盐田河片区	75	3	50	50~100	地表水Ⅴ类
	梅沙片区	75	3	50	50~100	地表水Ⅴ类
	大鹏东片区	75	3	50	50~100	地表水Ⅴ类
大亚湾流域	大亚湾北片区	75	3	50	50~100	地表水Ⅴ类
	大亚湾南片区	78	3	50	50~100	地表水Ⅴ类

4.5.5.4 海绵城市基础设施规划

(1) 水安全保障规划

① 城市排水系统规划

从排水主干管渠完善、新建片区管网规划、易涝风险区管网改造三个方面开展雨水管渠

131

规划。对于管网能力不足导致的易涝风险区,基于水力模型识别瓶颈管段,通过管网改造完善,减轻或消除易涝风险。

雨水泵站的设置能快速、有效地排除涝水,防止内涝的产生,对于防涝体系,泵站常设置于排水不畅的低洼处、受洪潮影响引起内涝的区域,以及内涝积水范围较大的区域。

② 防涝系统规划

城市竖向对河流水系的流向、雨水径流的排除、雨水管渠系统的布设起着举足轻重的作用。应合理地控制城市用地竖向高程,规避内涝风险,防治城市内涝,从源头上降低城市内涝风险。

充分利用现有工程体系的调洪、滞洪作用,确保工程安全运行;结合河道治理工程、排涝工程体系,按照低影响开发建设的要求,设置调蓄湖工程等。

以河流水系构筑的防涝体系为基础,对涝水的汇集路径进行分析,合理布局雨水行泄通道,就近将涝水排入河道,保证涝水的顺利排放。

通过建设雨水调蓄池,将雨水径流的高峰流量暂时贮存于雨水调蓄实施中。待流量下降后,再将蓄水池中的水排出,以削减洪峰流量,降低下游管渠的规模,节省工程投资,提高城市的排水和防涝能力,降低内涝风险。

雨水调蓄设施的建设应结合公园、绿地建设,落实用地,解决建设用地紧缺问题。同时,应充分发挥现状城市湿地、水系、下凹式绿地等雨水调蓄功能,作为雨水调蓄空间,解决用地紧缺的同时节省工程投资。

(2)水环境综合整治规划

① 点源污染控制

全市排水系统应坚持雨污分流制。对于已形成合流制或雨污混流严重的建成区,分流制改造难度较大时,可临时进行合流截流制改造,并结合规划逐步改造为分流制。改善污水收集输送环节仍然存在局部区域雨污混流、污水管道不完善等问题。提高污水厂处理规模,合理论证污水处理标准。污泥处理应坚持前端减量、后期处理的发展思路,努力实现污泥的稳定化、减量化、无害化、资源化,尽量减少污泥处置对环境的影响。

② 面源污染控制

基于不同尺度的城市建设区,构建相互衔接、层层消减的径流污染控制系统。对于新建建筑与小区,可主要采用海绵设施控制径流污染;对于已建成区,可结合调蓄设施对初期雨水进行滞蓄,控制雨水排放时间,实现雨水的生态净化。

③ CSO 溢流污染控制

通过近、远期的控制目标从源头—过程—末端控制三个方面提出合流制管道溢流(Combined Sewer Overflow,CSO)污染控制规划方案。包括:源头——深化正本清源工作,对初雨水进行源头海绵化改造;过程——系统推进雨污分流制改造工程,管道诊断及清淤整治;末端——截流式控制、阶段型 CSO 调蓄池及灰/绿结合的 CSO 净化措施。

(3)水生态修复规划

① 河道保护与蓝线

水体、岸线和滨水(海)区应作为整体进行水域保护,包含水域保护、水生态保护、水质保护和滨水空间控制等内容。水域控制线范围内不得占用、填埋,必须保持水体的完整性;对水体的改造应进行充分论证。

划定河道蓝线,维系河道的自然形态、完整的水陆生态系统。

② 生态驳岸改造

恢复生态驳岸,在充分考虑城区河段城市服务功能与定位,营造不过多干涉原有生态系统的亲水空间,在保证防洪的前提下将硬化护岸生态软化。

依据生态自然的设计理念,对深圳市已有河道的岸线和河道进行改造,保证雨洪安全的同时发挥河流的生态和景观功能。

③ 水系生态系统修复

针对不同现状与区位的河段,保护及修复多层次原始河岸植物群落,结合景观营造生态亲水空间,以期实现河岸水土保持、消纳面源污染、亲水娱乐以及提供生物栖息活动带的效果。

针对不同类型的河段应采取不同的修复措施进行处理,构建多层次复合型的生态修复系统。

（4）水资源利用系统规划

① 水资源利用定位及用途

各类非常规水资源按所在区域特点进行开发利用,参考以下优先级进行:

生态区雨洪:应进行充分挖潜并优先利用。

集中式再生水:应作为城市的第二水源,成为城市水源的重要补充。

海水直接利用:应物尽其用。

海水淡化利用:应作为战略储备。

建设区雨洪:依托海绵城市和绿色建筑,实现替代部分自来水。

分散式再生水:应作为集中式再生水利用未覆盖片区的补充。

② 再生水利用规划

结合深圳市水污染治理方案,合理论证,使污水处理厂尾水达到各主要河流生态补水的水质水量需求;在前海合作区、南山区、龙岗中心区等区域形成局部分质供水系统,回用至城市杂用水、低品质工业用水,切实节约优质饮用水。

③ 雨洪资源利用规划

生态区雨洪利用总体策略为:结合海绵城市建设,充分利用河道、渠、湿地、洼地、小山塘、水库等蓄水功能,完善雨水收集、调蓄、利用设施,推进雨洪资源化。

按流域雨洪资源开发利用潜力分布开发利用山区雨洪资源,新、扩、改建水库增加本地水资源。其中,以东部片区几大流域为主,通过水库新扩建增加产水能力,从而增加本地水资源量。

除新开发雨洪资源外,充分利用已建小水源水库、非水源水库,将山区雨洪资源用作城市杂用水、农业用水、河流生态景观用水等,缓解水资源紧张。

城市建设区雨洪利用:结合海绵城市建设,鼓励建设项目结合自身特点经济分析后适度收集回用。

④ 海水利用规划

海水以直接利用为主,试点储备海水淡化技术[69]。

主要参考文献

[1] 上海市政工程设计研究总院(集团)有限公司. 城镇内涝防治技术规范：GB 51222—2017[S]. 北京：中国计划出版社，2017.

[2] 水利部水利水电规划设计总院，黄河勘测规划设计有限公司. 防洪标准：GB 50201—2014[S]. 北京：中国计划出版社，2014.

[3] 中国建筑科学研究院有限公司. 洪泛区和蓄滞洪区建筑工程技术标准：GB/T 50181—2018[S]. 北京：中国建筑工业出版社，2018.

[4] 珠江水利委员会防汛抗旱信息网. 洪水的概念及其类型[EB/OL]. (2020 - 07 - 21)[2022 - 07 - 13]. http://slj. yq. gov. cn/12684/202007/t20200721_1042866. html.

[5] 陈颙，史培军. 自然灾害[M]. 北京：北京师范大学出版社，2007.

[6] 什么是山洪[EB/OL]. (2021 - 12 - 01)[2022 - 07 - 13]. https://baike. baidu. com/tashuo/browse/content? id＝08398ec7be648653ed87bd7b&lemmaId＝7138358&fromLemmaModule＝pcBottom&lemmaTitle＝％E5％B1％B1％E6％B4％AA&fromModule＝lemma_bottom-tashuo-article.

[7] 融雪洪水[EB/OL]. (2022 - 12 - 23)[2023 - 05 - 25]. https://www. zgbk. com/ecph/words? SiteID＝1&ID＝299822&Type＝bkzyb&SubID＝83422.

[8] 凌汛[EB/OL]. (2022 - 12 - 22)[2023 - 05 - 25]. https://www. zgbk. com/ecph/words? SiteID＝1&ID＝635751&Type＝bkztb&SubID＝1051.

[9] 中国农业百科全书总编辑委员会水利卷编辑委员会. 中国农业百科全书：水利卷 上[M]. 北京：农业出版社，1986.

[10] 天文潮[EB/OL]. (2022 - 12 - 23)[2023 - 05 - 25]. https://www. zgbk. com/ecph/words? SiteID＝1&ID＝43190&Type＝bkzyb&SubID＝83282.

[11] 风暴潮[EB/OL]. (2022 - 01 - 20)[2023 - 05 - 25]. https://www. zgbk. com/ecph/words? SiteID＝1&ID＝170215&Type＝bkzyb&SubID＝124393.

[12] 新闻宣传司. 海洋灾害知多少？[EB/OL]. (2019 - 04 - 01)[2023 - 05 - 25]. https://www. mem. gov. cn/kp/zrzh/201904/t20190401_366117. shtml.

[13] 中国网. 洪涝灾害形成的原因[EB/OL]. (2020 - 04 - 13)[2023 - 07 - 04]. https://www. emerinfo. cn/2020-04/13/c_1210555694. htm.

[14] 刘志雨，吴志勇，陈晓宏，等. 气候变化对南方典型洪涝灾害高风险区防洪安全影响及适应对策[M]. 北京：科学出版社，2016.

[15] 施俊跃. 山洪灾害防御知识[M]. 杭州：杭州出版社，2022.

[16] 向立云. 洪涝灾害及防灾减灾对策[M]. 北京：中国水利水电出版社，2019.

[17] 魏一鸣. 洪水灾害风险管理理论[M]. 北京：科学出版社，2002.

[18] 裴宏志，曹淑敏，王慧敏. 城市洪水风险管理与灾害补偿研究[M]. 北京：中国水利水电出版社，2008.

[19] 陈莹，尹义星，陈兴伟. 19 世纪末以来中国洪涝灾害变化及影响因素研究[J]. 自然资源学报，2011，26(12)：2110 - 2120.

[20] 郭跃.自然灾害的社会易损性及其影响因素研究[J].灾害学,2010,25(1):84-88.

[21] 谷洪波,顾剑.我国重大洪涝灾害的特征、分布及形成机理研究[J].山西农业大学学报(社会科学版),2012,11(11):1164-1169.

[22] 柳杨,范子武,谢忱,等.城镇化背景下我国城市洪涝灾害演变特征[J].水利水运工程学报,2018(2):10-18.

[23] 长江流域[EB/OL].[EB/2023-10-18].https://baike.baidu.com/item/%E9%95%BF%E6%B1%9F%E6%B5%81%E5%9F%9F/721919?fr=ge_ala.

[24] 黄河流域[EB/OL].[EB/2023-10-18].https://baike.baidu.com/item/%E9%BB%84%E6%B2%B3%E6%B5%81%E5%9F%9F/7576659?fr=ge_ala。

[25] 淮河流域[EB/OL].[EB/2023-10-18].https://baike.baidu.com/item/%E6%B7%AE%E6%B2%B3%E6%B5%81%E5%9F%9F/1599849?fr=ge_ala.

[26] 海河流域[EB/OL].[EB/2023-10-18].https://baike.baidu.com/item/%E6%B5%B7%E6%B2%B3%E6%B5%81%E5%9F%9F/7590848?fr=ge_ala.

[27] 珠江流域[EB/OL].[EB/2023-10-18].https://baike.baidu.com/item/%E7%8F%A0%E6%B1%9F%E6%B5%81%E5%9F%9F/7580426?fr=ge_ala.

[28] 松辽流域[EB/OL].[EB/2023-10-18].https://baike.baidu.com/item/%E6%9D%BE%E8%BE%BD%E6%B5%81%E5%9F%9F/2821199?fr=ge_ala.

[29] 人民网.国家防总公布全国31个重点防洪城市防汛行政责任人名单[EB/OL].(2013-05-15)[2023-07-03].http://politics.people.com.cn/n/2013/0515/c1001-21493686.html.

[30] 国家防汛抗旱总指挥部关于印发加强城市防洪规划工作的指导意见的通知[EB/OL].(2023-01-05)[2023-07-03].http://www.fljg.com/xingzhengfa/17456.html.

[31] 长江水利委员会水文局.1954年长江的洪水[M].武汉:长江出版社,2004.

[32] 张光斗.1998年长江大洪水[J].人民长江,1999,30(7):1-3.

[33] 国务院灾害调查组.河南郑州"7·20"特大暴雨灾害调查报告[R].2022.

[34] 国学堂之说文解字.说文解字:灾,细说史上最大的灾难:火灾、洪灾、战乱[EB/OL].(2020-01-27)[2023-06-30].https://www.sohu.com/a/369086148_184802.

[35] 《中国水利百科全书》编辑委员会.中国水利百科全书[M].北京:中国水利水电出版社,2006.

[36] 1915年珠江流域大洪灾[J].人民珠江,2006(5):38.

[37] 张瑞娟.1931年江淮流域水灾及其救济研究[D].南京:南京师范大学,2006.

[38] 史册号.上海历史上的特大暴雨纪录,上海洪水最严重的年份?[EB/OL].(2022-11-07)[2023-07-01].https://www.shicehao.com/v20221107164613b3d7sg.html.

[39] 世界最惨溃坝:1975年驻马店水库溃坝事件(组图)[EB/OL].(2008-06-20)[2023-06-30].http://lvse.sohu.com/20080620/n257632292_1.shtml.

[40] 陕西衡口堡.[记忆]安康"1983.7.31"洪灾[EB/OL].(2019-09-16)[2023-06-30].https://www.sohu.com/a/341014436_120075260.

[41] 新华社.丹东部分地区因暴雨受灾 倒塌房屋230间3人失踪[EB/OL].(2010-08-

21)[2023 - 06 - 30]. https://www. gov. cn/jrzg/2010 - 08/21/content_1685152. htm.

[42] 人民网. 北京通报 7·21 暴雨特大灾害 经济损失 116.4 亿[EB/OL]. (2012 - 07 - 25)[2023 - 06 - 30]. https://www. chinanews. com. cn/gn/2012/07 - 25/4058908. shtml.

[43] 7·19 河北特大暴雨洪涝灾害[EB/OL]. [2023 - 11 - 06]. https://baike. baidu. com/.

[44] 央视新闻客户端. 南方洪涝灾害共造成 3020 万人次受灾[EB/OL]. (2020 - 07 - 10)[2023 - 06 - 30]. http://m. news. cctv. com/2020/07/10/ARTIRo94o79JXkFo9ynd0Bwa200710. shtml.

[45] 巴里. 大浪涌起:1927 年密西西比河大洪水怎样改变了美国[M]. 王毅,译. 太原:山西人民出版社,2019.

[46] HERMAM G. What happened in 1953? The big flood in the Netherlands in retrospect[J]. Philosophical Transactions of the Royal Society A,2005,363:1271 - 1291.

[47] WILSON M. The 6 biggest floods ever recorded on earth[EB/OL]. (2023 - 04 - 07)[2023 - 06 - 30]. https://a-z-animals. com/blog/the-biggest-floods-ever-recorded-on-earth/.

[48] VUČKOVIĆ A. St. Lucia's flood:The disaster that changed the shape of Europe[EB/OL]. (2023 - 03 - 25)[2023 - 06 - 30]. https://www. ancient-origins. net/history-important-events/st-lucias-flood-0018127.

[49] 大事记. 历史上 11 月 18 日发生的事件[EB/OL]. [2023 - 06 - 30]. https://www. calendarz. com/zh/on-this-day/november/18/zuiderzee.

[50] IsGeschiedenis. Sint Felixvloed treft zeeland[EB/OL]. [2023 - 06 - 30]. https://is-geschiedenis. nl/nieuws/sint-felixvloed-treft-zeeland.

[51] 历史大学堂. 20 世纪全球十大洪灾[EB/OL]. (2016 - 11 - 12)[2023 - 06 - 30]. https://wapbaike. baidu. com/tashuo/browse/content? id=a243ebc260f3de2066d6c707.

[52] 快懂百科. 孟加拉国特大水灾[EB/OL]. https://www. baike. com/wikiid/4957506086365163380? view_id=1ve48b09rbwg00.

[53] The World Bank. The World Bank supports Thailand's post-floods recovery effort[EB/OL]. (2011 - 11 - 13)[2023 - 06 - 30]. https://www. worldbank. org/en/news/feature/2011/12/13/world-bank-supports-thailands-post-floods-recovery-effort.

[54] 中国新闻网等. 印度洪灾死亡人数预计超过 6000 政府一个月来首次确认失踪人数[EB/OL]. (2013 - 07 - 15)[2023 - 11 - 06]. https://www. guancha. cn/indexnews/2013_07_15_158421. shtml.

[55] 水利部水旱灾害风险普查项目组. 洪水风险区划及防治区划编制技术要求(试行):FXPC/SL P - 01[S]. 2021.

[56] 中国水利水电科学研究院. 洪水风险图编制导则:SL 483—2017[S]. 北京:中国水利水电出版社,2017.

[57] 湖北省城市规划设计研究院. 城市防洪规划规范:GB 51079—2016 [S]. 北京:中国计划出版社,2016.

[58] 顾慰慈. 堤防工程设计计算简明手册[M]. 北京:中国水利水电出版社,2014.

［59］中国电建集团中南勘测设计研究院有限公司. 水电工程动能设计规范：NB/T 35061—2015［S］. 北京：中国电力出版社，2016.

［60］中华人民共和国水利部. 国家蓄滞洪区修订名录［EB/OL］.（2010 - 01 - 12）［2022 - 07 - 13］. http：//www. mwr. gov. cn/zwgk/gknr/201212/t20121217_1442890. html.

［61］水利部水利水电规划设计总院. 防洪规划编制规程：SL 669—2014［S］. 北京：中国水利水电出版社，2014.

［62］吴庆洲，李炎，余长洪，等. 城市洪涝灾害防治规划［M］. 北京：中国建筑工业出版社，2016.

［63］上海市政工程设计研究总院（集团）有限公司. 室外排水设计标准：GB 50014—2021［S］. 北京：中国计划出版社，2021.

［64］中华人民共和国住房和城乡建设部. 海绵城市建设技术指南：低影响开发雨水系统构建（试行）［M］. 北京：中国建筑工业出版社，2014.

［65］中华人民共和国水利部. 长江流域防洪规划（2008 年版）［R］. 2008.

［66］南京市水利局. 南京城市防洪规划（2013—2030 年）［R］. 2015.

［67］上海市水务局. 上海市防洪除涝规划（2020—2035 年）［R］. 2020.

［68］广州市水务局. 广州市防洪（潮）排涝规划（2021—2035 年）（公开征求意见稿）［R］. 2022.

［69］深圳市规划和国土资源委员会. 深圳市海绵城市建设专项规划及实施方案［R］. 2016.

5   消防规划

5.1   基本知识

5.1.1   概念界定

根据国家标准《消防词汇 第1部分:通用术语》(GB 5907.1—2014):

火灾:在时间或空间上失去控制的燃烧[1]。

火灾隐患:可能导致火灾发生或火灾危害增大的各类潜在不安全因素[1]。

消防:火灾预防和灭火救援等的统称[1]。

防火:采取措施防止火灾发生或限制其影响的活动和过程[1]。

根据《森林防火总体规划编制规范》(DB 41/T 683—2011)规定:

森林火灾:失去人为控制,在森林、林地自由蔓延和扩展,并对森林和环境带来危害,造成生命财产损失的燃烧现象[2]。

森林防火:有关预防和扑救森林火灾、进行森林火灾灾后调查处理的科学理论、技术原理和方法措施的统称[2]。

森林防火期:一年中容易发生森林火灾且必须有效开展森林防火工作的时期[2]。

森林防火区:一定行政区界内,能引起或酿致森林火灾的区域。一般将本行政区域内的林地及林地边缘水平一定距离范围的区域划为森林防火区[2]。

森林火险区:易发生森林火灾的地区,根据森林火灾危险性大小划分为Ⅰ、Ⅱ、Ⅲ三个等级[2]。

森林火灾受害率:一年中某一地区森林火灾受害森林(包括灌木林、疏林)面积占森林总面积的比率[2]。

5.1.2   火灾的类型与成因

5.1.2.1   火灾的类型

根据国家标准《火灾分类》(GB/T 4968—2008)的规定,将火灾分为 A、B、C、D、E、F 六类[3]。

A 类火灾:固体物质火灾,这种物质往往具有有机物性质,一般在燃烧时能产生灼热的余烬。如木材、棉、毛、麻、纸张火灾等。

B 类火灾:液体或可熔化的固体物质火灾。如汽油、煤油、原油、甲醇、乙醇、沥青、石蜡火灾等。

C 类火灾:气体火灾。如煤气、天然气、甲烷、乙烷、丙烷、氢气火灾等。

D 类火灾:金属火灾。如钾、钠、镁、锂、铝镁合金火灾等。

E 类火灾:带电火灾。物体带电燃烧的火灾。如变压器等设备的电气火灾。

F 类火灾:烹饪器具内的烹饪物(如动植物油脂)火灾。

5.1.2.2 火灾的成因

（1）电气

电气原因引起的火灾在我国火灾中居于首位。电气设备过负荷、电气线路接头接触不良、电气线路短路等是电气引起火灾的直接原因。其间接原因是电气设备故障或电器设备设置和使用不当，如将功率较大的灯泡安装在木板、纸等可燃物附近，将荧光灯的镇流器安装在可燃基座上，以及用纸或布做灯罩紧贴在灯泡表面，在易燃易爆的车间内使用非防爆型的电动机、灯具、开关等[4]。

（2）吸烟

烟蒂和点燃烟后未熄灭的火柴温度可达到 800 ℃，能引起许多可燃物质燃烧，在起火原因中占有相当的比重。具体情况如：将没有熄灭的烟头和火柴梗扔在可燃物中引起火灾；躺在床上，特别是醉酒后躺在床上吸烟，烟头掉在被褥上引起火灾；在禁止火种的火灾高危场所，因违章吸烟引起火灾事故等[4]。

（3）生活用火不慎

生活用火不慎主要是指城乡居民家庭生活用火不慎，如：炊事用火中炊事器具设置不当，安装不符合要求，在炉灶的使用中违反安全技术要求等引起火灾；家中烧香祭祀过程中无人看管，造成香灰散落引发火灾等[4]。

（4）生产作业不慎

生产作业不慎主要是指违反生产安全制度引起火灾。具体情况如：在易燃易爆的车间内动用明火，引起爆炸起火；将性质相抵触的物品混存在一起，引起燃烧爆炸；在用气焊焊接和切割时，因未采取有效的防火措施，飞迸出的大量火星和熔渣引燃周围可燃物；在机器运转过程中，不按时加油润滑，或没有清除附在机器轴承上面的杂质、废物，使机器该部位摩擦发热，引起附着物起火；化工生产设备失修，出现可燃气体，以及易燃、可燃液体跑、冒、滴、漏现象，遇到明火燃烧或爆炸等[4]。

（5）设备故障

在生产或生活中，一些设施设备疏于维护保养，导致在使用过程中无法正常运行，因摩擦、过载、短路等原因造成局部过热，从而引发火灾。例如：一些电子设备长期处于工作或通电状态下，散热不力，最终因过热导致内部故障而引发火灾[4]。

（6）玩火

未成年儿童因缺乏看管玩火取乐也是造成火灾发生常见的原因之一。此外，每逢节日庆典，不少人喜爱燃放烟花爆竹来增加气氛，被点燃的烟花爆竹本身即是火隙，稍有不慎，就易引发火灾，还会造成人员伤亡[4]。

（7）放火

一般是当事人以放火为手段达到某种目的。这类火灾为当事人故意为之，通常经过一定的策划准备，因缺乏初期救助，火灾发展迅速，后果严重[4]。

（8）雷击

雷电导致的火灾原因，大体上有 3 种，在雷击较多的地区，建筑物上如果没有设置可靠的防雷保护设施，便有可能发生雷击起火：雷电直接击在建筑物上发生热效应、机械效应作用等；雷电产生静电感应作用和电磁感应作用；高电位雷电波沿着电气线路或金属管道系统侵入建筑物内部[4]。

5.1.3　火灾的时空分布特征

5.1.3.1　城市火灾

（1）时间特征

① 年际变化

在过去的 10 年中，除 2013 年较大火灾起数较多外，其余我国较大火灾起数趋于平稳。重大火灾和特别重大火灾起数呈下降趋势。

应急管理部消防救援局发布 2021 年全国消防救援队伍接处警与火灾情况。2021 年,全国消防救援队伍共接报处置各类警情 195.6 万起,出动消防救援人员 2 040.8 万人次、消防车 363.6 万辆次,累计从灾害现场营救被困人员 19.5 万人,疏散遇险人员 46.7 万人;共接报火灾 74.8 万起,死亡 1 987 人,受伤 2 225 人,直接财产损失 67.5 亿元,与 2020 年相比,起数和伤人、损失分别上升 9.7%、24.1% 和 28.4%,亡人下降 4.8%。其中,较大火灾 84 起,比 2020 年增加 9 起;重大火灾 2 起,比 2020 年增加 1 起,已连续 6 年未发生特别重大火灾[5]。

② 月际特征

冬春火灾高发。从火灾的季节分布看,2021 年冬春季节共发生火灾 43.7 万起,死亡人数为 1 131 人,分别占总数的 58.6% 和 57.5%,明显多于夏秋,特别是春节期间为全年的火灾高峰,除夕当天的火灾发生数量相当于平常的近 3 倍[5]。

③ 小时特征

从火灾时段分布看,10 时至 20 时是全天的火灾多发期,占火灾总数的 61.2%,但死亡人数只占 33.9%;而夜间 22 时至次日 6 时的火灾只占总数的 17.3%,但导致的人员死亡数量多集中在这个时段,占 41.9%,较大火灾数占 51.2%[5]。

（2）空间特征

从火灾的总数看,2020 年生产企业共发生火灾 9 264 起,占总数的 3.7%,是除住宅火灾外占比较大的一类火灾。此外,商业场所发生火灾 6 679 起,文娱宾馆饭店发生火灾 6 320 起,仓储场所发生火灾 4 161 起,建筑工地发生火灾 2 682 起,合计占总数的 7.9%,但死亡人数占总数的 15.8%、损失占总数的 45.9%,往往造成较大社会影响。

从大火的分布看,这几类场所的火灾只占总数的 11.6%,但其中过火面积在 1 000 m² 以上的火灾占总数的 26.4%;较大以上火灾 23 起,占总数的 34.8%,特别是 2020 年全年唯一的 1 起重大火灾就发生在娱乐场所[6]。

① 经济人口大省警情最多,人员营救频率最高。

2021 年全年有 6 个省出警任务量达到 10 万起以上,分别为广东、江苏、山东、四川、浙江、河南,均为经济大省、人口大省。从人均警情看,4 个直辖市每万人口警情数量最多的,分别为天津 39.0 起/万人、上海 29.8 起/万人、北京 22.9 起/万人、重庆 22.1 起/万人,远超其他地区(全国均值为 13.9 起/万人)。在各类应急救援行动中,直接营救被困人员的出警占总数的 56%,包括设备故障、生产事故、跳楼、水上、电梯等的人员被困营救,总数达到 25.8 万起,日均超过 700 起,是消防救援队伍处置频率最高的警情之一[6]。

② 西部地区的火灾亡人率相对较高

从火灾的分布看,2020年西部地区火灾占总数的29.8%,仅次于东部的36.2%,高于中部和东北,但10万人口火灾发生率为"19.7",比东部地区的"16.8"高17个百分点,表明西部地区火灾防控的基础仍相对薄弱。

从较大火灾的分布看,2020年西部发生较大火灾25起,占总数的38.5%,高于其他片区,尤其是贵州、四川分别发生8起、5起,且"三合一"、自建房等场所占比较大。此外,广东发生9起较大火灾,山西发生1起重大火灾、2起较大火灾,也较为突出[6]。

③ 农村地区火灾比重偏大、大火概率偏高

自2008年农村人口所占比例首次低于城镇人口后,农村人口比例逐年下降,但由于农村地域面积大、建筑耐火等级低、消防基础设施薄弱,加之青壮年人口外流,农村火灾仍是防控难点。

从城乡火灾的分布看:2020年全年农村地区共发生火灾12.4万起,占总起数的49.3%,比城镇高出6.1个百分点;造成损失19.2亿元,占总损失的48.1%,比城镇高出12.2个百分点,火灾基数仍然较大;特别是农村地区共发生较大火灾39起,占总数的60%,比城镇高出近七成[6]。

④ 工商文娱场所火灾荷载高大火时有发生

工商文娱场所人员聚集、生产经营设施集中、用电用油用气负荷大、成品原材料堆积,一旦发生火灾极易蔓延扩大,造成伤亡损失[6]。

5.1.3.2 森林火灾

(1) 时间特征

年际变化:2012年以来,全国森林火灾发生次数呈现出总体下降趋势,火灾频发年份是2012年,共有3 966次,2013年次之,共有3 929次;火灾少发年份是2021年,共有616次[7]。2012—2021年间,全国总发生森林火灾26 383次。

月季特点:2021年森林火灾主要集中在1—4月,占全年森林火灾的82%[7]。

受灾森林面积年际变化:2012年以来,我国森林火灾受害森林面积呈震荡下行走势,2017年后呈下降趋势。

(2) 空间特征

① 森林火灾次数的空间分布特征

对1997—2010年全国各地区森林火灾4个等级(一般森林火灾、较大森林火灾、重大森林火灾、特别重大森林火灾)的森林火灾发生次数进行分析,13年间,一般森林火灾最多的地区出现在湖南,共有2 958次(2008年)。全国森林火灾分布图显示:一般森林火灾发生较多的地区主要集中在湖南、浙江、福建、贵州、云南、湖北、江西等地区;重大森林火灾主要发生在内蒙古、黑龙江、福建等地区,但湖南、浙江也偶尔发生;特别重大森林火灾基本只在内蒙古和黑龙江发生,其他地区几乎不发生特大森林火灾[7]。2021年,广东、广西、湖南、云南、福建等省份森林火灾较多[7]。

② 森林火灾面积的空间分布特征

对1997—2010年全国各地区森林过火面积和受害森林面积进行分析,面积最大的地区为黑龙江,其次是内蒙古,福建、湖南、云南、贵州和浙江这五个地区的森林火灾面积和受灾森林面积也不容忽视,面积最小的是上海,其次是北京、天津、河北等地区[8]。

5.1.3.3 草原火灾

(1) 时间特征

① 草原火灾风险年际动态变化

草原火灾风险的年际动态变化主要表现为草原火灾风险的周期性。根据历年草原火灾的统计资料,我国牧区草原火灾从 1991 年至今呈波状增长趋势。1995 年、2000 年、2005 年是发生草原火灾较多的 3 个年份,是草原火灾发生的波峰年;1991 年、1996 年和 2003 年是草原火灾发生相对较少的 3 个年份,是草原火灾发生的波谷年。草原火灾频繁发生的周期大致在 6~8 a[9]。

② 草原火灾风险的季节动态变化

由于草原区的气候特点和草原区植被的特征,因此草原火灾的发生具有明显的季节性。从多年累积的各月的草原火灾分布动态来看,我国草原火灾主要发生在 3 月、4 月、5 月、6 月、8 月、9 月、10 月、11 月,防火期长达 8 个月之久。其中,我国草原火灾的多发期在 3—5 月、9—11 月,其余月份均很少有草原火灾发生,说明我国草原火灾风险在春秋季节最高,这与草原区自然条件和社会生活习俗有密切的关系。据统计,春秋季节草原火灾次数占全年的 95% 以上。春季 3—5 月和秋季 9—11 月火灾发生频率分别为 66.2% 和 29.4%,其中,4 月火灾次数最多、发生频率最大,是草原火灾发生的高峰期[9]。

(2) 空间特征

① 草原火灾风险的空间动态分布

在地理空间上,由于草原的主体主要分布在我国的东北、西北和华北地区,跨越地理空间大,由纬度引起的温度差异和水平方向上的水分差异使得草原火灾发生呈现区域性差异,因此草原火灾风险也相应的呈现出差异性[99]。

年均草原火灾发生较多的省份主要有内蒙古、河北、黑龙江、新疆、甘肃、辽宁 6 个省份,其年均火灾发生次数都在 42 次以上,6 个省份的草原火灾次数占全国草原火灾次数的 61.09%。因为草原区的面积广大,隐藏火点难以发现,草原火灾的管理变得困难,所以内蒙古、新疆、甘肃年均草原火灾发生次数较多。河北和黑龙江两省虽然草原面积较小,但年均草原火灾发生次数很高,这是由于两个省草原区的潜在火源密度(人口密度)较大,人为火源对草原的干扰严重,因此在防火期内有效控制两省草原区人口流动至关重要[9]。

草原年过火面积较大的省份主要有内蒙古、黑龙江、新疆、四川、吉林 5 个省份,它们年过火面积均在 0.6 万 hm² 以上;宁夏、辽宁草原火灾年过火面积较小,草原年均过火面积不足 200 hm²。

草原火灾的年发生率较大的省份主要有河北、辽宁和黑龙江 3 个省份,青海等则相对较小。通过对比各省草原火灾年受灾率发现,我国草原火灾年受灾率较高的省份主要有黑龙江、内蒙古 2 个省份,青海、辽宁和宁夏 3 个省份则受灾率较低[9]。

5.2 国内外重大火灾历史事件

5.2.1 我国和世界历史上的重大火灾事件回顾

火灾是世界上最高发的灾害之一,对环境和人类带来难以修复甚至是无法修复的破坏,以下汇总了国内、外历史上重大火灾事件的时间、地点和造成的损失。国内外重大火灾事件详见表 5-1、表 5-2。

表 5-1　国内重大火灾事件汇总

时间	地点	灾情与损失
1987 年 5 月 6 日	大兴安岭市	火场总面积为 1.7 万 km²(包括境外部分),境内森林受害面积 101 万 hm²,大火中丧生 211 人,烧伤 266 人,受灾居民 1 万多户,灾民 5 万余人。造成直接经济损失达 5 亿多元,间接损失达 69 亿多元[10]
1994 年 11 月 27 日	阜新市	造成 233 人死亡,20 人受伤,烧毁建筑面积 180 m²,烧毁音响、灯具、座椅、沙发和饮料食物等物品,直接财产损失 13 万元[11]
1994 年 12 月 8 日	克拉玛依市	共死亡 325 人,其中中小学生 288 人,干部、教师及工作人员 37 人,受伤住院者 130 人[12]
2000 年 12 月 25 日	洛阳市	造成 309 人中毒窒息死亡,7 人受伤,直接经济损失 275 万元[13]
2004 年 2 月 15 日	吉林市	造成 54 人死亡,70 余人受伤,直接经济损失 400 余万元[14]
2004 年 11 月 20 日	沙河市	5 个铁矿共有 116 名矿工被困井下,其中 51 人生还,57 人死亡,另有 8 名矿工下落不明[15]
2008 年 9 月 20 日	深圳市	造成 43 人死亡,88 人受伤,其中 59 人需住院治疗[16]
2010 年 11 月 15 日	上海市	导致 58 人遇难,另有 70 余人接受治疗[17]
2013 年 6 月 3 日	吉林市	共造成 121 人遇难,76 人受伤[18]
2014 年 1 月 11 日	香格里拉市	烧损、拆除房屋面积 59 981 m²,烧损(含拆除)房屋直接损失 8 984 万元(不含室内物品和装饰费用),无人员伤亡[19]
2015 年 8 月 12 日	天津市	爆炸总能量约为 450 t TNT 当量。造成 165 人遇难,8 人失踪,798 人受伤,304 幢建筑物、12 428 辆商品汽车、7 533 个集装箱受损[20]
2019 年 3 月 30 日	四川凉山州木里县	已确认遇难 31 人,火场总过火面积约 20 hm²[21]

表 5-2　国外重大火灾事件汇总

时间	地点	灾情与损失
1728 年 10 月 20 日	丹麦哥本哈根	28% 的城市建筑被烧毁,70 000 城市人口中 20% 无家可归,死伤人数不详[22]
1872 年 11 月 9 日	美国波士顿	烧毁商业区 930 座楼房和几座有历史意义的建筑(如三圣教堂),造成了 7 500 多万美元的损失和 12 人丧生[23]
1974 年 2 月 1 日	巴西圣保罗	焦玛办公大楼发生火灾,火灾由空调器电线短路引起。造成 179 人死亡,300 人受伤,经济损失 300 余万美元[24]

续表

时间	地点	灾情与损失
2000年11月11日	奥地利萨尔茨堡州	隧道内缆车里的大火,造成170人死亡[25]。
2001年12月29日	秘鲁利马	造成276人死亡,另有20人失踪、200多人受伤[26]。
2010年7月中旬	俄罗斯沃罗涅日州	着火总面积超过19万hm²,经济损失逾65亿卢布,已经造成至少53人死亡、500多人受伤,超过2000间房屋被毁[27]。
2016年1月7日	澳大利亚西部	大火蔓延53 000 hm²并威胁到了西澳大利亚州首府珀斯以南的地区,其中亚尔纳小镇3人失踪,95座房屋被烧毁[28]。
2017年10月8日	美国加州旧金山湾北部	造成至少42人死亡,逾7 000栋房屋和商业建筑被烧毁,约10万人紧急撤离[29]。
2019年7月	澳大利亚东海岸	过火面积超过600万hm²,造成20多人死亡,2 000多所房屋被毁,当地数以千计的民众被迫离开家园[30]。
2019年4月15日	法国巴黎	巴黎圣母院整座建筑损毁严重。着火位置位于巴黎圣母院顶部塔楼,标志性尖顶被烧断、坍塌倒下[31]。
2019年10月8日	澳大利亚新南威尔士州北部	造成2人死亡,多达30栋房屋被烧毁或严重损坏。其中2起林火一夜之间连成一片,烧毁了约9万hm²的土地[32]。

5.2.2 建筑火灾

5.2.2.1 香格里拉独克宗古城大火

2014年1月11日1时10分许,云南省迪庆藏族自治州香格里拉市独克宗古城仓房社区池廊硕8号"如意客栈"经营者,在卧室内使用五面卤素取暖器不当,引燃可燃物引发火灾,造成烧损、拆除房屋面积约59 981 m²,烧损房屋直接损失8 984万元,无人员伤亡的重大火灾事故[19]。

5.2.2.2 吉林中百商厦特大火灾

2004年2月15日,吉林市中百商厦伟业电器行雇员在仓库吸烟引发大火,当日值班人员擅自离岗,致使群众没能及时疏散,造成54人死亡,70余人受伤,过火建筑面积2 040 m²,直接经济损失400余万元[14]。

5.2.2.3 巴黎圣母院火灾事故

2019年4月15日,法国巴黎圣母院发生火灾,整座建筑损毁严重。着火位置位于巴黎圣母院顶部塔楼,大火迅速将圣母院塔楼的尖顶和木质屋架吞噬,尖顶如被拦腰折断一般倒下[31]。

5.2.3 森林火灾

5.2.3.1 大兴安岭森林火灾

1987年5月6日,黑龙江省大兴安岭地区的西林吉、图强、阿木尔、塔河4个林业局所属的几处林场同时起火,引起1949年以来最严重的一次特大森林火灾。由58 800多名军、警、民组成的救火队经过 28 个昼夜的奋力扑救,火场明火、余火、暗火于 6 月 2 日全部熄灭,火场清理完毕。此次特大森林火灾火场总面积为 1.7 万 km^2(包括境外部分),境内森林受害面积 101 万 hm^2,大火中丧生 211 人,烧伤 266 人,受灾居民 1 万多户,灾民 5 万余人。致使人民的生命财产、国家的森林资源损失惨重,生态环境遭受巨大破坏,造成直接经济损失达 5 亿多元,间接损失达 69.13 亿元[10]。

5.2.3.2 木里县森林火灾

2019 年 3 月 30 日 18 时许,四川省凉山州木里县雅砻江镇立尔村发生森林火灾,着火点在海拔 3 800 m 左右,地形复杂、坡陡谷深,交通、通信不便。2019 年 3 月 31 日下午,扑火人员在转场途中受瞬间风力风向突变影响,突遇山火爆燃,31 名扑火人员遇难。4 月 5 日,经森林公安部门侦查后确认是雷击火,着火点是一棵云南松,位于山脊上,树龄约 80 年[21]。

5.2.3.3 澳大利亚新南威尔士州北部森林火灾

2019 年 10 月至 12 月,澳大利亚东南部新南威尔士州、维多利亚州、南澳大利亚州等多地发生严重山火。持续数月的山火危机中,浓烟飘到距其 2 000 km 外的新西兰,导致新西兰空气质量下降,甚至出现雾霾[32-33]。

5.2.4 草原大火

5.2.4.1 四川道孚县草原火灾

2010 年 12 月 5 日中午,四川省甘孜藏族自治州道孚县发生草原火灾,火灾发生在道孚县鲜水镇孜龙村呷乌沟,直线距离离县城 6 km。火灾发生后,当地立即组织干部群众上山扑救。火势于 15 时左右得到控制,部队和群众在清理余火时,突然一阵大风将余火吹燃,将扑火的战士和群众围在沟中,造成 22 人死亡,1 人重伤;其中包括 15 名战士,5 名群众,2 名林业职工[34]。

5.2.4.2 中蒙边境草原火灾

2017 年 6 月 29 日,位于蒙古国境内持续蔓延至中国呼伦贝尔中蒙边境地区的大火,直接威胁着中国森林草原资源。6 月 30 日,红花尔基大队组成的 17 人重装备小组到达巴日图林场,全线设防,防止大火进入林区。蒙古国火灾在持续蔓延中,武警森林部队 270 余名官兵在边境一线,实施扑打、清理、看守、点烧于一体的堵截方式堵截火头。大火于 7 月 4 日被扑灭,扑救人员陆续撤离火场[35]。

5.3 火灾风险评估方法

5.3.1 城市火灾风险评估

5.3.1.1 评估目的

① 城市火灾风险评估是城市消防专项规划编制的基础和重要内容,通过分析火灾发生

风险因素的空间分布、各片区火灾发生风险的高低和消防力量的空间分布,为城市消防设施布局提供科学依据,便于规划提出消防应对策略,提高城市消防专项规划编制的科学合理性。

② 城市火灾风险评估可以帮助消防部门进一步了解城市面临的消防安全状况,从而根据火灾发生风险的高低排序、轻重缓急,确定相应的消防安全检查措施和消防出警方案,提高消防安全管理决策的科学性。

③ 城市火灾风险评估可以直接指导消防设施建设。

5.3.1.2 评估方法

目前,国内尚未发布城市火灾风险评估的国家标准。2021 年 6 月,中国工程建设标准化协会标准《区域火灾风险评估技术规程》(T/CECS 887—2021)获得批准发布,自 2021 年 11 月 1 日起施行。该规程适用于针对城市不同区域、区域内不同功能区、功能区内不同单位的火灾风险评估。按照该规程的要求,区域火灾风险评估应涵盖区域火灾形势、区域内典型单位火灾形势、公共消防基础设施、灭火救援能力、社会消防安全管理等方面的内容,如表 5-3 所示[36]。

表 5-3 区域火灾风险评估指标体系[36]

一级指标		二级指标		三级指标	
编号	名称	编号	名称	编号	名称
1	区域火灾形势	1.1	区域基本情况	1.1.1	人口密度
				1.1.2	人均区域生产总值
				1.1.3	建设用地属性指数
				1.1.4	产业结构指数
				1.1.5	气候环境特征
		1.2	历史火灾数据	1.2.1	万人火灾发生率
				1.2.2	十万人火灾死亡率
				1.2.3	亿元 GDP 火灾损失率
		1.3	典型单位分布	1.3.1	火灾高危单位密度
				1.3.2	消防安全重点单位密度
2	区域内典型单位火灾形势	2.1	典型单位风险特征	2.1.1	住宅
				2.1.2	商场(市场)、宾馆(饭店)、体育场(馆)、会堂、公共娱乐场所等
				2.1.3	医院、养老院、学校、托儿所、幼儿园
				2.1.4	国家机关单位
				2.1.5	广播电台、电视台和邮政、通信枢纽
				2.1.6	客运车站、码头、机场
				2.1.7	公共图书馆、展览馆、博物馆、档案馆、文物保护单位

一级指标		二级指标		三级指标	
编号	名称	编号	名称	编号	名称
2	区域内典型单位火灾形势	2.1	典型单位风险特征	2.1.8	发电厂(站)和电网经营企业
				2.1.9	易燃易爆化学物品的生产、充装、储存、供应、销售单位
				2.1.10	劳动密集型生产、加工企业
				2.1.11	科研单位
				2.1.12	物流、仓储场所
				2.1.13	地铁、地下隧道
				2.1.14	其他发生火灾可能性较大以及一旦发生火灾可能造成重大人身伤亡或财产损失的单位
3	公共消防基础设施	3.1	消防规划	3.1.1	城市消防规划情况
				3.1.2	国家重点镇消防规划情况
		3.2	消防站	3.2.1	万人消防站拥有率
				3.2.2	消防站责任面积
				3.2.3	消防站建有率
		3.3	消防通信	3.3.1	消防远程监控系统覆盖率
				3.3.2	城市消防网络信号覆盖率
				3.3.3	城市智慧消防平台建设情况
		3.4	消防供水	3.4.1	市政消火栓建有率
				3.4.2	市政消火栓完好率
				3.4.3	天然水源及取水码头设置情况
		3.5	消防车通道	3.5.1	市政道路路网密度
				3.5.2	消防车通行能力
		3.6	应急疏散	3.6.1	城市应急避险和疏散安置区设置情况
4	灭火救援能力	4.1	消防力量体系	4.1.1	万人消防人员拥有率
				4.1.2	亿元 GDP 消防人员人数
				4.1.3	政府专职消防队/站建设率
				4.1.4	微型消防站建设率
		4.2	灭火救援预案	4.2.1	应急预案编制情况
				4.2.2	应急预案执行率

一级指标		二级指标		三级指标	
编号	名称	编号	名称	编号	名称
4	灭火救援能力	4.3	消防车辆和装备	4.3.1	万人消防车拥有率
				4.3.2	基本防护装备配备率
				4.3.3	特种防护装备配备率
				4.3.4	抢险救援器材配备率
				4.3.5	灭火器材配备率
				4.3.6	灭火药剂配备率
				4.3.7	专业化消防救援装备配备情况
				4.3.8	灭火攻坚消防装备配备情况
		4.4	灭火救援响应时间	4.4.1	消防响应时间
				4.4.2	平均火灾扑救时间
5	社会消防安全管理	5.1	区域性火灾隐患或重大火灾隐患整改	5.1.1	区域性火灾隐患或重大火灾隐患整改率
		5.2	消防宣传教育培训	5.2.1	十万人消防教育基地拥有率
				5.2.2	公众消防安全知识知晓率
				5.2.3	社会消防安全培训指数
		5.3	单位管理	5.3.1	消防安全重点单位"四个能力"达标率
				5.3.2	消防安全网格化管理建成率
		5.4	消防经费投入	5.4.1	消防人员人均基本业务费
				5.4.2	消防经费占财政支出比例

区域火灾风险等级分为 4 级,由低到高分别为Ⅰ、Ⅱ、Ⅲ、Ⅳ级,量化标准按表 5 - 4 确定[33]。

表 5 - 4 区域火灾风险分级量化标准[36]

风险等级	名称	量化范围	风险特征与风险控制
Ⅰ级	低风险	(85,100]	几乎不可能发生火灾,火灾风险性低,火灾风险处于可接受的水平,风险控制重在维护和管理
Ⅱ级	中风险	(65,85]	可能发生一般火灾,火灾风险性中等,火灾风险处于可控制的水平,在适当采取措施后可达到接受水平,风险控制重在局部整改和加强管理
Ⅲ级	高风险	(25,65]	可能发生较大火灾,火灾风险性较高,火灾风险处于较难控制的水平,应采取措施加强消防基础设施建设和完善消防管理水平
Ⅳ级	极高风险	[0,25]	可能发生重大或特大火灾,火灾风险性极高,火灾风险处于很难控制的水平,应采取全面的措施对建筑的设计、主动防火设置进行完善,加强对危险源的管控,增强消防管理和救援力量

2021 年 6 月,重庆市地方标准《区域消防安全风险评估规程》(DB50/T 1114—2021)发布,2021 年 9 月 1 日开始实施。该规程规定,区域消防安全风险评估的指标体系包括一级指标、二级指标、三级指标(表 5 - 5)。

表5-5 区域消防安全风险评估指标体系示例[37]

一级指标		二级指标		三级指标		单位
1	区域发展程度	1.1	人口	1.1.1	人口密度	万人/km²
		1.2	经济	1.2.1	人均区域生产总值	万元/人
		1.3	建筑	1.3.1	建成区比例	—
		1.4	用地	1.4.1	建设用地属性指数	—
		1.5	产业	1.5.1	产业结构指数	—
2	区域火灾风险源	2.1	基础风险	2.1.1	消防安全重点单位面积密度	个/km²
				2.1.2	火灾高危单位面积密度	个/km²
				2.1.3	一般单位面积密度	个/km²
		2.2	典型风险	2.2.1	城市商圈面积密度	m²/km²
				2.2.2	工业园区面积密度	m²/km²
				2.2.3	物流仓储面积密度	m²/km²
				2.2.4	"城中村"面积密度	m²/km²
				2.2.5	"三合一"场所面积密度	m²/km²
				2.2.6	棚户区面积密度	m²/km²
				2.2.7	轨道交通客流量	万人
				2.2.8	易燃易爆危险品场所数量	个
				2.2.9	大型城市综合体数量	栋
				2.2.10	高层建筑面积密度	幢/km²
				2.2.11	水域航道里程	km
3	消防力量	3.1	消防规划	3.1.1	消防规划编制情况	—
				3.1.2	消防规划执行率	—
		3.2	公共消防基础设施	3.2.1	万人消防站拥有率	个/万人
				3.2.2	市政消防给水管道供水能力（平均管径）	mm
				3.2.3	市政消火栓覆盖率	个/km
				3.2.4	市政消火栓完好率	—
				3.2.5	取水码头及取水设施密度	个/km²
				3.2.6	应急避难场所密度	m²/万人
				3.2.7	市政道路路网密度	km/km²
		3.3	消防装备	3.3.1	万人消防车拥有率	台/万人
				3.3.2	高技术性能消防车占比	—
				3.3.3	消防无线通信城市覆盖网络信号覆盖率	—
		3.4	消防队伍建设	3.4.1	万人消防员拥有率	人/万人
				3.4.2	乡镇专职消防队建成达标率	—
				3.4.3	微型消防站建成达标率	—
		3.5	灭火救援能力	3.5.1	消防5 min响应率	—
				3.5.2	火灾平均扑救时间	min/次
		3.6	消防经费投入	3.6.1	消防员人均基本业务费	万元/人
				3.6.2	消防经费占财政支出比重	—

一级指标		二级指标		三级指标		单位
4	火灾防控能力	4.1	火灾预警能力	4.1.1	消防安全责任制落实评价得分率	—
				4.1.2	政府应急预案编制及执行率	—
				4.1.3	重大及区域性火灾隐患整改率	—
				4.1.4	消防安全重点单位"四个能力"达标率	—
				4.1.5	消防安全网格化管理达标率	—
				4.1.6	消防设施完好率	—
				4.1.7	消防远程监控系统覆盖率	—
		4.2	火灾防控水平	4.2.1	万人火灾发生率	起/万人
				4.2.2	10万人火灾死亡率	人/10万人
				4.2.3	亿元GDP火灾损失率	元/亿元
5	消防宣传普及水平	5.1	消防宣传	5.1.1	消防宣传综合评价指数	—
		5.2	消防教育	5.2.1	10万人消防教育基地拥有率	个/10万人
				5.2.2	公众消防安全知识知晓率	—
		5.3	消防培训	5.3.1	社会消防安全培训覆盖率	人次/万人

5.3.2 森林火灾风险评估方法

森林火灾的评估目的是评估森林火灾可能造成的森林资源、房屋建筑物、防火设施、人口、经济等承灾体损失的大小及其不确定性[38]。

根据第一次全国自然灾害综合风险普查技术规范《森林火灾风险评估与区划技术规程》（FXPC/LC P-03），采用风险等级法进行森林火灾综合风险评估。风险评估在致灾因子（H）、暴露度（E）、脆弱性（V）三要素经典框架下，对三要素分别进行评分后按照数学表达式（5-1）计算得到风险 R 值[38]：

$$R = \sqrt[3]{H \times E \times V} \tag{5-1}$$

式中：R 为森林火灾综合风险指数。H 为森林火灾致灾因子危险性等级值（以乡镇为单元）。依据《森林火灾危险性评估技术规程》（FXPC/LC P-01），森林火灾危险性分为"高、中高、中低、低"四个等级，取值分别是 1、2、3、4。E 为森林火灾承灾体暴露度等级值。本次普查中，森林火灾承灾体为森林资源、房屋建筑、防火设施、人口、经济，以评估单元内的森林蓄积量、房屋建筑和防火设施数量、人口数量、GDP 为指标，按《森林火灾危险性评估技术规程》要求划分承灾体暴露度等级。暴露度等级分为"高、中高、中低、低"四个等级，取值分别是 1、2、3、4。V 为森林火灾承灾体脆弱性等级值。使用评估单元内的易燃树种森林蓄积量比例、易燃建筑数比例、老幼人口数比例、地均 GDP 作为指标，按《森林火灾危险性评估技术规程》要求划分承灾体脆弱性等级。脆弱性等级分为"高、中高、中低、低"四个等级，取值分别是 1、2、3、4。

依据式(5-1)计算得出的森林火灾综合风险指数 R 为 1～4 之间的实数。按以下规则将森林火灾综合风险分为 5 个等级(表 5-6):

表 5-6 森林火灾综合风险等级划分标准[38]

风险指数 R	风险等级
1	极高风险(Ⅰ级)
(1,1.5]	中高风险(Ⅱ级)
(1.5,2]	中风险(Ⅲ级)
(2,3]	中低风险(Ⅳ级)
(3,4]	低风险(Ⅴ级)

(1) 暴露度计算方法

以乡镇(森林草原经营管理区域)为最小单元,根据不同的评估对象分别采用不同的评估指标进行计算,指标内容及权重见表 5-7[38]。

承灾体暴露度计算如数学表达式(5-2)所示:

$$EI = \sum_{i=1}^{n} E_i \times W_i \tag{5-2}$$

式中:EI 为森林火灾承灾体暴露度指数;E_i 为第 i 项承灾体暴露度指标标准化处理后的数值;W_i 为第 i 项承灾体暴露度指标的权重;n 为承灾体暴露度指标数量。

表 5-7 森林火灾承灾体暴露度指标及权重[38]

评估对象		指标项	指标含义	指标权重
承灾体暴露度	森林资源暴露度	森林蓄积量	评估单元内森林总蓄积量,单位为 m³,保留两位小数	0.75
	建筑物暴露度	房屋建筑和防火设施数	林区范围内及边缘 0.5 km 内房屋建筑数量与防火基础设施数量之和,房屋建筑按间计算	0.15
	人口暴露度	人口数量	评估单元内人口总数	0.05
	经济承灾体暴露度	GDP	评估单元 GDP 值,单位为亿元,保留 8 位小数	0.05

注:表中现在的指标权重值为参考示例。

分别根据不同评估对象的承灾体暴露度指数 EI,将不同评估对象的承灾体暴露度等级分为四级,即高、中高、中低和低。分级方法使用标准差法。

(2) 脆弱性计算方法

以乡镇(森林草原经营管理区域)为最小单元,根据不同的评估对象分别采用不同的评估指标进行计算,指标内容及权重见表 5-8[38]。

承灾体脆弱性计算如数学表达式(5-3)所示:

$$VI = \sum_{i=1}^{n} V_i \times W_i \tag{5-3}$$

式中:VI 为森林火灾承灾体脆弱性指数;V_i 为第 i 项承灾体脆弱性指标标准化处理后的数值;W_i 为第 i 项承灾体脆弱性指标的权重;n 为承灾体脆弱性指标数量。

表 5-8　森林火灾承灾体脆弱性指标及权重[38]

评估对象		指标项	指标含义	指标权重
承灾体脆弱性	森林资源脆弱性	易燃树种森林蓄积量比	易燃树种森林蓄积量/评估单元内森林总蓄积量,单位为%,保留两位小数。易燃树种指燃烧类型为易燃的树种(组)	0.75
	建筑物脆弱性	建筑物脆弱性	易燃建筑物数量/林区范围内及边缘 0.5 km 内房屋建筑数量与防火基础设施数量之和,房屋建筑按间计算,单位为%,保留两位小数。易燃建筑物指结构类型为非钢筋混凝土结构的建筑	0.15
	年龄结构脆弱性	老幼人口数比例	(0～14 岁人口数＋65 岁以上人口数)/评估单元内人口总数,单位为%,保留两位小数	0.05
	经济活动脆弱性	地均 GDP	评估单元 GDP 值/评估区域面积,单位为亿元/km²,保留两位小数	0.05

注:表中现在的指标权重值为参考示例。

分别根据不同评估对象的承灾体脆弱性指数 VI,将不同评估对象的承灾体脆弱性等级分为 4 级,即高、中高、中低和低。分级方法使用标准差法。

5.4　消防规划的主要内容

5.3.1　法规依据

相关法律法规包括:《中华人民共和国消防法》《中华人民共和国城乡规划法》《中华人民共和国安全生产法》《中华人民共和国森林法》《中华人民共和国草原法》《森林防火条例》《草原防火条例》《森林草原防灭火条例(草案征求意见稿)》等。

相关规范标准包括:《城市消防规划规范》(GB 51080—2015)、《城市消防站设计规范》(GB 51054—2014)、《城市消防站建设标准》(建标 152—2017)、《农村防火规范》(GB 50039—2010)、《乡镇消防队》(GB/T 35547—2017)、《建筑设计防火规范》(GB 50016—2014)、《森林火险区综合治理工程项目建设标准》、《森林防火工程技术标准》(LYJ 127—1991)、《全国森林防火规划(2016—2025 年)》、《全国森林火险区划等级》(LY/T 1063—2008)、《森林消防专业队伍建设标准》(LY/T 5009—2014)、《森林消防队伍建设和管理规范》、《森林消防物资储备库建设和管理规范》(DB 13/T 1431—2011)、《森林火情瞭望监测设施建设标准》(建标 123—2009)。

5.3.2　城市消防主要规划内容

5.3.2.1　消防站选址与布局

(1)布局原则

① 快速响应,迅速出动。接到指令后 5 min 内执勤消防车到达辖区边缘,并以此确定消防站的辖区,确保消防队快速响应、迅速出动、及时有效地控制和扑灭火灾。

② 多方协同,构建体系。规划城乡消防站体系。联合森林消防、社会、乡镇消防等消防力量建立部门协同、城乡一体的消防系统。完善消防培训、教育基地建设,做好消防知识的宣传和普及,提高全民消防意识,建立完整的消防站点系统。

③ 因地制宜,适当超前。充分考虑城市消防安全保护区分布、人口密度、建筑状况以及交通道路、水源、地形等各种因素,并结合经济和社会发展的条件,确定消防站类型、规模等建设标准。

④ 统一规划,近远结合,分期实施,逐步改善。根据城镇建设发展时序,结合城镇用地布局,统一规划,分期实施,提出在近期、远期分期建设的原则。近期应着力增补消防站点,远期随着城镇建设的推进,适时增减消防站。

(2) 消防站的选址要求

① 《城市消防站建设标准》(建标 152—2021)规定:消防站的布局一般应以接到出动指令后 5 min 内消防队可以到达辖区边缘为原则确定[39]。

② 应设在辖区内适中位置和便于车辆迅速出动的临街地段,并应尽量靠近城市应急救援通道。

③ 消防站执勤车辆主出入口两侧宜设置交通信号灯、标志、标线等设施,距医院、学校、幼儿园、托儿所、影剧院、商场、体育场馆、展览馆等公共建筑的主要疏散出口不应小于50 m。

④ 辖区内有生产、贮存危险化学品单位的,消防站应设置在常年主导风向的上风或侧风处,其边界距上述危险部位一般不宜小于 300 m。

⑤ 消防站车库门应朝向城市道路,后退红线不宜小于 15 m,合建的小型站除外。

⑥ 消防站不宜设在综合性建筑物中。特殊情况下,设在综合性建筑物中的消防站应自成一区,并有专用出入口。

⑦ 各类消防站的建设用地应根据建筑要求和节约用地的原则确定。建筑宜为低层或多层,容积率宜为 0.5~0.6,绿地率应符合当地城市规划行政部门的相关规定,机动车停车应符合当地城市行政管理部门的相关规定。小型消防站容积率可取 0.8~0.9,如绿化用地难以保证时,容积率宜控制在 1.0~1.1。

(3) 消防站的辖区面积

① 设在城市的消防站,一级站不宜大于 7 km²,二级站不宜大于 4 km²,小型站不宜大于2 km²,设在近郊区的普通站不应大于 15 km²。也可针对城市的火灾风险,通过评估方法确定消防站辖区面积。

② 特勤站兼有辖区灭火救援任务的,其辖区面积同一级站。

③ 战勤保障站不宜单独划分辖区面积。

(4) 消防站的用地面积指标

各级消防站的基本功能建设用地面积指标应符合下列规定:战勤保障站 6 200~7 900 m²;特勤站 5 600~7 200 m²;一级站 3 900~5 600 m²;二级站 2 300~3 800 m²;小型站 600~1 000 m²。

5.3.2.2 微型消防站

公安部消防局于 2015 年颁布《社区微型消防站建设标准(试行)》,由于具体内容较少,故参考地方标准里面比较全面详细的案例,如天津市地方标准《微型消防站建设标准》

(DB 12/T 950—2020)[40]。

已投入使用的居民社区,应合理选址建设微型消防站。新建项目微型消防站的建设,应当与建设项目同步设计、建设、使用。

除消防法律法规规定应建立专职消防队外的其他重点单位、火灾高危单位和全部的自然村落均应建立微型消防站,非重点单位宜建立微型消防站。

微型消防站建设,除执行本标准外,尚应执行现行国家相关法律法规、国家标准、行业标准。

（1）分级

人口在 2 000 人（含）以上的自然村落、设置消控室的重点单位和居民社区,应建立一级微型消防站。同一建筑内多个重点单位或多个居民社区共用消防控制室的,应按照一级微型消防站的要求分别独立建站。

人口在 500 人以上 2 000 人以下的自然村落、未设置消防控制室且员工人数在 10 人（含）以上的重点单位和未设置消防控制室的居民社区应建立二级微型消防站。

人口在 500 人以下的自然村落和未设置消防控制室、员工人数在 10 人以下的重点单位应建立三级微型消防站（表 5-9）。

表 5-9　各级微型消防站标准表[40]

微型消防站分级	自然村落/人	重点单位	居民社区
一级站	人口≥2 000	设置消防控制室	设置消防控制室
二级站	2 000＞人口≥500	未设置消防控制室且员工人数≥10 人	未设置消防控制室
三级站	人口＜500	未设置消防控制室且员工人数＜10 人	—

（2）选址

微型消防站选址应遵循"便于出动、全面覆盖"的原则,选择便于人员车辆出动,3 min 可到达村落、社区、单位任意地点的场地。

（3）人员配备

微型消防站人员配备应满足单位灭火应急处置"1 min 响应启动、3 min 到场扑救、5 min 协同作战"的要求。确有困难的,可将保安员、巡逻员、楼层管理员等纳入微型消防站队员。

微型消防站应设站长、值班员、消防员等岗位,配有消防车辆的单位应设驾驶员岗位,可根据单位微型消防站的规模设置班（组）长等岗位。站长一般由单位消防安全管理人担任。

各村落、社区、单位微型消防站宜依据微型消防站各岗位每班次在岗人数要求配备人员:一级微型消防站每班次在岗人员不应少于 6 人;二级微型消防站每班次在岗人员不应少于 4 人;三级微型消防站每班次在岗人员不应少于 2 人。

5.3.2.3　消防车通道

根据《城市消防规划规范》（GB 51080—2015）规定[41]:

（1）消防车通道

消防车通道包括城市各级道路、居住区和企事业单位内部道路、消防车取水通道、建筑物消防车通道等,应符合消防车辆安全、快捷通行的要求。城市各级道路、居住区和企事业单位内部道路宜设置成环状,减少尽端路。

（2）消防车通道的设置

① 消防车通道之间的中心线间距不宜大于 160 m。

② 环形消防车通道至少应有 2 处与其他车道连通，尽端式消防车通道应设置回车道或回车场地。

③ 消防车通道的净宽度和净空高度均不应小于 4 m，与建筑外墙的距离宜大于 5 m。

④ 消防车通道的坡度不宜大于 8%，转弯半径应符合消防车的通行要求。举高消防车停靠和作业场地坡度不宜大于 3%。

5.3.3 乡镇消防主要规划内容

5.3.3.1 乡镇消防队选址

根据《乡镇消防队》(GB/T 35547—2017)规定[42]：

① 乡镇消防队应设在辖区内的适中位置和便于车辆迅速出动的临街地段，并宜设在独立的院落内。

② 乡镇消防队的消防车辆出入口两侧宜设置交通信号灯、标志、标线或隔离设施，距医院、学校、幼儿园、托儿所、影剧院、商场、体育场馆、展览馆等公共建筑的主要疏散出口和公交站台以及加油站、加气站等易燃易爆危险场所的距离不应小于 100 m。

③ 乡镇消防队辖区内有生产、贮存危险化学品单位的，乡镇消防队应设置在常年主导风向的上风或侧风处，其边界距生产、贮存危险化学品单位不宜小于 300 m。

④ 乡镇消防队的消防车库门应朝向道路并后退红线不小于 12 m，满足消防车辆的转弯半径要求。

5.3.3.2 乡镇消防队建队要求

（1）分类分级

① 乡镇消防队分为乡镇专职消防队和乡镇志愿消防队两类。

② 乡镇专职消防队分为一级乡镇专职消防队和二级乡镇专职消防队[42]。

（2）适用

① 符合下列情况之一的，应建立一级乡镇专职消防队：

建成区面积超过 2 km² 或者建成区内常住人口超过 10 000 人的全国重点镇；建成区面积超过 4 km² 或者建成区内常住人口超过 20 000 人的其他乡镇；易燃易爆危险品生产、经营单位或劳动密集型企业集中的其他乡镇；中国历史文化名镇。

② 符合下列情况之一的，应建立二级乡镇专职消防队：

一级乡镇专职消防队以外的其他全国重点镇；省级重点镇、中心镇；建成区面积 2～4 km² 或者建成区内常住人口 10 000～20 000 人的其他乡镇；经济较为发达、人口较为集中的其他乡镇。

5.3.3.3 乡镇消防队建设用地

乡镇消防队的建设用地面积，应根据建筑占地面积，绿地、道路和室外训练场地面积等确定。乡镇消防队的建设用地面积应符合下列规定[42]：

① 一级乡镇专职消防队 1 000～1 200 m²；

② 二级乡镇专职消防队 700～850 m²；

③ 乡镇志愿消防队 350～500 m²。

5.3.3.4 乡镇消防队房屋建筑

乡镇消防队业务用房、业务附属用房和辅助用房的使用面积可参照表5-10。

表5-10 业务用房、业务附属用房和辅助用房的使用面积[42]　　　（单位：m²）

房屋类别	名称	一级乡镇专职消防队	二级乡镇专职消防队	乡镇志愿消防队
业务用房	消防车库	180	120	60
	通信值班室	10～20	10～20	10～20
	器材库	50～70	30～50	10～30
	体能训练室	20～40	20～30	20～30
	清洗（烘干）室a	20～40	20～30	10～20
	训练塔a	120	120	120
业务附属用房	备勤室	50～90	30～50	20～30
	会议（学习）室	40	30	10～20a
辅助用房	餐厅、厨房	40	30	10～20a
	浴室	20	15	10
	厕所、盥洗室	20	15	10
合计		430～520	300～360	140～190

注：a 该项要求可根据当地实际情况自行确定。

乡镇消防队的建筑面积应符合下列规定：

一级乡镇专职消防队600～700 m²；二级乡镇专职消防队400～500 m²；乡镇志愿消防队200～250 m²。

5.3.3.5 乡镇消防队装备配备

乡镇消防队的消防车辆配备，应符合表5-11的规定。水罐消防车的载水量不应小于1.5 t[38]。

表5-11 乡镇消防队配备车辆[42]

消防车种类	一级乡镇专职消防队	二级乡镇专职消防队	乡镇志愿消防队
水罐消防车	≥1	≥1	≥1a
其他灭火消防车或专勤消防车	1	1a	1a
消防摩托车	2a	1a	1

注：a 该项要求可根据当地实际情况自行确定。

5.3.3.6 乡镇消防队人员配备

乡镇专职消防员和乡镇志愿消防员的数量不应低于表5-12的规定。

表5-12 乡镇消防员数量[42]

项目	一级乡镇专职消防队	二级乡镇专职消防队	乡镇志愿消防队
乡镇消防员	≥15	≥10	≥8
其中乡镇专职消防员	≥8	≥5	≥2

5.3.4 农村防火规划主要内容

5.3.4.1 规划布局

农村建筑应根据建筑的使用性质及火灾危险性、周边环境、生活习惯、气候条件、经济发展水平等因素合理布局。

甲、乙、丙类生产、储存场所应布置在相对独立的安全区域,并应布置在集中居住区全年最小频率风向的上风侧。

可燃气体和可燃液体的充装站、供应站、调压站和汽车加油加气站等应根据当地的环境条件和风向等因素合理布置,与其他建(构)筑物等的防火间距应符合国家现行有关标准的要求。

生产区内的厂房与仓库宜分开布置。

甲、乙、丙类生产、储存场所不应布置在学校、幼儿园、托儿所、影剧院、体育馆、医院、养老院、居住区等附近。

集市、庙会等活动区域应规划布置在不妨碍消防车辆通行的地段,该地段应与火灾危险性大的场所保持足够的防火间距,并应符合消防安全要求。

集贸市场、厂房、仓库以及变压器、变电所(站)之间及与居住建筑的防火间距应符合现行国家标准《建筑设计防火规范》(GB 50016—2014)等的要求。

根据国内外林区火灾的经验教训,防止山火进村和村火进山,在低火险气候条件下,300 m的距离是有效的。因此,居住区和生产区距林区边缘的距离不宜小于 300 m,或应采取防止火灾蔓延的其他措施。

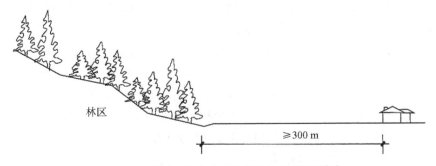

林区

≥300 m

图 5 - 1 居住区和生产区距林区边缘的距离[43]

柴草、饲料等可燃物堆垛设置应符合下列要求:宜设置在相对独立的安全区域或村庄边缘;较大堆垛宜设置在全年最小频率风向的上风侧;不应设置在电气线路下方;村民院落内堆放的少量柴草、饲料等与建筑之间应采取防火隔离措施。

既有的厂(库)房和堆场、储罐等,不满足消防安全要求的,应采取隔离、改造、搬迁或改变使用性质等防火保护措施。

既有的耐火等级低、相互毗连、消防通道狭窄不畅、消防水源不足的建筑群,应采取改善用火和用电条件、提高耐火性能、设置防火分隔、开辟消防通道、增设消防水源等措施。

村庄内的道路宜考虑消防车的通行需要,供消防车通行的道路应符合下列要求:① 宜纵横相连,间距不宜大于 160 m;② 车道的净宽、净空高度不宜小于 4 m;③ 满足配置车型的转弯半径;④ 能承受消防车的压力;⑤ 尽头式车道满足配置车型回车要求。

消防车道应保持畅通,供消防车通行的道路严禁设置隔离桩、栏杆等障碍设施,不得堆放土石、柴草等影响消防车通行的障碍物。

学校、村民集中活动场地(室)、主要路口等场所应设置普及消防安全常识的固定消防宣传点;易燃易爆等重点防火区域应设置防火安全警示标志[43]。

5.3.4.2 消防设施

根据《农村防火规范》(GB 50039—2010)规定:农村应根据规模、区域条件、经济发展状况及火灾危险性等因素设置消防站和消防点,消防站的建设和装备配备可按有关消防站建设标准执行。消防点的设置应满足以下要求:① 有固定的地点和房屋建筑,并有明显标识;② 配备消防车、手抬机动泵、水枪、水带、灭火器、破拆工具等全部或部分消防装备;③ 设置火警电话和值班人员;④ 有专职、义务或志愿消防队员;⑤ 寒冷地区采取保温措施[43]。

农村应设置消防水源。消防水源应由给水管网、天然水源或消防水池供给。具备给水管网条件的农村,应设室外消防给水系统。消防给水系统宜与生产、生活给水系统合用,并应满足消防供水的要求。不具备给水管网条件或室外消防给水系统不符合消防供水要求的农村,应建设消防水池或利用天然水源。

室外消防给水管道和室外消火栓的设置应符合下列要求:① 室外消火栓间距不宜大于120 m;三、四级耐火等级建筑较多的农村,室外消火栓间距不宜大于 60 m。② 寒冷地区的室外消火栓应采取防冻措施,或采用地下消火栓、消防水鹤或将室外消火栓设在室内。③ 室外消火栓应沿道路设置,并宜靠近十字路口,与房屋外墙距离不宜小于 2 m。

江河、湖泊、水塘、水井、水窖等天然水源作为消防水源时,应符合下列要求:① 能保证枯水期和冬季的消防用水;② 应防止被可燃液体污染;③ 有取水码头及通向取水码头的消防车道;④ 供消防车取水的天然水源,最低水位时吸水高度不应超过 6.0 m。

消防水池应符合下列要求:① 容量不宜小于 100 m³。建筑耐火等级较低的村庄,消防水池的容量不宜小于 200 m³。② 应采取保证消防用水不作他用的技术措施。③ 宜建在地势较高处。供消防车或机动消防泵取水的消防水池应设取水口,且不宜少于 2 处;水池池底距设计地面的高度不应超过 6.0 m。④ 保护半径不宜大于 150 m。⑤ 设有 2 个及以上消防水池时,宜分散布置。⑥ 寒冷和严寒地区的消防水池应采取防冻措施。缺水地区宜设置雨水收集池等储存消防用水的蓄水设施。

农村应根据给水管网、消防水池或天然水源等消防水源的形式,配备相应的消防车、机动消防泵、水带、水枪等消防设施。农村应充分利用满足一定灭火要求的农用车、洒水车、灌溉机动泵等农用设施作为消防装备的补充。

农村应设火灾报警电话。农村消防站与城市消防指挥中心、供水、供电、供气等部门应有可靠的通信联络方式。农村未设消防站(点)时,应根据实际需要配备必要的灭火器、消防斧、消防钩、消防梯、消防安全绳等消防器材。

5.3.5 森林防火规划的主要内容

国家林业局编制的《全国森林防火规划(2016—2025 年)》共分为 7 个板块,分别是:一期规划建设成效、面临的形势和问题、总体思路、重点建设任务、改革创新,建立健全森林防火长效机制、投资测算与资金筹措、规划组织实施。

在地方层面,各省市编制了《森林防火条例》,如江西省、吉林省、福建省、湖北省、广东省、昆明市、珠海市等。同时,河南省编制了《森林防火总体规划编制规范》(DB 41/T 683—2011)[2]。

5.3.5.1 组织指挥系统

(1)组织指挥体系

县级以上人民政府设立森林防火指挥部,由相关部门负责人组成,政府主要负责人或主管领导担任指挥长。林区的国营林业企事业单位,部队、铁路、农场、牧场、蚕场、自然保护区、风景名胜区、森林公园和其他企事业单位,以及村、组、集体经济组织,均应当建立相应的森林防火组织,根据需要设森林防火办公室,配备1~2名专门工作人员。落实各景区、景点、护林点森林防火第一责任人。

(2)指挥信息系统

指挥信息系统由网络基础设施、应用系统、指挥室(中心)构成。主要内容如下:

① 县级以上人民政府森林防火指挥部办公室、国有林场以及省级以上风景名胜区、森林公园、自然保护区管理局(处)均应建立1个指挥室(中心),面积不少于50 m²;

② 指挥室(中心)应建立4 MB以上带宽的互联网络,配置必要的视频、语音通信设备、网络服务器,建立与省、市森林防火指挥部连通的指挥信息网络平台;

③ 县级以上应配置应急指挥车2~4辆;

④ 县级以上应建立森林防火数据库;

⑤ 有条件的县或森林经营单位,应建立森林防火视讯调度指挥系统和地理信息系统。

信息传输网络:在森林防火区内,建立完善的通信系统,配备超短波中继台、超短波电台、对讲机、卫星通信等无线通信设备,建立覆盖全区域的森林防火通信网络;县级以上森林防火指挥部应配置通信车1~2辆,配置火场实时多媒体信息机载设备1套;国有林场及省级以上风景名胜区、森林公园、自然保护区管理局(处)均应配置通信车1辆,每个护林点配置移动通信设备1台。

(3)管理制度建设

应依据有关法律法规和上级文件精神,制定和完善森林防火制度,包括森林防火目标管理制度、防火指挥部成员单位和领导职责、防火办岗位职责、护林员职责、瞭望员职责、森林防火值班制度、入山检查制度、用火审批制度、防火设施设备管理制度、消防队伍管理制度、森林火灾扑救预案、扑火指挥员职责、森林防火责任追究制度等。

5.3.5.2 火源管理系统

(1)森林防火责任区

在森林防火区内应分层级划定森林防火责任区,确定森林防火责任人。划分原则为:

① 林区的村、组行政区辖区内的,应划定对应级别的森林防火责任区;

② 对森林、林木、林地经营单位和个人,根据县林业主管部门有关规定,确定相应的森林防火责任区;

③ 风景名胜区、森林公园、自然保护区管辖区等,应根据景区、景点布局、服务网点和植被、地形、道路和居民点分布,划分不同管理层级的森林防火责任区;

④ 在Ⅰ级、Ⅱ级火险区内，应根据火源种类、数量和出现频度，交通状况，地形复杂程度，细分出多个森林防火责任区。

（2）森林防火期

根据规划区森林资源物候规律、森林火灾发生特点，特别要依据天气变化和火源规律，规定森林防火期，确定向社会公布的渠道和方式。

（3）森林防火检查站

在Ⅰ级火险区的主要入口设立永久性森林防火检查站；在Ⅰ级火险区的次要入口、Ⅱ级火险区的主要入口，设立临时森林防火检查站，并完善检查和火源管理制度。

永久性森林防火检查站建设要求为：

① 应为砖混结构，并与周围环境协调的永久性建筑，面积不小于 35 m²；

② 配备必要的生活设施和宣传教育材料。

5.3.5.3　森林火险预警监测系统

（1）森林火险预警系统

森林火险预警系统由预警中心、森林火险要素监测站和可燃物因子采集站构成。预警中心负责采集辖区内的森林火险要素监测站和可燃物因子采集站的监测信息，收集本辖区内气象部门发布的当地天气实况和预报信息，制作本辖区内的中短期森林火险等级预报、实时火险监测报告等，并通过一定形式向社会公众发布，同时上报上一级森林防火预警监测信息中心。

（2）瞭望监测系统

瞭望监测系统主要建设在Ⅰ级、Ⅱ级火险区内，包括瞭望台（亭或点）和自动探火设施等。瞭望监测系统的建设要求如下：

① 新建瞭望台（亭或点）要充分考虑已有瞭望台的位置，进行统一规划，合理布局。不同瞭望台（亭或点）的监测区域应能够相互衔接，瞭望台（亭或点）的建设密度应以规划区内盲区总面积所占比例小于10%为原则。

② 国家级风景名胜区、森林公园、自然保护区和其他国有重点林区，应建设电视、红外探火仪和信息传输网络的自动监测和报警系统。

③ 瞭望台（亭或点）应高于优势树种最大树高的 2 m 以上，宜采用砖混或钢架结构，应注重美观、实用，并与周围环境协调。

④ 每个瞭望台（亭或点）均应配置望远镜、红外探测仪、罗盘仪、对讲机等设备。

（3）地面巡护系统

地面巡护系统重点安排于地形复杂的森林地段或Ⅰ级火险区的重要地段。在瞭望监测的盲区必须安排地面巡护。

地面巡护系统的规划重点如下：

① 建设护林房，位置应临近道路，方便生活和巡护森林；应配置望远镜等监测与通信设备、扑火机具和必要生活设施。

② 配足交通设备，保证每位巡护队员均有摩托车等交通工具，有条件的可配备汽车。

5.3.5.4　防火阻隔系统

防火阻隔系统包括自然障碍阻隔带、工程阻隔带、生物阻隔带等。其中，自然障碍阻隔带包括河流、沟壑、岩石裸露地、沙丘、水湿地等天然的阻火设施[2]。参照浙江省地方标准

《生物防火林带建设技术规程》(DB 33/T 2009—2016)的规定,林带宽度应以满足阻隔林火蔓延为原则,一般不小于被保护林分成熟林木的最大树高。重点防火区域主防火林带≥20 m,副防火林带≥10 m;一般防火区域主防火林带≥15 m,副防火林带≥10 m。陡坡和峡谷地段的林带应适当加宽。

规划时应充分利用自然阻隔条件,以防火林带等生物阻隔带为主体,以加大防火阻隔网密度为目标,合理规划工程或生物阻隔带。森林防火阻隔系统规划指标见表5-13。

表5-13　森林防火阻隔系统规划指标[2]

序号	项目名称	建设内容	单位	技术经济指标
1	自然障碍阻隔带	—	m/hm²	根据自然条件确定
2	工程阻隔带	防火隔离带(人工)、防火沟、生土带等	m/hm²	≥2
		防火公路、铁路	m/hm²	≥1.5
3	生物阻隔带	主带(乔灌木)	m/hm²	≥2
		副带	m/hm²	≥1

边境森林防火阻隔系统包括建设类阻隔带和利用类阻隔带。其中建设类阻隔带为防火林带、防火通道、防火线、生土带和经济作物带等;利用类阻隔带为河流、沟壑和天然植物带等。主带与副带构成见图5-2。主带宽度不应小于200 m;副带宽度不应小于50 m;风口、陡坡处等特殊重点地段阻隔系统应适当加宽到300 m以上。

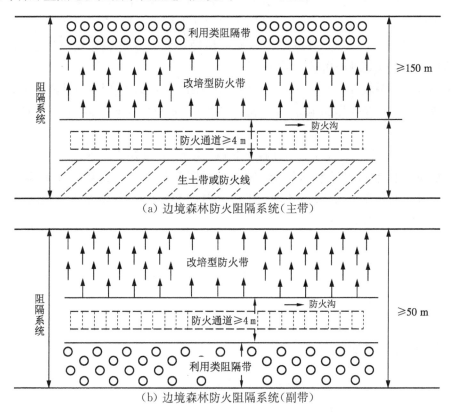

（a）边境森林防火阻隔系统（主带）

（b）边境森林防火阻隔系统（副带）

图5-2　边境森林防火阻隔系统构成[44]

5.3.5.5 森林航空消防

森林航空消防工程设施包括航空护林站、森林航空消防机场、森林航空消防移动保障系统、森林航空消防巡护区设施,如野外停机坪、取水池等[45]。

森防机场选址应当符合以下飞机安全保证条件:① 场址空域应满足我国相关空域规划的要求,位于空中禁区和限制区附近的机场,应和有关部门研究确定机场与禁区和限制区边界区的距离。② 场址净空或经处理过的净空环境应符合《民用机场飞行区技术标准》(MH 5001—2021)和《民用直升机场飞行场地技术标准》(MH 5013—2023)的有关要求。③ 场址应选择远离候鸟群的习惯迁移飞行路线和吸引鸟群聚集的地区。

结合全功能航站和依托航站的分布,野外停机坪宜选在重点林区、地势平坦、净空条件好、坡度小于 5 度的开阔地带。

5.3.5.6 森林防火应急取水站

根据黑龙江省地方标准《森林防火 应急取水站建设规范》(DB 23/T 1915—2017)规定:站址应根据流域(地区)治理或城镇建设的总体规划、泵站规模、运行特点和综合利用要求,考虑地形、地质、水源、电源、对外交通、施工、管理等因素以及扩建的可能性,经技术经济比较选定。取水站站址宜选择在地形开阔、岸坡适宜、有利于工程施工的地点。储水池要求:容量不小于 5 m³[46]。

将净空条件好、满足常用机型取水条件的野外河流、湖泊确定为备用取水点。新建取水池在满足净空条件下,按飞机半小时往返距离计算,分布间隔不小于 70 km。

按照浙江省丽水市地方标准《森林消防蓄水池建设技术规程》(DB3311/T 56—2016)的要求:按森林面积 66.7~133.3 hm² 或沿交通要道每隔 500~700 m 布设一个点。在人为活动频繁或山涧水源充足地段可适当增加建设[47]。

选取离天然水源较近的山脊、山涧边、山坳、公路边及游步道边上,满足消防车能够到达或者便于森林消防水泵操作的地方,便于施工的地段,要与扑火通道、登山小径和防火隔离带相连贯通。

扑火面积在 66.7~133.3 hm² 以内,建 8 m×4 m×3 m 矩形水池 1 个或 4 m×4 m×3 m 矩形水池 2 个;也可以建半径为 3 m,高 4 m 的圆形水池 1 个或半径为 2 m,高 4 m 圆形水池 2 个。扑火面积在 133.3 hm² 以上,建 3~5 个 6 m×4 m×3 m 矩形水池或建 3~5 个半径为 3 m、高 4 m 的圆形水池。

5.5 案例解析

5.5.1 城市消防规划

5.5.1.1 《重庆市城市消防规划(2000—2020)》

(1) 主城区城市消防规划

规划范围为 600 km²,包括主城区 8 个区和 2 个国家级开发区。规划主要包括城市消防发展目标、城市重点消防地区、城市消防安全布局、城市消防站布局、消防供水、消防通信、消防车通道、近期建设规划及投资估算、实施规划的保障措施等方面的内容。规划的重点为：改善城市消防安全,消除和减少重大火灾隐患;优化城市消防站布局,具体落实消防站建设用地并严格管理控制;加强消防供水设施、消防通信设施和消防车通道建设;制定消防站等公共消防设施分年度建设规划,特别是近期建设规划适应重庆市城市公共消防设施建设和发展的需要[48]。

（2）城市消防站布局

陆上消防站规划:在现有 12 个陆上公安消防站基础上,规划增设 47 个陆上消防站,预计到 2020 年,陆上消防站总数为 59 个。该规划特别注重实施的可操作性,落实了主城区规划消防站的建设用地,并编制了《重庆市主城区消防站规划选址图册》和建立了消防规划信息查询系统。

水上消防站规划:根据长江和嘉陵江岸线长度、港口布局、沿江工业仓储用地布局、可用岸线资源和土地资源等因素,在现有水上消防站（1 个）的基础上,规划增设 5 个水上消防站[48]。

空中救援消防站规划:为了便于实施空中管制、日常训练和后勤维修,空中救援消防站将被纳入重庆江北机场扩建工程一并规划实施[43]。该规划提出了"城市公共消防设施发展备用地"的概念,并落实了 3 处备用地,主要考虑到城市公共消防设施发展存在一些未知因素及满足未来建设的需要[48]。

5.5.1.2　《广州市城市消防规划（2011—2020 年）》

面对广州市这个飞速发展的古老城市,其发展过程中遗留或产生的严重消防隐患和严峻的消防形势,规划打破常规消防规划内容和形式的束缚,结合广州市实际情况,针对消防的突出问题和难点问题设置了火灾调查分析、易燃易爆危险品布局、旧城区消防改造、城中村及城乡结合地区消防改造、消防通信和指挥系统等 5 个专题,采取了全面调查、典型剖析的方法,进行了深入的分析研究,并将其研究成果在规划中进行广泛运用[49]。

（1）消防安全布局规划

规划中采取点、线、面相结合的方式,在充分论证城市消防安全要求的基础上,进行安全布局调整和规划,重点是进行易燃易爆危险品的布局规划。

点——城市加油站、城中村、对外交通设施、城市公共设施和文物保护单位的消防安全布局规划;

线——城市燃气管线、高压电力线路和危险品运输线路等消防安全布局规划;

面——城市仓储区、工业区、旧城区和城乡接合部地区的消防安全布局规划。

（2）城市重点消防区域规划

根据城市用地功能布局,结合各类城市功能用地的火灾危险性、危害性,防火、灭火的特点和要求,按照消防要求对城市规划建设用地进行消防用地分类和评价,在此基础上确定了城市重点消防保护区域,并根据其防火难易情况、消防安全体系完善难易情况,将重点消防区域划分为一级或二级重点区域,以便在城市公共消防设施布局、消防装备配置上进行重点保护,同时为重点消防监督和检查提供依据。

（3）城市消防站布局

① 规划消防站的设置。根据水上站、陆上站和空勤站，小型站、标准站、特勤站和专职站相结合的原则，构筑了多类型、多层次的立体消防网络。

② 规划消防站的布局。在紧密结合总体规划的功能布局基础上，充分利用最新的城市道路交通规划成果，论证消防出动合理速度和距离，同时综合考虑城市高速和快速道路、铁路、河流等人工或自然障碍的分隔，从而确定理想的消防站责任区；依据责任区的划分情况和消防站等级，确定消防站定点和开口道路。

③ 消防站用地的确定。在初步规划消防站定点的基础上，与规划主管部门进行沟通和协调，逐个消防站进行用地落实和现场踏勘，从而确定消防站用地，最终以规划地块图则的形式明确消防站的用地红线，保证了消防站建设实施的可行性。

④ 附属消防设施规划。考虑到消防队伍的培训和全民消防教育的需求，以及消防后勤保障的需求，规划分别设置了一定规模的多功能的消防培训中心和后勤保障、消防物资储存基地。

（4）消防装备规划

消防装备配置坚持满足普通消防站适应扑救自身责任区内一般火灾和抢险救援的需要、特勤消防站适应扑救与处理特种火灾和灾害事故的需要的原则。结合责任区内用地性质、建筑情况、火灾特点配置车辆装备、灭火器材装备、抢险救援器材装备、消防员个人防护器材装备等。

（5）消防通道规划

规划从消防通道不畅和缺乏的突出问题入手，安排消防通道的建设和整治计划；严格规定城市危险物品的运输线和运输时间；同时针对城市渠化交通管理和小区封闭物业管理造成消防出动影响的新情况，规划提出了消防紧急出动应急保障措施[49]。

5.5.2 森林草原防火规划

5.5.2.1 《玉溪市森林防火规划》

立足玉溪市，以防火基础能力建设、森林防火队伍建设为重点，建立和完善"五网、两化"，即森林防火指挥信息、通信联络、林火阻隔、观测瞭望、办公系统五大网络建设和扑灭队伍专业化、打灭机具机械化建设。强化森林火险预警监测系统、林火阻隔系统，完善森林火灾预防体系；充实森林防火通信系统、扑救系统、信息指挥系统、防火物资储备装备系统，形成强大、高效的森林火灾扑救体系；健全机构，加强森林防火宣传教育，拓展建设资金渠道，建立完备的森林防火保障体系，全面提高森林火灾综合防控能力[50]。

（1）森林防火道路与阻隔系统

① 防火道路：是日常巡护、防火人员和防火物资运输的重要通道，也是火灾扑救过程中扑火队员安全撤离的通道。目前玉溪市林区防火道路低于全省 1.3 m/km² 的水平，且大量路段因缺乏维护保养路况差，通行能力弱。"十三五"森林防火通道规划总规模为 2 332.933 km，使林区路网密度达到 2.43 m/hm²。

② 防火隔离带：是防止火灾蔓延，控制大面积森林火灾发生、发展的治本措施，也是森林火灾预防体系中的基础工程。规划期新建生物防火隔离带总计长 645 km，面积 1 675 km²。

（2）森林防火应急通信与信息指挥系统

① 森林防火应急通信系统：无线通信重点解决市、县（区）、乡（镇）、林场到瞭望塔、检查站直达火场的通信网络畅通。

② 森林防火信息指挥系统：信息指挥系统重点构建市到省的信息系统基础设施网络、指挥中心信息指挥系统和应急指挥系统。森林防火网络办公系统覆盖到全市重点乡（镇）、林业站（所），在市级开展网络办公系统的微型化、移动化试点；全市所有县（区）配备大屏幕显示系统；投影系统、电视配备到所有乡（镇）；综合调度台配备到市、县（区）。

（3）森林火险预警监测系统

合理布局和改造地面瞭望监测设施，增强地面瞭望和巡护能力，逐步构建卫星监测、空中巡护、高山瞭望、视频监控、地面巡护"五位一体"的林火监测系统，实现火险早预报、火情早发现、火灾早处置，有效预防重大森林火灾。

① 瞭望监测系统：合理布局瞭望监测网络，重点建设森林火灾高危区和高风险区瞭望塔。包括新建瞭望塔和改造森林火灾高危区的老旧瞭望塔。

② 视频监控系统：采用先进的红外探测技术与高清可见光视频技术、智能烟火识别技术，实现火情 24 h 不间断自动探测是目前监测火情最为经济、有效的方法之一。

③ 护林员定位管理系统：能够实时掌握护林员巡护情况。

④ 巡护设备：增加地面巡护设备，改善巡护条件，提高巡护成效。

⑤ 防火检查站和护林点建设：主要设置在林区入口、森林公园入口、重要的道路口等[50]。

5.5.2.2 《白银市森林草原防火规划（2021—2025 年）》

（1）规划布局

根据全国森林火险区划等级、森林资源分布状况和森林火灾发生情况，将白银市森林防火区域划分为森林火险高风险区和一般森林火险区[51]。

① 森林草原火灾高风险区

根据全国森林火险区划等级标准，将白银市有林地面积≥10 万 hm² 且单位公顷活立木蓄积量≥60 m³ 的集中连片Ⅰ级火险等级县级行政单位划分为森林火灾高风险区。全市国家特别规定的灌木林区、毗邻天然林缘的天然草原区均为森林草原火灾高风险区。会宁县铁木山天然林区、靖远县哈思山天然林区、景泰县寿鹿山天然林区、平川区屈吴山天然林区，是白银市森林草原防火工作的重点区域。

② 一般森林草原火险区

全市范围内森林草原火灾高风险区以外的森林草原区均为一般森林草原火险区。

（2）主要防控思路

① 森林草原火灾高风险区

该区域是森林草原火灾发生较多、风险程度较高的区域。要重点加强森林草原防火能力建设，同时，加强火源管理和火情瞭望监测，加强队伍扑救森林草原火灾能力和队伍快速处置能力建设。

一是可考虑集专业队伍营房、物资储备、信息指挥为一体的专业队伍基础设施建设，强化队伍培训和实战演练。

二是推广以水灭火装备配备及配套设施建设。

三是加强火情瞭望监测,切实做到"打早、打小、打了"。

② 一般森林草原火险区

该区域森林草原资源相对较少,发生森林火灾次数较少,火灾危险程度相对较低。在做好火灾日常防控工作的基础上,要重点加强防火宣传教育、设施等基础建设,为半专业队、义务扑火队配备常规扑火装备。

(3) 森林草原防火预警监测系统建设

① 森林草原防火预警系统

加强与气象部门的合作,共享气候数据,同时于气象部门监测站尚未涉及的重点林区草原内部,新建森林草原火险综合监测站 2 个,强化对森林内部空气湿度、土壤温湿度、可燃物含水率等的监测;于重点林区入口处设置 4 块森林因子电子显示屏,实时显示当前森林草原火险等级、气候数据等动态信息,提高进山人员在森林草原防火方面的注意力;配备 20 部手持森林草原火险监测仪,提高护林护草员日常巡山工作中对潜在火情的辨识率。

② 森林草原防火监控系统

新增视频监控系统前端 40 个,重点增加森林资源分布集中、灭火队伍难以进入、火源控制难度大、森林高火险区域,以及全市 4 个自然保护区和重点草原、国家特别规定灌木林区等重点区域的监控布点;在适宜人工瞭望监测的林区,合理布局,新建瞭望塔 4 座;配置 32 个红外探测仪,强化林火监控;新增 30 架望远镜,提升护林员护草员日常巡山工作的便利性,进一步在时间和空间上增加林(草)火监测覆盖率。

(4) 提升专业森林草原消防队伍能力建设

① 森林草原消防队伍基础装备标准化建设。对现有森林草原消防队伍按标准配备,实现森林草原消防专业队伍装备标准化。规划期内配备扑火服 3 788 套、消防头盔 3 788 个、风力灭火机 100 台、割灌机 100 台、对讲机 100 个、运兵车 5 辆、工具车 7 辆。

② 加强以水灭火设施设备建设。以水灭火具有拦截火头高效、扑灭明火迅速、清理火场彻底等特点,是森林草原灭火手段的发展趋势。在森林草原火险高危区和高风险区中具备开展以水灭火条件的地方,配备专业以水灭火装备,包括灭火水枪 80 支、森林草原消防水泵 8 台、水带 60 000 m、森林草原消防水车 4 辆,并新建森林草原消防蓄水池 12 个,强化林草草原消防队伍以水灭火的能力,提升控制森林草原火灾的效果。

③ 加强护林护草员装备建设,提高护林护草员日常巡山的效率和质量。规划期内为专职护林护草员配备必要的移动巡护终端 24 个、摩托车 20 辆。

(5) 森林草原航空消防能力建设

① 在《全国森林防火规划(2016—2025 年)》要求的基础上,于会宁县、靖远县、景泰县、平川区各建 1 处直 II 航站(机降点),实现森林草原防火重点区域森林航空消防覆盖率达到 90%。

② 依托会宁县铁木山、靖远县哈思山、景泰县寿鹿山、平川区屈吴山林区水源,重点布设 4 个航空消防取水点,作为航空灭火应急取水点,完善航空消防能力。

③ 规划购买适宜型号的夜视无人机 4 架,推进无人机在火场侦察和航空巡护中的应用,提高森林草原航空消防侦察覆盖率。

(6) 林草火阻隔系统建设

① 规划新建林区草原等级公路 100 km,提升改造林区等级公路 50 km。

② 规划建设生物防火林带 100 km[51]。

主要参考文献

［1］全国消防标准化技术委员会基础标准分技术委员会. 消防词汇 第 1 部分：通用术语：GB/T 5907. 1—2014［S］. 北京：中国标准出版社，2014.

［2］河南省林业厅. 森林防火总体规划编制规范：DB 41/T 683—2011［S］. 郑州：河南省质量技术监督局，2011.

［3］全国消防标准化技术委员会名词术语符号分技术委员会. 火灾分类：GB/T 4968—2008［S］. 北京：中国计划出版社，2008.

［4］首都新闻出版广电安全监管. 火灾常见的八类原因［EB/OL］.（2018 - 10 - 18）［2023 - 07 - 03］. https：//mp. weixin. qq. com/s? __biz = MzI0MTA5NDg2Ng == & mid = 2648772633& idx = 1& sn = dee7c6b3118602094e2acb35ad87331d& chksm = f10569a4c 672e0b2f70e38b54c4de4a77fac0ec7d971112b2066f8bb92c626ada77ac38f8809& scene=27.

［5］中国消防. 2021 年消防接处警创新高，扑救火灾 74. 5 万起［EB/OL］.（2022 - 01 - 10）［2023 - 05 - 24］. https：//www. 119. gov. cn/gk/sjtj/2022/26442. shtml.

［6］人民日报客户端. 应急管理部：去年共接报火灾 25. 2 万起，农村地区比重偏大［EB/OL］.（2021 - 01 - 22）［2023 - 05 - 24］. https：//www. thepaper. cn/newsDetail_forward_10897738.

［7］中华人民共和国应急管理部. 应急管理部发布 2021 年全国自然灾害基本情况［EB/OL］.（2022 - 01 - 23）［2023 - 05 - 25］. https：//www. mem. gov. cn/xw/yjglbgzdt/202201/t20220123_407204. shtml.

［8］田国华，杨松. 我国 31 个地区森林火灾时空分布特征［J］. 森林防火，2013(2)：10 - 14.

［9］刘兴朋，张继权，周道玮，等. 中国草原火灾风险动态分布特征及管理对策研究［J］. 中国草地学报，2006，28(6)：77 - 82.

［10］中国气象报社. 完善森防机制 加强生态保护："5·6"大兴安岭特大森林火灾 30 周年记［EB/OL］.（2017 - 05 - 08）［2023 - 05 - 24］. https：//www. cma. gov. cn/2011xwzx/2011xqxxw/2011xqxyw/201705/t20170508_409328. html.

［11］人民网. 1994 年 11 月 27 日 阜新发生特大火灾 死亡 233 人［EB/OL］.（2008 - 11 - 27）［2023 - 05 - 24］. https：//news. sohu. com/20081127/n260871185. shtml.

［12］内蒙古消防. 火灾警示录之四：克拉玛依大火背后的"罗生门"［EB/OL］.（2021 - 11 - 15）［2023 - 05 - 24］. https：//m. thepaper. cn/baijiahao_15392257.

［13］安全管理网. 河南洛阳"12·25"特大火灾事故调查处理报告［EB/OL］.（2010 - 01 - 10）［2023 - 05 - 24］. http：//www. safehoo. com/Case/Case/Blaze/201001/37590. shtml.

［14］国务院应急管理办公室. 吉林中百商厦火灾事故［EB/OL］.（2005 - 08 - 09）［2023 - 05 - 24］. http：//www. gov. cn/yjgl/2005-08/09/content_21385. htm.

［15］新华社. 河北沙河"11·20"特大矿难有关责任人受处分［EB/OL］.（2005 - 11 - 06）［2023 - 05 - 24］. http：//www. gov. cn/yjgl/2005-11/06/content_92111. htm.

［16］安全监管总局网站. 国务院安委办通报深圳"9·20"特别重大火灾事故［EB/OL］.（2008 - 09 - 23）［2023 - 05 - 24］. http：//www. gov. cn/gzdt/2008-09/23/content_1102871. htm.

[17] 新华社.上海"11·15"特别重大火灾事故刑事案件一审宣判[EB/OL].(2011-08-02)[2023-05-24]. http://www. gov. cn/jrzg/2011-08/02/content_1918448. htm.

[18] 新华社.德惠"6·3"特别重大火灾爆炸事故调查报告公布[EB/OL].(2013-07-12)[2023-05-24]. http://www. gov. cn/jrzg/2013-07/12/content_2445589. htm.

[19] 迪庆州香格里拉县独克宗古城"1·11"重大火灾事故调查报告.[EB/OL].(2014-06-19)[2023-11-06]. http://yjglt. yn. gov. cn/html/2014/gpdb_0619/19463. html.

[20] 央广网.国务院调查组认定天津港"8·12"爆炸是特别重大生产安全责任事故[EB/OL].(2016-02-05)[2023-05-24]. http://www. gov. cn/xinwen/2016-02/05/content_5039773. htm.

[21] 四川省退役军人事务厅思想政治与党建工作处.缅怀英雄!木里"3·30"森林火灾扑救勇士牺牲一周年,你们从未走远,我们从未忘记[EB/OL].(2020-03-30)[2023-05-24]. http://dva. sc. gov. cn/tyjrswt/ylby/2020/3/30/6841a09b7a0e4808b57f1ee334e03b77. shtml.

[22] 山西新闻网.历史上的大火(四):哥本哈根大火[EB/OL].(2018-08-06)[2023-05-24]. https://news. sina. com. cn/o/2018-08-06/doc-ihhhczfc5826821. shtml.

[23] Notes From the Archives:The great fire of 1872[EB/OL].(2020-11-09)[2023-05-24]. https://www. boston. gov/news/notes-archives-great-fire-1872.

[24] 王宝贤.巴西焦马大楼大火[J].消防,1980(1):12.

[25] 艾冰.世界冠军在这里死去:奥地利雪山隧道大火夺命170条[J].世界通信,2001(1):4.

[26] 天晓.悲情利马:利马"一二·一九"大火纪实[J].天津消防,2002(4):36.

[27] 赵凤君,王秋华,杨丽君,等.俄罗斯森林大火对城镇的影响[J].中国城市林业,2010,8(6):39-41.

[28] 中新网.澳大利亚西部发生火灾5万hm²土地被烧[EB/OL].(2016-01-08)[2023-05-24]. http://pic. chinadaily. com. cn/2016-01/08/content_22996567. htm.

[29] 腾讯新闻.美加州酒乡森林大火42人死亡 无中国公民伤亡[EB/OL].(2017-10-20)[2023-05-24]. https://baike. baidu. com/reference/22161103/9e51_eab2vl4P1h2zh_7YfwqnVm-fYjdEV7jVIqYlhdst8LbQSZLeMAHNukzeyE2vcgzyI4UuEAyrfeAYz02w7 Ug-DLIoWQ.

[30] 新京报.天灾与人祸:澳大利亚林火背后的谣言与真相[N/OL].(2020-01-21)[2023-07-03]. https://baijiahao. baidu. com/s? id=1655623272683265330&wfr=spider&for=pc.

[31] 刘言.巴黎圣母院大火的启示[J].现代职业安全,2019(5):6.

[32] 百度百科. 10·8澳大利亚新州北部森林火灾事故[EB/OL].(2022-05-28)[2023-07-04]. https://baike. baidu. com/item/10％C2％B78％E6％BE％B3％E5％A4％A7％E5％88％A9％E4％BA％9A％E6％96％B0％E5％B7％9E％E5％8C％97％E9％83％A8％E6％A3％AE％E6％9E％97％E7％81％AB％E7％81％BE％E4％BA％8B％E6％95％85/23793669? fr=ge_ala.

[33] 天气网.澳大利亚2月再迎极端高温 森林火灾恐再次蔓延[EB/OL].(2020-01-28)

[2023 - 05 - 24]. https://www.tianqi.com/news/264762.html.

[34] 新华社. 四川道孚县草地火灾明火已经扑灭　正在清理烟点[EB/OL]. (2010 - 12 - 06) [2023 - 05 - 24]. http://www.gov.cn/jrzg/2010 - 12/06/content_1760112.htm.

[35] 腾讯新闻网. 中蒙边境草原大火扑灭[EB/OL]. (2017 - 07 - 06) [2023 - 05 - 24]. https://baike.baidu.com/reference/21513669/3fa9i3-2-IkkrQLPDqIkBUqHacDIbOus_Miv41dSH7edw9RSHa7ACd4qS9GVj2JLigLqSyk90vN0oPEnWoJzsSptJzwZB1gOQIM5i3qzOqzl.

[36] 四川法斯特消防安全性能评估有限公司. 区域火灾风险评估技术规程：T/CECS 887—2021 [S]. 北京：中国建筑工业出版社,2021.

[37] 重庆市消防救援总队. 区域消防安全风险评估规程：DB50/T 1114—2021[S]. 重庆：重庆市市场监督管理局,2021.

[38] 国家林业和草原局. 森林火灾风险评估与区划技术规程：FXPL/LC P - 03 [S]. 北京：国务院第一次全国自然灾害综合风险普查领导小组公办室,2021.

[39] 公安部消防局. 城市消防站建设标准：建标 152—2021 [S]. 北京：中国计划出版社,2021.

[40] 天津市消防救援总队. 微型消防站建设标准：DB 12/T 950—2020 [S]. 天津：天津市市场监督管理委员会,2020.

[41] 重庆市规划设计研究院. 城市消防规划规范：GB 51080—2015 [S]. 北京：中国建筑工业出版社,2015.

[42] 全国消防标准化技术委员会. 乡镇消防队：GB/T 35547—2017 [S]. 北京：中国标准出版社,2018.

[43] 山西省公安消防总队. 农村防火规范：GB 50039—2010[S]. 北京：中国计划出版社,2011.

[44] 全国森林消防标准化技术委员会. 东北、内蒙古边境森林防火阻隔系统建设技术要求：LY/T 2666—2016 [S]. 北京：中国标准出版社,2016.

[45] 中国民航科学技术研究院. 森林航空消防技术规范：MH/T 1033—2011 [S]. 北京：中国民航出版社,2011.

[46] 黑龙江省森林防火专业标准化技术委员会. 森林防火 应急取水站建设规范：DB 23/T 1915—2017 [S]. 哈尔滨：黑龙江省质量技术监督局,2017.

[47] 丽水市生态林业发展中心. 森林消防蓄水池建设技术规程：DB3311/T 56—2016[S]. 丽水：丽水市市场监督管理局,2016.

[48] 侯宝钧,刘梅梅. 论重庆市城市消防规划[J]. 重庆建筑大学学报,2005(6):88 - 91.

[49] 李颖,杨玉奎. 城市消防规划编制内容和深度的探讨：以广州市为例[J]. 城市规划,2002,26(7):85 - 87.

[50] 王秋华,唐永军,张波,等. 玉溪市森林防火规划探讨[J]. 林业调查规划,2016,41(3):105 - 109,114.

[51] 白银市人民政府办公室. 白银市人民政府办公室关于印发《白银市森林草原防火规划(2021—2025)》的通知[EB/OL]. (2022 - 03 - 10)[2023 - 05 - 25]. http://www.baiyin.gov.cn/.

6 人防工程与地下空间防灾规划

6.1 基本知识

6.1.1 概念界定

人民防空,特指我国动员和组织人民群众防备敌人空中袭击、消除空袭后果所采取的措施和行动,简称人防。人民防空建设的方针是"长期准备、重点建设、平战结合"。

根据《中华人民共和国人民防空法》,将人民防空工程定义为:为保障战时人员与物资掩蔽、人民防空指挥、医疗救护等而单独修建的地下防护建筑,以及结合地面建筑修建的战时可用于防空的地下室。

在《城市居住区人民防空工程规划规范》(GB 50808—2013)中,人防工程全称人民防空工程,系为保障战时人民防空指挥、通信、掩蔽等需要而建造的防护建筑。按照使用功能分为指挥工程、医疗救护工程、防空专业队工程、人员掩蔽工程和配套工程。按照构筑类型分为坑道式、地道式、单建掘开式和防空地下室[1]。

人民防空设施:为保障人民防空指挥、通信、掩蔽等需要而建造,具有战时防空功能的地下防护建筑,包括为保障战时人防指挥、医疗救护、人员与物资掩蔽等而单独修建的地下防护建筑,以及结合民用建筑修建的战时可用于防空的地下室。

指挥(通信)工程:保障人防指挥机关战时能够不间断工作的人防工程,即各级人防指挥所。

医疗救护工程:战时用于对伤员进行紧急救治、早期治疗和部分专科治疗的人防工程。按照其规模和任务的不同,医疗救护工程分为中心医院、急救医院、救护站3种[1]。

防空专业队工程:保障防空专业队掩蔽和执行防空勤务的人防工程。一般包括专业队队员掩蔽部和装备(车辆)掩蔽部2个部分。按执行防空勤务任务不同,分为抢险抢修、医疗救护、消防、防化防疫、通信、运输和治安等工程[1]。

人员掩蔽工程:主要用于保障人员掩蔽的人防工程。人员掩蔽工程分为2种:一等和二等人员掩蔽所。一等人员掩蔽所系指供战时坚持工作的政府机关、城市生活重要保障部门、重要厂矿企业和其他战时有人员进出要求的人员掩蔽工程;二等人员掩蔽所系指战时留城的普通居民掩蔽所[1]。

疏散地域:指用于战时安置疏散(避灾)人口的区域。一般要求道路交通方便,通信设施齐全,水电供应充足,具有相应的配套设施和保障能力。

疏散基地:设置在城市人口疏散的主要方向,战时组织人防疏散、安置部分临战疏散人员,同时具备指挥、通信、物资储备和医疗保障等配套设施和保障能力的疏散场所。

疏散点:担负接收安置临时疏散(避灾)人口任务,就地就近疏散人员的场所。

配套工程:系指除指挥工程、医疗救护工程、防空专业队工程和人员掩蔽工程以外的战时保障性人防工程,主要包括区域电站、区域供水站、人防物资库、食品站、生产车间、人防交通干(支)道、警报站、核生化监测中心等[1]。

人防物资库:供战时储存粮食、医药、油料和其他必需物资的人防工程[1]。

防空地下室:具有预定战时防空功能的地下室。在房屋中室内地平面低于室外地平面的高度超过该房间净高 1/2 的为地下室。

根据河北省工程建设标准《人民防空工程兼作地震应急避难场所技术标准》(DB13(J)/T 111—2017),把地震应急定义为:破坏性地震发生前所做的各种防御和减轻灾害的准备,以及破坏性地震发生后所采取的紧急抢险救灾行动[2]。

地震应急避难场所:为应对地震等突发事件,经规划、建设,具有地震应急避难生活服务设施,可供居民紧急疏散、临时生活的安全场所[2]。

人民防空工程兼作地震应急避难场所:在具备战时防护功能的同时,具有供居民地震紧急疏散、临时生活功能的人民防空工程[2]。

避难单元:人民防空工程兼作地震应急避难场所中,具有独立避难功能的空间[2]。

避难场所出入口:满足疏散需要、保障进出安全的出入口[2]。

人民防空工程规划:根据战时城市防护要求,对各类人防工程,以及为之提供保障的配套工程的防护等级、建设规模与数量、服务范围与平时利用等技术要求进行综合布局的专业规划。

根据《城市地下空间工程技术标准》(T/CECS 772—2020),把城市地下空间定义为:城市规划区内,地表以下或地层内部可供人类利用的区域[3]。

地下空间防灾:为抵御和减轻地下空间内部、外部各种自然与人为灾害及由此而引起的次生灾害,减少对生命财产和地下空间各类设施造成危害的损失所采取的各种预防措施[3]。

地下空间规划:是根据城市发展需要对地下空间布局和建设所做的综合部署和具体安排[3]。它是城市规划的组成部分,是地下空间建设和管理的基本依据。地下空间规划分为总体规划和详细规划两类。

根据《城市地下空间规划标准》(GB/T 51358—2019),同时根据城市地下空间资源条件和城市灾害特点,对设置在地下的指挥通信、人员掩蔽疏散、应急避难、消防抢险、医疗救护、运输疏散、治安、生活保障、物资储备等不同系统进行的统一组织和部署,提出利用城市地下空间提高城市防灾能力和城市地下空间自身灾害防御能力的策略和空间布局[4]。

地下空间暨人防工程综合利用规划:结合城市地下空间规划和人防工程规划内容,以完善、协调和落实"两规划"内容为目的,以地下空间兼顾人民防空要求、人防工程平战结合为重点,积极推进城市地下空间和人防工程建设,融入以城市用地规划管理为导向的新兴规划类型。

地下空间兼顾人防工程:为预防城市空袭造成的灾害,对地下空间设施按人民防空战术技术要求等相关标准规定增设相关防御措施的地下空间工程。

6.1.2　人防工程类别

(1) 按建筑形式分类

人防工程按建筑形式分为 2 类,即单建式和附建式。

单建式是指单独修建的人防工程之上基本没有地面建筑(允许有少量口部房间)。

附建式是指主要建于地面建筑之下的人防工程、防空地下室：具有预定战时防护功能的地下室。在房屋中室内地平面低于室外地平面的高度超过该房间净高1/2的为地下室。

（2）按战时功能分类

人防工程按战时功能分为5类，即指挥通信工程、医疗救护工程、防空专业队工程、人员掩蔽工程和配套工程。配套工程是指战时的保障性人防工程，主要包括区域电站、区域供水站、人防物资库、人防汽车库、食品站、生产车间、人防交通干（支）道、警报站、核生化监测中心等工程[5]。

（3）按组成部分分类

人防工程多建在地下且均有防护要求，它的各个组成部分各有特点。按作用分，可分解为围护结构、防护层、防护设备、建筑设备、建筑装修等；按有效空间的防护功能分，可分解为主体和口部；按有效空间的防毒能力分，可分解为密闭区（清洁区）和非密闭区（染毒区）。

6.1.3 人防工程的分级

（1）人防工程的抗力分级

人防工程防核武器抗力级别：1、2、2B、3、4、4B、5、6、6B等9个等级。

人防工程防常规武器抗力级别：1、2、3、4、5、6等6个等级。

（2）人防工程的防化分级

防化级别是以人防工程对化学武器的不同防护标准和防护要求划分的，可分为甲、乙、丙、丁4个等级[5]。

6.1.4 重点防护目标

人民防空重点防护目标是指在遭到战争破坏后，对国计民生、战争潜力、维持城市基本运转和经济恢复有重大影响的目标，包括重要党政机关、广播电视系统、交通枢纽、通信枢纽、重要工矿企业、科研基地、桥梁、江河湖泊堤坝、水库、仓库、电站和供水、供电、供气工程，能源基地、科研基地，以及空袭次生灾害源等目标[6-7]。

6.2 人防规划的主要内容

6.2.1 法规依据

人防规划主要法律法规包括：《中华人民共和国人民防空法》《中华人民共和国城乡规划法》《人民防空工程战术技术要求》（国家国防动员委员会文件〔2003〕号）、《人民防空工程规划编制办法》（国人防〔2010〕189号）、《关于城市地下空间开发利用统筹落实人民防空工程建设要求有关问题的通知》（国人防〔2010〕99号）、《中国中央、国务院、中央军委关于深入推进人民防空改革发展若干问题的决定》（中发〔2014〕15号）、《人民防空工程设计管理规定》（国人防〔2009〕280号）、《人民防空工程质量监督管理规定》（国人防〔2010〕288号）等。

人防规划主要技术规范标准包括：《人民防空工程设计规范》（GB 50225—2005）、《人民防空地下室设计规范》（GB 50038—2005）、《城市居住区人民防空工程规划规范》（GB 50808—2013）、《防空地下室建筑设计（2007 年合订本）》（FJ01～03）、《城市地下空间规划标准》（GB/T 51358—2019）、《城市地下空间工程技术标准》（T/CECS 772—2020）等。

目前，我国尚未出台全国统一的国土空间总体规划层面的人防规划编制导则。但是，近年来，各省陆续发布了地方标准。例如，山东省《人防工程规划修编工作导则》（2015 年版）、河北省工程建设标准《城市地下空间暨人民防空工程综合利用规划编制导则》（DB13（J）/T 278—2018）、《河南省城市地下空间暨人防工程综合利用规划编制导则》（2019 年版）、《江苏省城市人民防空工程专项规划编制导则》（2019 年版）、《浙江省人民防空专项规划编制导则（试行）》（2020 年版）、《江西省人民防空专项规划编制导则（试行）》（2021 年版），等等。

6.2.2 城市人防规划的主要内容

人防规划内容一般包括城市空间总体防护、重要经济目标及重要经济区位防护、人口疏散、人民防空工程、人防警报设施、城市地下空间开发利用兼顾人防要求以及近期建设等内容。且宜根据城市战略区位、设防类别、功能特点以及人防建设现状等，分析确定规划重点[8]。

6.2.2.1 总体防护规划

分析城市战略定位与威胁环境，研判战时城市可能遭受打击的方向和强度，根据毁伤后果，划定城市防护重点[9]。

建立市域人防综合防护体系，确定人防通信警报体系建设要求、市域范围重要经济目标和重点防护区域的防护要求、市域人口疏散体系规划，以及中心城区、各城镇人防工程建设策略和目标等。

结合城市行政区划、功能组团、自然地理等因素，划分城市防空区片。其中防空区原则上与行政区划相对应，防空单元一般与城市详细规划单元相对应。当防空范围较大、包含防空单元较多时，可根据城市空间结构或功能组团，将防空区内部相对独立的区域划分为防空片，每个防空片包括若干防空单元。

根据城市防护重点，确定各防空区片人防工程建设策略、人口疏散比例、人防警报布局要求、重要经济目标防护要求等分区建设策略。

依据重要经济目标的类别和等级，确定其毁伤影响范围，明确重要经济目标的防护要求和防护措施，确定其人防工程和人防通信警报建设要求、防空专业队伍配置要求，以及重要经济目标毗邻区人口疏散要求。

6.2.2.2 人口疏散规划

根据信息化战争精确打击的毁伤影响，结合重要防护目标和重要经济区位的分布，按照精准疏散的要求，合理确定各防空区片的人口疏散比例[9]。

综合考虑重要经济目标、重要经济区位的可达性，疏散人口规模，疏散接收场所的分布等因素，确定城市内部疏散通道和对外疏散通道。城市内部疏散通道可分为地面疏散通道、地下疏散通道和水上疏散通道。其中，地面疏散主干道不宜规划建设人行天桥、高架立交、高架道路，宜采用地下立体交通；地下疏散通道宜结合地下轨道交通、地下快速路等设置，并宜与周边地下空间连通；水上疏散通道宜结合通航能力五级及以上的城市内河设置。对外疏散通道包括城市对外高速公路、铁路、水路等,以及连接疏散地域、疏散基地的高等级公路等。

疏散地域、疏散基地、疏散集结点的布局应符合以下要求[9]:

① 设区市、县级疏散地域规模应根据疏散人口的数量而定,安置的疏散人口与疏散地区原有人口数之比一般为 1∶3～1∶2。各防空区片对应的人口疏散地域,一般以距城市30 km 左右为宜。

② 疏散基地选址应避开重要的政治、军事、经济等重要经济目标和易发生次生灾害的地区,选择交通便利,基本生活资源充足,便于战时或灾时开展疏散的地点。一般结合自然保护区、旅游景点、自然洞穴等建设。一般距离城区边界 10 km 以内。

③ 疏散集结点宜结合社区应急避难场所进行选址,优先选择街区公园、街区广场、社区绿地、各类学校等公共设施,并应避开重要经济目标、重要区位毁伤影响范围,服务半径需满足步行 15 min 以内到达疏散点,且不宜超过 1 000 m。

6.2.2.3 人防工程规划

(1) 人防工程规划指标

综合运用需求预测法、建设能力分析法、类比法等多种方法,确定规划期内城市人防工程规划指标、规划人口人均人防工程指标、规划人口人均人员掩蔽工程指标、各防空区片人防工程规划指标、各类人防工程功能配套比例等。如江西省人均人防工程指标可参照表 6-1,人防工程功能配套比例可参照表 6-2[9]。

表 6-1 人均人防工程指标指引表[9]　　　　　　　　　　　　　(建筑面积,m²/人)

城市设防类别	Ⅰ类城市	Ⅱ类城市	Ⅲ类城市	其他城市
人均指标	1.90～4.00	1.70～3.00	1.60～2.50	1.50～2.20
备注	1. 表中人均指标按规划人口计 2. 城市设防类别根据国家有关要求确定 3. 人均指标选取应综合考虑城市人防工程需求、人防工程建设能力、城市战略地位、重要经济目标安全威胁等因素			

表 6-2 人防工程功能配套比例指引表[9]

城市设防类别	工程类别				
	医疗救护工程	防空专业队工程	人员掩蔽工程	配套工程	合计
Ⅰ类城市	3.5%～4%	5%～7%	72%～80%	11%～15%	100%
Ⅱ类城市	3%～4%	3.5%～6%	75%～82%	10%～14%	100%
Ⅲ类城市	2.5%～4%	3%～5%	77%～85%	9%～13%	100%
其他城市	2%～3.5%	2%～4%	80%～88%	6%～12%	100%
备注	表中配套比例为各类人防工程建筑面积占人防工程总建筑面积的比值				

确定各防空区片各类人防工程建设指标及要求,并细化至详细规划管理单元。

(2) 人防工程规划布局

指挥工程规划布局应依据相关战术技术要求的规定,结合城市设防类别、城市行政级别、城市人口规模等因素确定。县级及以下街道的指挥工程宜与专业队工程、一等人员掩蔽工程合建，也可按四等指挥工程要求单独修建[9]。

中心医院、急救医院、救护站等医疗救护工程应依据人防工程需求预测，结合城市地面医疗设施确定布局，救护站应在满足平时使用需要的前提下尽量分散布置，中心医院、急救医院应避开重要经济目标。具体可参照表6-3配置。

表6-3 医疗卫生设施配置医疗救护工程指引表[9]

地面医疗设施床位规模	医疗救护工程		
	中心医院	急救医院	救护站
＞500张	●	—	—
101～500张	○	●	—
≤100张			●
备注	1. ●代表必须配置，○代表可配置，—代表可不配置； 2. 服务人口：中心医院（依据专项规划确定），急救医院（10万人以上），救护站（3万～5万人）		

人民防空专业队工程应按其保障的目标和区域进行规划布局，明确各类防空专业队工程布局和功能要求，防空专业队工程应与保障目标有一定的安全距离，同时应保障救援时间。

人员掩蔽工程规划布局应提出各防空区片人员掩蔽工程的建设策略，确定规划指标。根据人员掩蔽实际需求，提出人防工程易地建设指标引导。确定一等人员掩蔽工程建设要求，战时坚持工作的政府机关、城市生活重要保障部门（防灾、通信、供电、供气、供水、食品等）的建设项目宜设置一等人员掩蔽工程，其规模根据战时坚持工作的人员数量确定。其他民用建筑配建人员掩蔽工程时宜按二等人员掩蔽工程标准建设。居住区内人员掩蔽工程服务半径不宜大于200 m，非居住区或跨居住区人员掩蔽工程服务半径不宜大于800 m。相邻人防工程之间宜连通。

配套工程规划布局应包括各防空区片物资库工程的规划指标，对区域电站、区域供水站、核生化监测中心、人防疏散主（支）干道等工程规划提出指引。人防物资库应均衡布局，宜与大型商业设施、物流仓储设施、批发交易市场、较大居住组团等配套建设，宜与附近人防交通干（支）道、人员掩蔽工程连通。

为优化人防工程布局、完善功能配套，宜结合城市道路、轨道交通站点、公园广场、学校操场、体育场等地规划单建式人防工程。

为提高人防工程防护效能，人防工程应尽可能互连互通。对相邻人防工程之间、人防工程与其他地下工程之间的连通提出指引，对城市重要经济区位的人防工程连通提出要求。

6.2.2.4 人防警报设施规划

提出人防警报设施规划总体要求，确定规划近期、远期警报规划指标。结合防空区片重点防护目标分布、人口密度、建筑高度和密度等因素，确定各防空区片人防警报规划数量、警报覆盖率，国家人防重点城市中心城区范围内警报音响覆盖率应达到98%以上，省级人防重点城市应达到95%以上。中心城区范围以外的重要经济目标也应设置人防警报[9]。

6.2.2.5 地下空间开发兼顾人防要求规划

贯彻统一规划、综合开发、合理利用、依法管理的原则，坚持战备效益、社会效益、经济效益、环境效益相结合，提出地下空间开发利用的综合防护要求。提出地下空间兼顾人防要求的具体措施，并对地下公共服务空间、地下交通空间、地下综合管廊等兼顾人防要求给予引导。划定地下空间兼顾人防要求的重点区域和重点项目，并对建设模式、建设时序、投融资模式等提出建议[9]。

地下公共设施人防防护设计要求：城市地下交通干线（地铁、地下道路）、综合管廊、大型地下空间、通道或隧道等其他地下设施应落实人民防空防护要求。

单建式地下空间配建人防工程标准：单建式地下空间按照规范标准配建的人防工程面积不得低于总建筑面积的 30%。单个项目总建筑面积小于 2 000 m² 的项目不做要求。

人防工程平时综合利用的要求如下：

① 中心医院应结合平时地面综合医院进行建设，急救医院应结合平时专科医院进行建设，救护站宜结合卫生保健站、老年人康复中心、卫生防疫、公共建筑、居住区等建设而布置。医疗救护工程平时可作为地面医院的放射科、外科等诊室使用，允许平战转换的部分空间也可作为平时停车或仓储空间。

② 防空专业队工程的位置应在其所保障的区域或重点保障的目标附近，且交通方便。抢修抢险、防化防疫、消防、通信专业队工程应根据重要目标的分布进行合理布局，医疗救护、交通运输、治安等专业队工程应结合平时人口密度的分布进行合理布局。平时宜作为办公、停车和仓储空间使用。

③ 人员掩蔽工程应与住宅建筑和城市公共建筑布局基本一致，其出入口设置应按所掩蔽的人员听到警报后 10 min 内能步行进入人防工程为标准，服务半径不宜超过 200 m。其分布密度尽量与该区域居民的分布密度相一致。平时宜作为停车和仓储空间使用。

④ 战时物资库平时主要作为地下停车或仓储设置，也可作为轨道交通的一部分使用；战时燃油库宜作为平时油库或加油站的一部分使用；战时疏散干道平时主要作为轨道交通、城市对外公路、主干道和次干道等功能使用；区域供水站平时作为水厂的取水或净水工程空间使用；核生化监测中心可作为承担部分环境监测任务或化验分析等办公空间；战时区域电站宜设置在有内部电源的工程内，平时作为电站、停车或仓储空间使用[10]。

6.3 案例解析

6.3.1 南京城市地下空间综合防灾规划

（1）防火灾策略

南京市地下空间防火策略除了常规的地下空间内部装修材料的防火、地下空间自动消防系统配置、地下空间标识系统设置、地下空间应急通信系统、应急通道、消防应急预案等之外，在中心城区规划了 5 个地铁消防站和 13 个微型消防站。

地铁消防站指在地铁站点附近，专为地铁消防而建设的消防站。一般选址在客流量较大的地铁线路的起始站点车辆维护段,与地面消防站规划相结合,靠近地面消防站的,也可将二者结合建设。根据南京市现有地铁建设情况和消防工程专项规划,在中心城区内规划增建地铁消防站共5个。其中特勤消防站4个,包括迈皋桥站、经天路站、林场站、雨山路站的地铁消防站;一级普通消防站1个,即油坊桥站地铁消防站。同时,雨山路站、迈皋桥站、油坊桥站的地铁消防站可结合地面消防站来进行统筹建设。在装备方面,除常规设施设备外,还需要配备地铁专业救援车辆及器材,如路轨两用消防车、路虎60雪炮消防车、长距离供水车、排烟车等。

微型消防站是建设在地下空间内的消防设施,其设置原因是地下空间封闭性较强,火灾时地面救援力量很难及时抵达;设置地点一般选取人流量较大的地铁换乘车站、商业中心区的地铁站以及交通枢纽地铁站点。目前,南京已在老门东景区、三山街地铁站壹零壹购物广场内设有微型消防站;今后,南京将规划新建13个微型消防站,包括南京站地铁站、玄武门站、新街口站、安德门站、南京南站、仙林中心站、大行宫站、集庆门大街站、元通站等。此外,微型消防站的人员配备应不少于6人,装备设施包括消防头盔、消防员灭火防护服、防护手套、消防安全腰带、消防员灭火防护靴、正压式消防空气呼吸器、佩戴式防爆照明灯、消防员呼救器、方位灯、消防轻型安全绳等。

（2）防水灾策略

① 地下空间出入口的抬高与隔离:除了将出入口抬高、增加一些挡雨设施（如遮雨篷）之外,也可通过建设混凝土挡墙等来加强地下空间出入口的防涝能力。在地下空间出入口处建设高1m的混凝土挡墙,在挡墙上方安装钢结构玻璃幕墙,以预防雨水直接落入地下空间。地下入口的平台应高出地面30～50cm,设三级台阶。在最高一级台阶上设一条可插入挡水板的凹槽,一旦积水高过台阶,可立即将铝合金挡水板插入凹槽,挡水板底部装有防水密封条,能有效地把积水挡在外面。

② 出入口通道处的排涝设计:如果地下空间出入口被雨水倒灌,雨水会顺着楼梯进入地下空间。因此,应在地下空间出入口与地下空间之间的通道处设一道横截沟。流进地下空间的水会顺着横截沟回送到地下空间的集水井中,再通过抽水泵,将汇流到这里的水直接排到室外雨水管道或地下雨水蓄水池。横截沟之后还可再设置一道防水挡板,当雨水超出横截沟的排水量时可以用于阻挡漫入的雨水。

③ 地下空间内部的排涝分区:在地下空间内部设置排水分区,通过地面将积水收集到地下的集水井,再通过泵站将水排放到城市排水管道内或进入地下雨水蓄水池内。在各独立地下空间之间的连接处设置隔断门,当地下空间遭受内涝灾害时应关闭隔断门,防止积水波及其他地区。例如,新加坡的地下空间如果发生涝灾,可立即启用位于地下的大型抽水设备,其抽水量相当于百年一遇的暴雨强度,地下空间抽出的水可直接排到地下大容量蓄水池中。

（3）防恐怖袭击策略

首先,加强地下公共空间的入口控制,包括高峰期的人流控制和入口安全检查,杜绝能造成恐怖袭击的物品进入。目前,在南京市中心一些人流密集的地铁站点,如新街口站、鼓楼站等已经实施安检;未来,应在客流量较大的站点以及换乘站点增加安检的人员及专用设备的配备。同时,做好安全检查的相关宣传工作,使乘客了解安检的重要性并主动配合安检。在交通高峰期,应对地下公共空间实施人流预先控制,减少人流拥挤时对安检的压力。

其次,在地下空间的监控系统布局方面,应建立完整严密的监控系统。在地下空间出入口、各防火防烟分区、各联系通道、采光窗、进排风口、排烟口、水泵房等处,均需要设监控设备,全方位、全时段地进行监控;并将监控系统与地下空间的运行维护、信息系统联动,改善地下公共空间的照明条件,设立警示牌条件,配备防爆罐等反恐设备,及时高效地应对恐怖袭击[11]。

6.3.2 日本地下空间防灾策略

为了确保地下空间内人员安全,减轻受灾损失,东京于 2008 年研究制定《东京都地下空间浸水对策指南》,并针对枢纽站点周边拥有大规模地下连通空间的 12 个地区,成立由政府主管部门、地下街、地铁车站、地下通道和相连建筑物的管理者共同组成的东京都地下街等浸水对策协议会,联合制定各地区的地下街等地下空间的浸水对策计划,明确成员单位、情报信息、疏散诱导、防浸水设施、防灾教育和防灾训练等内容。

2014 年大阪成立大阪市地下空间浸水对策委员会,包括 80 家地下设施管理者和政府部门。2015 年制定了《大阪市地下空间浸水对策指南》(2018 年修订),2016 年和 2017 年分别针对大阪站周边地区和中之岛地区、淀屋桥、北浜地区的大规模地下空间制定了浸水对策计划。

根据《水防法》及《消防法》,日本的地下空间所有者必须制订避难和防水的措施计划,并按要求安装挡水设施,避免水流进入地下空间,确保发生洪水时人员可以迅速逃离。一般除了在地铁出入口设置台阶外,还会针对不同类型的地上地下连通口,常备不同的防水措施,通过多种方式协同发挥作用。常用的出入口的挡水设施有 3 类:一是可移动型,如沙袋、水袋、挡水板、片式伸缩门等,主要用于应对常规水量;二是固定型,如固定挡水板、防水门等,其中防水门可封闭地下空间,用于阻挡较大水量;三是防水结构体,这种结构通常和站体一体打造,几乎可以做到完全防水[12]。

6.3.3 新加坡地下空间防灾策略

新加坡因火灾引起的人员死亡数量始终保持较低水平,重特大火灾和群死群伤火灾更是罕有发生。2012 年,新加坡消防民防部门修订消防法,出台了《地下大型建设防火安全规范》。同时,新加坡也非常注重防洪,新加坡重建局于 2012 年发布《地下铁防洪安全标准准则》。

(1) 灾前防范

新加坡对于地下空间火灾的防范、管理措施非常完备。首先,注重防火设施的配备要求。例如,规定地下消防栓间距不超过 38 m,地下空间所有建设材料使用不燃材料,且必须安装自动喷洒系统和通风排烟系统。其次,有明确而严格的防火设计要求。例如,要求设置隔火室、消防大厅以及至少 2 条以上主要疏散路径,并要求每一条疏散路径至少有 2 个出入口楼梯;楼梯宽度视人流量和用途而定,一般 1.5~2 m。

新加坡对于地下空间洪灾的防范、管理措施也非常完备。首先,在大型地下空间选址时,要求尽量避开地下集水区及径流渠;其次,要求地下空间的出入口台阶高度必须超过地面高度 30～60 cm（或最高纪录洪水位以上 60 cm）。其次，所有与地铁站相连的地下通道出入口都要配备高度不少于 1 m 的防水隔离挡板。

新加坡非常注重安全演习。从 1982 年开始，政府推行《民防教育计划》，平均每月举办 4 次由新加坡民防部队组织的民众紧急应变演习，让民众充分掌握应变及疏散逃生技能。

（2）灾时处理

地下空间若发生洪灾，可立即启用位于地下的大型抽水设备，其抽水量相当于百年一遇的暴雨强度，并配备有重复抽水设施，保障排水能力同时，抽出的水直接排到地下大容量蓄水池中。地下空间若发生火灾，消防队员会在 8 min 之内到达火灾现场，及时展开救援。

（3）规划管理

新加坡要求大规模开发利用地下空间的区域要事先制定好全面而详细的地下空间防洪规划，对于接驳地铁的地下空间更是重视。防洪发展规划和相关内容的更新需要由陆路交通管理局进行审批和监督。地下空间防洪措施由关联业主负责。新加坡对于地下空间防火实行严格的自行监管制度，确保设计图符合防火条规，否则将追究法律责任。消防安全署每年会定期随机抽取 10％的地下单位进行详细的检查[13]。

主要参考文献

[1] 中国建筑标准设计研究院. 城市居住区人民防空工程规划规范：GB 50808—2013 [S]. 北京：中国建筑工业出版社，2013.

[2] 河北省人民防空办公室，河北省地震局. 人民防空工程兼作地震应急避难场所技术标准：DB13(J)/T 111—2017 [S]. 北京：中国建材工业出版社，2018.

[3] 中国建筑科学研究院有限公司. 城市地下空间工程技术标准：T/CECS 772—2020 [S]. 北京：中国建筑工业出版社，2020.

[4] 深圳市规划国土发展研究中心. 城市地下空间规划标准：GB/T 51358—2019 [S]. 北京：中国计划出版社，2019.

[5] 贵阳市人民防空办公室. 人防工程知识普及（人防工程分类与分级）[EB/OL]. （2021 - 10 - 27）[2023 - 06 - 29]. https://www. guiyang. gov. cn/zwgk/zdlyxxgkx/rmfk_5618090/202110/t20211027_71281294. html.

[6] 湖南省人民代表大会常务委员会. 湖南省实施《中华人民共和国人民防空法》办法. [Z]. 2011.

[7] 漳州市人防指挥信息中心. 人防知识|人民防空重要经济目标防护[EB/OL]. （2023 - 01 - 09）[2023 - 11 - 06]. http://sgdb. hebei. gov. cn/contentTemp/content. html? id=2805.

[8] 总参工程兵第四设计研究院. 人民防空工程设计规范：GB 50225—2005 [S]. 北京：中国计划出版社，2005.

[9] 江西省人民防空办公室. 江西省人民防空专项规划编制导则（试行）[EB/OL]. （2021 - 08 - 05）[2023 - 05 - 24]. http://www. gfx. gov. cn/qrfb/c118460/202108/541b1f67

7e874adc824533e4bcafd762. shtml.

[10] 河南省住房和城乡建设厅,河南省人民防空办公室. 河南省城市地下空间暨人防工程综合利用规划编制导则[S]. 2019.

[11] 王江波,柴琳,苟爱萍. 南京城市地下空间综合防灾规划研究[J]. 地下空间与工程学报,2019,15(1):9-16.

[12] 簗瀬範彦,村田哲哉,伊藤均. 都市再生と地下空間步行者ネットワクの整動向について[R]. 計画小委員会報告,2014.

[13] 陈珺,王科,吴沫镝. 北京地下空间防灾的问题与建议[J]. 地下空间与工程学报,2014,10(S1):1719-1722.

7 重大危险源防御规划

7.1 基本知识

7.1.1 概念界定

根据《中华人民共和国安全生产法》和《危险化学品重大危险源辨识》(GB 18218—2018)[1]:

重大危险源:长期地或者临时地生产、搬运、使用或者储存危险物品,且危险物品的数量等于或超过临界量的单元(包括场所和设施)。

危险化学品重大危险源:长期地或者临时地生产、储存、使用或者经营危险化学品,且危险化学品的数量等于或超过临界量的单元[1]。

单元:涉及危险化学品的生产、储存装置、设施或场所,分为生产单元和储存单元[1]。

临界量:某种或某类危险化学品构成重大危险源所规定的最小数量[1]。

生产单元:危险化学品的生产、加工及使用等的装置及设施,当装置及设施之间有切断阀时,以切断阀作为分隔界限划分为独立的单元[1]。

储存单元:用于储存危险化学品的储罐或仓库组成的相对独立的区域,储罐区以罐区防火堤为界限划分为独立的单元,仓库以独立库房(独立建筑物)为界限划分为独立的单元[1]。

根据《危险化学品仓库储存通则》(GB 15603—2022)[2]和《危险化学品重大危险源辨识》(GB 18218—2018):

危险化学品:具有毒害、腐蚀、爆炸、燃烧、助燃等性质,对人体、设施、环境具有危害的剧毒化学品和其他化学品。

根据《危险化学品重大危险源罐区现场安全监控装备设置规范》(AQ 3036—2010):

可燃气体:在 20 ℃和标准大气压 101.3 kPa 时与空气混合有一定易燃范围的气体[3]。

有毒气体:包括 a) 已知对人类健康造成危害的气体;b) 半数致死浓度 LC_{50} 值不大于 5 000 mL/ m³,因而判定对人类具有危害的气体[3]。

根据《石油化工企业设计防火标准》(GB 50160—2008)(2018 年版):

石油化工企业:以石油、天然气及其产品为原料,生产、储运各种石油化工产品的炼油厂、石油化工厂、石油化纤厂或其联合组成的工厂[4]。

根据江苏省地方标准《市域重大危险源公共安全规划编制导则》(DB 32/T 2917—2016):

重大危险源公共安全规划:规划区内分布有重大危险源,需对重大危险源所涉及的企业、存储空间等进行合理布局,并对整个区域的公共安全进行规范引导的专项规划[5]。

敏感目标:规划区域内重大危险源企业周边重要目标(如党政机关、军事管理区、文物保护单位、环境保护目标等)、高敏感场所(如学校、医院、幼儿园、养老院等)、特殊高密度场所(如大型体育场、大型交通枢纽等)、居住类和公众聚集类高密度场所等[5]。

根据《危险化学品重大危险源安全监控通用技术规范》(AQ 3035—2010):

重大危险源安全监控预警系统:由数据采集装置、逻辑控制器、执行机构以及工业数据通信网络等仪表和器材组成,可采集安全相关信息,并通过数据分析进行故障诊断和事故预警确定现场安全状况,同时配备联锁装备,在危险出现时采取相应措施的重大危险源计算机数据采集与监控系统[6]。

根据《危险化学品单位应急救援物资配备要求》(GB 30077—2013):

危险化学品应急救援:由危险化学品造成或可能造成人员伤害,财产损失和环境污染及其他较大社会危害时,为及时控制事故源,抢救受害人员,指导群众防护和组织撤离,清除危害后果而组织的救援活动[7]。

7.1.2 危险化学品重大危险源辨识

危险化学品应依据其危险特性及其数量进行重大危险源辨识,具体详见《危险化学品重大危险源辨识》(GB 18218—2018)。危险化学品重大危险源可分为生产单元危险化学品重大危险源和储存单元危险化学品重大危险源。危险化学品临界量应按国标的规定进行确定,若一种危险化学品具有多种危险性,按其中最低的临界量确定。

例如,液氨或氨气的临界量是10 t,二氧化硫的临界量是20 t,氯化氢(无水)的临界量是20 t,硫化氢的临界量是5 t,煤气的临界量是20 t,二氧化氮的临界量是1 t,二氟化氧的临界量是1 t,磷化氢的临界量是1 t,一氯化硫的临界量是1 t,氟化氢的临界量是1 t,等等。

生产单元、储存单元内存在危险化学品的数量等于或超过 GB 18218—2018 规定的临界量,即被定为重大危险源。单元内存在的危险化学品的数量根据处理危险化学品种类的多少区分为以下 2 种情况(图 7-1):

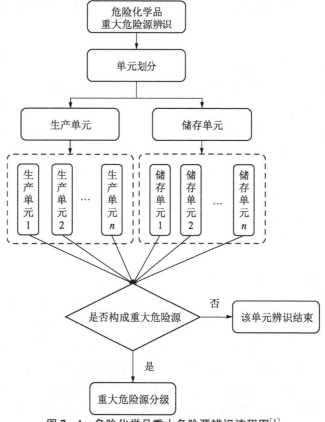

图 7-1 危险化学品重大危险源辨识流程图[1]

① 生产单元、储存单元内存在的危险化学品为单一品种,则该危险化学品的数量即为单元内危险化学品的总量,若等于或超过相应的临界量,则定为重大危险源。

② 生产单元、储存单元内存在的危险化学品为多品种时,则按式(7-1)计算;若满足式(7-1),则定为重大危险源:

$$S=q_1/Q_1+q_2/Q_2+\cdots+q_n/Q_n\geqslant 1 \tag{7-1}$$

式中:S 为辨识指标;$q_1,q_2,\cdots,q_n$ 为每种危险化学品实际存在量,单位为 t;$Q_1,Q_2,\cdots,Q_n$ 为与每种危险化学品相对应的临界量,单位为 t。

7.2 国内外重大危险源历史事件

7.2.1 国内案例

(1) 天津市滨海新区爆炸事件

2015 年 8 月 12 日 22 时 51 分 46 秒,位于天津市滨海新区天津港的瑞海公司危险品仓库发生火灾爆炸事故,本次事故中爆炸总能量约为 450 t TNT 当量。此次事件是一起特别重大安全事故,造成:165 人遇难,其中,参与救援处置的公安现役消防人员 24 人、天津港消防人员 75 人、公安民警 11 人,事故企业、周边企业员工和居民 55 人;8 人失踪,其中天津消防人员 5 人,周边企业员工、天津港消防人员家属 3 人;798 人受伤。爆炸导致门窗受损的周边居民户数达到 17 000 多户,另外还有 779 家商户受损,304 幢建筑物、12 428 辆商品汽车、7 533 个集装箱受损,直接经济损失 68.66 亿元。

调查组查明,最终认定事故直接原因是:瑞海公司危险品仓库运抵区南侧集装箱内的硝化棉由于湿润剂散失出现局部干燥,在高温(天气)等因素的作用下加速分解放热,积热自燃,引起相邻集装箱内的硝化棉和其他危险化学品长时间大面积燃烧,导致堆放于运抵区的硝酸铵等危险化学品发生爆炸。

调查组认定,瑞海公司无视安全生产主体责任,严重违反天津市城市总体规划和滨海新区控制性详细规划,违法建设危险货物堆场,违法经营、违规储存危险货物,安全管理极其混乱,安全隐患长期存在[8]。

(2) 大连市输油管道爆炸事件

2010 年 7 月 16 日晚 18 时左右,大连市金州区大连新港附近中石油一条输油管道起火爆炸。经过 2 000 多名消防官兵彻夜奋斗,截至 17 日上午,火势基本被扑灭。事故造成作业人员 1 人轻伤、1 人失踪;在灭火过程中,消防战士 1 人牺牲、1 人重伤;大连附近海域至少 50 km² 的海面被原油污染。

经调查,事故发生前,一艘利比里亚籍 30 万 t 原油船"宇宙宝石"号在大连新港卸油过程中,原油储油罐陆地管线在加催化剂作业时起火。事故发生后,"宇宙宝石"号油轮立即撤离。起火的管线为直径 900 mm 的原油储罐陆地输油管线,后引起直径 700 mm 管线起火。两根管线起火后,引燃旁边 10 万 m³ 原油罐。

事故原因:在油轮卸油作业完毕停止卸油的情况下,服务商上海祥诚公司继续向卸油管线中加入大量脱硫化氢剂(主要成分为双氧水),造成脱硫化氢剂在加剂口附近输油管段内局部富集并发生放热反应,使输油管道发生爆炸,原油泄漏,引发火灾。这起事故虽未造成人员伤亡,但大火持续燃烧 15 h,事故现场设备管道损毁严重,周边海域受到污染,社会影响重大,教训极为深刻[9]。

(3)青岛市黄岛输油管道爆炸事件

2013 年 11 月 22 日上午 10 时 25 分,位于青岛经济技术开发区秦皇岛路与斋堂岛街交叉口处的东黄输油管道原油泄漏现场发生爆炸,现场浓烟冲天。事发后,青岛市及开发区各部门迅速组织力量进行救援和事故处理。两处着火点分别位于舟山岛路与刘公岛路附近国货商场北侧的管线和红星液化码头(辽河路段)原油泄露区域。现场,车被炸成两段,路变成河道,黑色蘑菇云穿破云层。事故造成 62 人遇难、136 人受伤,直接经济损失 7.5 亿元。

事故主因是输油管路与排水暗渠交汇处管道腐蚀变薄破裂,原油泄漏,流入排水暗渠,挥发的油气与暗渠中的空气混合形成易燃易爆气体,在相对封闭的空间内集聚。现场处置人员使用不防爆的液压破碎锤,在暗渠盖板上进行钻孔粉碎,产生撞击火花,引发暗渠内油气爆炸[10]。

7.2.2 国外案例

(1)印度油库爆炸事件

2009 年 10 月 29 日 19 时 30 分左右,印度斋浦尔市的印度石油公司(IOC)油库一大型燃料储存区发生汽油泄漏,导致毁灭性的蒸汽云爆炸,产生了巨大的爆炸压力。大火持续燃烧了 11 d,直到 11 月 10 日才完全熄灭,油库完全损毁,紧邻的建筑也遭到严重破坏。事故最终造成 11 人死亡,45 人受伤,当地政府连夜疏散撤离近 50 万人。

根本原因:① 现场没有书面的操作规程。② 风险管理存在缺陷,缺少远程遥控关闭泄漏源的设施,缺少对事故后果的评估。③ 机械部件存在缺陷,电动控制阀无法远程关闭。④ 应急预案及应急反应缺失,没有处理重大事故的应急预案及应急装备。在汽油泄漏后的 75 min 内,没有采取有效的措施制止泄漏,导致爆炸的发生。⑤ 培训存在缺陷,没有提供专业的安全培训,操作工没能在第一时间控制汽油的泄漏[11]。

(2)印度尼西亚油库爆炸事件

2023 年 3 月 3 日晚约 20 时 20 分,印度尼西亚国家石油公司在雅加达北部的一座油库爆炸引发大火,猛烈火势烧至附近民众住宅,随后当局派遣了至少 260 名消防员和 52 辆消防车参与控制附近街区的火势。火灾造成至少 19 人遇难,数十人受伤,1 300 多人流离失所,他们被带到政府办公室和体育馆改造成的临时避难所。初步调查结果显示,因工作人员在灌装过程中出现技术问题,导致储存容器内压力过大,引发了此次火灾[12]。

(3)印度苯乙烯泄漏事件

2020 年 5 月 7 日 2 时 30 分,位于印度安得拉邦维沙卡帕特南市的 LG 聚合物有限公司发生苯乙烯泄漏事故,造成 13 人死亡,5 000 余人不同程度感到身体不适,部分出现眼睛灼热、呼吸困难等症状。初步了解,苯乙烯是这家工厂购买的原料,泄漏储罐容量为 2 000 t,受新冠疫情影响,该装置停工一个多月,由于当地气温高,储罐内的苯乙烯自聚放热,造成储罐内温度持续升高,苯乙烯汽化排出。由于泄漏发生在凌晨,无人及时处置,加之当地无风,导致苯乙烯蒸汽缓慢沿地面扩散至周边 2 km 的地方,造成人员吸入中毒。外部安全防护距离不足,距离工厂最近的居民区仅有 250 m,这也是造成大量人员中毒的重要原因[13]。

7.3　重大危险源防御规划的主要内容

规划流程:在现状调查和资料分析的基础上,进行城市安全功能区划,形成决策可行的规划方案,完成市域重大危险源公共安全规划的编制(图 7－2)[5]。

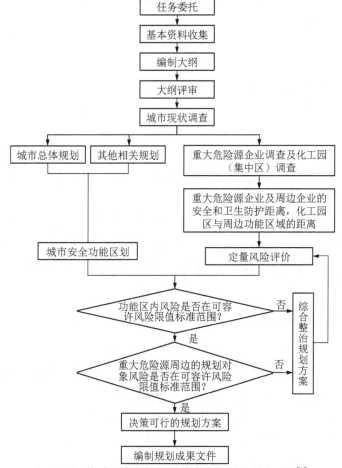

图 7－2　市域重大危险源公共安全规划编制流程图[9]

7.3.1　法规依据

法律法规:《中华人民共和国安全生产法》《危险化学品安全管理条例》《危险化学品经营许可证管理办法》《危险化学品登记管理办法》等。

规范标准:《重大危险源分级标准》(征求意见稿)、《危险化学品重大危险源辨识》(GB 18218—2018)、《危险化学品生产、储存装置个人可接受风险标准和社会可接受风险标准(试行)》《危险化学品重大危险源安全监控通用技术规范》(AQ 3035—2010)、《危险化学

品重大危险源 罐区现场安全监控装备设置规范》（AQ 3036—2010）、《危险化学品单位应急救援物资配备要求》（GB 30077—2013）、《石油化工企业设计防火标准》（GB 50160—2018）等。

7.3.2 重大危险源风险评估及区域风险分析

① 重大危险源风险评估应采用定性与定量方法相结合。

② 宜采用事故后果评价法，定量计算重大危险源事故的死亡半径、重伤半径和轻伤半径，判断多米诺效应发生概率，量化对周边脆弱目标和敏感人员的影响程度[2]。

③ 应采用区域定量风险分析法计算重大危险源的个人风险和社会风险，绘制个人风险等值线和社会风险曲线[5]。

7.3.3 重大危险源企业安全布局规划

① 规划应明确重大危险源安全布局的原则。

② 重大危险源企业安全布局规划应综合考虑城市总体规划、产业发展规划和安全生产规划。

③ 根据相关的法律法规、当地政策，建立重大危险源企业的准入和退出机制。

④ 重大危险源与周边功能区域的距离应满足国家相关标准的要求，涉及有毒有害物质的重大危险源应满足卫生防护距离的要求。

⑤ 重大危险源企业位置选择应以重大危险源风险评估及区域定量风险评价结果为基础，能满足：最大限度降低事故发生后对周边敏感目标的影响程度；最大限度降低多米诺效应发生的概率；个人风险和社会风险不得超过所在城市的可容许个人风险标准、可容许社会风险标准[5]。

7.3.4 重大危险源企业用地安全规划

不符合重大危险源布局要求需要搬迁的企业，用地安全规划应明确重大危险源企业搬迁用地的选址理由和选择目的；明确重大危险源企业搬迁用地的范围、重大危险源企业搬迁后对当地环境的影响和重大危险源企业搬迁后的区域风险。

拟建重大危险源企业应满足安全布局要求，用地安全规划应明确企业规划用地的选择理由、选择目的；明确拟建重大危险源企业用地的范围、拟建重大危险源企业建设完成后对当地环境的影响和重大危险源企业区域风险。

明确搬迁、拟建重大危险源企业规划用地的用地面积和实施时间。

明确近期、中期或远期搬迁、拟建重大危险源企业规划用地实施计划[5]。

7.3.5 重大危险源事故应急管理体系及设施建设

总体要求：重大危险源事故应急管理体系应满足国家有关应急体系建设相关规范和标准的要求，应有与规划期限内重大危险源相适应的应急能力。重大危险源事故应急管理体系建设包括但不限于以下内容：① 应急预案体系；② 应急响应中心和应急管控平台；③ 应急物资；④ 应急救援队伍和应急救援设施建设等。

应急预案应形成体系,包括综合应急预案、专项应急预案、现场处置方案。

应急响应中心应设置在专用场所,配备专职工作人员,硬件能满足应急接警、应急响应、辅助决策、监测监控功能。

应急管控平台应满足国家电子政务的要求,能够接入省级应急平台,且应具有综合业务管理、事故预测预警、应急指挥协调功能。

城市重大危险源应急物资配置应建立在重大危险源企业应急物资满足《危险化学品单位应急救援物资配备要求》(GB 30077—2013)的基础上,结合对重大危险源企业事故分析评价的结果予以配置。

重大危险源事故应急救援队伍建设应结合对重大危险源企业事故分析评价结果和应急救援队伍现状,形成消防、公安、安全、环保和企业等多单位联动机制的应急救援队伍。

消防及其应急救援设施:应根据重大危险源企业分布和风险特点,明确消防及其应急救援设施建设规划,合理选址。重大危险源企业消防通道应满足相关规范要求。消防用水应满足相关规范要求。重大危险源企业应按国家有关要求成立专职消防队。

气体防护:应根据重大危险源企业分布和风险特点,在市域范围内合理设置联合气防站。应对涉及氯气、氨气、氟化氢、环氧乙烷等吸入性有毒有害气体的重大危险源企业规定设立气防站(点)。作业场所设立具有"应急避难"功能的气防室。气体防护队伍及其应急救援设施建设应满足《气体防护站设计规范》(SY/T 6772—2009)。

化学品事故医疗救护:应根据重大危险源企业分布和风险特点,规划化学品事故医疗救护中心或职业卫生防治所。各化学品事故医疗救护中心或职业卫生防治所(站)按要求配备化学品事故医疗救护人员,配置医疗救护器材和药物。

疏散用地:重大危险源企业应设置用作疏散的场地,疏散用地应根据常年主导风向选择。

水体保护:应规划事故状态下事故污水收集储池、污水收集管网系统,以及区域内污水储存设施或区域污水缓冲区。

危险化学品运输:运输车辆管理措施;运输车辆禁行区域划分,包括禁行范围、禁行路线;运输的监管对策;道路和水上运输的有关对策。

主要参考文献

[1] 中华人民共和国应急管理部. 危险化学品重大危险源辨识:GB 18218—2018[S]. 北京:中国标准出版社,2018.

[2] 中华人民共和国应急管理部. 危险化学品仓库储存通则:GB 15603—2022[S]. 北京:中国标准出版社,2023.

[3] 全国安全生产标准化技术委员会化学品安全分技术委员会. 危险化学品重大危险源 罐区现场安全监控装备设置规范:AQ 3036—2010[S]. 北京:煤炭工业出版社,2011.

[4] 中石化洛阳工程有限公司,中国石化工程建设有限公司. 石油化工企业设计防火标准:GB 50160—2008(2018版)[S]. 北京:中国计划出版社,2019.

[5] 江苏省安全生产标准化技术委员会. 市域重大危险源公共安全规划编制导则:DB32/T

2917—2016[S]. 南京：江苏省质量技术监督局，2016.

[6] 全国安全生产标准化技术委员会化学品安全分技术委员会. 危险化学品重大危险源安全监控通用技术规范：AQ 3035—2010 [S]. 北京：煤炭工业出版社，2011.

[7] 全国安全生产标准化技术委员会化学品安全分技术委员会. 危险化学品单位应急救援物资配备要求：GB 30077—2013 [S]. 北京：中国标准出版社，2014.

[8] 8·12 天津滨海新区爆炸事故[EB/OL]. (2023 – 04 – 24)[2023 – 06 – 18]. https：//baike. baidu. com/item/8％C2％B712％E5％A4％A9％E6％B4％A5％E6％BB％A8％E6％B5％B7％E6％96％B0％E5％8C％BA％E7％88％86％E7％82％B8％E4％BA％8B％E6％95％85/18370029？fr＝aladdin.

[9] 7·16 大连输油管道爆炸事故[EB/OL]. (2023 – 05 – 22)[2023 – 06 – 18]. https：//baike. baidu. com/item/7％C2％B716％E5％A4％A7％E8％BF％9E％E8％BE％93％E6％B2％B9％E7％AE％A1％E9％81％93％E7％88％86％E7％82％B8％E4％BA％8B％E6％95％85/22084721？fr＝aladdin.

[10] 11·22 青岛输油管道爆炸事件[EB/OL]. (2023 – 05 – 15)[2023 – 06 – 18]. https：//baike. baidu. com/item/11％C2％B722％E9％9D％92％E5％B2％9B％E8％BE％93％E6％B2％B9％E7％AE％A1％E9％81％93％E7％88％86％E7％82％B8％E4％BA％8B％E4％BB％B6/12537802？fr＝aladdin.

[11] 11 人死亡，45 人受伤，50 万人被迫撤离，这起油库爆炸事故震惊世人！[EB/OL]. (2020 – 10 – 15)[2023 – 06 – 18]. https：//www. sohu. com/a/424820437_656055.

[12] 中国新闻网. 印尼油库爆炸起火 19 人遇难数十人就医 初查系技术问题[EB/OL]. (2023 – 03 – 05)[2023 – 06 – 18]. https：//baijiahao. baidu. com/s？id＝1759504786559436970 &wfr＝spider&for＝pc.

[13] 中国化学品安全协会. 2020 年国外十大危化品事故（附警示片）[EB/OL]. (2021 – 01 – 14)[2023 – 06 – 18]. https：//www. sohu. com/a/444622597_684748.

8 核安全与放射性污染防治规划

8.1 基本知识

8.1.1 概念界定

根据《中华人民共和国放射性污染防治法》，放射性污染是指由于人类活动造成物料、人体、场所、环境介质表面或者内部出现超过国家标准的放射性物质或者射线。在自然界和人工生产的元素中，有一些能自动发生衰变，并放射出肉眼看不见的射线，这些元素被统称为放射性元素或放射性物质。

放射性废物：核设施运行、退役产生的，含有放射性核素或者被放射性核素污染，其浓度或者比活度大于国家确定的清洁解控水平，预期不再使用的废弃物。

伴生放射性矿：含有较高水平天然放射性核素浓度的非铀矿（如稀土矿和磷酸盐矿等）。

射线装置：X 线机、加速器、中子发生器以及含放射源的装置。

放射源：除研究堆和动力堆核燃料循环范畴的材料以外，永久密封在容器中或者有严密包层并呈固态的放射性材料。

放射性同位素：某种发生放射性衰变的元素中具有相同原子序数但质量不同的核素。

核技术利用：密封放射源、非密封放射源和射线装置在医疗、工业、农业、地质调查、科学研究和教学等领域中的使用。

根据《中华人民共和国核安全法》，核设施包括：核动力厂（核电厂、核热电厂、核供汽供热厂等）和其他反应堆（研究堆、实验堆、临界装置、次临界装置等）；核燃料生产、加工、贮存和后处理设施；放射性废物的处理和处置设施等。按用途分，核设施有民用核设施和军用核设施两大类。

核材料：铀-235 材料及其制品，铀-233 材料及其制品，钚-239 材料及其制品，法律、行政法规规定的其他需要管制的核材料。

核动力厂：利用核动力反应堆生产电力或热能的动力厂。核动力厂包括核电厂（核电站）、核热电厂、核供汽、供热厂（核供热站）、核海水淡化厂等。

核电站：利用核分裂或核融合反应所释放的能量产生电能的发电厂。目前，商业运转中的核能发电厂都是利用核分裂反应而发电。核电站一般分为 2 部分：利用原子核裂变生产蒸汽的核岛和利用蒸汽发电的常规岛，使用的燃料一般是放射性重金属：铀、钚。一般情况下，核放射、核泄漏、核污染的作用半径是 10 km 内。核爆炸、核渗透、核聚变的作用半径是 50 km 内。核电厂的类型主要有：石墨水冷堆核电厂、石墨气冷堆核电厂、压水堆核电厂、沸水堆核电厂、重水堆核电厂以及快堆核电厂等[1]。

核设施营运单位：在中华人民共和国境内，申请或者持有核设施安全许可证，可以经营和运行核设施的单位。

核安全设备：在核设施中使用的执行核安全功能的设备，包括核安全机械设备和核安全电气设备。

乏燃料：在反应堆堆芯内受过辐照并从堆芯永久卸出的核燃料。

停闭：核设施已经停止运行，并且不再启动。

退役：采取去污、拆除和清除等措施，使核设施不再使用的场所或者设备的辐射剂量满足国家相关标准的要求。

广义的核安全：对核设施、核活动、核材料和放射性物质采取必要和充分的监控、保护、预防和缓解等安全措施，防止由于任何技术原因、人为原因或自然灾害造成事故发生，并最大限度减少事故情况下的放射性后果，从而保护工作人员、公众和环境免受不当辐射的危害。狭义的核安全：在核设施的设计、建造、运行和退役期间，为保护人员、社会和环境免受可能的放射性危害所采取的技术和组织上的措施的综合[2]。

核事故：核设施内的核燃料、放射性产物、放射性废物或者运入运出核设施的核材料所发生的放射性、毒害性、爆炸性或者其他危害性事故，或者一系列事故。

设计基准事故：核电厂按确定的设计准则在设计中采取了针对性措施的那些事故工况。在这类事故工况下，放射性物质的释放可由适当设计的电厂设施限制在可接受限值以内。

严重事故：严重性超过设计基准事故的核电厂状态，包括造成堆芯严重损坏的状态。在这类事故状态下，放射性物质的释放可能失去应有的控制，导致超过可接受限值的严重辐射后果。这类事故有时也称为"超设计基准事故"。

纵深防御：通过设定一系列递进并且独立的防护、缓解措施或者实物屏障，防止核事故发生，减轻核事故后果。

应急计划区：为在核电厂发生事故时能及时有效地采取保护公众的防护行动，事先在核电厂周围建立、制定了应急计划并做好应急准备的区域[3]。应急计划区一般包括烟羽应急计划区和食入应急计划区。

烟羽应急计划区：针对烟羽照射途径（烟羽浸没外照射、吸入内照射和地面沉积外照射）而建立的应急计划区。这种应急计划区又可以分为内、外两区，在内区能在紧急情况下立即采取隐蔽、服用稳定碘和紧急撤离等紧急防护行动[3]。

食入应急计划区：针对食入照射途径（食入被污染食品和水的内照射）而建立的应急计划区。但食品和饮水控制通常不属于"紧急"防护对策，一般情况下允许根据事故释放后所进行的监测与取样分析来确定实施此类应急响应的范围，在应急计划阶段考虑食入应急计划区的范围和安排有关应急措施时应充分考虑这些因素[3]。

非居住区：反应堆周围一定范围内的区域，该区域内严禁有常住居民，由核动力厂的营运单位对这一区域行使有效的控制，包括任何个人和财产从该区域撤离；公路、铁路、水路可以穿过该区域，但不得干扰核动力厂的正常运行；在事故情况下，可以做出适当和有效的安排，管制交通，以保证工作人员和居民的安全。在非居住区内，与核动力厂运行无关的活动，只要不影响核动力厂正常运行和危及居民健康与安全，是允许的[4]。

规划限制区：由省级人民政府确认的与非居住区直接相邻的区域。规划限制区内必须限制人口的机械增长，对该区域内的新建和扩建的项目应加以引导或限制，以考虑事故应急状态下采取适当防护措施的可能性[4]。

8.1.2 核动力厂选址要求

必须在核动力厂周围设置非居住区和规划限制区。非居住区和规划限制区边界的确定应考虑选址假想事故的放射性后果。不要求非居住区是圆形,可以根据厂址的地形、地貌、气象、交通等具体条件确定,但非居住区边界离反应堆的距离不得小于 500 m,规划限制区半径不得小于 5 km。

核动力厂应尽量建在人口密度相对较低、离大城市相对较远的地点。规划限制区范围内不应有 1 万人以上的乡镇,厂址半径 10 km 范围内不应有 10 万人以上的城镇。

在核电厂周边的外围地带,还需要考虑的外部人为事件危险源筛选距离值,如表 8 - 1 所示。

表 8 - 1 部分外部人为事件危险源筛选距离值[5]

危险源类别	爆炸源	危险气云源	火灾	液体危险品	飞机航线(起落航道)	一般机场	大型机场	军事设施
筛选距离值/km	5～10	8～10	1～2	5～10	半径4	半径10	可按半径16范围考虑	半径30

从核安全的观点考虑,核电厂厂址选择的主要目的,是保护公众和环境免受放射性事故所引起的过量辐射影响。同时,对于核电厂正常的放射性物质释放也应加以考虑。在评价一个厂址是否适于建造核电厂时,必须考虑以下几方面的因素:① 在某个特定厂址所在区域可能发生的外部自然事件或人为事件对核电厂的影响。② 可能影响所释放的放射性物质向人体转移的厂址特征及其环境特征。③ 与实施应急措施的可能性及评价个人和群体风险所需要的有关外围地带的人口密度、分布及其他特征[6]。

8.1.3 应急计划区的范围

确定核电厂应急计划区的范围时,应遵循下述一般方法:① 按照《核电厂应急计划与准备准则 第 1 部分:应急计划区的划分》(GB/T 17680.1—2008)第 4 章的有关规定,确定应考虑的事故的类型及源项。② 计算事故通过烟羽照射途径使公众可能受到的预期剂量和采取特定防护行动后的可防止的剂量,并估计可能被污染的食品和饮用水的污染水平;计算中所用的环境转移模式和参数应是审管部门推荐或认可的。③ 将所得到的剂量数据和污染水平与《电离辐射防护与辐射源安全基本标准》(GB 18871—2002)所规定的相应的通用优化干预水平或行动水平进行比较,确定应急计划区的范围大小,使在所确定的应急计划区的范围之外,事故可能导致的公众剂量和食品与饮用水的污染水平分别低于相应的通用优化干预水平和行动水平。

确定烟羽应急计划区的范围时,应遵循下列安全准则:① 在烟羽应急计划区之外,按《核电厂应急计划与准备准则 第 1 部分:应急计划区的划分》(GB/T 17680.1—2008)第 4 章的规定所考虑的后果最严重的严重事故序列使公众个人可能受到的最大预期剂量不应超过《电离辐射防护与辐射源安全基本标准》(GB 18871—2002)所规定的任何情况下预期均应进行干预的剂量水平。② 在烟羽应急计划区之外,对于各种设计基准事故和大多数严重事故序列,相应于特定紧急防护行动的可防止的剂量一般应不大于《电离辐射防护与辐射源安全基本标准》(GB 18871—2002)所规定的相应的通用优化干预水平。

确定食入应急计划区的范围时,应遵循下述安全准则:在食入应急计划区之外,大多数严重事故序列所造成的食品和饮用水的污染水平不应超过《电离辐射防护与辐射源安全基本标准》(GB 18871—2002)所规定的食品和饮用水的通用行动水平。

对于压水堆核电厂,其烟羽应急计划区的区域范围一般应考虑反应堆热功率的大小,在以反应堆为中心、半径 7~10 km 范围内确定;烟羽应急计划区内区的区域范围一般应考虑反应堆热功率的大小,在以反应堆为中心、半径 3~5 km 的范围内确定,即内区是 3~5 km、外区是 7~10 km。

对于压水堆核电厂,其食入应急计划区的区域范围,在应急计划与准备阶段可根据应急计划所考虑的事故的辐射后果的评价结果来考虑;应急响应时,可根据实际监测与取样分析的结果来确定实施有关响应行动的区域范围。

确定应急计划区的实际边界位置时,除了相应规范要求的区域范围要求之外,还应考虑核电厂周围的具体环境特征,如地形、行政区划边界、人口分布、交通和通信等社会经济状况和公众心理等因素,使最终划定的应急计划区的实际边界符合实际,便于进行应急准备和应急响应。

食入应急计划区的范围是 30~50 km,在这个范围内采取的应急准备是食物和饮水的控制,主要是考虑放射性物质沉降到地面、农作物、水果、水中,引起食物和水的污染,故对此进行控制。大亚湾核电站的食入应急计划区的范围是以 50 km 为半径、除香港控制范围以外的广东省范围。

8.1.4 规划限制区的管控要求

规划限制区内必须限制人口的大规模机械增长,避免大规模迁入移民,避免新建和扩建大型企事业单位、大型开发项目、劳动密集型项目、大型医院或疗养院、旅游开发区、监狱、学校等难以撤离的大型单位和设施,且不宜增设或扩大城镇建制规模。对城镇的人口和经济发展规划应有所限制,规划限制区内不应有万人以上的人口聚集区,而且城镇的发展方向应尽量背向核电厂,以免对事故应急可行性产生不可接受的影响。

规划限制区应对大型工业园区、石油化工、易燃、易爆、有毒有害、有腐蚀性的工业项目、矿产开采、飞机场、军事设施等新建和扩建项目加以引导或限制,必要时应进行分析和评价,避免对核电厂运行安全构成潜在威胁。

《台山核电厂规划限制区安全保障与环境管理规定》中规定:核电厂规划限制区是指以核反应堆为中心、半径为 5 000 m 的限制人口数量机械增加、对新建和扩建项目按本规定加以引导或限制的地区。规划限制区内禁止设立炼油厂、化工厂、油库、爆炸方法作业的采石场、易燃易爆品仓库、人口密集场所等对核电厂安全存在威胁的项目。规划限制区内可以发展养殖业、种植业、旅游业、捕捞业和适合当地发展的第三产业,但不得违反有关产业发展和人口数量控制规划规定,且应依法获得所需相关许可。规划限制区内沿核电厂离岸 500 m 范围为电厂警戒管制区,在该区域内不得进行非法养殖,不得非法建设或设置建筑物和构筑物,不得违法使用无人机等工具入侵、窥视台山核电厂[7]。

2022 年 12 月,《山东省人民政府关于划定山东招远核电厂规划限制区的批复》中确定:

山东招远核电厂 6 台机组周围半径 5 km(以每台机组反应堆为中心)为规划限制区。要严格控制规划限制区内人口机械增长,对规划限制区内的新建和扩建项目加以引导或限制,以便在事故应急状态下采取紧急防护措施[8]。

8.1.5 放射性废物地质处置设施选址要求

放射性废物地质处置设施的处置对象包括高水平放射性废物、不进行后处理的乏燃料,以及不适合进行近地表处置的其他放射性废物,这决定了放射性废物地质处置需要采取更高水平的包容和隔离措施。

为实现安全处置目标,地质处置设施的研发一般应分阶段实施,包括处置概念研究,地质处置设施选址、设计、建造、运行、关闭和关闭后等,各阶段的划分没有严格的界限,部分工作可重叠,必要时应当考虑地质处置设施有关决策和工程实施过程的可逆性。

安全是地质处置设施研发从始至终考虑的首要因素。应以迭代的方式对场址和处置方案的安全性、适宜性和经济技术可行性开展评价,以便为地质处置设施提供最优化的安全水平。在满足安全要求的基础上,应考虑地质处置设施的公众接受度、成本、土地性质和使用情况、现有基础设施和运输条件等因素。

应采用符合国家标准的测试和分析方法论证地质处置设施各个组成部分的适宜性和实用性,并确保地质处置设施研发各阶段所做决策的安全水平达到监管要求。

应当依靠有效的运行控制系统和管理措施来保障地质处置设施的运行安全,应采用成熟的或经过验证的方法对地质处置设施正常运行和事故工况下的所有辐射危害进行评价。

地质处置设施的设计应遵循纵深防御的原则,应通过多重屏障对放射性废物进行隔离,确保辐射照射保持在合理、可行和尽可能低的水平,以实现地质处置设施关闭后的安全。应通过安全评价论证地质处置设施关闭后的安全。

地质处置设施的核安保水平应与放射性危害水平及所接收废物的毒性相匹配,有必要采取核安保措施来防止未经允许的个人进入及未经授权的放射性材料转移,安全措施和核安保措施应综合协调。

地质处置设施选址:选址过程分为规划选址、区域调查、场址特性评价和场址确认 4 个阶段。各阶段的划分没有截然明确的界限,一般会有若干相关联的重叠性工作,但总体上是逐步深入的[9]。

8.1.6 污染源

8.1.6.1 原子能工业排放的废物

原子能工业中核燃料的提炼、精制和核燃料元件的制造,都会有放射性废弃物产生和废水、废气的排放。这些放射性"三废"都有可能造成污染,由于原子能工业生产过程的操作运行都采取了相应的安全防护措施。"三废"排放也受到严格控制,所以对环境的污染并不十分严重。但是,当原子能工厂发生意外事故,其污染是相当严重的。国外就有因原子能工厂发生故障而被迫全厂封闭的实例。此外,铀矿开采过程中的氡和氡的衍生物以及放射性粉尘造成对周围大气的污染,放射性矿井水造成水质的污染,废矿渣和尾矿造成了固体废物的污染[10]。

8.1.6.2 核武器试验的沉降物

在进行大气层、地面或地下核试验时,排入大气中的放射性物质与大气中的飘尘相结合,由于重力作用或雨雪的冲刷而沉降于地球表面,这些物质称为放射性沉降物或放射性粉尘。放射性沉降物播散的范围很大,往往可以沉降到整个地球表面,而且沉降很慢,一般需要几个月甚至几年才能落到大气对流层或地面,衰变则需上百年甚至上万年。1945年,美国在日本的广岛和长崎投放了两颗原子弹,使几十万人死亡,大批幸存者也饱受放射性病的折磨[10]。

核试验造成的全球性污染要比核工业造成的污染严重得多。1970年以前,全世界大气层核试验进入大气平流层的锶-90中97%已沉降到地面,这相当于核工业后处理厂排放锶-90的1万倍以上。因此,全球严禁一切核试验和核战争的呼声也越来越高。

核试验分为大气层核试验和地下核试验2种。

大气层核试验产生的放射性落下灰是迄今土壤环境的主要放射性污染源。放射性落下灰的沉降可分为3种情况:

① 局地性沉降:颗粒较大的粒子因重力作用而沉降于爆心周围几百公里的范围内。

② 对流层沉降:较小的粒子则在高空存留较长时间降落到大面积的地面上,其中进入对流层的较小颗粒主要在同一半球同一纬度绕地球沉降。沉降时间一般在爆炸后20~30 d,在爆心的同一纬度附近造成带状污染。

③ 全球沉降或平流层沉降:百万吨级或以上的大型核爆炸,产生的放射性物质带入平流层,然后再返回地面,造成世界范围的沉降,平均需0.5~3 a。

8.1.6.3 核电站

目前,全球正在运行的核电站有400多座,还有几百座正在建设之中。核电站排入环境中的废水、废气、废渣等均具有较强的放射性,会造成对环境的严重污染。

1979年,美国三里岛核电站二回路故障造成失水,无法导出余热,部分燃料棒熔化、破损,产生放射性泄漏,但对环境影响不大。

1986年,切尔诺贝利核电站严重事故也是人为造成的。停堆进行电机性能试验,切断安全保护系统,将堆内大部分控制棒迅速拔出。控制棒剩下8根时,反应堆功率失控,被切断的安全保护系统无法动作,引起爆炸与燃烧、堆芯熔化、放射性严重泄漏、大范围环境污染,造成31人死亡、203人患放射病、400万人遭到低剂量辐射。

8.1.6.4 核燃料的后处理

核燃料后处理厂是将反应堆废料进行化学处理,提取钚和铀再度使用,但后处理厂排出的废料依然含有大量的放射性核素,如锶-90、钚-239,仍会对环境造成污染。

目前,对其废料处理主要有以下5种形式:

① 深埋地下:先把核废料在高压下变成粉末,渗入焚化了的玻璃液中,冷却后成为玻璃块,把它置于金属罐中埋入不渗水的结晶岩石或花岗岩中的地下井内,深度达500~1 000 m。

② 埋入深海:将核废料装入潜艇运至深海放入海床下储存,使之沉淀衰变。

③ 冰冻处理:将核废料放入钨球中,再放在较为稳定的冰川上。

④ 送入太空:用火箭送到太空或其他星球上。

⑤ 开发循环:开发新的技术使之能够循环利用,使之能够不再被称为废物。

8.1.6.5　医疗放射性

医疗检查和诊断过程中,患者身体都要受到一定剂量的放射性照射,例如,进行一次肺部 X 光透视,约接受 $(4\sim20)\times0.0001$ Sv 的剂量(1 Sv 相当于每克物质吸收 0.001 J 的能量),进行一次胃部透视,约接受 $0.015\sim0.03$ Sv 的剂量。

8.1.6.6　科研放射性

科研工作中广泛地应用放射性物质,除了原子能利用的研究单位外,金属冶炼、自动控制、生物工程、计量等研究部门,几乎都有涉及放射性方面的课题和试验。在这些研究工作中,都有可能造成放射性污染[10]。

8.1.7　国际核事故分级

国际核事故分级表(INES)制定于 1990 年[11]。这个标准由国际原子能机构(IAEA)起草并颁布,旨在设定通用标准以及方便国际核事故交流通信,用于评估核事故的安全性影响程度。核事故分为 7 级,类似于地震级别,灾难影响最低的级别位于最下方,影响最大的级别位于最上方。最低级别为 1 级核事故,最高级别为 7 级核事故。但是相比于地震级别来看,核事故等级评定往往缺少精密数据评定,往往是在发生之后通过造成的影响和损失来评估等级。所有的 7 个核事故等级又被划分为 2 个不同的阶段。最低影响的 3 个等级被称为核事件,最高的 4 个等级被称为核事故。

以下内容是分级详解:

第 7 级核事故标准:大量核污染泄漏到工厂以外,造成巨大健康和环境影响。这一级别历史上仅有 2 例,为 1986 年切尔诺贝利核事故和 2011 年日本福岛第一核电站核泄漏事故。

第 6 级核事故标准:一部分核污染泄漏到工厂外,需要立即采取措施来挽救各种损失。这一级别历史上仅有 1 例,为 1957 年苏联克什特姆(Kyshtym)核事故。事故当时造成 $70\sim80$ t 核废料发生爆炸并散播至 800 km^2 的土地上。

第 5 级核事故标准:有限的核污染泄漏到工厂外,需要采取一定措施来挽救损失。至 2013 年共计有 4 起核事故被评为此级别,其中包括 1979 年美国三里岛核事故。其余 3 起分别发生在加拿大、英国和巴西。

第 4 级核事故标准:非常有限但明显高于正常标准的核物质被散发到工厂外,或者反应堆严重受损,或者工厂内部人员遭受严重辐射。

第 3 级核事件标准:很小的内部事件,外部放射剂量在允许的范围之内,或者严重的内部核污染影响至少 1 个工作人员。这一级别事件包括 1989 年西班牙范德略斯(Vandellos)核事件,当时核电站发生大火造成控制失灵,但最终反应堆被成功控制并停机。

第 2 级核事件标准:这一级别对外部没有影响,但是内部可能有核物质污染扩散,或者直接过量辐射了员工或者操作严重违反安全规则。

第 1 级别核事件标准:这一级别对外部没有任何影响,仅为内部操作违反安全准则。2010 年 11 月 16 日在大亚湾核电站发生的事故位于这一级别。

8.2 国内外核安全与放射性污染历史事件

8.2.1 苏联切尔诺贝利核灾难

1986 年,苏联发生的切尔诺贝利核灾难严重程度超过了克什特姆核事故,如果将核辐射扩散程度作为测量标准,这场核灾难的严重程度达到克什特姆核灾难的 4 倍。迄今为止,切尔诺贝利核电站的蒸汽爆发和反应堆熔毁事故与福岛第一核电站核安全事故齐名,成为历史上达到国际核事故分级表(INES)第 7 级的核事故。

这场核灾难发生在 1986 年 4 月 26 日,当时 4 号反应堆的技术人员正进行透平发电机试验,即在停机过程中靠透平机满足核电站的用电需求。由于人为失误导致一系列意想不到的突然功率波动,安全壳发生破裂并引发大火,放射性裂变产物和辐射尘释放到大气中。当时的辐射云覆盖欧洲东部、西部和北部大部分地区,有超过 33.5 万人被迫撤离疏散区。此次核事故的直接死亡人数为 53 人,另有数千人因受到辐射患上各种慢性病[12]。

今天,切尔诺贝利周边地区呈现出一种怪异的"反差"。切尔诺贝利和普里皮亚特这两座遭到遗弃的城市慢慢走向衰亡,周围林地和森林地区的野生动物却因为人类的撤离呈现出一片欣欣向荣的景象。有报道称,当地甚至再次出现了已经消失几个世纪的猞猁和熊,它们的出现说明大自然拥有惊人的恢复能力,生命即使在最为可怕的环境下也有能力适应并进行调整。

8.2.2 日本福岛第一核电站事故

福岛第一核电站位于东京东北部约 273 km,是世界上规模最大的核电站之一,共建有 6 座核反应堆,负责为日本电网供电[13]。

2011 年 3 月 11 日,日本东北部发生毁灭性的 9.0 级地震和海啸,地震引起断电以及大规模损毁了核反应堆机组与电力网的连接,只能倚赖紧急柴油发电机驱动电子系统与冷却系统。在福岛第一核电站内共有 6 个沸水反应堆机组。大地震发生时,为了准备定期检查,4、5、6 号机组正处于停机状态。当侦测到地震时,1、2、3 号机组亦立刻进入自动停机程序。但是大海啸淹没了紧急发电机室,损毁了紧急柴油发电机,令冷却系统停止运作,反应堆开始过热。同时,地震与海啸造成的损毁也阻碍了外来的救援。在之后的几个小时到几天内,1、2、3 号反应堆经历了堆芯熔毁。

福岛第一核电站事故最初被定为国际核事故分级表(INES)第 4＋级,但法国核安全机构认为实际严重程度超过第 4 级。最终该事故被国际原子能机构(IAEA)认定为核安全事故的最高等级即第 7 级[14]。

8.2.3 苏联克什特姆核灾难

随着第二次世界大战的结束,世界开始笼罩在冷战的阴云下。冷战期间,苏联和美国这两个超级大国展开核军备竞赛,由于急于求成,错误就在所难免。1957 年 9 月,位于奥焦尔斯克(1994 年之前被称为"车里雅宾斯克-40")的玛雅科核燃料处理厂发生事故,依照外泄的核辐射剂量与影响的人口数量被确定为国际核事故分级表(INES)第 6 级,使其成为有记录以来第三严重的核事故,仅次于福岛第一核电站事故和切尔诺贝利核事故。

这座处理厂建有多座反应堆,用于为苏联的核武器生产钚。作为生产过程的副产品,大量核废料被存储在地下钢结构容器内,四周修建了混凝土防护结构,但负责冷却的冷却系统并不可靠,为核事故的发生埋下隐患。

1957 年秋天,一个装有 80 t 固态核废料的容器周围的冷却系统发生故障。放射能迅速加热核废料,最终导致容器爆炸,160 t 的混凝土盖子被炸上天,并产生规模庞大的辐射尘云。当时,共有近 1 万人撤离受影响地区,大约 27 万人暴露在危险的核辐射水平环境下。至少有 200 人死于由核辐射导致的癌症,大约 30 座城市从此在苏联的地图上消失。

直到 1990 年,苏联政府才对外公布了克什特姆核灾难的严重程度。但在此之前,美国中央情报局就已知道这场灾难,由于担心其可能对美国核电站产生负面影响,当时并不披露任何信息。在克什特姆,面积巨大的东乌拉尔自然保护区(也被称为"东乌拉尔辐射区")因为这场核事故受到放射性物质铯-137 和锶-90 的严重污染,被污染地区的面积约 800 km²。

8.2.4 美国三里岛核事故

1979 年 3 月 28 日,位于宾夕法尼亚州哈里斯堡附近的三里岛核电站 TMI-2 反应堆的冷却液泵发生故障,一个卸压阀门无法关闭。控制室工作人员随即听到警报并看到警告灯亮起。不幸的是,传感器本身的设计缺陷导致核电站操作人员忽视或者误解了这些信号,就这样,反应堆芯因温度过高最终熔化。在形势得到控制时,反应堆芯已经熔化一半,反应堆安全壳底部的近 20 t 熔铀慢慢凝固。安全壳内部的蒸汽和气体排放口导致大量放射性物质释放到大气和周围环境中。三里岛核事故并没有导致任何核电站工作人员或者附近居民死伤,但仍旧被视为美国商业核电站运营史上最为严重的核事故[15]。

8.2.5 其他核安全事件

1957 年 10 月 10 日,英国温德斯格尔工厂反应堆发生火灾。由于人为操作失误反应堆芯过热,导致燃料起火。同时,由于检测温度的仪器发生堵塞,不能在反应堆芯周围移动以检测温度,使事故不断升级。燃料着火,石墨着火,最后反应堆芯起火。就这样,整个系统完全失去了控制。幸运的是,辐射是从 120 m 高的烟囱向周围散发的,烟囱很高,因而降低了人们从地面呼吸到的浓度。同时,烟雾被风吹向了整个英国,这就使英国大多数人受到的辐射都不怎么严重[16]。

1961 年 1 月 3 日,美国国家反应堆试验站事故。这起核事故是美国最为早期的大型核电站事故之一。这座反应堆位于爱达荷州瀑布市西部大约 60 km,采用单一大型中央控制棒,现在已经废弃。在对反应堆进行维护时,工作人员需要将控制棒拔出大约 10 cm,但这项操作最终出现了可怕故障。控制棒被拔出了约 65 cm,导致核反应堆进入临界状态,随后发生爆炸并释放出放射性物质。事故共造成 3 名工人死亡,其中 1 名工人被屏蔽塞钉在反应堆所在建筑的屋顶上。当时释放到环境中的核裂变产物达到 1 100 Ci 左右[17]。

1966 年 1 月 15 日,西班牙帕洛马雷斯核事故。两架美国战略空军司令部的飞机——一架 B-52 轰炸机和一架 KC-135 空中加油机,在西班牙沿海的比利亚里科斯村和帕洛马雷斯村的上空进行空中加油训练,在两机连接时,突然在约 9 500 m 的高空相撞。两机先后发生爆炸解体,约 200 t 燃烧着的飞机残片零乱地散布在空中,落向地面上惊慌失措的目击者们。其中,有 4 枚威力巨大的氢弹。幸运的是,这 4 枚氢弹在事故发生后的 80 d 内被全部成功回收。此次事故除一处庄稼被毁外,没有造成人员伤亡[18]。

1968 年 1 月 21 日,格陵兰图勒核泄漏事故。美国空军执行飞行任务时,一架载有 4 枚核弹的 B-52 轰炸机机舱起火,机组人员被迫选择放弃轰炸机。轰炸机坠毁在格陵兰图勒空军基地附近的海冰上,造成飞机装载的核弹破裂,导致大范围的放射性污染[19]。

1977 年,捷克斯洛伐克(现为斯洛伐克)核电站事故。捷克斯洛伐克贾斯罗斯克·波胡尼斯(Jaslovské Bohunice)的波胡尼斯(Bohunice)核电站发生事故。当时,核电站最老的 A1 反应堆因温度过高导致事故发生,几乎酿成一场大规模环境灾难。A1 反应堆也被称为"KS-150",由苏联设计,虽然独特但并不成熟。A1 反应堆的建造开始于 1958 年,历时 16 年。未经验证的设计很快就暴露出一系列缺陷,在投入运转的最初几年,这个反应堆曾 30 多次无缘无故关闭。1976 年初,反应堆发生气体泄漏事故,导致 2 名工人死亡。仅仅一年之后,这座核电站又因燃料更换程序的缺陷和人为操作失误发生事故,当时工人们居然忘记从新燃料棒上移除硅胶包装,导致堆芯冷却系统发生故障。排除污染的工作仍在继续,要到 2033 年才能彻底结束[20]。

1985 年 8 月 10 日,苏联核潜艇事故。苏联"K-431"号巡航导弹核潜艇在符拉迪沃斯托克港加油时,因在船坞内排除故障时误操作引起反应堆爆炸,造成 10 余人死亡,49 人被发现有辐射损伤,环境受到污染,艇体严重损坏[21]。

1987 年 9 月 13 日,巴西戈亚尼亚铯-137 医疗放射性污染事故。一家私人放射治疗研究所乔迁,将铯-137 远距治疗装置留在原地,未通知主管部门。两个小偷进入该建筑,将源组件从机器的辐射头上拆下来带回家拆卸,造成源盒破裂,产生污染。事故造成 14 人受到过度照射,4 人 4 周内死亡[22]。

1993 年 4 月 6 日,俄罗斯托木斯克市托木斯克-7 核燃料回收设施事故。工人们用具有高度挥发性的硝酸清理托木斯克-7 钚处理厂的一个地下容器,硝酸与容器内含有痕量钚的残余液体发生反应,随后发生的爆炸掀翻了容器上方的钢筋混凝土盖,并在顶部轰出很多大洞。同时,工厂电力系统又因短路发生火灾。爆炸将一个巨大的放射性气体云释放到周围环境中[23]。

1999 年 9 月 30 日,日本东海村铀回收处理设施的核事故。工人违反安全操作程序,把富集度 18.8% 的铀溶液(相当于含 16 kg 铀)直接倒入沉淀槽中(沉淀槽容纳这一富集度铀的最大操作量限定为 2.4 kg,其临界质量为 5.5 kg),由于倒入沉淀槽中的铀量超过其临界质量的 2.9 倍,因而当即产生蓝白色的闪光,发生了自持链式反应。此时现场产生了 γ 和中子辐射,γ 监测器开始报警。此次临界事故使现场 93 名工作人员受到不同程度的 γ 外照射和中子照射。其中,1 人于 1999 年 12 月 21 日死亡[24]。

2002 年,美国戴维斯-贝斯反应堆事故。戴维斯-贝斯核电站坐落于俄亥俄州橡树港北部大约 16 km,1978 年 7 月投入运营,曾计划于 2017 年 4 月关闭。运营期间,这座核电站曾多次出现安全问题,包括 1998 年遭到一场 F2 级龙卷风袭击。最严重的事故发生在 2002 年

3月,当时出现的严重腐蚀导致核电站关闭了2年左右。维修期间,工人们在碳钢结构反应堆容器上发现一个约15.24 cm深的腐蚀洞。遭腐蚀后的容器厚度只有约9.52 mm,用以防止灾难性的爆炸和随之而来的冷却剂泄漏。如果附近的控制棒在爆炸中受损,关闭反应堆和避免堆芯熔毁将面临相当难度[25]。

2004年,日本美浜核电站事故。美浜核电站座落于东京西部大约320 km的福井县,1976年投入运营,1991—2003年曾发生过几次与核有关的小事故。2004年8月9日,涡轮所在的建筑内连接3号反应堆的水管在工人们准备进行例行安全检查时突然爆裂。虽然并未导致核泄漏,但蒸汽爆炸还是导致5名工人死亡,数十人受伤。2006年,美浜核电站又发生火灾,导致2名工人死亡[26]。

8.3　核安全与放射污染灾害防治规划的主要内容

8.3.1　法规依据

编制核安全与放射性污染防治规划须遵循相关法律法规、规范规程以及相关规划文件的要求。

法律法规和标准规范包括《中华人民共和国核安全法》《中华人民共和国放射性污染防治法》《核电厂厂址选择安全规定》《核动力厂调试和运行安全规定》《核电厂厂址选择的外部人为事件》《核电厂应急计划与准备准则 第1部分 应急计划区的划分》(GB/T 17680.1—2008)、《核动力厂环境辐射防护规定》(GB 6249—2011)、《铀矿冶辐射防护和辐射环境保护规定》(GB 23727—2020)、《5G移动通信基站电磁辐射环境监测方法(试行)》(HJ 1151—2020)、《放射性物质安全运输规程》(GB 11806—2019)等。

相关规划文件包括《核安全与放射性污染防治"十三五"规划及2025年远景目标》、各地市的核安全与放射性污染防治"十四五"规划、省市国土空间总体规划等。

8.3.2　主要内容

(1) 现状与形势

现状与形势内容包括现状的组织机构建设、安全监管能力、核与辐射安全知识普及宣传情况、核应急处置能力、面临的机遇与挑战等。例如,重庆市在规划中总结出面临的主要问题包括:对高风险放射源的监管须进一步加强;信息化数据平台的功能须进一步完善;辐射应急能力建设有待加强;对核与辐射行业良性发展的引领不足;电磁环境监测体系尚不完善等。

(2) 总体要求

总体要求内容包括指导思想、基本原则、规划目标。规划目标还分为总体目标和具体目标。具体目标包括:

① 放射源安全水平进一步提高:全市放射源安全受控,放射源辐射事故年发生率低于1起/万枚。

② 辐射环境监测能力得到加强:完善和优化辐射环境监测网络,增加辐射环境质量监测点位;掌握城市主城区电磁环境质量状况,力争实现确保全市各区县各类电磁辐射设施全覆盖,敏感区域通信基站电磁辐射监测数据监管率达到 100%,通信基站电磁辐射监测信息公开率达到 100%,通信基站建设项目备案率达到 100%,电磁辐射信访投诉处理率达到100%。不断提升实验室分析能力,建设全国一流的辐射监测分析实验室。

③ 辐射事故应急能力得到提升:持续提升辐射事故应急响应与处置能力,具备各级别辐射事故的综合协调指挥及处理处置能力;具备同时处理 2 起辐射事故的能力;建设扎实的核应急物资储备,提高核事故应急指挥高效性。

④ 电磁辐射环境监管得到加强:强化电磁类建设项目事中事后监管,全面加强对敏感地区、高危辐射源的监管巡查力度,进一步提升电磁环境监测能力,确保电磁辐射建设项目安全有序发展。

⑤ 放射性废物实现安全收贮:全市辐射建设项目不见面审批率、辐射安全移动执法覆盖率、高风险放射源在线监控率、废旧放射源安全收贮率均保持 100%,努力保持零事故。

⑥ 核安全文化宣传方面,加强核安全文化宣传建设,积极开展核安全文化交流,向公众讲解核安全法规及相关基础知识,提高公众的核安全常识。

(3)重点任务

① 提升辐射安全监管效能:加强队伍建设。推进"放管服"改革。

② 优化监管工作机制:有效运转市级核安全工作协调机制,推动解决辐射安全领域重难点问题。对核技术利用单位的辐射安全管理水平和安全状况进行评价,强化评价结果应用;加强核安全文化宣贯和辐射科普知识宣传。

③ 提升辐射监测能力:做好辐射环境监测;提升辐射监测网络性能;打造一流监测中心。

④ 健全辐射应急体系:适时修订各级辐射事故应急预案,有效衔接其他相关应急预案。加强对区县应急工作的督促指导,研究制定典型辐射事故现场处置行动指南。加强应急通信系统建设,综合考虑中继站、5G 通信和卫星通信等设备,打通应急平台与单兵之间"最后一公里"的通信障碍。提升应急硬件能力,配置无人机辐射监测系统、γ 相机、就地 γ 谱仪、应急救援机器人等应急设备。继续做好辐射安全大数据平台维护工作保障其稳定运行,并对平台技术架构和功能进行升级改造。推进高风险放射源监控系统建设,提升高风险移动放射源在线监控系统功能,实现定位精准、轨迹准确、数据传输稳定、预警及时。推进各区县具备处理较大辐射事故的能力,探索建立社会机构参与辐射事故应急的体制机制,组织区县和社会机构开展辐射应急训练。接入和整合现有监测及监控资源,实现系统互联互通与资源共享,做到"软硬"兼顾、全面发展。建立健全涉源单位与应急响应队伍的应急响应流程,提升应对重大、复杂辐射事故监测、处置等技术能力。

⑤ 加强放射性废物管理:稳步推进新城市放射性废物库及配套安防设施建设,做好新、旧城市放射性废物库的交接和废旧放射源处理处置工作。加强对放射性废物和废旧放射源的收贮、暂存和管理工作,确保核技术利用单位产生的放射性废物 100%安全收贮,重点消除历史遗留的放射源和放射性废物。建立健全放射性废物库管理制度及放射性废物定期清运机制,监控库容余量及放射性废物贮存状态,适时开展清库工作,减少大量废旧放射源和放

射性废物的聚集。实施城市放射性废物库安全与防护能力提升和生态修复工程,包括安保设施升级、收贮自动化改造、大小周界生态修复等。

其他内容还包括重点工程和保障措施。

8.4　案例解析

8.4.1　《阳江市核安全与放射性污染防治"十四五"规划(征求意见稿)》

8.4.1.1　总体目标

到"十四五"末,建立比较完善的核与辐射安全监管体系,健全全市辐射环境监测网络,实现核与辐射安全监管体系及监管能力现代化。建成适应阳江市核能与核技术利用事业发展的核与辐射应急体系,形成指挥有力、反应迅速、保障全面的核与辐射应急响应能力。全市核设施、核技术利用及放射性废物安全处于有效受控状态,有效降低辐射安全风险。持续完善电磁环境监管体系,建立全方位立体化的电磁环境监测体系。构建核与辐射安全监督执法、监测预警、应急响应及监管体系现代化,确保核与辐射安全,辐射环境质量继续保持良好,公众环境权益得到保障,核安全与辐射环境污染防治水平全面提升,促进全市核与辐射技术利用事业健康协调发展[27]。

8.4.1.2　重点任务

(1)全面提升核安全监管水平

积极构建监管制度体系;加强核与辐射安全监管机构队伍建设。

(2)常备不懈,加快应急能力及体系建设

完善市核应急体系;加强核应急能力建设;健全核应急管理。

加强核应急指挥能力建设。一是加强核应急资源管理,摸清核应急设施、设备、仪器、物资基础数据;二是建设核应急值守系统,全面落实核应急值班制度要求;三是加强现场救援与指挥中心通信网络,建立指挥中心与现场应急实时互动通道,实时掌握现场辐射环境、气象、道路交通、社会安全等情况,实现对现场应急力量的灵活调度。加强与省核应急响应(指挥)中心和核电厂营运单位应急专网的优化,实现各级核应急组织的互联互通。

加强核应急物资配备。根据阳江市核能与核技术利用现状和未来发展趋势,研究制定并印发市核应急专用物资配备标准和评估规范。摸清现有的和应急时可以征用或调用的抢险设备及专用物资现状,建立统一的核应急物资数据库。建立核应急救援物资储备制度,配齐核与辐射应急仪器、设备、防护用品、药品等专用核应急物资,明确核应急物资储备管理制度中各类主体的职责与权限。建立核应急物资分级储备方式,包括建立市核应急委各成员单位按职责储备本专业核应急物资,依托现场指挥所,重点建设现场核应急物资储备库,配备无人机、投放式环境γ自动监测站、碘片等专用核应急物资。摸清现有的核与辐射专用应急物资情况,建立能够应对重大核事故风险的"三单"制度,即核与辐射应急物资储备清单、核与辐射应急物资的供应商名单和应急时可调用资源名单,确保在核与辐射应急物资储备不足时能够及时采购和调用。高效调度核与辐射应急救援资源,推进账目公开,引导公平合理的社会捐助。加强核应急基础能力建设。建设核电厂场外应急固定式洗消站、前沿指挥所、核电特勤消防站,提高核事故应急处置能力。

健全核应急管理:提高思想认识;完善核与辐射应急预案体系;加强核应急演习;加强核与辐射应急培训。

(3)强化核与辐射预警监测体系建设

建设科学全面的核与辐射环境质量监测网络;开展自动站升级维护及深度融合;提升核与辐射环境监测人才队伍素质;完善相关法律标准。

(4)保障核技术利用辐射环境安全

持续定期开展放射源专项行动;加强废旧放射源安全管理;加强重点污染源监督性监测;加强核技术利用企业核安全文化培训与宣贯。

(5)加强电磁辐射环境安全

完善电磁领域法规标准;加强电磁环境领域监管;持续推进电磁辐射源监测工作;打造全方位立体化电磁环境监测体系;加强电磁领域信息公开和公共参与。

(6)构建良好的核安全发展环境

建立核安全工作协调机制;持续开展公众沟通;做好核电备选厂址保护[27]。

8.4.1.3 重点工程

(1)核与辐射应急响应建设工程

建造阳江市核应急前沿指挥所(含应急物资储存库)和固定去污洗消点。拟选址在大沟三丫村委会 X566 县道东边,北政村西南方向 1 km 处,与阳江核电站直线距离为 11 km,占地约 16 000 m²。建设内容包括前沿指挥所大楼、核应急指挥大厅、洗消点办公楼及配套办公设施、人员洗消池、车辆洗消场、停车场、废水收集池、固定式洗消设备及储藏室等。核应急能力建设与维持。主要配备应急监测无人机、投放式环境 γ 自动监测站、核电特勤消防站、核应急物资库、核应急检测设备、防护用品、药品等物资。

(2)核与辐射安全监管能力建设工程

电离辐射环境监测网络建设。建立放射源的跟踪信息平台,对高风险固定源、移动源和射线装置定期进行监督性监测,并将监测信息整合到省核技术利用辐射安全监管系统,满足业务监管需求和大数据平台信息使用。电磁辐射环境监测网络建设。充实完善常规电磁辐射环境监测设备,针对基站、输变电站、中波电台完成电磁环境监测,开展全市电磁环境质量监测,进行电磁设施辐射环境调查与评估,开展全市电磁辐射环境现状调查,评估对周围环境的影响,提出应对措施。核与辐射领域法规标准建设。制定阳江市核技术利用项目监督性检查实施办法(指导文件),修订《阳江市环境保护局审批环境影响报告书(表)的建设项目名录(2017 年本)》[27]。

8.4.2 《连云港市"十四五"核安全与辐射污染防治规划》

2020 年 8 月 8 日,连云港田湾核电站 5 号机组已于首次并网发电,6 号机组运行许可已颁发,后期还将建设 2 台机组。截至目前(发文时间 2021 年 11 月 23 日),全市核技术利用单位达 167 家(涉源单位 29 家,射线装置单位 138 家),在用放射源 640 余枚,射线装置共

430 余台,伴生放射性矿开发利用企业 2 家。移动通信基站近 2 万个、110 kV 以上变电站 140 余座,线路总长近 4 000 km。核能与核技术利用项目的发展,特别是 5G 网络的推广和徐圩新区石化基地的建设,使监管任务更趋繁重。连云港市目前存在的主要问题是:监管对象面广量大,监管人员不足;执法装备比较缺乏,监管手段有限;应急能力严重不足,体系亟待完善[28]。

"十四五"规划中确定的主要任务是:

(1) 加强核与辐射安全治理体系建设

完善核与辐射安全监管体系;完善核与辐射风险防控机制;完善核与辐射监测体系;完善辐射应急体系;完善职业风险保障机制。

(2) 提升核与辐射项目管理水平

促进政务服务一体化;加强重点项目辐射环境管理;提升辐射环境管理水平。

(3) 强化核与辐射环境执法检查

强化现场执法;紧盯重点领域;严抓验收核查。

(4) 高标准完成核电站外围监测

(5) 全面推进核与辐射污染治理工作

抓好废旧放射源安全动态管理;推进低放射性废渣处置;强化金属熔炼和化工行业放射性污染防治;加强电磁类建设项目辐射环境管理。

(6) 抓好核与辐射安全宣传工作

(7) 提高核与辐射安全治理能力

建设核与辐射安全监管专业化队伍;强化核与辐射环境监测装备配置;提升核与辐射安全管理水平[28]。

8.4.3 《重庆市辐射污染防治"十四五"规划(2021—2025 年)》

主要工作任务:提升辐射安全监管效能;优化监管工作机制;提升辐射监测能力;健全辐射应急体系;加强放射性废物管理[29]。

为推进落实规划重点任务,"十四五"期间将实施以下 5 个重点工程:

(1) 辐射科普宣传基地建设工程

宣传核与辐射、放射防护科普知识,充分运用互动高科技技术,营造出一个集趣味性、知识性、互动性为一体的科普基地。

(2) 辐射监测能力提升工程

建设国家区域辐射环境监测质量控制中心和市级辐射环境监测区域分中心,提升监测工作信息化水平。

(3) 辐射应急能力提升工程

加强应急通信系统建设,提升应急硬件能力。

(4) 放射性废物库功能提升工程

实施城市放射性废物库安全与防护能力提升和生态修复工程,提高废物库自动化、智能化水平。

(5) 辐射监管科技支撑工程

围绕环境监测、核技术利用单位监管、电磁环境等领域,开展提升辐射安全保障的科研攻关,为辐射安全监管提供技术支撑[29]。

8.4.4 美国《应对核爆炸的规划指南(第二版)》

(1) 核爆炸的分区方法

核爆炸应急分区的目标是拯救生命,同时管理应急工作人员生命和健康面临的风险。对核爆炸的反应将由邻近的反应单位提供,需要提前规划,建立互助协议和应对协议。任何被部署到辐射区域的工作人员都应接受辐射安全和测量培训,应急小组不应在没有首先确认其进入地区的放射性水平之前进入受影响地区[30]。

在轻微损伤(LD)区域内发生的大多数伤害预计不会有生命危险。大多数人的受伤与爆炸冲击波和交通事故中飞溅的玻璃和碎片有关。在 LD 区抢救流动幸存者的效益很低。如果受伤的幸存者能够自行行动,紧急反应人员的行动应侧重于引导公民前往医疗机构或集合庇护所,并向最需要受害者救援的中度损害(MD)区进发[30]。应急人员应将医疗注意力集中在受伤严重的灾民上,并应鼓励和指导灾民到安全地点避难,以加快救治受伤严重的灾民。

MD 区域内的应对措施要求规划人员做好应对辐射水平升高、不稳定的建筑和其他结构、倒塌的电线、破裂的燃气管道、危险化学品、尖锐的金属物体、破碎的玻璃和火灾的准备。MD 区应成为早期救生行动的重点[30]。早期应对活动应注重医疗分诊,并不断考虑尽量减少辐射剂量。

除非核辐射剂量率在核爆炸后的几天内大幅下降,并且 MD 区反应显著提前,否则不应尝试在严重损害(SD)区内做出反应。所有应急特派团都必须根据工人安全的风险考虑,合理地将应急人员的风险降至最低。城市搜索和救援行动将在 MD 区域的非放射性污染地区最有效地开展。

在危险沉降物(DF)区与 LD 或 MD 区重叠的物理位置,应对活动应以 DF 区潜在的致命辐射危害为指导。在防卫区最重要的任务是向公众传达保护行动命令。有效的防范需要公共教育、有效的沟通计划、信息和在 DF 区域的传递手段。

除污工作应限于为完成拯救生命而绝对必要使用或占据的地点,包括紧急基础设施和可能有助于拯救生命的基础设施,例如紧急关闭天然气管道。只有在获得沉降物分布、当前和预计的辐射剂量率,以及待去污元素的结构完整性等基本信息时,才应开始对关键基础设施进行去污。

标准的健康物理仪器和替代辐射探测系统可用于增强探测能力。所有辐射探测系统应在其功能范围和设计规格内使用。此外,应急人员可能需要额外的培训,以便在新的情况下使用他们熟悉的系统。

(2) 避难所/疏散建议

有两个主要的措施可以保护公众免受放射性尘埃的影响:躲避和疏散。在核爆炸之后,最好的初始行动是躲在最近的、最具防护性的建筑或结构中,并听取当局的指示。

带有地下室的房屋、大型多层建筑、停车场或隧道等避难所通常可以将放射性尘埃的剂量降低 10 倍或更多。没有地下室和车辆的单层木结构房屋只能提供最低限度的遮蔽,不应被认为是 DF 区足够的遮蔽。在获得有关沉降物分布和辐射剂量率的基本信息之前,不应尝试疏散[31]。

当执行疏散时,移动应该与沉降物路径成直角,远离羽流中心线,即"横向疏散"。应根据放射性沉降物的形态和辐射强度、是否有足够的住所、迫在眉睫的危险、医疗和特殊人口的需要、维持资源以及业务和后勤方面的考虑来确定撤离的优先次序。在彻底清除污染之前,简单地刷掉外衣就足以保护自己和他人。

（3）人口监测和净化

人口监测活动和去污服务应保持灵活性和可扩展性,以反映个人的优先需要和任何特定时间和地点的资源可得性。任何人口监测活动的当前优先事项是查明其健康面临直接危险并需要紧急护理的个人。

核爆炸后人口监测的主要目的是探测和清除外部污染。在大多数情况下,如果提供了直接的说明,可以自行进行外部去污。在监测放射性污染时,预防急性辐射对健康的影响应是首要关注的问题。放射性污染不会立即危及生命,自行疏散的个人需要在事件发生前或通过事件发生后的公共宣传机制向他们传达去污指示。

规划必须考虑到有关的人口,因为预计将有相当多的人在仍应得到安全庇护的情况下开始要求对人口进行监测,以确认他们没有受到辐射或放射性物质的污染。不应劝阻在核爆炸后的最初几天内使用受污染的车辆进行疏散,但应提供简单的漂洗或清洗车辆的说明。

目前还没有一个公认的放射性（内部或外部）阈值,超过这个阈值即被认为受污染,低于这个阈值即被认为未受污染。

国家和地方机构应该计划照顾宠物和服务动物的需求。被污染的宠物会给宠物主人的健康带来风险,尤其是儿童。

州和地方机构应尽早建立幸存者登记和定位数据库。规划人员应该在他们的社区中确定辐射防护专业人员,并鼓励他们志愿参加公民团体或社区中的类似项目。

（4）公共准备—紧急公共信息

核爆炸后的通信将是困难的。爆炸和电磁脉冲将破坏爆炸破坏区内居民的通信基础设施和设备,并可能对周围地区造成级联效应,包括通信最关键的区域——危险放射性沉降物区。邻近社区的规划人员应事先合作,确定在核爆炸后重建通信所需的资产。核爆炸后,在传递信息时使用所有的信息渠道,包括但不限于电视、广播、电子邮件提醒、短信和社交媒体渠道。

规划人员必须考虑在电子通信基础设施丧失功能或被摧毁的地区进行通信的各种选择。任何剩余的作战通信系统将严重超载。通过这些系统进出受影响地区的通信将极为困难,无线电广播可能是接触到核爆炸地点附近的人们的最有效手段。

事故发生前的准备对拯救生命至关重要。核爆炸后,公共安全取决于迅速做出适当安全决策的能力。事先准备和练习的信息对于在紧急事件中传递清晰、一致的信息和指示至关重要。规划人员应选择具有最高公众信任和信心的个人来传递信息,并应准备好立即向受影响地区的公众传递有关保护的关键信息,以便最大限度地挽救生命[30]。

主要参考文献

[1] 上海核电办公室. 核电厂主要有哪些类型[EB/OL]. (2018-04-16)[2023-06-08].

https：//www. smnpo. cn/hdzs/1659702. htm.

［2］ 李振基，陈小麟，郑海雷. 生态学［M］. 4 版. 北京：科学出版社，2014.

［3］ 全国核能标准化技术委员会. 核电厂应急计划与准备准则 第 1 部分：应急计划区的划分：GB/T 17680. 1—2008［S］. 北京：中国标准出版社，2019.

［4］ 环境保护部科技标准司，核安全管理司. 核动力厂环境辐射防护规定：GB 6249—2011［S］. 北京：中国环境科学出版社，2011.

［5］ 周耀权，马秀歌，刘新建，等. 核电厂厂址保护范围与要求探讨［J］. 环境科学与管理，2016，41(10)：4－7.

［6］ 国家核安全局. 核电厂厂址选择安全规定［EB/OL］.［2023－10－23］. https：//www. mee. gov. cn/gzk/gz/202112/P020211227690022864758. pdf.

［7］ 江门市人民政府. 江门市人民政府关于印发《台山核电厂规划限制区安全保障与环境管理规定》的通知［EB/OL］.（2020－08－03）［2023－06－08］. http：//www. jiangmen. gov. cn/gkmlpt/content/2/2123/post_2123901. html♯5.

［8］ 山东省人民政府. 山东省人民政府关于划定山东招远核电厂规划限制区的批复［EB/OL］.（2022－12－15）［2023－06－08］. http：//www. shandong. gov. cn/art/2023/1/29/art_100619_42071. html.

［9］ 放射性废物地质处置设施：核安全导则 HDA 401/10—2020［S］. 北京：国家核安全局，2020.

［10］ 陈以彬，冯易君. 环境的放射性污染及监测［M］. 成都：四川科学技术出版社，1987.

［11］ 国际原子能机构，经合组织核能机构. INES 国际核和放射事件分级表使用者手册（2008 年版）［M/OL］. 国际原子能机构，2012［2022－07－13］. https：//www-pub. iaea. org/MTCD/Publications/PDF/INES-2008-C_web. pdf.

［12］ 澎湃新闻. 切尔诺贝利核事故 35 周年：如今那里是什么模样？［EB/OL］.（2021－04－26）［2023－05－11］. https：//www. thepaper. cn/newsDetail_forward_12402667.

［13］ 防災に関してとった措置の概況平成 24 年度の防災に関する計画［EB/OL］.［2023－11－06］. https：//www. bousai. go. jp/kaigirep/hakusho/pdf/H24_honbun_1-4bu. pdf.

［14］ 福岛县第一核电站.［EB/OL］.［2023－11－06］. https：//baike. baidu. com/item/％E7％A6％8F％E5％B2％9B％E5％8E％BF％E7％AC％AC％E4％B8％80％E6％A0％B8％E7％94％B5％E7％AB％99/8011922？ fr＝ge_ala.

［15］ U. S. NRC. Backgrounder on the three mile island accident［EB/OL］.［2023－05－11］. https：//www. nrc. gov/reading-rm/doc-collections/fact-sheets/3mile-isle. html.

［16］ ARNOLD L. Windscale 1957：Anatomy of a nuclear accident［M］. London：Macmillan，1992.

［17］ 1961 年美国国家反应堆试验站事故（INES 4）［EB/OL］.（2011－03－21）［2023－05－11］. https：//power. in-en. com/html/power-963346. shtml.

［18］ MAYDEW R C. America's Lost H-Bomb：Palomares，Spain，1966［M］. United States of America：Sunflower University Press，1997.

［19］ 图勒核事故［EB/OL］.［2023－11－06］. https：//www. maigoo. com/citiao/226484. html.

［20］胡舜媛. 捷克斯洛伐克一核电厂起火［J］. 国外核新闻，1991(4):20.

［21］SIVINTSEV Y V. Was the chazhma accident a chernobyl of the far east? ［J］Atomic Energy，2003，94(6):421-427.

［22］International Atomic Energy Agency. The radiological accident in Goiânia)［M/OL］. Vienna:IAEA,1988［2023-05-11］. https://www-pub. iaea. org/mtcd/publications/pdf/pub815_web. pdf.

［23］1993年苏联托姆斯克-7核燃料回收设施事故(INES 4)［EB/OL］. (2011-03-21)［2023-05-11］. https://power. in-en. com/html/power-963351. shtml.

［24］日本东海村核临界事故［EB/OL］. ［2023-11-06］. https://baike. baidu. com/item/%E6%97%A5%E6%9C%AC%E4%B8%9C%E6%B5%B7%E6%9D%91%E6%A0%B8%E4%B8%B4%E7%95%8C%E4%BA%8B%E6%95%85/10821086? fr=aladdin.

［25］U. S. NRC. Backgrounder on Improvements Resulting From Davis-Besse Incident ［EB/OL］. ［2023-05-18］https://www. nrc. gov/reading-rm/doc-collections/fact-sheets/davis-besse-improv. html.

［26］佚名. 日本发布美浜核电站事故调查中期报告［J］. 现代电力，2004，21(6):1.

［27］阳江市生态环境局. 阳江市核安全与放射性污染防治"十四五"规划(征求意见稿)［EB/OL］. (2022-06-07)［2023-05-18］http://www. yangjiang. gov. cn/yjsthjj/gkmlpt/content/0/622/post_622785. html♯689.

［28］连云港市政府办公室. 连云港市核电站事故场外应急预案［EB/OL］. (2007-03-27)［2022-07-17］. http://www. lyg. gov. cn/zglygzfmhwz/yjyuan/content/zwgk_3eb09d7cf2c44a91ba0c898e99cd4a55. html.

［29］重庆市生态环境局. 重庆市生态环境局关于印发重庆市辐射污染防治"十四五"规划(2021—2025年)的通知［EB/OL］. (2022-03-21)［2023-05-25］. https://sthjj. cq. gov. cn/zwgk_249/zfxxgkml/zcwj/qtwj/202203/t20220321_10531337. html.

［30］International Atomic Energy Agency. Nuclear power programme planning:An integrated approach［EB/OL］. ［2023-10-20］. https://www-pub. iaea. org/MTCD/Publications/PDF/TE_1259_prn. pdf.

9 突发公共卫生事件防御规划

9.1 基本知识

9.1.1 概念界定

公共卫生:通过有组织的社区行动,改善环境卫生条件,控制传染病的流行[1],教育每个人养成良好的卫生习惯,组织医护人员对疾病进行早期诊断和预防性治疗,健全社会体系,以保证社区中的每个人都享有维持健康的足够生活水准,实现预防疾病、延长寿命,促进身心健康。

突发公共卫生事件:突然发生的、造成或者可能造成社会公众健康严重损害的重大传染病疫情、群体性不明原因疾病、重大食物和职业中毒以及其他严重影响公众健康的事件[2]。

疫:流行性急性传染病。

疫情:疫病的发生和发展情况。

防疫:防止、控制、消灭传染病措施的统称,主要包括接种、检疫、普查和管理,3 个重要环节:控制传染源、切断传染途径和保护易感人群。

传染病:由各种病原体引起的能在人与人、动物与动物或人与动物之间相互传播的一类疾病。病原体中大部分是微生物,小部分为寄生虫,寄生虫引起者又称寄生虫病。有些传染病,防疫部门必须及时掌握其发病情况,及时采取对策,发现后应按规定时间及时向当地防疫部门报告,称为法定传染病。中国的法定传染病有甲、乙、丙 3 类,共 40 种。

甲类传染病也称为强制管理传染病,包括:鼠疫、霍乱。对此类传染病发生后报告疫情的时限,对病人、病原携带者的隔离、治疗方式以及对疫点、疫区的处理等,均强制执行。

乙类传染病也称为严格管理传染病,包括:传染性非典型肺炎、艾滋病、病毒性肝炎、脊髓灰质炎、人感染高致病性禽流感、麻疹、流行性出血热、狂犬病、流行性乙型脑炎、登革热、炭疽、细菌性和阿米巴性痢疾、肺结核、伤寒和副伤寒、流行性脑脊髓膜炎、百日咳、白喉、新生儿破伤风、猩红热、布鲁氏菌病、淋病、梅毒、钩端螺旋体病、血吸虫病、疟疾、人感染 H7N9 禽流感、新型冠状病毒肺炎。对此类传染病要严格按照有关规定和防治方案进行预防和控制。其中,传染性非典型肺炎、炭疽中的肺炭疽、人感染高致病性禽流感、新型冠状病毒肺炎虽被纳入乙类,但可直接采取甲类传染病的预防、控制措施。

丙类传染病也称为监测管理传染病,包括:流行性感冒、流行性腮腺炎、风疹、急性出血性结膜炎、麻风病、流行性和地方性斑疹伤寒、黑热病、包虫病、丝虫病,除霍乱、细菌性和阿米巴性痢疾、伤寒和副伤寒以外的感染性腹泻病、肠道病毒 71 型感染。

9.1.2 突发公共卫生事件类型

根据《突发公共卫生事件应急条例》,突发公共卫生事件可分为 4 类。

（1）重大传染病疫情

重大传染病疫情是指某种传染病的暴发和流行,包括鼠疫、肺炭疽和霍乱的暴发、动物间鼠疫、布氏菌病、炭疽等流行、乙丙类传染病暴发或多例死亡、罕见或已消失的传染病、新传染病的疑似病例等。其特点是发生时间短、波及范围广、病人或死亡病例多、发病率远远超过常年的发病率水平。

（2）群体性不明原因疾病

群体性不明原因疾病是指一定时间内(通常指2周内)在某个相对集中的区域(如同一医院、自然村、社区、建筑工地、学校等集体单位)内同时或相继出现3例以上具有相同临床表现,经县级及以上医院组织专家会诊,不能诊断或解释病因,且范围不断扩大,病例数量不断增加,有重症病例和死亡病例发生的疾病。

（3）重大食物中毒和职业中毒

重大食物中毒和职业中毒包括中毒人数超过30人或出现死亡1例以上的饮用水和食物中毒;短期内发生3人以上或出现死亡1例以上的职业中毒。

（4）其他严重影响公众健康的事件

其他严重影响公众健康的事件包括:医源性感染暴发;药品或免疫接种引起的群体性反应或死亡事件;严重威胁或危害公众健康的水、环境、食品污染和放射性、有毒有害化学性物质丢失、泄露等事件;生物、化学、核辐射等恐怖袭击事件;有毒有害化学品生物毒素等引起的集体性急性中毒事件;有潜在威胁的传染病动物宿主、媒介生物发生异常,学生因意外事故自杀或他杀出现1例以上的死亡,以及上级卫生行政部门临时规定的其他重大公共卫生事件。

9.1.3　突发公共卫生事件分级

根据《国家突发公共卫生事件应急预案》,以突发公共卫生事件性质、危害程度、涉及范围作为划分依据,突发公共卫生事件可划分为特别重大(Ⅰ级)、重大(Ⅱ级)、较大(Ⅲ级)和一般(Ⅳ级)4级[3]。

其中,特别重大突发公共卫生事件主要包括:

① 肺鼠疫、肺炭疽在大、中城市发生并有扩散趋势,或肺鼠疫、肺炭疽疫情波及2个以上的省份,并有进一步扩散趋势。

② 发生传染性非典型肺炎、人感染高致病性禽流感病例,并有扩散趋势。

③ 涉及多个省份的群体性不明原因疾病,并有扩散趋势。

④ 发生新传染病或我国尚未发现的传染病发生或传入并有扩散趋势,或发现我国已消灭的传染病重新流行。

⑤ 发生烈性病菌株、毒株、致病因子等丢失事件。

⑥ 周边以及与我国通航的国家和地区发生特大传染病疫情并出现输入性病例,严重危及我国公共卫生安全的事件。

⑦ 国务院卫生行政部门认定的其他特别重大突发公共卫生事件。

9.2 国内外重大公共卫生历史事件

9.2.1 国内案例

(1) 上海天花事件

1950 年秋,上海暴发天花疫情并迅速蔓延。10—11 月,天花疫情开始迅速恶化。据当时上海市卫生局的统计,10 月全市共有天花患者 26 名,11 月有 67 名,主要集中在北火车站附近之闸北、北站两区。不久,上海所辖 30 个区均报告有天花疫情,其中闸北、北站、江宁、普陀、蓬莱五区的疫情最为严重,其天花感染人数占全市病例一半以上[4]。

(2) 上海甲肝事件

1988 年,上海市甲型肝炎流行,共计有近 30 万人患病。医院爆满,不得不在各单位开设临时病床。上海这次甲型肝炎流行并非是由于甲肝病毒变异所致,居民习惯生食已被甲肝病毒污染的毛蚶是造成流行的主要因素[5]。

(3) 非典型肺炎事件

非典型肺炎(SARS)事件是指严重急性呼吸综合征,于 2002 年在中国广东发生,并扩散至东南亚乃至全球,直至 2003 年中期疫情才被逐渐消灭的一次全球性传染病疫潮。截至 2003 年 8 月 16 日,中国内地累计报告非典型肺炎临床诊断病例 5 327 例,治愈出院 4 959 例,死亡 349 例[6]。

(4) 高致病性禽流感事件

2004 年,禽流感在中国家禽里大规模暴发。在 1 月 27 日—2 月 16 日短短半个多月的时间内,全国共有 16 省发生了 H5N1 高致病性禽流感,共计 49 起。自 2005—2006 年 3 月间,又有 14 个省(市、自治区)发生 35 起高致病性禽流感疫情,共死亡 18.6 万只家禽,扑杀 2 284.9 万只[7]。

(5) 三鹿奶粉事件

2008 年,奶制品污染事件是我国的一起食品安全事故。事故起因是很多食用三鹿集团生产的奶粉的婴儿被发现患有肾结石,随后在其奶粉中被发现化工原料三聚氰胺。截至 2008 年 9 月 21 日,因使用婴幼儿奶粉而接受门诊治疗咨询且已康复的婴幼儿累计 39 965 人,正在住院的有 12 892 人,此前已治愈出院 1 579 人,死亡 4 人。该事件引起各国的高度关注和对乳制品安全的担忧[8]。

9.2.2 国外案例

(1) 甲型 H1N1 流感

2009 年,甲型 H1N1 流感是一次由流感病毒新型变体甲型 H1N1 流感病毒所引发的全球性流行病疫情。2009 年 3 月底,该流感开始在墨西哥和美国加利福尼亚州、得克萨斯州暴发,不断蔓延。2009 年 5 月底,该流感在墨西哥的致亡率达 2%,但在墨西哥以外致死率仅为 0.1%。持续了一年多的疫情造成约 1.85 万人死亡,出现疫情的国家和地区达到了 214

个。世界卫生组织在 2013 年公布的数据显示，在流感季中，全世界每 5 人中就有 1 人感染甲型 H1N1 流感，但死亡率可能不到 0.02%。另据美国疾病控制与预防中心(CDC)估计，截至 2010 年 3 月中旬，这场疫情导致 5 900 万美国人染病，26.5 万人住院，1.2 万人死亡[9]。

（2）脊髓灰质炎（小儿麻痹）疫情

2014 年前四个月，在相隔数千公里之遥的三个主要流行区发生了野生脊灰病毒国际传播。在中亚，该病毒从巴基斯坦传至阿富汗；在中东，该病毒从叙利亚传至伊拉克；在中非，该病毒从喀麦隆传至赤道几内亚。5 月，高传播季节开始后出现新的传播。5 月 5 日，世界卫生组织宣布，2014 年野生脊髓灰质炎病毒国际传播是国际关注的突发公共卫生事件。

虽然目前脊髓灰质炎已有疫苗可以接种，但是还没有治愈脊髓灰质炎的方法，只能通过治疗缓解症状。采用热疗法和物理疗法来刺激肌肉并注射放松肌肉的抗痉挛药。这些疗法可以改善机体的灵活性，仍不能扭转永久性麻痹脊髓灰质炎[10]。

（3）西非埃博拉病毒疫情

西非埃博拉病毒感染肺炎疫情是自 2014 年 2 月暴发于非洲的规模性病毒感染肺炎疫情。截至 2014 年 12 月 2 日，世界卫生组织有关埃博拉疫情的汇报称，几内亚、利比里亚、塞拉利昂、马里、英国及已结束肺炎疫情的阿尔及利亚、哥斯达黎加与意大利总计出现埃博拉病毒诊断、疑似和可能感染病案 17 290 例，其中 6 128 人死亡[11]。

（4）寨卡病毒疫情

寨卡病毒疫情通过蚊虫叮咬传播，感染后症状与登革热相似，包括发烧、疹子、关节疼痛、肌肉疼痛、头痛和结膜炎（红眼）。寨卡病毒感染者中，只有约 20% 会表现轻微症状，如发烧、皮疹、关节疼痛和结膜炎等，症状通常不到一周即消失。然而，如果孕妇感染，胎儿可能会受到影响，导致新生儿小头症甚至死亡。

2016 年 2 月 18 日，世界卫生组织在日内瓦发布《预防潜在性传播寨卡病毒的临时指导意见》。9 月 29 日，世界卫生组织通报马尔代夫和新喀里多尼亚暴发通过蚊媒感染的寨卡病毒病疫情，并将两地列入寨卡病毒病疫区名单[12]。

（5）新冠肺炎病毒疫情

新型冠状病毒肺炎(Corona Virus Disease 2019, COVID-19)，简称"新冠肺炎"，世界卫生组织将其命名为"2019 冠状病毒病"，是指 2019 新型冠状病毒感染导致的肺炎。新型冠状病毒肺炎以发热、干咳、乏力等为主要表现，少数患者伴有鼻塞、流涕、腹泻等上呼吸道和消化道症状。重症病例多在 1 周后出现呼吸困难，严重者快速进展为急性呼吸窘迫综合征、脓毒症休克、难以纠正的代谢性酸中毒和出凝血功能障碍及多器官功能衰竭等[13]。

2020 年 2 月 11 日，世界卫生组织在瑞士日内瓦宣布，将新型冠状病毒感染的肺炎命名为"COVID-19"。3 月 11 日，世界卫生组织认为当前新冠肺炎疫情可被称为"全球性大流行病"。

（6）猴痘病毒疫情

"猴痘"疫情最先被英国在当地时间 2022 年 5 月 7 日发现，已经遍及英国、葡萄牙、西班牙、澳大利亚、德国、法国等多个西方国家。多个欧美国家陆续出现的"猴痘"病毒疫情不断引起这些国家媒体的关注。

2022 年 5 月 21 日，世界卫生组织发布猴痘疫情暴发预警。5 月 29 日，世卫组织将猴痘的全球公共卫生风险评估为中等。7 月 23 日,世界卫生组织宣布猴痘疫情为"国际关注的突发公共卫生事件"。截至 2022 年 7 月 25 日,根据世卫组织数据显示,已有 75 个国家和地区向世卫组织报告了超过 1.6 万例猴痘病例[14]。

9.3 突发公共卫生事件风险评估

2017 年 8 月 10 日,中国疾病预防控制中心发布了《突发事件公共卫生风险评估技术方案(试行)》。

9.3.1 评估意义

突发公共卫生事件风险评估是突发公共卫生事件风险管理的基础,是监测和预警之间的桥梁,是早期发现、识别和评估事件风险的重要手段,也是获得事件准确信息的重要途径和对事件防范应对做出决策的重要依据。规范开展突发公共卫生事件风险评估工作,对有效避免和减少突发公共卫生事件的发生,最大限度地降低突发事件造成的危害和影响,会起到非常重要的作用[15]。

9.3.2 评估类型

突发公共卫生事件风险评估分为日常风险评估和专题风险评估。

日常风险评估主要是根据常规监测收集的信息、部门通报的信息、国际组织及有关国家(地区)通报的信息等,对突发公共卫生事件风险或其他突发事件的公共卫生风险开展初步、快速的评估。

专题风险评估主要针对国内外重要突发公共卫生事件、大型活动、自然灾害和事故灾难等,开展全面、深入的专项公共卫生风险评估。具体情形包括:日常风险评估中发现的可能导致重大突发公共卫生事件的风险,国内发生的可能对本辖区造成危害的突发公共卫生事件,国外发生的可能对我国造成公共卫生风险和危害的突发事件,可能引发公共卫生危害的其他突发事件,大型活动等其他需要进行专题评估的情形。专题分险评估可分为传染病疫情风险评估、食源性疾病风险评估、核与辐射突发事件风险评估、自然灾害公共卫生风险评估、大型活动公共卫生风险评估等。

9.3.3 日常风险评估

日常风险评估主要针对平时收集的各类疫情或突发公共卫生事件的相关情报和资料进行分析,对发生突发公共卫生事件或潜在健康威胁的风险进行识别、分析和评价,为风险沟通提供依据或者提出需进行深入风险评估的议题。同时,也为提出卫生应急决策和风险控制措施建议,以及指导卫生应急准备提供科学依据。

日常风险评估可分为情报筛检评估和阶段性趋势评估。情报筛检评估是指基于各类渠道(如中国疾病预防控制信息系统、卫生机构官方网站、媒体报道、社交网站信息等)获得的可能导致公共健康危害的突发事件相关信息,按照既定的研判标准,每天或每周定期进行会商,筛检出需要关注、需要纳入月度评估、需要开展专题评估或紧急应对的事件。其主要作用是通过对情报筛检结果的评估,使监测部门时刻保持警戒状态,及时识别重要公共卫生事件和潜在的风险,为进一步开展风险评估工作提供线索,为需要紧急应对的事件提出防控建议。阶段性趋势评估是指通过专家会商等方法,对各类可能导致公共健康危害的突发事件的相关信息,定期或不定期地进行综合分析和趋势研判,以识别未来一段时间内需要重点关注或开展应对准备的突发公共卫生事件或突发公共卫生事件威胁,并提出相应的风险管理[16]。

（1）评估信息来源

风险评估是建立在已有风险信息的基础上开展的,所有与突发公共卫生事件相关的疾病、中毒、健康危害事件或相关因素、活动等都可成为日常风险评估的信息来源。风险评估主要信息来源包括:

① 突发公共卫生事件报告管理信息系统。突发公共卫生事件报告管理信息系统是以事件的报告为基础,是我国收集突发公共卫生事件信息的主要途径,它不仅包括符合突发公共卫生事件定义或定级标准的事件的报告,也包括尚未达到定级标准的事件相关信息(事件苗头)的报告。

② 法定传染病报告信息系统。法定传染病报告信息系统是我国收集传染病病例信息的主要途径。通过对法定传染病报告的发病、死亡信息进行人、地、时三间分布的动态分析,可以及时发现各种传染病的异常聚集性疫情或传染病类突发公共卫生事件的苗头;对于这些异常信息,应随时开展风险评估。

③ 传染病自动预警或其他预警信息。基于法定传染病网络直报系统的传染病自动预警系统是根据我国法定传染病监测报告特点而开发建立起来的自动预警系统,包括基于时间的自动预警和基于时间—空间的自动预警,目前已经逐步推广到全国县级疾病预防控制中心使用。

④ 专项监测信息。重点传染病监测、食源性疾病监测、职业危害因素监测、环境卫生学监测、症状监测等各类专项监测可以为传染病疫情和突发公共卫生事件等提供相关的风险信息。

⑤ 媒体监测信息。实践证明,媒体监测信息(有时也称舆情信息)蕴藏着丰富的公共卫生相关的信息资源,已成为传统监测信息的重要补充。当然,媒体监测信息也是突发公共卫生事件日常风险评估和专题风险评估应该高度重视的信息来源之一。

⑥ 举报、投诉、咨询信息。各级各类卫生部门的专业值班电话、咨询电话每天都会接到大量的举报、投诉和咨询信息,这些信息很可能与突发公共卫生事件相关,对这类信息的分析和利用也是突发公共卫生事件风险评估不容忽视的信息来源之一。

⑦ 其他部门或系统通报信息。这类信息包括政府及有关部门的通报,世界卫生组织或其他国家、国际机构的通报,可能是突发公共卫生事件或苗头信息,也可能是相关的风险因素信息,如某种自然灾害或其发生风险的信息、动物疫病信息、气候变化信息等。该类信息是突发公共卫生事件风险评估的信息来源之一。

⑧ 其他相关信息。突发公共卫生事件风险评估还应关注可能影响突发公共卫生事件发生的其他相关信息,如某地举办某项大型聚会活动的信息、某地计划进行某项大型建设的

信息等。

（2）评估标准

在对上述各种来源的信息进行初步核实和筛选后，需整理、提炼与事件相关的各种信息，以供后续风险分析和评价使用。在开展日常风险评估时，由于周期较短，整个过程要求遵循短平快的原则，形式以专家会商为主。在开展风险分析时，可以事先拟定一套便于操作且易于判定的分析指标、风险准则和表单，如将发生可能性分为很可能、可能和不太可能3个等级，将公共卫生影响指标分为高、中、低和不确定4个等级。

对于发生可能性，如果某一事件已经发生，则可考虑其在关注地域范围内进一步扩大或病例数、死亡数进一步增加的可能性。在拟定风险准则时，不同行政级别的评估主体可根据本地实际情况，确定划分可能性为高、中、低的判定标准。

公共卫生影响可从疾病本身的严重性、是否超出预期、是否为新发或再发传染病、是否影响旅行/贸易、事件发生是否有特殊背景以及是否受到媒体关注等6个方面进行综合评判。六项指标由专家会商判断，判定的级别划分可根据评估的类型以及疾病或事件的性质进行适当调整，如日常情报筛检评估应以保证高灵敏度为主要原则。

在会商确定可能性与公共卫生影响的等级后，可进一步通过突发公共卫生事件风险判断矩阵确定相应的风险等级，风险等级可分为高、中、低3层，有时也可分为极高、高、中等、低、极低5层。

（3）评估流程

日常风险评估的工作一般由各地各级的疾病预防控制中心作为牵头单位，疾控中心的应急管理办公室作为具体机构对其他相关单位和科室进行组织协调，从而实现对日常风险评估具体工作内容的统筹安排。日常风险评估主要是由各级疾控中心的相关科室，如传染病所、免疫所、地病所、消毒所、病媒所、性艾所等，根据日常监测的数据信息进行初步的风险评估，将评估结果填写到周时间评估表和月时间评估表。然后，采用专家会商法对前面的评估结果进行专家论证。最后，撰写日常风险评估报告，并报送至相关机构。

9.3.4　专题风险评估

（1）传染病疫情风险评估

传染病疫情风险评估旨在对境外传染病的输入风险以及引起本地流行的风险，本地已有传染病的散发、暴发及流行的风险，新发再发传染病的散发、暴发及流行风险，传染病疫情导致死亡病例发生的风险等进行评估，做到早期识别风险，明确重点地区和人群，并提出风险管理措施。

（2）食源性疾病风险评估

食品安全风险评估是对食品及食品添加剂的生物性、化学性和物理性危害对人体健康可能造成的不良影响所进行的科学评估，它科学地评价已知的和潜在的由于人类暴露于食源性危害因素而引发的有害于健康的效应。各国政府和国际食品法典委员会都以食品中或食品表面存在的致病因子开展风险评估作为食品安全风险评估的核心工作，而食源性疾病的风险评估则建立在这个基础上开展。食源性疾病风险评估内容主要包括危害识别、危害特征描述、暴露评估和风险特征描述4个方面。

（3）核与辐射突发公共卫生事件风险评估

在核与辐射突发事件的处理中，卫生部门的主要职责是开展核与辐射突发事件的卫生应急响应工作。

在核与辐射突发事件的公共卫生风险评估中，风险识别的内容需要考虑导致个体健康危害的风险要点、影响公众健康的风险要点和可使用卫生应急资源。同时，因为核与辐射突发事件最大的公共卫生问题之一是精神健康和社会心理的影响，所以应考虑核与辐射突发事件本身导致的社会心理效应。

综合以上考虑，核与辐射突发事件的公共卫生风险识别要点主要包括：放射源及核素的类别、受照剂量、照射的方式及条件、事件影响的地理范围、受照人群范围及其脆弱性、事件造成的病例数及死亡数、是否可能产生重大公共卫生影响和社会心理影响、当地的卫生应急资源状况等。对个体健康的影响主要考虑放射源及核素的类别、个人受照剂量、照射的方式及条件；而对大规模人群的公共卫生影响则主要考虑影响的地理范围、受照的人群范围及其脆弱性、公众受照的剂量、可能导致的病例及死亡数、是否会产生重大的公共卫生影响和社会心理影响及当地的卫生应急资源状况等[17]。

（4）自然灾害公共卫生风险评估

自然灾害公共卫生风险主要是指自然灾害及其次生灾害、衍生灾害对人群健康造成危害的可能性及严重性。自然灾害公共卫生风险种类主要有：① 感染性疾病，如腹泻疾病、急性呼吸道感染疾病、钩端螺旋体病、麻疹、登革热、病毒性肝炎、伤寒、脑膜炎、破伤风、狂犬病和皮肤的毛霉菌病等；② 伤害，如外伤、死亡和相关皮肤病等；③ 精神心理创伤，如忧郁、恐慌、紧张疲劳和非特异性疾病等；④ 食源性疾病和营养性疾病，如食物中毒、饥饿性营养性疾病和其他食源性疾病等；⑤ 其他，如中暑等。

自然灾害公共卫生风险评估是对（潜在）灾区遭受自然灾害公共卫生风险的可能性和严重性进行分析和评价，具体指在自然灾害发生、发展的各个阶段，识别灾害可能引起的直接或间接的公共卫生危害；再从危害因素、人群脆弱性和应对能力三要素识别其具体属性，并做出定性、半定量或定量分析；最后，基于相应的准则，对风险水平进行综合评估。

自然灾害公共卫生风险评估贯穿于应急预防准备、监测预警、应急响应处置和灾后恢复重建等全过程。自然灾害公共卫生风险的日常与专题评估，可使应急管理决策者及时掌握自然灾害各时期存在的公共卫生风险及其相应水平，科学开展风险管理与风险沟通。

（5）大型活动公共卫生风险评估

根据以往各类大型活动的公共卫生风险评估和实际发生的公共卫生事件，大型活动涉及的公共卫生风险主要有传染性疾病和非传染性健康风险两大类。

传染性疾病有：① 粪口传播疾病；② 呼吸道传播疾病；③ 媒介传播疾病；④ 人畜共患病；⑤ 性传播和血液传播疾病。

目前，政府和相关机构对大型活动的风险评估主要关注传染病风险，但据统计，非传染性健康风险比传染性疾病引起更多的发病和死亡。例如，亚特兰大奥运会逾 1 000 人因热相关疾病就医。1985 年，麦加朝圣有 2 000 人发生中暑，其中 1 000 多人在之后的几天内死亡。

大型活动涉及的非传染性健康风险主要有：① 踩踏和热相关疾病，这是大型活动中造成人员死亡的首要原因；② 轻微外伤及疾病抱怨，如头痛、腹痛、晕眩、呼吸困难、哮喘等；③ 心理伤害，如情绪压力；④ 事故，如溺水。再则，有些大型活动如赛车、空中表演等，还会发生赛车事故、空中跌落事故等；宗教、政治性质的大型活动很容易成为恐怖袭击的目标。

大型活动性质特殊，因此，一旦发生突发公共卫生事件则波及面广，造成社会影响大。开展公共卫生风险评估可以帮助活动组织者清楚地识别风险来源、明确风险等级，并做好相关准备工作，以积极应对活动期间可能发生的各种公共卫生事件。

9.4　突发公共卫生事件防御规划的主要内容

9.4.1　规划依据

相关法律法规和规章包括《中华人民共和国突发事件应对法》《中华人民共和国传染病防治法》《突发公共卫生事件应急条例》《国家突发公共事件总体应急预案》《国家突发公共卫生事件应急预案》《国家突发公共事件医疗卫生救援应急预案》《公共卫生防控救治能力建设方案》、地方政府完善重大疫情防控体制机制健全公共卫生应急管理体系的若干意见、地方突发公共事件总体应急预案等。

相关标准规范包括：《城市防疫专项规划编制导则》(T/UPSC 0005—2021)、《城乡公共卫生应急空间规划规范(征求意见稿)》《发热门诊设置管理规范》《新冠肺炎定点救治医院设置管理规范》《传染病医院建设标准》(建标 173—2016)、《传染病医院建筑设计规范》(GB 50849—2014)、《发热门诊建筑装备技术导则(试行)》《医学隔离观察临时设施设计导则(试行)》《综合医院"平疫结合"可转换病区建筑技术导则(试行)》《洪涝灾害饮水卫生和环境卫生技术指南》《洪涝灾害灾区临时集中安置点卫生管理技术指南》《疾病预防控制机构突发水污染事件卫生应急技术指南》(2019 版)、《突发事件公共卫生风险评估技术方案(试行)》《规模化猪场生物安全风险评估规范》(NY/T 4034—2021)等。

9.4.2　主要规划内容

9.4.2.1　突发公共卫生事件的监测、预警与报告

（1）监测

国家建立统一的突发公共卫生事件监测、预警与报告网络体系。各级医疗、疾病预防控制、卫生监督和出入境检疫机构负责开展突发公共卫生事件的日常监测工作。

省级人民政府卫生行政部门要按照国家统一规定和要求，结合实际，组织开展重点传染病和突发公共卫生事件的主动监测。

国务院卫生行政部门和地方各级人民政府卫生行政部门要加强对监测工作的管理和监督，保证监测质量。

（2）预警

各级人民政府卫生行政部门根据医疗机构、疾病预防控制机构、卫生监督机构提供的监测信息，按照公共卫生事件的发生、发展规律和特点，及时分析其对公众身心健康的危害程

度、可能的发展趋势,及时做出预警。

（3）报告

任何单位和个人都有权向国务院卫生行政部门和地方各级人民政府及其有关部门报告突发公共卫生事件及其隐患,也有权向上级政府部门举报不履行或者不按照规定履行突发公共卫生事件应急处理职责的部门、单位及个人。

县级以上各级人民政府卫生行政部门指定的突发公共卫生事件监测机构、各级各类医疗卫生机构、卫生行政部门、县级以上地方人民政府和检验检疫机构、食品药品监督管理机构、环境保护监测机构、教育机构等有关单位为突发公共卫生事件的责任报告单位。执行职务的各级各类医疗卫生机构的医疗卫生人员、个体开业医生为突发公共卫生事件的责任报告人。

突发公共卫生事件责任报告单位要按照有关规定及时、准确地报告突发公共卫生事件及其处置情况。

9.4.2.2　城市防疫体系与防疫分区

（1）城市防疫体系

依据疫情防控经验,坚持按照分级负责、属地管理的原则,结合本地行政事权分级管理体制,构建市级、区（县）级、街道（乡镇）级、社区（村）级等四级防疫体系,因地制宜形成层级完善、体系健全、职责清晰、运转高效的城市防疫体系。

依据城市防疫体系,制定防疫应急预案,明确各级防疫责任和分工要求,确定每一级应配置应急指挥、监测预警、预防控制、医疗救治、集中隔离、应急救援和物资通道、物资储备分发、基础保障、社区治理等设施要求[18]。

（2）城市防疫分区

根据疫情防控管理需要,基于社区（行政村）设置,结合人口分布、网格管理、规划单元和城乡生活圈,合理划定城市防疫分区,构建基本防疫空间单元。

依据划定的防疫分区,明确每个分区需要配置医疗救治、集中隔离、物资储备分发、应急公共服务和基础等必要的设施,以及遇到紧急情况时能提供的应急医疗、基本生活保障物资分发场地。

各城市应以防疫分区为基础,建立与街道、区县、市级的联防联控机制,落实分级响应、分区管控措施和要求。

9.4.2.3　城市防疫设施布局

（1）公共卫生应急指挥设施

规划建设集中统一、智慧高效的公共卫生应急指挥体系,合理布局各级防疫应急指挥设施,健全突发公共卫生事件应急响应制度,完善突发公共卫生事件应急预案体系,加强突发公共卫生事件应急处置能力建设和储备。

建立市、区（县）、街道（乡镇）、社区（村）四级防疫应急指挥中心体系,确定每一级防疫应急指挥中心规划布局。

基于政务信息系统,建设多数据、全方位、广覆盖的城市防疫应急指挥信息系统,建立疫情联防联控大数据智慧决策平台,提升应急指挥决策智慧化水平,实现当前态势全面感知、医疗卫生资源统筹调度、重大信息统一发布、关键指令实时下达、多级组织协同联动、发展趋势智能预判。

（2）公共卫生监测预警设施

建设协同综合、灵敏可靠的公共卫生监测预警体系，按照"早发现、早报告、早隔离、早治疗"的要求，以新发突发传染病、不明原因疾病为重点，完善发热门诊监测哨点规划布局和公共卫生疫情直报系统。

完善传染病监测哨点规划布局，在口岸、机场、火车站、长途客车站、学校等场所建设完善监测哨点。

强化社区卫生服务中心（乡镇卫生院）疫情防控"基层哨点"职能，为基层医疗机构配置相对独立的发热诊室，提升预检分诊、隔离观察、协同转运、应急处置等功能。

建立以定点医院发热门诊为基础的多病种综合监测网络，完善公共卫生疫情直报系统，整合医院发热门诊、互联网诊疗、药品零售、第三方检测机构等大数据监测，强化对传染性疾病、其他不明原因疾病的实时监测。

完善智慧化预警多点触发机制，依托居民电子健康档案系统，形成各级各类医疗机构与疾病预防控制机构之间的信息推送、会商分析和风险预警，健全可疑病例、临床异常现象讨论报告制度。

加强新技术应用，利用大数据、区块链和人工智能技术，开展公共卫生安全相关场所、人员、行为、物流等特征分析和疫情追踪，及时监测预警高危地区、高危区域和高危人群，构建联防联控的风险预警系统。

（3）疾病预防控制设施

规划构建以市疾控中心为核心、县疾控中心为枢纽，医院公共卫生科、社区卫生服务中心公共卫生科为网底的疾病预防控制体系，提升预警与风险研判能力、现场调查处置能力、信息分析能力、检验检测能力和科学研究能力。

着眼于平时预防和疫时应急，深化疾病预防控制体制改革研究，优化防治结合、职责明确、衔接有序的公共卫生事件处置流程，健全疾病预防控制网络，建设高水平的市级疾病预防控制中心，提升区级疾病预防控制中心初步处置能力，增强医疗机构、社区卫生服务中心公共卫生科的传染病疫情报告能力。

构建传染病检测实验室网络，建设生物安全防护二级实验室（P2 实验室），鼓励有条件的城市建设高等级的生物安全防护三级实验室（P3 实验室），提升传染病病原综合检测能力，统筹疾病预防控制中心、医院、第三方检验机构的力量。

（4）防疫应急医疗救治体系

医疗救治机构包括急救、传染病和职业中毒、核辐射救治及后备医院等机构。

① 急救机构

急救机构包括紧急救援中心和医院急诊科，构成纵横衔接的急救网络。

紧急救援中心：直辖市、省会城市和地级市建立紧急救援中心，原则上独立设置，也可依托综合实力较强的医疗机构。县级紧急救援机构一般依托综合力量较强的医疗机构建立，边远中心乡（镇）卫生院负责服务区域内伤病员的转运。

急救中心：每个城市应配置 1 处急救中心，每个县（区）应配置 1 处及以上急救分中心，应满足城区服务半径 3～5 km、急救反应时间 10～15 min，农村服务半径 10～20 km、急救反应时间 15～30 min 的布局要求。

医院急诊科:在直辖市、省会城市和地级市,根据需要选择若干综合医院急诊科纳入急救网络,负责接收急诊病人和紧急救援中心转运的伤病员,提供急诊医疗救治,并向相应专科病房或其他医院转送。

② 传染病救治机构

传染病救治机构包括紧急医学救援基地、传染病防治基地、传染病医院、医疗机构传染病病区、传染病门诊(含隔离留观室)、应急定点医院和应急后备医院。

每个省(自治区、直辖市)应配置不少于1所紧急医学救援基地,有条件的地级市也可配置。紧急医学救援基地中应急综合训练场地的用地面积不少于2 hm²。

超大城市、国家中心城市应规划1所国家重大传染病防治基地。每个省(自治区、直辖市)应规划建设1所国家中医疫病防治基地和1~3所省级传染病防治基地。

在经济发达的特大城市建设集临床、科研、教学于一体的突发公共卫生事件医疗救治中心;在其他直辖市、省会城市、人口较多的地级市原则上建立传染病医院或后备医院;人口较少的地级市和县(市)原则上指定具备传染病防治条件和能力的医疗机构建立传染病病区。中心乡(镇)卫生院设立传染病门诊和隔离留观室,对传染病可疑病人实施隔离观察和转诊。

应急定点医院和应急后备医院分为市级、县级。应急定点医院应依托三级及以上综合医院或本区域中心医院、传染病医院建设,承担辖区内重度和中度患者集中救治任务。应急后备医院应依托二级及以上综合医院(含中医医院)、传染病医院建设,承担辖区内中度和轻度患者集中救治任务。

每个县(区)应配置不少于1所的应急定点医院,应急后备医院数量根据疫情规模由同级政府酌情确定。应急定点医院和应急后备医院均宜设置独立的传染病区。

③ 职业中毒、核辐射救治基地

建立完善职业中毒医疗救治和核辐射应急救治基地,承担职业中毒、化学中毒、核辐射等突发公共卫生事件的集中定点收治任务。

医疗救治信息网络包括数据交换平台、数据中心和应用系统。通过统一的公共卫生信息资源网络,实现医疗卫生机构与疾病预防控制机构和卫生行政部门之间的信息共享。

省、市两级政府应从当地医疗机构抽调高水平的医疗技术人员,建立应对突发公共卫生事件的医疗救治专业技术队伍。其组成人员平时在原医疗机构从事日常诊疗工作,定期进行突发公共卫生事件应急培训、演练,突发公共卫生事件发生时,接受政府卫生部门统一调度,深入现场,承担紧急医疗救援任务。

卫生健康委员会统一制定医疗救治专业技术培训计划和教材,并按区域指定具备条件的紧急救援中心和传染病医院作为医疗救治培训中心,负责医疗救治专业技术队伍的培训工作,力争2~3年完成全员培训,并使培训工作制度化、规范化[19]。

(5) 防疫应急集中隔离设施

防疫应急集中隔离设施应远离居民小区、位于城市当季主导风向的下风向,并具备自然或机械通风条件。其中,防疫社区集中隔离点应远离人群主要活动区域,并与周边其他建筑保持不少于20 m的防护距离,防疫外来人口隔离点应靠近机场、码头、火车站或高速公路出入口等外来人口入境通道。

按照确诊患者、疑似患者、密切接触者等不同人群的分类管理要求,明确防疫应急集中隔离设施的布局原则和思路。

根据城市人口规模和分布,预测城市防疫应急集中隔离设施规模需求。

依据规模需求预测,做好防疫应急集中隔离设施的预控,建立大型公共设施快速转换防疫应急集中隔离设施运行机制,并提出各级防疫应急集中隔离设施启用时序[18]。

(6)防疫应急救援和物资通道

应分散设置多个疏散救援出入口,综合利用水、陆、空等交通方式合理设置防疫应急陆路、水路、空中应急救援和物资通道提出防疫应急通道管控措施和建设要求。

结合城市综合交通系统,合理预控陆路的防疫应急救援和物资应急通道,确保城市防疫应急救援出入口不少于 2 个。其中,大城市不少于 4 个,每个方向至少有 2 个及以上的防疫应急通道,宜与航空、铁路、航运、高等级公路等交通设施连接,形成多通道相互支撑的防疫应急交通走廊。

防疫应急救援和物资通道的有效宽度和净空限高应符合以下要求:防疫应急干道有效宽度不应小于 15 m,防疫应急主通道有效宽度不应小于 7 m,防疫应急次通道有效宽度不应小于 4 m,防疫应急通道净空高度不应小于 4.5 m。

沿海、沿江河、沿湖的城市还应设置防疫应急码头,建设对外对内水上防疫应急航道,优先保障防疫应急物资运输。

鼓励有条件的城市设置防疫应急救援直升机停机坪,预控空中防疫应急救援通道,并结合城市公园、大型体育场地设置防疫物资空投点,创新使用先进物资运输飞行器,实现城市内部短途运输[19]。

(7)防疫应急物资储备分发设施

强化防疫应急物资紧急生产、储备、采购调运能力,按照集中管理、统一调拨、平时服务、灾时应急、采储结合、节约高效的原则,建立分级储备、分层管理的防疫应急物资储备体系,合理布局各级防疫应急物资储备和分发设施。

结合城市产业基础,加强公共卫生应急物资生产供应,建立或储备必要的物资生产线。

强化公共卫生应急物资战略储备,统筹防护物资、医疗设备、药品、生活物资储备,科学预测应急物资储备设施的规模,确定各级防疫应急物资储备设施布局。

强化公共卫生应急物资采购调度,完善跨部门、跨地区的公共卫生应急物资采购调度机制,实现安全快捷采购、调运、分配各类物资。

搭建公共卫生应急物流服务平台,打造连通内外、交织成网、高效便捷的物流运输体系,建立紧缺物资运输快速通道,统筹发挥电商、物流企业作用,确保防疫应急物资科学高效节约利用。

结合会展中心、体育场馆、公园绿地、社区游园等规划布局各级防疫应急物资分发点,鼓励实体店拓展线上销售业务[18]。

(8)防疫应急保障基础设施

通过分析防疫应急保障需要的基础设施类型,确定防疫应急保障对象,预测防疫应急供水、供电、供热、供气、通信、污水、环卫等设施规模,适度提高城市生命线工程的冗余度,明确防疫应急保障设施和管线布局[18]。

(9)公共卫生社区治理设施

织密防护网、筑牢隔离墙,建立和完善公共卫生社区应急治理体系,严格落实属地、部门、单位、个人"四方责任",深化社区(村)网格化管理,坚持社区健康监测、跟踪随访等措施,形成道口防输入、社区防扩散的公共卫生社区应急防控体系。

联防联控、群防群控,健全多方共同参与的社区防控机制,构建以基层党组织为核心,居(村)民委员会为基础,基层医疗卫生机构工作人员为指导,网格员、业委会、物业公司、社区党员、社工、志愿者、居民骨干等共同参与的社区防控组织动员体系。

9.5 案例解析

9.5.1 北京市:《加强首都公共卫生应急管理体系建设三年行动计划(2020—2022年)》

9.5.1.1 工作目标

到2022年,市、区、街道(乡镇)、社区(村)四级公共卫生治理体系更加健全,社区卫生服务中心实现全覆盖,公共卫生和基本医疗服务能力显著加强;推进市疾病预防控制中心新址建设,覆盖城乡、灵敏高效的预防控制体系更加完善;统一指挥、运转协调的应急处置体系更加顺畅;全市医疗救治和保障体系更加成熟;科技和人才支撑体系更加稳固,法治和物资保障体系更加健全[20]。

9.5.1.2 改革完善疾病预防控制体系

(1)健全公共卫生监测预警体系

① 构建多层级突发公共卫生事件监测体系。在口岸、机场、火车站、长途客车站、学校等场所建设完善监测哨点。构建覆盖全市传染病专科医院,二级以上医疗机构发热、呼吸、肠道门诊以及社区卫生服务中心发热筛查哨点的传染病动态监测系统,整合各类医药服务信息,实现病例和症状监测信息实时汇集,开展系统化分析并具备预警功能。

② 加强社区卫生服务中心发热哨点门诊建设。建设189个社区卫生服务中心发热筛查哨点。按照有关要求,规范发热筛查哨点的改造建设、人员培训和运行管理,有效提升基层医疗机构传染病预警报告能力,加强发热患者的源头管理,降低传播风险。

③ 加强重大疫情跟踪监测。发挥市级传染病定点医院和市疾病预防控制中心专家优势,及时开展国(境)外、京外新发突发传染性、流行性疾病走势和对首都公共卫生安全风险挑战等的研判,形成防治方案,完善应急预案体系,提高预测预警预防和应急处置能力。

(2)加强疾病预防控制机构能力建设

① 做优做强市疾病预防控制中心。强化市疾病预防控制中心专业技术指导服务职能,提高工作权威性,遇有重大传染病疫情发生时充分发挥职能作用,会同传染病定点医院和市卫生健康监督所等开展疫情分析研判、病例报告、统计分析和监督指导等工作。推进市疾病预防控制中心新址建设。市疾病预防控制中心牵头建设全球卫生中心,组建跨学科团队,提高全球疫情和疾病负担分析及参与全球公共卫生治理的技术能力。

② 推进市、区两级疾病预防控制中心标准化建设。贯彻执行国家疾病预防控制中心建设标准,并根据首都需要适当提高设备配置标准,按照编制科学配备疾病预防控制中心专业

人员,提升检验检测、流行病学调查、应急处置等能力。

③ 构建传染病检测实验室网络。按照生物安全实验室建筑技术规范和生物安全通用准则要求,研究在全市统筹规划建设高等级生物安全防护三级实验室,面向全市医疗卫生机构、高校和科研机构、企业开放。建立全流程安全核查、监管和责任追溯制度,安全规范开展传染病病原学检测和变异监测等实验活动。统筹好疾病预防控制中心、医院、第三方检验机构力量,优化检测方法,最大限度提升检验检测能力[20]。

9.5.1.3 改革完善重大疫情防控救治体系

(1)构建完善医防融合机制

强化医疗机构公共卫生职责,建立医疗机构公共卫生责任清单和评价机制,全市二、三级医疗机构和社区(村)卫生服务机构要落实疾病预防控制职责,开展传染病、食源性疾病的监测报告以及院内传染病控制、结核病和精神疾病的预防控制、健康教育等公共卫生相关工作。

(2)提升重大疫情救治能力

① 优化传染病救治医疗资源配置。规划建设佑安医院新院,将其作为市公共卫生救治中心,在强化传染病专科特色基础上,提升综合救治以及多专业协调能力。完善"3+2"传染病医院布局,充分发挥地坛医院在呼吸系统传染病救治、佑安医院在消化系统传染病救治、解放军总医院第五医学中心在传染病综合救治方面的优势;将中日友好医院作为外籍患者救治的备用定点医院;将小汤山医院作为战备救治基地,日常作为临床培训基地、康复基地及体检筛查基地。

② 加强应急医疗救治能力储备。制定大型公共建筑转换为应急设施预案,以及临时可征用的公共建筑储备清单。公共建筑在突发公共卫生事件发生时,依法可临时征用为集中医学隔离观察点、方舱医院等场所。新建的体育场馆、剧院等大型公共建筑,要兼顾应急救治和隔离需求,预留转换接口。

③ 开展医疗机构发热、呼吸、肠道门诊等标准化建设。对市属医院发热门诊进行改扩建或新建,建设集接诊、化验、影像、观察等功能于一体的发热门诊,配备符合规范标准的检验、影像、急救、核酸检测设备。

④ 加强负压病房和重症监护病房建设。加强市、区两级综合性医院负压病房建设,重点扩大市级呼吸疾病和传染病医院负压病房规模。

(3)提升中医药应急救治能力

① 充分发挥中医药对重大疫情的防治能力。根据气候季节变化和疾病流行特点推广20种中医治未病服务方案,适时提出传染病密切接触者、儿童以及有慢性基础病等重点人群不同的预防方。挖掘整理经典中医药预防、救治、康复药方,推进中医药技术储备和研发生产,推动临床创新成果产出。坚持中西医并重,组织编制50种传染病的中西医结合诊疗方案,完善中西医联合救治机制。

② 提升中医医疗机构疾病预防控制与院内感染控制能力。健全中医医疗机构院内感染防控体系,加强急诊科和感染疾病科建设;建立传染病定点医院对中医医疗机构常态化的院感防控指导机制,以及中医医疗机构公共卫生人员定期到传染病定点医院轮训培养制度,全面提升中医医疗机构参与突发公共卫生事件处置的能力和水平[20]。

9.5.1.4 健全统一的应急物资保障体系

（1）建立京津冀区域应急物资生产联保机制

加强区域协同，在京津冀区域内布局建设公共卫生应急物资的研发、生产、物流全链条产业集群。围绕医药健康关键核心技术完善北京医药产业布局，加大对急需紧缺装备用品的研发力度，力争2022年实现部分重点设备及其耗材关键技术的精准突破并国产化量产。

（2）建立应急物资储备制度

建设"市—区—机构"三级医用物资设备储备体系，建立战略和应急物资储备目录，制定应急物资储备清单。推动医用耗材带量采购，降低成本。到2020年底，市、区、医疗机构三级医用口罩、防护服、检测试剂等必要医用物资储备量满足30 d以上需求。到2022年底，各类物资储备能满足重大突发公共卫生事件发生后1～3个月的需求。定期发布健康提示，引导单位和家庭常态化储备适量应急物资。会同物资生产企业及需求单位，建立对有使用期限物资的轮储制度[20]。

9.5.2 上海市：《加强公共卫生体系建设三年行动计划（2020—2022年）》

9.5.2.1 规划目标

落实市委、市政府《关于完善重大疫情防控体制机制健全公共卫生应急管理体系的若干意见》和《健康上海行动（2019—2030年）》，将新冠肺炎疫情的常态长效防控作为本轮计划的重中之重，对标最高标准、最好水平，推动本市公共卫生体系在基础设施、核心能力、学科人才、工作机制等方面实现高质量发展。

到2022年，构建灵敏高效、科学精准、联防联控、群防群治的公共卫生事件应急处置体系；健全职责明晰、衔接有序、医防融合、中西医并重、保障有力的公共卫生综合服务机制；完善全人群、全周期、全流程的健康服务和管理模式，促进公众健康素养和健康水平整体提升[21]。

9.5.2.2 聚焦城市公共卫生安全，健全重大公共卫生应急管理体系

（1）建设多部门融合的公共卫生应急指挥、运营和监管系统

依托政务服务"一网通办"和城市运行"一网统管"平台，实现基于多部门大数据的全市公共卫生应急指挥管理实时化、一体化。建立上海市重大公共卫生安全专家库。优化各相关部门和机构行使公共卫生职责、落实公共卫生任务的体制机制。构建完善突发公共卫生事件风险评估和应急预案体系。科学配置公共卫生应急物资储备，完善应急资源调度机制。

（2）打造基于多源数据、多点触发的公共卫生综合监测预警系统

把增强早期监测预警能力作为健全公共卫生体系的当务之急。以新发、突发和不明原因传染病为重点，完善传染病疫情和突发公共卫生事件监测系统，改进不明原因疾病和异常健康事件监测机制，加强可疑症状、可疑因素、可疑事件的识别，实现实时监控和主动发现。构建由疾控机构、医疗机构、第三方检测实验室等组成的公共卫生病原检测实验室网络和平行实验平台，规范菌毒种库和感染性生物样本库管理，提升不明原因传染病病原检测快速发现和鉴定能力。

（3）健全联防联控的公共卫生协同处置系统

依托市大数据资源平台，实现公共卫生基础数据整合共享，推进以人为核心的多元信息

汇聚与疾病风险评估预警;依托市公共数据标准化技术委员会,建立多部门公共卫生应急数据标准和数据共享服务接口标准,完善重点信息直报、现场调查处置、健康服务管理、人员排摸管控等应用,实现多部门信息数据的汇聚、调用和应用协同。加强应急心理救助和心理危机干预网络建设,提升社会心理干预能力。强化航空医疗救援网络快速响应、跨区域转运和救治能力。探索建立公共卫生应急处置"预备役"示范队伍,组建分级分类的应急处置后备力量,形成培训、演练和响应的长效机制。加强对生物恐怖、核化威胁、环境污染、中毒等事件的快速响应和协同处置能力建设。建立血液信息预警和精准输血机制,提升公共卫生应急事件的血液安全供应保障能力。

9.5.2.3 聚焦能力提升,强化公共卫生服务内涵建设

(1)加强疾病预防控制基础能力

优化完善疾病预防控制机构职能设置,建立上下联动的分工协作机制,强化技术、能力、人才储备。按照新形势下疾病预防控制机构职能定位,提升市级疾病预防控制机构"一锤定音"的核心能力、健康大数据分析应用能力、前瞻性研究能力和决策咨询能力。组织实施区级疾病预防控制机构达标建设和能力提升工程,筑牢"1+16"的疾病预防控制体系网络。推进疾病预防控制体系基础设施、重大设备、单兵装备和保障装备等建设,重点提升现场调查处置和实验室检测等关键能力。

(2)加强"医防融合"的综合服务能力

强化公立医疗机构公共卫生职责定位,建立覆盖综合性医疗机构和儿科、妇产科、精神科等专科医疗机构的传染病救治体系,制定完善各级诊治中心建设标准和管理规范,提升市级综合性医疗机构和区域医疗中心感染科(传染科)综合诊疗能力和复杂重症患者救治能力,建立健全分级、分层、分流的重大疫情救治机制。推进发热门诊标准化建设,优化空间设施设备配置。加强社区发热哨点诊室建设,提高基层传染病甄别与预警能力。健全应急状态下的传染病床位等救治资源"平战转换"机制。开展社区健康管理支持中心建设,依托"健康云平台",完善慢性病多因素综合风险评估、筛查、干预和管理机制,推进整合型全程健康服务管理。

(3)加强公共卫生综合监管能力

建立"1+16"的信息化可视化监管平台,建设智慧卫监信息化项目。开展全市卫生监督机构规范化建设和执法装备标准化建设,提升公共卫生监督执法能力和公共卫生技术服务能力。建立跨部门、跨区域综合监督执法联动协调机制。

9.5.2.4 聚焦人群健康需求,实施惠民利民工程

(1)关注重点人群健康

实施老年人认知障碍风险筛查和干预项目,推进对老年常见慢性病、退行性疾病和心理问题的管理。构建基于行为和环境影响因素的"家—校—社区"联动儿童青少年近视综合干预模式。推进儿童早期发展基地建设和儿童神经行为异常筛查与干预,加强生殖健康服务及更年期和老年期妇女健康管理,优化妇幼健康管理模式。推进职业人群健康促进,实施职业病危害精准防控。

(2)关注重点疾病防治

开展慢阻肺高危人群风险评估和筛查,规范患者健康管理。优化癌症早发现模式,推动

社区和医疗机构开展癌症机会性筛查,研制健检机构规范化癌症筛查管理模式。建立生命早期1 000天口腔健康服务模式,开展糖尿病患者口腔健康风险筛查和综合管理。

（3）关注健康素养提升和健康行为养成

加强健康科普专家库和资源库建设,规范健康科普知识发布和审核机制,打造全媒体、广覆盖的健康信息传播平台,树立权威品牌。建立健康行为监测评估体系。倡导市民健康公约,提高公众防病意识、自律性和依从性。

9.5.2.5　聚焦支撑保障,健全公共卫生多元参与机制

（1）加强人才队伍建设

建立健全公共卫生复合型人才培养模式。构建公共卫生专业机构与高校、医疗机构联合培养应急管理人才的机制。优化完善具有上海特色的公共卫生医师规范化培养模式,支持培养高水平、重实战的专业人才队伍。协同提升临床医师队伍公共卫生专业技能和实战能力。完善传染病救治、消毒与感染控制、病媒生物控制、创伤医学、精神卫生、航空救援、核生化与中毒处置、健康教育与健康促进等紧缺人才培训体系和储备机制。强化基层卫生人员知识储备和培训演练。

（2）加强学科建设

明确本市公共卫生重点学科建设目标,以病原微生物与生物安全、流行病学、核医学与放射卫生学、环境与职业卫生学、灾难医学与卫生应急管理、大数据与人工智能应用、健康教育与健康传播、心理和精神卫生、儿少卫生和妇幼卫生学、寄生虫病与病媒控制等为重点,打造具有较强国际影响力和竞争力的公共卫生重点学科群和高端人才团队。

（3）加强制度保障

开展突发公共卫生事件应急管理及传染病防治相关法规政策研究。推进执法行为规范化建设,落实行政执法公示、执法全过程记录、重大执法决定法制审核等制度,完善行政处罚裁量基准体系。推进行政执法与刑事司法衔接。探索研究疾病预防控制体制机制创新。制定完善疾病预防控制、医疗应急救治及公共卫生信息数据等领域相关标准体系。

（4）加强社会支持

探索构建适应超大型城市的全领域公共卫生社会治理体系构架。鼓励和支持行业协会等社会组织积极参与城市公共卫生治理。建立健全社会心理服务等行业规范和管理机制。研究建立区域公共卫生现代化能力评价指标体系。

主要参考文献

[1] 时业伟.新冠肺炎疫情下国际贸易规则与公共卫生治理的链接[J].华东政法大学学报,2021,24(2):136-144.

[2] 中华人民共和国中央人民政府.突发公共卫生事件应急条例[EB/OL].(2003-05-09)[2011-01-08].http://www.gov.cn/gongbao/content/2011/content_1860801.htm.

[3] 中华人民共和国中央人民政府.国家突发公共卫生事件应急预案[EB/OL].(2006-02-26)[2022-08-09].http://www.gov.cn/yjgl/2006-02/26/content_211654.htm.

[4] 艾智科.1950—1951年上海的天花流行与应对策略[J].社会科学研究,2010(4):163-166.

[5] 李燕婷. 上海市甲型和乙型病毒性肝炎防治工作回顾[J]. 上海预防医学,2019,31(1):41 - 45.

[6] 万祥春. 论中国公共卫生危机管理:以中国非典型肺炎危机为例的实证研究[D]. 上海:华东师范大学,2005.

[7] 新华社. 我国 05 年以来共发生 35 起禽流感疫情已全部扑来[EB/OL]. (2006 - 03 - 18)[2022 - 08 - 09]. https://www. gov. cn/govweb/ztzl/2006-03/18/content_230458. htm.

[8] 张煜,汪寿阳. 食品供应链质量安全管理模式研究:三鹿奶粉事件案例分析[J]. 管理评论,2010,22(10):67 - 74.

[9] 韩一芳,张宏伟,曹广文. 2009 年新型甲型 H1N1 流感流行特征及防控措施[J]. 第二军医大学学报,2009,30(6):610 - 612.

[10] 中国疾病预防控制中心. 创造历史:从突发公共卫生事件到全球消灭脊髓灰质炎[EB/OL]. (2014 - 08 - 15)[2022 - 08 - 09]. https://www. chinacdc. cn/gwxx/201408/t20140815_101253. htm.

[11] 杨兴娄,葛行义,胡犇,等. 埃博拉病毒病流行病学[J]. 浙江大学学报(医学版),2014,43(6):621 - 645.

[12] 张硕,李德新. 寨卡病毒和寨卡病毒病[J]. 病毒学报,2016,32(1):121 - 127.

[13] 李士雪,单莹. 新型冠状病毒肺炎研究进展述评[J]. 山东大学学报(医学版),2020,58(3):19 - 25.

[14] 黄蔷如,贾萌萌,冯录召,等. 国外猴痘疫情暴发近况及我国防控建议[J]. 中国病毒病杂志,2022,12(4):241 - 244.

[15] 吴群红,康正,焦明丽. 突发事件公共卫生风险评估理论与技术指南[M]. 北京:人民卫生出版社,2014.

[16] 林君芬. 突发事件公共卫生风险评估理论与实践[M]. 杭州:浙江大学出版社,2016.

[17] 许树强,王宇. 突发事件公共卫生风险评估理论与实践[M]. 北京:人民卫生出版社,2016.

[18] 中国城市规划学会标准化工作委员会. 城市防疫专项规划编制导则:T/UPSC 0005—2021[S]. 北京:中国城市规划学会,2021.

[19] 发展改革委卫生部. 突发公共卫生事件医疗救治体系建设规划[EB/OL]. (2003 - 09 - 09)[2022 - 08 - 09]. https://www. ndrc. gov. cn/xxgk/zcfb/ghwb/201402/t20140221_962059_ext. html.

[20] 中共北京市委办公厅. 加强首都公共卫生应急管理体系建设三年行动计划(2020—2022 年)[EB/OL]. (2020 - 06 - 09)[2023 - 10 - 20]. https://www. beijing. gov. cn/zhengce/zhengcefagui/202006/t20200609_1920151. html.

[21] 上海市人民政府. 上海市人民政府办公厅关于转发市卫生健康委等四部门制订的《上海市加强公共卫生体系建设三年行动计划(2020—2022 年)》的通知[EB/OL]. (2020 - 06 - 19)[2023 - 10 - 20]. https://www. shanghai. gov. cn/nw48505/20200825/0001-48505_65151. html.

10 海洋灾害防御规划

10.1 基本知识

10.1.1 概念界定

海洋灾害:海洋自然环境发生异常或激烈变化,导致在海上或海岸带发生的严重危害社会、经济、环境和生命财产的事件[1]。

风暴潮:由热带气旋、温带气旋、海上飑线等风暴过境所伴随的强风和气压骤变而引起的叠加在天文潮之上的海面震荡或非周期性异常升高(降低)现象[2]。

海浪:由风引起的海面波动现象,主要包括风浪和涌浪。其周期为 0.5~25 s,波长为几十厘米至几百米,一般波高为几厘米至 20 m,在罕见的情况下,波高可达 30 m。由强烈大气扰动,如热带气旋(台风、飓风)、温带气旋和强冷空气大风等引起的海浪,在海上常能掀翻船只,摧毁海上工程和海岸工程,造成巨大灾害,这种海浪称为灾害性海浪[3]。

海啸:由海底地震、火山喷发或水下塌陷和滑坡等所激起的长波形成的来势凶猛且危害极大的巨浪[4]。

海平面上升:由全球气候变暖导致的冰川融化、海水受热膨胀等引起的平均海平面高度抬升的现象[5]。

赤潮:海洋中一些微藻、原生动物或细菌在一定环境条件下暴发性增殖或聚集达到某一水平,引起水体变色或对海洋中其他生物产生危害的一种生态异常现象[6]。

海岸侵蚀:在自然力(包括风、浪、流、潮)的作用下,海洋泥沙支出大于输入,沉积物净损失的过程,即海水动力的冲击造成海岸线的后退和海滩下蚀[7]。

海冰:由海水冻结而成的咸水冰,也包括流入海洋的河冰和冰山等。当海洋中出现严重冰封或冰山,就会对海上交通运输、生产作业、海上设施及海岸工程带来危害,成为海冰灾害[8]。

海水入侵:滨海地区人为超量开采地下水,引起地下水位大幅度下降,海水与淡水之间的水动力平衡被破坏,导致咸淡水界面向陆地方向移动的现象。

海雾:海洋上低层大气中的一种水汽凝结(华)现象,由于水滴或冰晶(或二者皆有)的大量积聚,使水平能见度降低到 1 km 以下,雾的厚度通常在 200~400 m[9]。

10.1.2 海洋灾害类型、等级与成因

10.1.2.1 风暴潮

(1)分类

根据风暴的性质,风暴潮通常分为由温带气旋引起的温带风暴潮和由台风引起的台风风暴潮两大类[10]。

温带风暴潮多发生于春秋季节,夏季也时有发生。其特点是:增水过程比较平缓,增水

高度低于台风风暴潮。主要发生在中纬度沿海地区,以欧洲北海沿岸、美国东海岸以及我国北方海区沿岸为多。

台风风暴潮,多见于夏秋季节。其特点是:来势猛、速度快、强度大、破坏力强。凡是有台风影响的海洋国家和沿海地区,均有台风风暴潮的发生[2]。

(2)分级

风暴潮等级(风暴潮强度等级、高潮位超警戒程度等级和风暴潮灾度等级)划分遵循科学性、合理性和适用性的原则。依据最大风暴增水的大小将风暴潮强度分为特强、强、较强、中等和一般5个等级,分别对应Ⅰ、Ⅱ、Ⅲ、Ⅳ和Ⅴ级[11](表10-1)。

表10-1 风暴潮强度等级[11]

等级	Ⅰ(特强)	Ⅱ(强)	Ⅲ(较强)	Ⅳ(中等)	Ⅴ(一般)
最大风暴增水 h_s/cm	$h_s > 250$	$200 < h_s \leqslant 250$	$150 < h_s \leqslant 200$	$150 < h_s \leqslant 200$	$150 < h_s \leqslant 200$

(3)成因

风暴潮灾害往往是风暴潮、近岸浪共同作用的结果。一次风暴潮灾害的严重程度主要和2个因素有关:一是风暴潮强度,二是天文潮高度[2]。

如果风暴潮恰好发生在天文大潮时,尤其是最大风暴增水叠加在天文大潮的高潮上时,则常常使受到影响的沿海地区潮水暴涨淹没低洼区域,严重时甚至冲毁海堤海塘,吞噬码头、工厂、城镇和村庄,酿成巨大灾难。有时风暴潮虽未发生在天文大潮或高潮时,但风暴增水较大时也会酿成严重潮灾。

10.1.2.2 海浪

(1)分类

海浪是海面由风引起的波动现象,主要包括风浪、涌浪和近岸浪[12]。

① 风浪:在风的直接作用下形成的海面波动,称为风浪。

② 涌浪:在风停以后或风速风向突变后保存下来的波浪和传出风区的波浪,称为涌浪。

③ 近岸浪:由外海的风浪或涌浪传到海岸附近,受地形和水深作用而改变波动性质的海浪。

按照诱发海浪的大气扰动特征来分类:由热带气旋引起的海浪称为台风浪;由温带气旋引起的海浪称为气旋浪;由冷空气引起的海浪称为冷空气浪。

(2)分级

将某一时段连续测得的所有波高按大小排列,取总个数中的前1/3个大波波高的平均值,称为有效波高。有效波高大于或等于4 m的海浪称为灾害性海浪。根据国际波级表规定,海浪级别按照有效波高进行划分(表10-2)。

表10-2 有效波高海浪等级划分表[3]

浪级	波高区间/m	中值/m	风浪名称	涌浪名称	对应风级
0	—		无浪 calm sea	无涌	—
1	<0.1		微浪 smooth sea	小涌	<1
2	0.1~0.4	0.3	小浪 small sea	中涌	1~2

浪级	波高区间/m	中值/m	风浪名称	涌浪名称	对应风级
3	0.5～1.2	0.8	轻浪 slight sea	中涌	3～4
4	1.3～2.4	2	中浪 moderate sea	中涌	5～6
5	2.5～3.9	3	大浪 rough sea	大涌	6～7
6	4.0～5.9	5	巨浪 very rough sea	大涌	8～9
7	6.0～8.9	7.5	狂浪 high sea	巨涌	10～11
8	9.0～13.9	11.5	狂涛 very high sea	巨涌	12
9	≥14		怒涛 precipitous sea	巨涌	>12

（3）成因

海浪是海面起伏形状的传播,是水质点离开平衡位置,做周期性振动,并向一定方向传播而形成的一种波动。水质点的振动能形成动能,海浪起伏能产生势能。海浪的能量沿着海浪传播的方向滚滚向前。因而,海浪实际上又是能量的波形传播。海浪波动周期从零点几秒到数小时以上,波高从几毫米到几十米,波长从几毫米到数千千米。

风浪、涌浪和近岸波的波高几厘米到约 20 m,最大可达 30 m 以上。风浪是海水受到风力的作用而产生的波动,可同时出现许多高低长短不同的波,波面较陡,波长较短,波峰附近常有浪花或片片泡沫,传播方向与风向一致。一般而言,状态相同的风作用于海面时间越长,海域范围越大,风浪就越强;当风浪达到充分成长状态时,便不再继续增大。风浪离开风吹的区域后所形成的波浪称为涌浪[12]。

海浪是否成灾,取决于浪高大小和承灾体情况。灾害性海浪的几种致灾方式包括:

① 破碎巨浪对船舶、海工建筑造成的瞬间载荷巨大。

② 在一连串高波构成的波群作用下海工建筑(如防波堤)易发生共振而损坏。

③ 畸形波(波高超过周围波动两倍以上的单个波)发生破碎时对船舶的冲击达到 1 MPa,不发生破碎时对石油平台产生托举作用导致其垮塌。

④ 近岸浪可将岸边的人员车辆卷入海中,将鱼场网箱等设施摧毁。

⑤ 海浪有时还会携带大量泥沙进入海港、航道,造成淤塞。

10.1.2.3 海啸

（1）分类

海啸按成因可分为地震海啸、火山海啸、滑坡海啸、气象海啸、撞击海啸、核爆海啸等[13]。地震海啸是海底发生地震时,海底地形急剧升降变动引起海水强烈扰动。其机制有 2 种形式:"下降型"海啸和"隆起型"海啸[14]。

"下降型"海啸。某些构造地震引起海底地壳大范围的急剧下降,海水首先向突然错动下陷的空间涌去,并在其上方出现海水大规模积聚。当涌进的海水在海底遇到阻力后,即翻回海面产生压缩波,形成长波大浪,并向四周传播与扩散,这种下降型的海底地壳运动形成的海啸在海岸首先表现为异常的退潮现象。

"隆起型"海啸。某些构造地震引起海底地壳大范围的急剧上升,海水也随着隆起区一起抬升,并在隆起区域上方出现大规模的海水积聚。在重力作用下,海水必须保持一个等势面以达到相对平衡,于是海水从波源区向四周扩散,形成汹涌巨浪。这种隆起型的海底地壳运动形成的海啸波在海岸首先表现为异常的涨潮现象。

相对受灾现场来讲,海啸可分为遥海啸和本地海啸两类[15]。

遥海啸是指横越大洋或从很远处传播来的海啸,也称为越洋海啸。海啸波属于海洋长波,一旦在源地生成后,在无岛屿群或大片浅滩、浅水陆架阻挡情况下,一般可传播数千公里而能量衰减很少;因此,可能造成数千公里之遥的地方也遭受海啸灾害。

海啸的大多数均属于本地海啸或称为局地海啸。因为本地海啸从地震及海啸发生源地到受灾的滨海地区相距较近,所以海啸波抵达海岸的时间也较短,只有几分钟,多者几十分钟。在这种情况下,海啸预警时间则更短或根本无预警时间,因而往往造成极为严重的灾害[16]。

（2）分级

根据沿岸某区域最大海啸波幅的平均大小 H_{av},以及海啸可能导致的宏观影响,将海啸强度分为6个级别,分别对应Ⅰ、Ⅱ、Ⅲ、Ⅳ、Ⅴ和Ⅵ级（表10-3）。

表 10-3 海啸强度等级[17]

海啸强度等级	海啸平均波幅 (H_{av})/m	影响程度	可能产出的影响描述
Ⅰ	≥20	重大灾难	沿岸出现人员伤亡,所有船舶严重毁坏,所有沿岸构筑物严重损毁。火灾、危化品泄漏等各类次生灾害严重,海岸防护林无作用
Ⅱ	10～<20	非常强烈	沿岸出现人员伤亡,大部分船舶损坏,大部分沿岸构筑物严重破损。耕田冲毁,海岸防护林部分毁坏,大量海水养殖设施冲向外海,港口工程严重破坏
Ⅲ	3～<10	强烈	沿岸出现人员伤亡,大部分船只损坏,部分船舶相互撞击,岸边部分构筑物破损。海岸防护林轻微破坏,大量海水养殖设施受到影响
Ⅳ	1～<3	中等	沿岸所有人可感觉到,部分船只冲上海岸,相互冲撞或倾覆,岸边构筑物和防护设施轻微破损
Ⅴ	0.3～<1	轻微	部分岸上和船上的人可以感觉到,少数船只受沿岸波流影响,沿岸构筑物没有破损
Ⅵ	0～<0.3	非常轻微	沿岸无人或极少数船上的人能感觉到,无需撤离,对海上和沿岸物体没有任何影响

注:"极少数"为10%以下;"少数"为10%～40%;"部分"为40%～70%;"大部分"为70%～90%;"绝大多数"为90%以上。

（3）成因

海啸发生的直接原因是大规模的水体扰动,引起大规模水体扰动的原因主要有:

① 大规模的海底滑坡扰动水体引起海啸。这类海啸虽然可能在局部区域形成浪高很大的海啸,但其影响区域一般不大。

② 海底大规模火山喷发和海底火山口塌陷扰动水体,引发海啸。

③ 气象原因引起。一般表现为风暴潮,它并不是严格意义上的海啸。

④ 地壳构造运动引起的大面积海底突然下降或隆起,扰动海洋水体,引发涌浪、海啸。自然界中发生的海啸绝大部分是这类海啸[16]。

10.1.2.4 海冰

（1）分类

按发展阶段，可分为初生冰、尼罗冰、饼冰、初期冰、一年冰和老年冰六大类；按运动状态可分为固定冰和流冰两大类。固定冰与海岸、海底或岛屿冻结在一起，能随海面升降，从海面向外可延伸数米或数百千米。流冰漂浮在海面，随着海面风向和海流向各处移动。海冰在冻结和融化过程中，会引起海况的变化；流冰会影响船舰航行和危害海上建筑物[18]。

（2）分级

《中国海冰情等级》（计划号 20184595—T—418）规定，根据结冰海区的气候特征、海冰均为一年冰的具体情况以及多年来海冰变化特征，将冰情分为 5 个等级：轻冰年（1 级）、偏轻冰年（2 级）、常冰年（3 级）、偏重冰年（4 级）、重冰年（5 级）。

辽东湾、渤海湾、莱洲湾和黄海北部海冰等级根据各海湾的最大浮冰范围确定（表 10 - 4）。

表 10 - 4　海冰等级标准[19]　　　　　　　　　　　单位：n mile

浮冰范围冰级	辽东湾	渤海湾	莱州湾	黄海北部
1 级	<45	<5	<5	<10
2 级	45～60	5～14	5～10	10～15
3 级	61～80	15～25	11～20	16～25
4 级	81～110	26～40	21～40	26～35
5 级	>110	>40	>40	>35

（3）成因

海水和大气相互作用形成海冰，其形成大致经历 5 个阶段。一是海面气温下降，表面海水温度降至冰点以下时，海水里又有利于形成冰的雪粒等凝结核，海水表面层就开始结成纵横交错的冰针或小冰片。二是海面温度继续降低，大量的冰针或冰片聚集起来，形成覆盖海面的薄冰，薄冰破裂成一个个大小相当均匀的圆盘状冰饼。三是海面温度进一步下降，圆盘状冰饼互相冻接起来，形成有一定厚度的、面积相当大的冰盖层。四是海面温度再下降，冰层膨胀龟裂，大片冰层就形成破碎的冰块。五是海水的运动，促使冰块叠加，各个冰块之间又冻接起来，形成面积更广阔的大冰原。冰原再互相撞碰，重叠，就形成山峦般起伏不平的大冰群。此时，冰厚可达 15～20 m。

10.1.2.5 海雾

（1）分类

依成因不同，可把海雾分成平流雾、混合雾、辐射雾和地形雾 4 种[12]。

① 平流雾

平流雾是指因空气平流作用在海面上生成的雾。它包括 2 种：平流冷却雾和平流蒸发雾。

平流冷却雾：又称暖平流雾，有时简称平流雾，为暖气流受海面冷却，其中的水汽凝结而成的雾。这种雾比较浓，雾区范围大，持续时间长，能见度小，春季多见于北太平洋西部的千岛群岛和北大西洋西部的纽芬兰附近海域。

平流蒸发雾:海水蒸发,使空气中的水汽达到饱和状态而成的雾,又称冷平流雾或冰洋烟雾。冷空气流到暖海面上,由于低层空气下暖上冷,层结不稳定,故雾区虽大,雾层却不厚,雾也不浓。从两极区域流出的冷空气到达其邻近暖海面上或在巨大冰山附近的水域上时,均可生成平流蒸发雾。

② 混合雾

混合雾分为冷季混合雾与暖季混合雾。

冷季混合雾:海上风暴产生的空中降水的水滴蒸发,使空气中的水汽接近或达到饱和状态,这种空气与从高纬度来的冷空气混合,即冷却而成雾。这种雾多出现在冷季。

暖季混合雾:海上风暴产生的空中降水的水滴蒸发,使空气中的水汽接近或达到饱和状态,这种空气与从低纬度来的暖空气混合,即冷却而成雾。这种雾多产生在暖季。

③ 辐射雾

辐射雾分为浮膜辐射雾、盐层辐射雾与冰面辐射雾。

浮膜辐射雾:漂浮在港湾或岸滨的海面上的油污或悬浮物结成薄膜,晴天黎明前后,因辐射冷却而在浮膜上产生了雾。

盐层辐射雾:风浪激起的浪花飞沫经蒸发后留下盐粒,借湍流作用在低空构成含盐的气层,夜间因辐射冷却,就在盐层上面生成了雾。

冰面辐射雾:高纬度冷季时的海面覆冰或巨大冰山面上,因辐射冷却而生成雾。

④ 地形雾

地形雾分为岛屿雾与岸滨雾。

岛屿雾:空气爬越岛屿过程中冷却而成的雾。

岸滨雾:产生于海岸附近,夜间随陆风漂移蔓延于海上。白天借海风推动,可漂入海岸陆区。

空气层结的改变,可使海雾升高变为层云,也可以使层云降低变成海雾。中国东海岸和美国西海岸都有这种现象[20]。

(2)分级

海雾是指发生在海上、岸滨和岛屿上空低层大气中,由于水汽凝结而产生的大量水滴或冰晶,使得水平能见度小于1 000 m的天气现象。因此,海雾的强度主要依据水平能见度并以此划分海雾强度等级,表10-5即目前通用的海雾强度等级划分标准,并给出了对应的海雾警报等级。

表10-5　海雾等级划分[21]

等级	能见度/km
轻雾	$1 \leqslant V < 10$
大雾	$0.5 \leqslant V < 1$
浓雾	$0.2 \leqslant V < 0.5$
强浓雾	$0.05 \leqslant V < 0.2$
特强浓雾	$V < 0.05$

根据《海雾预警等级(征求意见稿)》(计划号20202670—T—416),海雾预警分为3个等

级,分别为海雾蓝色预警、海雾黄色预警、海雾橙色预警。

海雾蓝色预警:预计未来 24 h 内中国近海海区中将出现能见度大于 1 000 m、小于或等于 2 000 m 的雾,或者已经出现并可能持续时,应发布海雾蓝色预警。

海雾黄色预警:预计未来 24 h 内中国近海海区中将出现能见度大于 500 m 小于或等于 1 000 m 的雾,或者已经出现并可能持续时,应发布海雾黄色预警。

海雾橙色预警:预计未来 24 h 内中国近海海区中将出现能见度小于或等于 500 m 的雾,或者已经出现并可能持续时,应发布海雾橙色预警。

（3）成因

海雾是一种发生在近地层空气中稳定的中尺度天气现象。根据海雾形成特征及所在海洋环境特点,可将海雾分为平流雾、混合雾、辐射雾和地形雾等 4 种类型。

平流雾是空气在海面水平流动时生成的雾。暖湿空气移动到冷海面上空时,底层冷却,水汽凝结形成平流冷却雾。这种雾浓、范围大、持续时间长,多生成于寒冷区域。我国春夏季节,东海、黄海区域的海雾多属于这一种。冷空气流经暖海面时生成的雾叫平流蒸发雾,多出现在冷季高纬度海面。

混合雾是海洋上两种温差较大且又较潮湿的空气混合后产生的雾。因风暴活动产生了湿度接近或达到饱和状态的空气,暖季与来自高纬度地区的冷空气混合形成冷季混合雾,冷季与来自低纬度地区的暖空气混合则形成暖季混合雾。

夜间辐射冷却生成的雾称为辐射雾,其多出现在黎明前后,日出后逐渐消散。海面暖湿空气在向岛屿和海岸爬升的过程中,冷却凝结而形成的雾称为地形雾。

10.1.3　我国主要海洋灾害的时空分布特征

（1）风暴潮

按照引发风暴潮气象因素的不同,风暴潮可以分为台风风暴潮和温带风暴潮。西北太平洋是全球 8 个台风生成区中生成热带气旋频率最高的海域,也是生成台风强度最大的海域。我国东临太平洋,台风风暴潮灾害主要集中在夏季和秋季。冬季和春季的风暴潮灾害主要是由冷空气和温带气旋引发的温带风暴潮[22]。

从全国范围看,4—11 月中国沿海均会发生 50 cm 以上增水的风暴潮,其中 7—9 月为风暴潮多发期,这与热带气旋生成个数和登陆个数逐月分布特征是基本一致的。

渤海、黄海受台风影响程度低,次数少,因此台风风暴潮次数少,发生时间集中于 7—9 月;东海发生风暴潮的次数远远多于渤海、黄海两个海区,各级风暴潮次数均多于渤海、黄海海区,高发期为 7—9 月,其中 8—9 月为最多;南海风暴潮发生时间跨度最大,7—10 月间,各月发生次数相差较小,其中 7 月发生次数最多[23]。

沿海 11 个省（市、自治区）每个月发生风暴潮的次数也不尽相同,大部分省市 8 月发生的次数较多,福建省、广东省则 7 月居多;浙江省出现增水超过 150 cm 的风暴潮次数最多,主要出现在 8 月,其次为广东省,主要出现在 7—9 月,其中以 7 月略多。

（2）海浪

按照引发海浪的气象因素的不同,海浪可以分为台风浪、气旋浪（温带气旋引发）、冷空气浪（也称寒潮浪）。我国近海海域受到热带气旋、温带气旋和冷空气的影响,夏季东海和南海以台风浪为主,春季、秋季和冬季的渤海、黄海和东海主要以气旋浪和冷空气浪为主。我国近海的灾害性海浪主要集中在 10 月—次年 1 月[12]。

渤海与黄海受典型的季风影响,冬季强冷空气、春秋两季温带气旋、夏季台风都能引起大于 4 m 的灾害性海浪。与渤海和黄海相比,东海上无论冬季冷空气引起的海浪,还是夏季台风引起的海浪都较强,巨浪和狂浪出现的频率也比渤海和黄海高。台湾海峡虽然面积小,但由于狭管效应,是我国近海灾害性海浪出现频率最高的海区之一,也是受台风浪最严重的海区之一。台湾以东海域、南海是我国近海灾害性海浪出现频率最高的海区,也是受台风浪最严重的海区。北部湾受典型的季风影响,冬季东北季风、春秋两季和夏季西南季风和热带气旋都能引起波高大于 4 m 的灾害性海浪,但其四面被陆地包围,灾害性海浪出现的频率小。

（3）赤潮

4—9 月为我国赤潮多发期,11 月—次年 3 月,赤潮发生次数很少,主要与气温有关。气温高的月份,水温相对较高,适合藻类生物、细菌等的生长繁殖,容易诱发赤潮灾害。我国海岸线漫长,海域面积广阔,跨越纬度范围大,从南到北跨过多个温度带,包括热带、亚热带、温带。各海区所在温度带不同,不同季节海水温度也不同,所以赤潮发生的月份也不同。总体上,从南到北赤潮发生月份逐渐推迟[12]。

南海海域因其全年气温、水温适宜,各月均有赤潮发生,但多集中于 1—5 月,特别是 4 月。东海赤潮大多发生于 4—9 月,尤其集中在 5—6 月,11 月—次年 3 月极少有赤潮发生。黄海赤潮多发于 7—8 月,11 月—次年 3 月几乎没有赤潮发生。渤海赤潮多发于 5—9 月,尤其是 6—8 月。

（4）海冰

我国渤海及黄海北部濒临西北太平洋,是全球纬度最低的季节性结冰海域。每年秋末冬初开始结冰,第二年春天融化,冰期约 3～4 个月[24]。历史上,我国渤海及黄海北部等结冰海区多次发生海冰灾害,它对人民群众的生产、生活以及国民经济建设和国防建设的危害较大。即使常冰年甚至偏轻冰年也会发生海冰灾害,只是在海冰灾害活动强度不同时海冰灾害规模和程度不同。

我国渤海和黄海北部各结冰海区的地理环境差异较大,不仅冰情不尽相同,海冰灾害也差异明显,渤海的海冰灾害最为严重。根据历史资料分析,我国渤海和黄海北部海冰灾害的发生比较频繁,严重和比较严重的海冰灾害大致每 5 年发生 1 次;在局部海区,即使在轻冰年或偏轻冰年,也会出现海冰灾害。

10.2　国内外重大海洋灾害历史事件

10.2.1　国内案例

（1）渤海大冰封

1969 年 2—3 月,我国渤海发生了历史上罕见的大冰封。沿岸的港口被坚冰封锁,不能启用,整个渤海海面"顿失滔滔",几乎完全被海冰覆盖。从历史记载和资料分析来看,这是20世纪以来最严重的一次冰情。

除渤海海峡水域之外,整个渤海都被海冰覆盖,冰封范围广,时间也长,从2月上旬直到3月中旬,维持了约50 d之久。同时,冰层很厚,冰质坚硬,破坏力巨大[25]。

(2) 辽东湾鲅鱼圈赤潮

2000年7月9—15日,辽东湾鲅鱼圈海域发现中心区域以淡红色为主,边缘区域以淡黄色、红褐色为主,呈絮状、条带状分布的赤潮,面积约350 km²。其西南方有近2 000 km²的水色异常区分布[26]。

(3) 浙江赤潮

2000年5月12—16日,浙江中部台州列岛附近海域发生面积为1 000 km²的赤潮。18日在该海域再次发现赤潮,赤潮区域呈褐色条状和片状分布,长约80 km,宽约57 km,面积约4 560 km²,赤潮生物以具齿原甲藻(含有毒素)为主,密度最高值在水下2 m处。20日赤潮区域扩展至5 800 km²。24日,该赤潮仍然存在,呈暗红色块状,区域较2000年5月20日有所北移,面积进一步扩大[27]。

(4) "桑美"台风浪

2006年,超强台风"桑美"于8月8—10日在台湾省以东洋面、东海和台湾海峡形成7~12 m的台风浪。受"桑美"台风浪影响,在福建省沙埕港避风渔船遭到毁灭性的打击,沉没船只多达952艘,损坏1 139艘,死亡几百人[28]。

10.2.2 国外案例

(1) 智利海啸

1960年5月,智利中南部的海底发生了强烈的地震,引发了巨大的海啸,导致数万人死亡和失踪,沿岸的码头全部瘫痪,200万人无家可归,这是世界上影响范围最大、也是最严重的一次海啸灾难[29]。

(2) 印度洋海啸

2004年12月26日,印度尼西亚苏门答腊岛北部海域发生8.9级地震,引发海啸,海浪高达17.4 m,席卷了印度尼西亚、斯里兰卡、印度、泰国和其他9个国家的沿海地区。截止到2005年1月20日为止的统计数据显示,印度洋大地震和海啸已经造成22.6万人死亡[30]。

10.3 海洋灾害风险评估

10.3.1 风暴潮灾害风险评估

(1) 国家尺度

脆弱性评估:以沿海县(市、区)为单元,按照每个县的人口和经济将每个县的风暴潮灾害脆弱性划分为高(Ⅰ级)、中高(Ⅱ级)、中(Ⅲ级)、中低(Ⅳ级)、低(Ⅴ级)5级,分别形成基于人口和经济的风暴潮灾害脆弱性等级分布图[31]。

风险评估:分别评价人口和经济两类承灾体的风暴潮灾害风险等级。以沿海县(市、区)为单元,综合考虑风暴潮灾害危险性(日值域为1、2、3、4)和脆弱性(V,值域为1、2、3、4、5)等分布,计算风暴潮灾害风险等级。

（2）省尺度

脆弱性评估:以土地利用现状一级类区块单元作为脆弱性评估空间单元,根据不同一级土地利用类型斑块所占面积比例确定沿海乡镇脆弱性等级。若评估单元内有重要的承灾体,或者有因风暴潮灾害产生严重次生灾害的承灾体,根据实际情况调整评估单元脆弱性等级。

风险评估:以沿海乡镇为单元,选取单元内危险性最高等级岸段为该单元危险性等级,基于风暴潮灾害危险性等级和脆弱性等级评估结果综合确定评估单元风险等级。

风险区划:风暴潮灾害风险区划分为Ⅰ级(高风险)、Ⅱ级(较高风险)、Ⅲ级(较低风险)、Ⅳ级(低风险)4级。基于省尺度风暴潮灾害风险等级分布图,综合考虑风险等级分布空间同质性、行政区划、地理空间分布,形成不同风险等级区,并列出各风险等级区所包含的乡镇行政单元[31]。

（3）县尺度

脆弱性等级评估:以土地利用现状二级类区块单元作为脆弱性评估空间单元,根据不同二级土地利用类型斑块所占面积比例确定社区(村)脆弱性等级。若评估单元内有重要的承灾体,或者有因风暴潮灾害产生严重次生灾害的承灾体,根据实际情况调整评估单元脆弱性等级。

风险评估:依据研究区域内的风暴潮危险性和脆弱性分析结果,综合确定评估单元风险等级。

应急疏散图制作:以受风暴潮灾害影响的沿海乡镇(街道、社区)为单元,结合风暴潮可能引发的淹没范围及水深分布,分析应急疏散需求,对评估区域内避灾点进行适用性评价,提出避灾点改进建议以及确定是否需要增加或扩建避灾点,规划应急疏散路径,分区域编制应急疏散图,按优先原则推荐可行性疏散路径,并列表对疏散路径进行详细说明。

风险区划:将风暴潮灾害风险区划分为Ⅰ级(高风险)、Ⅱ级(较高风险)、Ⅲ级(较低风险)、Ⅳ级(低风险)4级。基于县尺度风暴潮灾害风险等级分布图,综合考虑风险等级分布空间同质性、行政区划、地理空间分布,形成不同风险等级区,分析不同等级风险区所包含的社区(村)[31]。

10.3.2 海浪灾害风险评估

（1）国家尺度

国家尺度近海海域海浪灾害危险性等级分为4级,计算每个格点的海浪灾害危险指标H_w,并将其进行归一化处理,归一化后的危险指数表示为H_{wn},根据H_{wn}确定每个格点上的海浪灾害危险等级。基于GIS系统,制作完成我国近海海域的海浪灾害危险区划图,分辨率为0.5°×0.5°。

（2）省尺度

省尺度近海海域海浪灾害危险性等级分为4级,计算每个格点的海浪灾害危险指标H_{wn}并将其进行归一化处理,归一化后的危险指数表示为H_{wn},根据H_{wn}确定每个格点上的海浪灾害危险等级。基于 GIS 系统,制作完成各省管辖海区的海浪灾害危险区划图,分辨率为 0.1°×0.1°。

（3）市（县）尺度

目前,市（县）尺度海浪风险评估与区划的相关技术导则还未正式发布,因此,这里给出的评估与区划方法仅可用于参考。在实际工作中,应以最新发布的海浪灾害风险评估和区划技术导则中的评估方法为准。

依据所评估市（县）海洋功能区划以及近岸海域承灾体（如港口码头区、旅游度假区、海水养殖区等）的性质和重要性、所评估县的沿海地区海水养殖和渔业人口密度分布、海水养殖和渔业经济密度分布、海水养殖和渔业产值分布等指标,将近岸海域海浪灾害承灾体的脆弱性等级划分为 6 级（表 10-6）。近岸海域海浪灾害承灾体的脆弱性等级是从海水养殖和渔业人口密度分布、海水养殖和渔业经济密度分布、海水养殖和渔业产值分布三个指标中选取脆弱性等级最高者[31]。

根据近岸海域内的近岸海浪灾害危险性等级和承灾体脆弱性等级的分析结果,计算近海海域的海浪灾害风险指数。

表 10-6　市（县）尺度近岸海域海浪灾害承灾体的脆弱性等级划分[31]

脆弱性等级	海水养殖和渔业人口密度分布/(人·km⁻²)	海水养殖和渔业经济密度分布/(万元·人⁻¹)	海水养殖和渔业产值分布/亿元
Ⅰ	[500,+∞)	[5,+∞)	[20,+∞)
Ⅱ	[400,500)	[3,5)	[5,20)
Ⅲ	[300,400)	[2,3)	[1,5)
Ⅳ	[200,300)	[1,2)	[0.5,1)
Ⅴ	[100,200)	[0.5,1.0)	[0.01,0.5)
Ⅵ	[0,100)	[0,0.5)	[0,0.01)

$$R=H\times V \qquad (10-1)$$

式中:R 为近岸海域海浪灾害风险指数;H 为近岸海域海浪灾害危险性等级;V 为近岸海域海浪灾害承灾体脆弱性等级。

依据近岸海域海浪灾害风险指数确定市（县）尺度近岸海域海浪灾害风险等级（表 10-7）。

表 10-7　市（县）尺度近岸海域海浪灾害风险等级划分[31]

风险等级	Ⅰ	Ⅱ	Ⅲ	Ⅳ
R	1≤R<6	6≤R<12	12≤R<18	18≤R≤24

以受海浪灾害影响的沿海市（县）所对应的岸段为基本单元,将近岸海域海浪灾害风险区划分为Ⅰ级（高风险）、Ⅱ级（较高风险）、Ⅲ级（较低风险）、Ⅳ级（低风险）4 级。

10.3.3　海啸灾害风险评估

（1）国家尺度

国家尺度海啸灾害危险性评估与区划分为Ⅰ级（高危险）、Ⅱ级（较高危险）、Ⅲ级（较低危险)、Ⅳ级(低危险)4级。国家尺度以县为基本单元,基于沿海岸段危险性等级分布,原则上选取评估单元内所有岸段中的最高危险等级作为该单元区划危险性等级[31]。

(2)省尺度

省尺度海啸灾害危险性评估与区划包括脆弱性评估、风险评估和海啸灾害风险区划。

脆弱性评估:以土地利用现状一级类区块单元作为脆弱性评估空间单元,确定一级类空间单元的脆弱性等级。根据不同一级土地利用类型斑块所占面积比例确定沿海乡镇脆弱性等级。

风险评估:以沿海乡镇为单元,选取单元内危险性最高等级岸为该单元危险性等级,基于海啸灾害危险性等级和脆弱性等级评估结果,综合确定评估单元风险等级。

风险区划:依据风险评估结果,以沿海乡镇为基本单元,将海啸灾害风险区划分为Ⅰ级(高危险)、Ⅱ级(较高危险)、Ⅲ级(较低危险)、Ⅳ级(低危险)4级[31]。

(3)县尺度

脆弱性等级评估:以土地利用现状二级类区块单元作为脆弱性评估空间单元,确定二级类空间单元的脆弱性等级。根据不同二级土地利用类型斑块所占面积比例确定社区(村)脆弱性等级。

风险评估:依据研究区域内的海啸危险性和脆弱性分析结果确定评估单元风险等级(图10-1)。

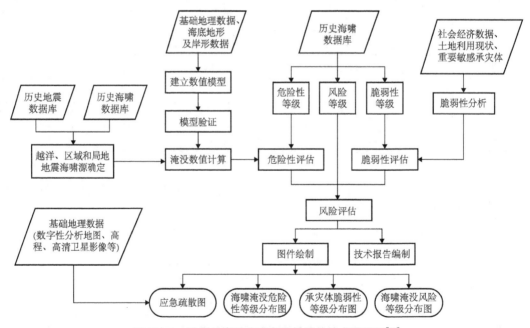

图10-1 沿海县海啸灾害危险性评估技术路线图[31]

应急疏散图制作:以受海啸灾害影响的沿海乡镇(街道、社区)为单元,结合海啸可能引发的淹没范围及水深、流速分布,分析应急疏散需求,分区域编制应急疏散图,按优先原则推荐可行性疏散路径,并列表对疏散路径进行详细说明。

海啸灾害风险区划:依据风险评估结果,以沿海社区(村)为基本单元,将海啸灾害风险区划分为Ⅰ级(高危险)、Ⅱ级(较高危险)、Ⅲ级(较低危险)、Ⅳ级(低危险)4级[31]。

10.3.4 海平面上升风险评估

基于海平面上升的风险形成机制,分别从危险性和脆弱性2个方面对海平面上升风险进行评估(表10-8)。海平面上升的危险性主要考虑自然因素的影响,评估海平面变化、潮汐特征、地面高程状况和海岸状况4个方面;考虑到海平面上升及其引发的次生灾害会对社会经济产生一定的影响,主要从人口和经济2个方面分别评估海平面上升的脆弱性。

综合考虑指标确定的目的性、系统性、科学性、可比性和可操作性原则,分别按照海平面变化、潮汐特征、地面高程状况、海岸状况、人口、经济等风险因子,选取相应的指标描述海平面上升风险[31]。

表 10-8 海平面上升风险评估指标[31]

因子层		指标层
危险性	海平面变化	海平面上升速率/(mm·a^{-1})
	潮汐特征	平均潮差/cm
	地面高程状况	高程低于5 m的沿海地区面积占比/%
	海岸状况	海岸线类型和稳定性
脆弱性	人口	居民总数/万人或人口密度/(万人·km^{-2})
	经济	GDP/亿元或地均GDP/(亿元·km^{-2})

脆弱性评估:海平面上升的脆弱性评估主要考虑沿海地区的社会和经济状况,分别选用人口和经济作为脆弱性指标。获取各县级行政单元的指标数值,利用分级赋值法和加权平均法计算各评估单元的脆弱性指数值。

脆弱性指数计算模型的数学表达式为:

$$V = \sum_{i=1}^{n} V_i b_i \qquad (10-2)$$

式中:V 为脆弱性指数;V_i 为脆弱性评估的第 i 个指标;b_i 为第 i 个脆弱性指标的权重系数;n 为脆弱性指标的个数。

风险指数计算:根据得到的危险性和脆弱性指数值,利用风险计算公式计算得到各评估单元的风险指数值,风险值的大小即反映了该评估单元风险程度的高低。

风险指数计算模型的数学表达式为:

$$SLRI = H^{\alpha} \times V^{\beta} \qquad (10-3)$$

式中:$SLRI$ 为海平面上升的风险指数;H 为危险度指数;V 为脆弱性指数;α 为危险度指数的权重系数;β 为脆弱性指数的权重系数。

风险区划:为了沿海各级政府科学应对海平面上升可能带来的影响,根据计算的海平面上升风险值的大小和中国沿海地区海平面上升及影响的现状,设置海平面上升风险等级划分标准,国家和省尺度将各评估单元的海平面上升风险由高到低划分为Ⅰ级(高风险)、Ⅱ级(较高风险)、Ⅲ级(较低风险)、Ⅳ级(低风险)4级(表10-9)。

表 10 - 9　海平面上升风险等级划分[31]

风险等级	Ⅰ级(高风险)	Ⅱ级(较高风险)	Ⅲ级(较低风险)	Ⅳ级（低风险）
风险值	>1.0	0.9～1.0	0.8～0.9	<0.8

10.3.5　海冰灾害风险评估

（1）国家尺度

国家尺度海冰灾害风险评估与区划包括划分评估范围和评估单元、获取评估指标值、海冰灾害风险区划和图件制作 4 个方面。划分评估范围和评估单元：近岸海域（12 n mile 以内）及其沿岸以地（市）级行政区域岸段为基本评估单元进行评估；根据我国结冰海区的油田（群）及石油平台实际分布状况，将结冰海区海上油气开采区（主要是渤海）划分为辽东湾北部、辽东湾南部、渤海湾北部、渤海湾西部、渤海湾南部及黄河三角洲、渤海中部以及莱州湾东部 7 个基本评估单元进行评估。

获取评估指标值：分别建立自然致灾因子评估指标体系和经济社会活动评估指标体系，确定两类因子不同等级评估指标的自重权数和系数，计算出各自的等级权数，形成海冰灾害风险综合评估体系，确定海冰灾害风险评估值。评估指标体系由海冰自然致灾因子和评估海区主要经济社会活动（即承灾体）组成。其中，自然致灾因子包括冰厚、冰期和密集度等，数据来源为致灾孕灾要素调查。经济社会活动（承灾体）包括交通运输、油气开采、海水养殖、海洋（岸）工程和有人居住海岛等，数据为其他部委提供。

海冰灾害风险区划：海冰灾害风险区划应按照高风险（Ⅰ级）、较高风险（Ⅱ级）、较低风险（Ⅲ级）和低风险（Ⅳ级）4 级进行划分。依据海冰灾害风险评估值和海冰灾害风险等级，并适当结合历史典型海冰事件的灾害状况和防灾减灾的具体要求确定评估海区海冰灾害风险等级分布。

图件制作：形成海冰灾害风险等级图和区划图，国家尺度编制比例尺不低于 1∶100 万[31]。

（2）省尺度

省尺度海冰灾害风险评估与区划包括划分评估范围和评估单元、获取评估指标值、海冰灾害风险区划和图件制作 4 个方面。

划分评估范围和评估单元：近岸海域（12 n mile 以内）及其沿岸以县（县级市、区）级行政区域岸段为基本评估单元进行评估；12 n mile 以外海域原则上不予考虑。

获取评估指标值：分别建立自然致灾因子评估指标体系和经济社会活动评估指标体系，确定两类因子不同等级评估指标的自重权数和系数，计算出各自的等级权数，形成海冰灾害风险综合评估体系，确定海冰灾害风险评估值。评估指标体系由海冰自然致灾因子和评估海区主要经济社会活动组成。其中，自然致灾因子包括冰厚、冰期和密集度等，数据来源为致灾孕灾要素调查。经济社会活动包括交通运输、油气开采、海水养殖、海洋（岸）工程和有人居住海岛等，数据为其他部委提供。

海冰灾害风险区划：海冰灾害风险区划应按照Ⅰ级（高风险）、Ⅱ级（较高风险）、Ⅲ级（较低风险）、Ⅳ级（低风险）4 级划分。依据海冰灾害风险评估值和海冰灾害风险等级，并适当结合历史典型海冰事件的灾害状况和防灾减灾的具体要求确定评估海区海冰灾害风险等级分布。

图件制作:形成海冰灾害风险等级图和区划图,省尺度编制比例不低于1:25万[31]。

10.4　海洋灾害防灾减灾规划的主要内容

10.4.1　风暴潮灾害对策

(1) 加强海洋防灾减灾法规和风暴潮防灾减灾标准体系建设

通过制定海洋减灾法规,增强沿海地区居民的海洋防灾减灾意识,使沿海经济和海洋经济的规划和可持续发展的建设有法可依。风暴潮防灾减灾标准体系是风暴潮防灾减灾工作的蓝图,可以在防灾设施、海堤建设、灾害处理、灾后调查、灾后评估等多个方面指导建立工作标准,使其成为指导风暴潮防灾减灾工作的纲领性文件,指导开展风暴潮防灾减灾工作,最主要的是可以使海洋环境观测、预报、警报活动规范业务化运行[32]。

(2) 加快开展风暴潮灾害风险评估和区划

加强风暴潮海洋灾害风险评估和区划研究,积极开展省级风暴潮灾害风险评估和区划、市(县)级风暴潮风险评估和区划,掌握风暴潮海洋灾害风险等级分布。加强海洋灾害承灾体基础调查,结合土地利用调查,充分掌握海洋灾害承灾体的脆弱性。编制省级和沿海市(县)级风暴潮灾害风险区划图,制作不同重现期风暴潮淹没范围图和居民应急疏散路径图,为风暴潮灾害应急防御、海洋资源保护与利用规划提供决策支撑。将风暴潮海洋灾害风险评估成果纳入海洋经济发展规划中,保障海洋经济发展安全。

(3) 加快海洋观测网建设,提高风暴潮预警报技术

加强风暴潮海洋灾害的发生机理和发展规律研究,研发高分辨率风暴潮数值预报业务系统,着力提升风暴潮精细化预报水平。在重点保障目标区域、沿海重大工程区域、重要人口密集区域和重要渔业养殖区域,开展沿岸精细化数值预报系统建设,每天定时报送风、浪、潮等信息,尤其针对渔业养殖户,开通短信、微信等服务平台,及时发布预警信息,为渔业风险防控提供基础数据。研发风暴潮漫滩数值预报系统,在较强台风风暴潮影响时提供重点区域风暴潮漫滩范围预警,为沿岸人民群众撤离及财产转移提供科学依据[33]。

(4) 开展海洋灾害风险隐患排查,加强防御能力建设

海堤是防御风暴潮海洋灾害的重要屏障,也是容易受到台风风暴潮破坏的重要承灾体。提高海堤防御标准,加大海堤建设投入,具有重要的经济效益和社会效益。

核定各省沿海警戒潮位值,尽快开展海堤灾害风险隐患排查,合理确定防潮标准,科学评估海堤抵抗潮位和海浪的破坏能力,尽快加固、重修不符合标准的海堤,提高海堤防潮御浪能力。此外,各级政府相关部门应脚踏实地保护好沿海地区原生态自然系统,始终坚持"保护优先、适度干预"的策略,尽可能地将受到破坏的沿海自然生态系统进行恢复,加大红树林等能有效保护和减少灾害侵蚀的生态系统群落的建设,在合理规划沿海经济活动的同时,争取达到自然防护和人工防护的和谐统一,实现人类安全及区域可持续发展[12]。

10.4.2　海啸灾害对策

（1）制定海啸减灾规划

由于在我国沿海海啸发生次数较少，因此对海啸灾害的防患意识有所欠缺，防御经验不足，备灾措施不完善。当海啸袭来时，有效的减灾规划能够帮助政府快速做出避灾指示，组织危险区域群众紧急疏散，同时有助于社区及个人快速反应，正确地采取避难措施，最大程度降低海啸灾害带来的损失。沿海政府、企业、居民等均应提高海啸灾害防患意识，面对海啸灾害，政府有足够的应对能力，社区有充分的准备，公众具备相关的知识知道如何保护自己。

由于目前地震很难预测，也无法知道海啸何时发生，只有当地震海啸发生后才能做出预警。因此，要提前规划和建设海啸备灾设施，规划疏散地点、疏散路线；保障灾害发生时通信系统、海啸信息快速发布系统的正常运行等。

（2）完善海啸预警发布体制

建议海啸通报制度并强化海啸预警的电视发布功能，当世界其他地方发生海啸的时候，海洋环境预报中心通过电视进行海啸通报，实现海啸Ⅲ级、Ⅳ级警报信息的电视播报。海啸预警和通报内容除了播报海啸发生的时间和地点、海啸强度、海啸灾情之外，还宣传海啸知识，包括海啸的成因、海啸可能发生的地方、海啸来临时该怎么办、海啸撤退图示等。

（3）基于土地利用的海啸安全保障

基于海啸备灾的城市规划主要任务是通过合理的土地利用，将保护生命财产的重要设施部署到安全地区（例如高地等）以尽可能减少损失[34]。但是将居民和重要设施全部部署在安全区域是非常困难的，在这种情况下，可在风险区域依赖于中长期规划减轻灾害。规划应当着眼于减少建筑物受损，例如风险区域应当做出限制措施以减少结构脆弱的建筑过度集中。因此，基于土地利用的海啸安全保障是很重要的，应在安全标准和土地用途之间保持平衡。危险区域的任何建筑都应当是能够防御海啸的，既可以保障自身安全，也可以减轻对内陆地区的灾害影响。在城市建设规划中，公共设施、油气供应站等应当位于风险较轻的区域，而渔业等一般位于堤防靠海的一边。

（4）加强海啸预警知识宣传力度和海啸演习

除在海啸通报和预警时向大众进行海啸知识宣传之外，海洋环境预报部门的网站上要开辟海啸知识专栏，供大众查询。在受海啸灾害影响概率较大的沿海城市开展各种形式的海啸知识专题教育活动。

拓宽海啸演习内容，海啸预警演习除演练海啸相关部门和政府组织部门的响应能力之外，还应在我国的福建、海南和广东等受海啸影响概率较大的沿海城市，进行海啸来临时的撤退演习，以让民众学会海啸逃生技能，熟悉撤退线路。海啸重点监控城市可建立海啸警报鸣笛体制，并参照防空警报试鸣制度建立海啸警报试鸣制度[35]。

10.4.3　海平面上升对策

（1）加强海平面监测评估，科学识别海平面上升综合风险

① 强化海平面观测能力建设。整合优化海平面观测网，强化海平面观测新技术的应用，提升长江口、杭州湾、粤西和海南东北部沿海等极端海平面事件高发区域海平面应急观

测能力,优化海岛等海陆作用敏感带和生态脆弱区海平面观测布局。加强环渤海、长三角和珠三角等海平面上升脆弱区地面沉降监测。完善基准潮位核定工作体系,推进海平面基准统一。

② 加强海平面变化影响调查。加强海平面变化和极端灾害事件的基础信息收集和调查。强化滨海地区地面沉降和堤防高程监测,防范上海、天津等沉降高风险区的特大城市因地面沉降而增加相对海平面上升的风险。加强长江口、钱塘江口、珠江口等主要河口在季节性高海平面期、极端海平面事件高发期等咸潮入侵监测。提升海平面上升对风暴潮、滨海城市洪涝、海岸侵蚀、海水入侵、典型海岸带生态系统和海岸工程等的影响调查系统性、科学性和规范性。

③ 科学识别海平面上升综合风险。优化完善考虑"双碳"情景和气候临界点的海平面上升精细化预估模型,准确把握海平面上升节奏和趋势。提高极端海平面事件早期预警的精准度、时效性和覆盖面。建立海平面科学评估体系,综合考虑海平面上升级联效应,推进不同情景下沿海重大承灾体、滨海城市安全、典型海岸带生态系统和水资源,以及国土空间格局等海平面上升风险评估。

(2) 强化海岸防护,有效提升基于自然的适应能力

① 提升海岸防护水平。在海岸防护设施和大型海洋工程的建设中,充分考虑海平面上升、极端海平面事件趋强趋频等情况,科学确定设防标准,保障防护对象的安全。定期校核沿海堤防抗灾能力,以及滨海城市防潮排涝能力,推进海岸防护达标加固,因地制宜实施海岸防护工程生态化改造,协同发挥生态系统防潮御浪、固堤护岸等减灾功能。合理利用地下水资源,有效控制地面沉降,减缓相对海平面上升。

② 提高海岸带恢复力。加强对滨海植被、滩涂湿地和近岸沙坝岛礁等的保护,为海岸带生态系统预留向陆的生存空间,充分发挥红树林、盐沼和海草床等的天然防护作用,兼顾碳储存和水质改善,增加海岸带韧性。充分考虑区域海平面上升、水动力环境、极端灾害过程和社会经济发展状况等因素,因地制宜地开展海岸带生态保护与修复,恢复海岸带生态系统服务功能,提高保护与修复的长效性、预见性和科学性。

(3) 加强适应性规划,打造协同联动的海平面上升应对方案

① 优化海岸带空间布局。在沿海相关规划制定中,将适应海平面上升风险作为必要条件之一,以海平面上升风险评估为载体,结合沿海地区社会经济脆弱性状况,科学划定和整合海岸带空间退缩线、海洋灾害防御区。应充分考虑海平面上升对沿海地区土地、水、生态等的影响,重点区域应考虑海平面上升可能的上限及以上的情况,因地制宜地进行规划迁移。

② 加强区域协调联动和社会参与。构建政府引领、社会公众和民间组织参与的全社会应对体系。强化政策引导与宣传,激励海平面上升适应技术创新、投资与保险。加强跨地区、跨部门的数据共享与协调联动,充分利用好当地传统知识经验,提升海平面上升应对协同效应。倡导社会公众践行简约适度、绿色低碳的生活方式,参与应对海平面上升与气候变化行动。

10.4.4　海冰灾害对策

(1) 强化海冰灾害意识,约束和规范冰区内的各类经济活动

应当正确处理海冰灾害与海洋经济发展之间的关系。首先,对于在海冰灾害高风险区

进行的各类经济活动,应当建立严格的海冰风险评估制度,并在过程中采取相应的防御措施;其次,严格禁止不宜在海冰灾害高风险区开展的各类经济活动;最后,建立行之有效的在冰区尤其是高风险冰区从事海洋经济活动的准入制度[28]。

(2)提高海冰监测预警能力,开展海冰风险评估和区划工作

① 海冰有着自身的发展变化规律。目前人们已经可以比较准确地对其进行预测、预警,而海冰监测是获取海冰资料的唯一手段,同时也是海冰防灾减灾的基础。通过监测,不但可以为海冰预警报提供准确的资料,同时可以获取实时冰情信息。实践证明,海冰监测和预警报是防御和减轻海冰灾害的最有效、也是成本最低的有效手段。因此,应当切实加强各种形式的冰情监测和预警报工作,为各级政府提供科学的海冰防灾减灾决策依据,并为沿海社会公众提供必要的冰情信息。

② 海冰灾害风险评估和区划是指导开展海冰防灾减灾工作的重要基础。它不仅是结冰海区沿海各级政府在防灾减灾与区域发展规划、主体功能区建设、产业布局优化、生态环境改善等方面工作的具体依据,也是沿海各级政府及企事业单位在提高海冰灾害应急保障和灾后恢复重建能力等方面的重要保障,还可以为沿海工程设施确定海冰设防水平提供理论指导。因此,应采取有效的行政管理和法律法规等措施,切实使其在海冰防灾减灾工作中发挥应有的作用。同时,应当依据风险等级分区,合理地、有针对性地开展海冰灾害防御工作,做到全面规划、统筹兼顾、综合减灾[36]。

(3)落实各类抗冰措施,提高海冰防御能力

根据结冰海区承灾体的具体情况,建议在冰区从事海上生产活动时采取下列抗冰措施:

① 优化各类海上结构物的设计型式,以减小海冰荷载作用。

② 海冰载荷往往是冰区各类海上工程设施的控制载荷,而海冰强度又是海冰载荷的重要计算参数。因此,应严格按照国家有关标准和规范控制各类海上设施的设计载荷,提高设计标准,以增大各类海上工程设施的安全系数。

③ 严格限制冰区作业条件。对于无抗冰作业能力或抗冰能力较低的工程设施,在每年结冰之前应及时撤离结冰海区;没有抗冰或破冰能力的船只,不要随意进入冰区航行。

④ 海上施工之前应充分考虑海上结构物的抗冰能力,并开展相应的海冰与海上结构物相互作用的研究。

⑤ 对于需在冰期承担海上运输及施工的船舶,在建造时就应考虑具有一定的破冰能力,适当增加中间肋骨和抗冰纵横,加强首柱、舵叶及轴系等。

⑥ 船舶在冰区航行时,可根据冰情分布状况,选择海冰厚度薄、密集度小、浮冰漂流方向与船舶航向一致的航线。

(4)加强海冰灾害宣传教育,提高海冰防御意识

减灾宣传教育是提高全民减灾意识和全社会减灾能力的重要措施。因此,应充分利用网络、电视、广播、报纸等新闻媒体,开展海冰科学与海冰灾害知识的普及;定期组织专家队伍深入有关农村、厂(场)矿学校、社区、企业和涉海等部门,进行海冰防灾减灾知识的普及和教育,以提高全社会的海冰防灾减灾意识,增强公众规避海冰灾害风险和自救的能力。

10.5　案例解析

10.5.1　《广东省海洋防灾减灾规划(2018—2025 年)》

10.5.1.1　现状条件

广东省濒临南海,是我国海洋灾害多发区和主要受灾区之一。较大的人口和经济密度导致广东省成为全国海洋灾害直接经济损失最严重的省份之一。据统计,在 2013—2017 年的 5 年中,广东省海洋灾害直接经济损失在全国一直位居前列,其中有 3 年在全国位居第一位;风暴潮、海浪、海岸侵蚀等各种海洋灾害共造成全省直接经济损失 227.32 亿元,死亡(含失踪)19 人,其中造成直接经济损失最严重的是风暴潮灾害,占全部直接经济损失的99.5%。海洋灾害对广东省沿海地区人民群众的生产生活造成了严重影响,直接影响到沿海地区人民的生命财产安全、海洋资源开发利用和社会经济的可持续发展。

"十二五"期间,面对复杂多变的灾害形势,在省委省政府的正确领导下,全省各相关部门认真负责,各司其职,密切配合,着力加强海洋防灾减灾能力建设,积极引导社会力量参与防灾减灾工作,与"十一五"相比,海洋灾害造成的死亡失踪人口、沿海地区脆弱性进一步降低[37]。

10.5.1.2　主要任务

(1) 加强法规制度建设

切实加强《海洋观测预报管理条例》《海洋观测资料管理办法》《海洋观测站点管理办法》等相关法规制度的宣贯和执行力度,积极推动海洋灾害重点防御区管理的相关法规制度建设,逐步建立起涵盖海洋灾害观测监测、预警预报、风险评估、应急响应、调查评估等环节较为完善的防灾减灾标准体系。

(2) 健全体制机制

完善"分级负责、属地管理"的海洋灾害管理体制,进一步明确省、市、县防御海洋灾害的事权划分,指导各市落实海洋防灾减灾主体责任,充分发挥海洋预报减灾部门及技术支撑单位在监测预警、能力建设、风险防范、业务指导等方面的职能作用,加快形成科学合理的省市县相结合、多部门支持协作的海洋减灾综合管理体系。

围绕海洋灾害应急指挥决策支持,优化海洋灾害预警预报发布机制;围绕跨部门信息和资源共享,健全海洋灾情信息报送及共享机制;围绕充分发挥专家智库的决策支撑作用,构建减灾专家咨询机制;围绕海洋防灾减灾工作常态化,逐步构建海洋防灾减灾多元投入机制。

(3) 全面推进监测预报预警体系建设

推进验潮站、浮标、潜标、雷达、卫星、志愿船等综合观测设施建设,逐步完善全省海洋立体观测网。实施海洋观测站(点)分级分类管理,规范海洋观测设施建设和运行管理。发挥海洋卫星遥感广东数据应用中心作用,推动卫星遥感数据在海洋观测、预报和防灾减灾领域中的应用。在海洋灾害多发区、综合减灾示范区建立对核电站、石化区、养殖区、沿海港口、渔港、典型生态系统等重点保障目标的海洋灾害视频监控系统,提升灾害期间重点目标的实时管控能力。围绕将地方海洋观测网纳入国家全球海洋立体观测网的要求,完善广东省海洋立体观测网运行机制,实现全省海洋观测资料统一管理,逐步实现与国家站点的数据互联互通。

以共建或自建海洋预报台的形式,推动省市两级海洋预报机构体系建设,规范海洋预警报信息发布工作。依托广东省突发事件预警信息发布平台,完善面向公众和保障对象的预警信息发布服务,突破信息发布的"最后一公里"。针对核电站、石化区、养殖区、沿海港口、渔港等重点保障目标提供预警报服务要求,丰富海洋专题预报产品形式和内容,满足政府管理决策和社会公众海洋灾害防御需求。建立全省城市区域性海洋智能网格数值预报体系,实现海洋预报分阶段、分区域、分类别精细化。推进全省风暴潮漫滩风险预警系统的建设,逐步覆盖全省沿海各市。积极探索开展针对赤潮灾害和典型生态系统的预警服务,主动提升服务效能。

(4)加强风险防范能力建设

推进以县为单元的海洋动力灾害风险评估和区划,完成全省沿海一级风险区的县尺度区划工作。组织开展重点区域精细化海洋生态灾害风险评估和区划,基本摸清全省重点区域的海洋灾害风险情况,为海洋灾害预评估、灾情调查等业务工作提供技术支持。通过"多规合一"和空间规划整合等方式,推动海洋灾害风险防范纳入蓝色海湾、红树林、生态岛礁等海洋生态修复工程和海域海岛管理工作,积极参与生态海堤建设工作,加快完善沿海地区防洪防潮体系,提高沿海地区对海洋灾害的防御能力。

分批划定海洋灾害重点防御区,探索开展重点防御区内新建产业园区、重大项目海洋灾害风险评估工作。建立沿海大型工程海洋灾害风险评估机制,定期开展海洋灾害隐患排查工作,持续推进海洋灾害承灾体和风险源调查,定期更新海洋灾害承灾体、风险源和隐患排查数据库,系统掌握承灾体、风险源与隐患区分布状况和减灾能力等基础信息。

继续开展全省范围的裂流灾害排查,并设立公共警示标识,联合旅游等部门开展针对性的海洋灾害风险管理和警示宣传教育,为滨海游客提供安全保障。选取赤潮多发区试点生态灾害防治,开展珊瑚礁、红树林、海草床等生态系统减灾能力调查与评价探索。

(5)提升海洋灾害决策支持能力

在风暴潮、海浪、赤潮灾害发生期间,配合自然资源部做好灾情调查与评估工作,指导和支撑地方灾害应急。积极参与海洋灾害和海上突发事件应急处置,为各级应急管理和生态环境部门提供海洋观测预报和预警监测信息服务。完善灾情信息报送与服务网络平台,在灾害高发、易发区域的重点海域发展海洋灾情统计信息员和志愿者,以沿海养殖、旅游企业为试点探索建立海洋灾情企业志愿报送制度,形成统一的灾情信息报送、分析和管理机制,推动建立海洋灾害统计制度。编制和发布年度海洋灾害公报,开展赤潮灾害损失评估试点。

集成视频监控、观测预报、实时监测、减灾基础数据、减灾产品,形成可视化的信息显示"一张图",统筹协调海洋灾害监测预报预警、快速响应决策等各个环节,为各级自然资源部门实施海洋灾害风险管理、综合研判提供直接支撑,提升服务海洋灾害处置决策能力。

(6)强化粤港澳大湾区防灾减灾合作

按照自然资源部和省政府统筹安排,参与粤港澳大湾区海洋灾害防治能力提升联合行动,与香港、澳门各有关部门建立互动机制,推进三地在海洋观测预报、防灾减灾、科学调查和生态预警监测等方面的数据资料共享和业务合作。优化大湾区海洋灾害预警监测能力布局,强化针对重点保障目标的海洋预报工作,推动同域风暴潮灾害防治协作优先。推动海洋灾害承灾体调查与评估、海洋动力灾害风险评估与区划、海洋生态灾害预警监测等相关成果在大湾区社会经济发展中的实际应用,共同提升海洋防灾减灾水平。

（7）加强基层海洋减灾能力

全面总结推广惠州市大亚湾海洋综合减灾示范区建设的经验和做法,提炼形成适用于不同地区应对海洋灾害的基层海洋防灾减灾工作推进思路,并在全省沿海地区进行推广应用。积极推进海洋减灾示范社区建设,科学识别和评估社区海洋灾害风险,制作社区海洋灾害风险图,设计风险标识物,推动社区应急预案制定、管理和应急演练工作。积极参与海洋灾害应急避险点与疏散路径规划建设工作,开展减灾宣传教育与培训活动,鼓励社区居民参与减灾工作,提升居民避险意识和自救互救技能。

（8）加强宣传教育

建立多方参与的海洋防灾减灾宣传教育工作机制,结合全国防灾减灾日、全国海洋宣传日等,深入开展防灾减灾系列科普宣教活动,在海洋灾害易发、多发区组织开展公众广泛参与的防灾避灾演练。与现有的科技馆、展览馆、图书馆、博物馆、学校等科普场所联合开展以自救互救为核心的应急技能宣传培训。充分利用网络、微博、微信、广播、电视、报刊、海报、显示屏等媒体普及海洋灾害基础知识,扩大应急知识覆盖面,提高社会公众的海洋防灾避险意识[37]。

10.5.2　《浙江省海洋灾害防御"十四五"规划》

浙江省海洋灾害防御工作,特别是在非工程性措施方面,仍还存在一些问题和不足,如海洋灾害观测网络布局不够合理,海洋灾害预警预报水平不够高,海洋灾害防御和应急能力不够强[38]。

10.5.2.1　总体目标

到2025年,全省海洋观测更加精密,海洋灾害预警更加精准,海洋灾害防御公共服务和决策支撑更加精细,整体智治水平全面提升,具体发展指标如表10-10所示。

表10-10　浙江省海洋灾害防御"十四五"规划发展指标[38]

序号	指标类型	指标名称	2020年基准值	2025年目标值
1	海洋观测网	海洋观测站数量	100	120
		海洋观测站数据有效率	80%	95%
2	海洋预警报	风暴潮、海浪灾害预警准确率	80%	84%
		赤潮灾害预警准确率	65%	70%
		智能网格预报颗粒度	10 km	5 km
3	海洋灾害风险防控	警戒潮位核定岸段数量	56	192
		海洋灾害风险普查覆盖	3个县	29个县

10.5.2.2　主要任务

健全海洋防灾减灾救灾体制机制;完善海洋灾害防御制度与标准体系;加强海洋观测监测与预警预报能力建设;强化海洋灾害风险闭环管控措施;提升海洋防灾减灾公共服务水平。

10.5.2.3　重大工程

"十四五"期间,重大工程主要包括如下内容:

（1）海洋灾害防治"两网一区"建设工程

迭代升级海洋立体观测网、海洋预警预报网、海洋灾害防御区,构建以"两网一区"为主体的海洋防灾减灾新格局。

① 海洋立体观测网建设:观测站点属地化管理;加密海洋观测站点;优化波浪浮标观测网布局;潮位观测站点水准联测。

② 海洋预警预报网建设:新建省市两级海洋灾害智能网格预报业务系统;重大目标精细化预警报保障服务;风险预警关键技术研发与应用;生态预警关键技术研发与应用。

③ 海洋灾害防御区风险防控能力建设:全省海洋灾害风险普查;乡镇尺度警戒潮位核定;海洋灾害重点防御区能力建设。

（2）海洋灾害整体智治提升工程

建设由"一中心、一场景、一平台"构成的海洋灾害整体智治数字化场景,突出全省数据整合、应用系统整合、图表式管理和闭环管控,实现海洋灾害防御向数字化、智能化转变。包括:省级海洋灾害数据中心、海洋灾害整体智治数字化应用场景和省级海洋防灾减灾综合业务平台。

（3）生态减灾协同增效工程

以海岸带保护修复为核心,评估赤潮灾害、海平面变化影响,探索构建生态保护修复与海岸综合防护体系,促进生态减灾协同增效。包括:海岸带保护与修复;生态灾害风险评估和区划;海平面变化影响调查与评估[38]。

10.5.3　《深圳市海洋自然灾害防灾减灾专项规划（2021—2025 年）》

2022 年 5 月,深圳市规划和自然资源局编制并印发了《深圳市海洋自然灾害防灾减灾专项规划(2021—2025 年)》,旨在进一步提升深圳抵御重大海洋灾害的综合能力,维护人民群众生命财产安全。

四大发展目标:一是瞄准国际领先水平,打造综合立体海洋观测体系;二是定位现代化新标杆,稳步提高预警信息化水平;三是围绕城市安全保障,加强海洋灾害防范能力建设;四是坚持全面先行示范,完善海洋防灾减灾体系。

该规划制定了 5 年行动计划,包含了 11 项重点任务,以期引领粤港澳大湾区海洋防灾减灾能力建设,树立中国海洋防灾减灾示范标杆,打造全球海洋防灾减灾合作平台;到 2025 年,深圳海洋灾害观测分布密度达到国际领先水平,灾害预警水平达到国内领先,防灾工程防御风险能力达到国际一流,海洋灾害风险防范和管控能力显著提高,海洋防灾减灾决策服务、公共服务更加完善,使全市海洋防灾减灾综合服务管理水平达到国际先进水平,为深圳建设全球海洋中心城市和社会主义先行示范区奠定坚实的基础[39]。

10.5.4 《湛江市海洋防灾减灾专项规划(2021—2035 年)》

10.5.4.1 概况

2023 年 1 月 13 日,湛江市自然资源局公示了《湛江市海洋防灾减灾专项规划(2021—2035 年)》(草案)。

规划范围包括湛江市下辖的 10 个县(市、区)和管辖海域,规划面积为 2.73 万 km^2,其中,陆域面积为 1.22 万 km^2,海域面积为 1.51 万 km^2。

规划原则:以人为本,协调发展;预防为主,科学减灾;生态协同,韧性防御;政府主导,市场发力。

现状特点与主要问题:① 风暴潮、海啸、海平面上升等灾害淹没近岸低洼地区。② 赤潮、裂流、溢油等突发性灾害风险源分布分散,监测、预警及管理难度大。③ 海岸侵蚀严重,海洋侵蚀监测手段单一,且防护手段较少。④ 防灾避灾工程防护能力不足,海堤建设年份较久,多为土堤,缺少全面检查和及时的除险加固。⑤ 工程海堤与海洋生态系统存在干扰。⑥ 避难场所建设滞后。

规划思路:针对以上问题,从外海至内陆设置湛江市灾害防御四大防线。以观测预报为第一道防线,为防灾减灾争取更多时间;以沿海生态系统为第二道防线,发挥自然生态韧性缓冲作用;以海岸防护工程为第三道防线,发挥海堤工程守护海岸安全作用;以避难场所为第四道防线,切实解决受灾区域避险撤离需求[40]。

10.5.4.2 主要规划策略

(1) 构建高标运行的智能化立体预警监测知灾体系

① 海洋综合观(监)测网建设规划。规划新建 6 个海洋站、4 个浮标、2 个海洋平台观测系统、5 个溢油监测区和 8 个视频监控点,满足精细化预警预报工作对监测站的分布和密度要求。

② 海洋预警报能力建设规划。建立灵活覆盖短时(0～12 h)、短期(72 h 以内)、中期(168 h 以内)0～7 d 时效的无缝隙预警预报产品体系,开展分区预警预报;近岸重点防御区、重点工程、人口聚集区等重点区域的空间分辨率提高至优于 50 m,沿海区域空间分辨率优于 1 km,时间分辨率达 1 h。

(2) 优化巩固全域御灾容灾能力

① 海岸防护工程建设规划。针对全市 29 宗隐患海堤、91 宗未达标海堤、59 宗有条件生态化海堤,分别开展除险修缮、提标加固、生态化建设。

② 避难空间及疏散路径规划。对全市符合建设标准的 210 处避难场所完成海洋应急避难场所标志、标识的设置,同时新建和改扩建 525 处避难场所,规划末期全市合计保有 735 处海洋应急避难场所,满足 15 min 避难圈,覆盖受灾人口 425.82 万人,人均避难面积约 2 m^2。

③ 应急处置与恢复重建能力建设规划。建设市、县(市、区)综合灾害、基层专职海洋灾害救援力量,储备应急物资、装备设备。培养救灾科学研究、工程技术、抢险救灾和行政管理人才,建设基层海洋灾害信息员、社会工作者和志愿者等队伍,开展海洋灾害防治专家智库建设,建设海上溢油应急指挥平台和溢油应急综合反应基地等。

（3）显著提升全民识灾抗灾和基层网格化治理能力

① 防灾减灾信息管理与服务能力建设规划。大力推进海洋防灾减灾数字化改革。分期实施"2大技术平台＋1个便民程序＋N个智能终端"模式的"数字减灾"工程建设。

② 防灾减灾科技支撑能力建设规划。创建海洋减灾科普宣传基地，建设海洋防灾减灾成果应用论坛、展览馆。深入推动海洋减灾科普教育"进企业、进农村、进社区、进学校、进家庭"工作，定期开展疏散逃生和自救互救应急演练。

③ 科普宣教能力建设规划。共建创新研发平台，培育一批具有国际水平的本地海洋预警监测重点科研实验室，利用先进科学装备布局海上观测试验场，提升深海设备等先进观测装备技术研发能力，提升遥感技术实时识别海洋灾害的水平，提升大场景、精细场景灾害仿真模拟水平等。

（4）强化海洋防灾减灾设施规划建设指引

规划针对涉及海洋灾害防治的主要设施，提出规划建设指引，主要包括：海洋站、海洋浮标系统、生态海堤、海洋减灾标识系统等[40]。

主要参考文献

［1］自然资源部网站. 2021 中国海洋灾害公报［EB/OL］.（2022－05－07）［2023－10－20］. https://www. nmdis. org. cn/hygb/zghyzhgb/2021nzghyzhgb/.

［2］自然资源部南海局. 海洋灾害知多少（上）［EB/OL］.（2019－07－05）［2023－05－09］. http://scs. mnr. gov. cn/scsb/hykp/201907/25671a0606604107acc8d2abfcd305a6. shtml.

［3］海岸灾害及防护教育部重点实验室（河海大学）. 海浪［EB/OL］.（2019－11－11）［2022－07－15］. https://coast. hhu. edu. cn/2020/0512/c2585a203485/page. htm.

［4］中国日报网站. 海啸的概念以及形成原因［EB/OL］.（2015－10－31）［2022－07－15］. http://www. cneb. gov. cn/2015/10/31/ARTI1446257487724332. shtml.

［5］中国气象报社. 悄然变化的海洋：温度升高、海平面上升、海冰消融……［EB/OL］.（2021－03－23）［2022－07－20］. https://www. cma. gov. cn/2011xzt/2021zt/20210323/2021032302/201111/t20211119_4255987. html.

［6］中国海洋发展研究中心. 赤潮防治有了新解［EB/OL］.（2021－08－19）［2022－10－20］. https://aoc. ouc. edu. cn/2021/0822/c15171a344352/page. htm.

［7］中国海洋发展研究中心. 海洋灾害科普手册：海岸侵蚀［EB/OL］.（2019－07－16）［2022－10－20］. https://aoc. ouc. edu. cn/2019/0717/c15171a253987/pagem. htm.

［8］中国气象报社. 认识海冰［EB/OL］.（2014－01－26）［2022－10－20］. https://www. cma. gov. cn/kppd/kppdrt/201401/t20140126_237137. html.

［9］中国气象报社. 海雾是如何形成的？［EB/OL］.（2018－10－15）［2022－10－10］https://www. cma. gov. cn/kppd/kppdqxsj/kppdqxgc/201810/t20181012_479733. html.

［10］海岸灾害及防护教育部重点实验室（河海大学）. 风暴潮［EB/OL］.（2020－03－31）［2022－11－11］. https://coast. hhu. edu. cn/2020/0511/c12989a203484/page. htm.

［11］全国海洋标准化技术委员会.风暴潮等级：GB/T 39418—2020［S］.北京：中国标准出版社,2020.

［12］于福江,董剑希,许富祥.中国近海海洋：海洋灾害［M］.北京：海洋出版社,2017.

［13］海啸类型［EB/OL］.(2022-01-24)［2023-06-30］.http://www.gspst.com/kpbl/zrzh/hyzh/content_116784.

［14］于福江,原野,王培涛,等.现代地震海啸预警技术［M］.北京：科学出版社,2020.

［15］谢宇.海啸防范百科［M］.西安：西安电子科技大学出版社,2013.

［16］任叶飞,温瑞智,冀昆,等.海啸危险性分析理论与实践［M］.北京：科学出版社,2022.

［17］全国海洋标准化技术委员会.海啸等级：GB/T 39419—2020［S］.北京：中国标准出版社,2021.

［18］许宁,袁帅,张继承,等.工程海冰灾害风险评估与防范［M］.北京：科学出版社,2021.

［19］全国海洋标准化技术委员会.中国海冰情等级(征求意见稿)［S］.2020.

［20］海雾［EB/OL］.［2023-06-30］.https://baike.baidu.com/item/%E6%B5%B7%E9%9B%BE/84312? fr=ge_ala.

［21］全国气象防灾减灾标准化技术委员会.海雾预警等级(征求意见稿)［S］.2019.

［22］冯有良.海洋灾害影响我国近海海洋资源开发的测度与管理研究［D］.青岛：中国海洋大学,2013.

［23］于福江,董剑希,叶琳,等.中国风暴潮灾害史料集(1949—2009)［M］.北京：海洋出版社,2015.

［24］杨国金.海冰工程学［M］.北京：石油工业出版社,2000.

［25］新华网.海冰精准预测 一道国际性难题［EB/OL］.(2018-12-06)［2020-05-09］.https://baijiahao.baidu.com/s? id=1619061703678550848&wfr=spider&for=pc.

［26］曹丛华,黄娟,郭明克,等.辽东湾鲅鱼圈赤潮与环境因子分析［J］.海洋预报,2005(2)：1-6.

［27］中华人民共和国自然资源部.2000年中国海洋环境质量公报［EB/OL］.(2010-04-01)［2020-05-09］.http://g.mnr.gov.cn/201701/t20170123_1428320.html.

［28］国家海洋局.2006年中国海洋灾害公报［EB/OL］.(2006-11-26)［2020-05-09］.http://gc.mnr.gov.cn/201806/t20180619_1798009.html.

［29］赵霞,张成玲.世界十大海啸灾难［J］.地理教育,2013(Z2)：126.

［30］新闻宣传司.什么是海啸?［EB/OL］.(2019-04-01)［2020-05-09］.https://www.mem.gov.cn/kp/zrzh/201904/t20190401_366116.shtml.

［31］国务院第一次全国自然灾害综合风险普查领导小组办公室.海洋灾害风险调查与评估［M］.北京：应急管理出版社,2021.

［32］马志刚,郭小勇,王玉红,等.风暴潮灾害及防灾减灾策略［J］.海洋技术,2011,30(2)：131-133.

［33］英晓明,赵明利.广东省风暴潮海洋灾害特征及风险防控对策研究［J］.海洋开发与管理,2020,37(6)：30-33.

［34］郗皎如,王江波.防减结合的日本海岸带海洋灾害应对规划策略及启示［J］.国际城市规划,2021,36(5)：112-120.

［35］周水华,冯伟忠.我国的海啸预警系统及改善建议［J］.海洋预报,2009,26(4):106－110.

［36］袁本坤,郭敬天,刘清容,等.新时期我国的海冰防灾减灾对策研究［C］//《海洋开发与管理》杂志社.第三届海洋开发与管理学术年会论文集.北京:海洋出版社,2019:31－38.

［37］广东省自然资源厅.广东省海洋防灾减灾规划(2018—2025年)［EB/OL］.(2019－05－28)［2023－10－20］.http://www.gd.gov.cn/zwgk/jhgh/content/mpost_2512427.html.

［38］浙江省自然资源厅.浙江省自然资源厅关于印发《浙江省海洋灾害防御十四五规划》的通知［EB/OL］.(2021－06－28)［2023－10－20］.https://zrzyt.zj.gov.cn/art/2021/6/28/art_1289924_58942446.html.

［39］深圳市规划和自然资源局.深圳市海洋自然灾害防灾减灾专项规划(2021—2025年)［R］.2022.

［40］湛江市自然资源局.湛江市海洋防灾减灾专项规划(2021—2035)(草案)(公示)［EB/OL］.(2023－01－13)［2023－10－20］.https://www.zhangjiang.gov.cn/zjsfw/bm-dh/zrzyj/zwggk/csgh/dhpqgs/content/post_1714649.html.

11 气象灾害防御规划

11.1 基本知识

11.1.1 概念界定

气象灾害：气象要素及其组合的异常对人类生命、财产或生存条件带来直接危害的各类事件，源自大气圈中的异常，包括天气的异常、气候的异常和大气成分的异常[1]。

热带气旋：在热带或副热带海洋上发生的气旋性涡旋，是热带天气中的主要影响系统。强烈的热带气旋伴有狂风、暴雨、巨浪和风暴潮，活动范围很广，具有极大的破坏力，是一种灾害性天气系统[2]。

台风：属于热带气旋的一种。我国把南海与西北太平洋的热带气旋按其底层中心附近最大平均风力（风速）大小划分为 6 个等级，其中心附近风力达 12 级或以上的，统称为台风[3]。

飓风：大西洋和东太平洋地区强大而深厚（最大风速达 32.7 m/s，风力为 12 级以上）的热带气旋，也泛指狂风和任何热带气旋以及风力达 12 级的任何大风[4]。

龙卷风：发生于直展云系底部和下垫面之间的直立空管状旋转气流，是一类局地尺度的剧烈天气现象[5]。

干旱：在足够长的时期内，降水量严重不足，致使土壤因蒸发而水分亏损，河川流量减少，破坏了正常的作物生长和人类活动的灾害性天气现象。

暴雨：降水强度很大的雨，常在积雨云中形成。在我国气象部门对暴雨有明确的区分，将 24 h 降水量为 50 mm 或以上的雨称为"暴雨"。按其降水强度大小又分为 3 个等级：24 h 降水量为 50～99.9 mm 称"暴雨"；100～200 mm 为"大暴雨"；200 mm 以上称"特大暴雨"[6]。

雪灾：因降雪形成大范围积雪，严重影响人畜生存，以及因大雪造成交通中断，毁坏通信、输电等设施的灾害[7]。

冰雹灾害：由强对流天气引起的一种自然灾害，常常伴随雷雨、大风和龙卷风等同时发生天气，会给农业、建筑、电力、交通、通信及人民财产带来巨大损失[8]。

闪电：大气中发生一次或以上闪击的放电现象。

雷暴：由大气活动产生的、伴随有电闪雷鸣的局地风暴。

低温灾害：因冷空气异常活动等原因造成剧烈降温以及冻雨、雪、冰（霜）冻所造成的灾害事件。造成低温灾害的主要天气过程有寒潮等冷空气活动。

大风：非台风天气系统导致的日极大风速达 17.2 m/s（8 级）及以上的风。

沙尘暴：风将地面大量尘沙吹起，使空气很浑浊，水平能见度小于 1 km 的天气现象[9]。

11.1.2 气象灾害类型、等级与成因

气象灾害通常包括 2 种，分别为大气直接产生的灾害以及衍生灾害。前者包括台风暴

雨、干旱、冰雹、雷电、龙卷风、寒潮、低温冷害、高温热害、沙尘暴、大风、雾霾等。后者是指大气作用于其他非大气系统产生的灾害,如洪涝、风暴潮、地质灾害、森林草原火灾等灾害。

在 2010 年国务院颁布的《气象灾害防御条例》(中华人民共和国国务院令第 570 号)中明确规定:本条例所称气象灾害,是指台风、暴雨(雪)、寒潮、大风(沙尘暴)、低温、高温、干旱、雷电、冰雹、霜冻和大雾等所造成的灾害;水旱灾害、地质灾害、海洋灾害、森林草原火灾等由气象因素引发的衍生、次生灾害的防御工作,适用有关法律、行政法规的规定[10]。

11.1.2.1 台风

(1)等级

按世界气象组织定义,热带气旋中心持续风力在 12～13 级称为台风或飓风(表 11-1)。两者本质上都属于北半球的热带气旋,区别在于生成地和活动区域有所差别。台风主要是指在西北太平洋和南海生成及活动的热带气旋,飓风是指在中东太平洋和北大西洋上生成及活动的热带气旋。从等级划分来看,风力在 12 级以上的台风分为三个等级;飓风等级更多,上限也更高。一级飓风相当于台风或强台风,二级飓风相当于强台风,三级飓风相当于强台风或者超强台风,四级和五级飓风则相当于超强台风[11]。

① 热带气旋等级

表 11-1　热带气旋等级划分表[11]

热带气旋等级	底层中心附近最大平均风速/($m \cdot s^{-1}$)	底层中心附近最大风力/级
热带低压(TD)	10.8～17.1	6～7
热带风暴(TS)	17.2～24.4	8～9
强热带风暴(STS)	24.5～32.6	10～11
台风(TY)	32.7～41.4	12～13
强台风(STY)	41.5～50.9	14～15
超强台风(SuperTY)	≥51.0	≥16

② 飓风等级

美国国家飓风中心关于飓风等级的预报,采用的是萨菲尔-辛普森飓风等级(Saffir-Simpson Hurricane Wind Scale,简称 SSHS 或 SSHWS),这是一个仅应用于西半球飓风等级分类的专业名词。SSHS 根据飓风的强度,把飓风分为一至五级(表 11-2)。级数越高代表飓风的最高持续风速越高,其中三级及以上为大型飓风,有可能造成建筑物的完全摧毁,破坏力极强。

表 11-2　萨菲尔-辛普森飓风等级表[12]

级别	最高持续风速		潜在伤害
	($m \cdot s^{-1}$)	($km \cdot h^{-1}$)	
一级	33～42	119～153	对建筑物没有实际伤害,但对未固定的房车、灌木和树会造成伤害,一些海岸会遭到洪水侵袭,小码头会受损
二级	43～49	154～177	部分房顶材质、门和窗受损,植被可能受损,未受保护的泊位使码头和小艇受到威胁
三级	50～58	178～208	某些小屋和大楼会受损,某些甚至完全被摧毁。海岸附近的洪水摧毁大小建筑,内陆土地洪水泛滥

续表

级别	最高持续风速		潜在伤害
	(m·s⁻¹)	(km·h⁻¹)	
四级	59～69	209～251	小建筑的屋顶被彻底摧毁,靠海附近地区大部分被淹没,内陆发生大范围洪水
五级	≥70	≥252	大部分建筑物和独立房屋屋顶被完全摧毁,一些房子完全被吹走,洪水导致大范围地区受灾,海岸附近所有建筑物进水,定居者可能需要撤离

（2）成因

台风发源于热带海面,高温导致大量海水蒸发至空中,从而形成低气压中心。随着气压的变化和地球自身的运动,流入的空气也进行旋转,形成空气漩涡,即热带气旋。只要在气温不下降,海水温度也足够高的情况下,热带气旋便会越来越强大,最后形成台风。

11.1.2.2 龙卷风

（1）分类

按形态和产生环境,龙卷风的分类包括但不限于:

① 多漩涡龙卷风

多漩涡龙卷风指带有两股以上围绕同一个中心旋转的漩涡的龙卷风。多漩涡结构经常出现在剧烈的龙卷风上,并且这些小漩涡在主龙卷风经过的地区上往往会造成更大的破坏[13]。

② 水龙卷

水龙卷即水上龙卷风,通常是指在水上的非超级单体龙卷风。它偶尔发生于温暖水面的上空,上端与雷雨云相接,下端直接延伸到水面,空气绕龙卷轴快速旋转,受龙卷中心气压极度减小的吸引,水流被吸入涡旋的底部,并随即变为绕轴心向上的涡流。

在美国,水龙卷通常发生在东南部海岸,尤其在佛罗里达州南部和墨西哥湾。水龙卷虽在定义上是龙卷风的一种,不过破坏性要比最强大的大草原龙卷风小,但仍然是危险的。水龙卷能吹翻和毁坏船只,当移动至陆地时会造成更大的破坏[13]。

③ 陆龙卷

陆龙卷是产生于陆地的非超级单体龙卷。陆龙卷和水龙卷有一些相同的特点,例如强度相对较弱、持续时间短、冷凝形成的漏斗云较小且经常不接触地面等。虽然强度相对较弱,但陆龙卷依然会带来强风和严重破坏[13]。

除龙卷风灾害本身外,还有类似一些龙卷的现象,包括阵风卷、尘卷(风)、火龙卷、汽卷风等。

阵风卷是一种和阵风锋与下击暴流有关的小型垂直方向旋转的气流。由于它们严格来说和云没有关联,所以就它们是否属于龙卷风还存在争议。当从雷暴中溢出的快速移动干冷气流流经溢出边缘的静止暖湿气流时,会造成一种旋转的效果。若低层的风切变够强,这种旋转就会水平(或倾斜)进行,并影响到地面,最终形成阵风卷[14]。

尘卷(风)是指在沙漠地区由于局地增热不均匀而形成的旋转式尘柱[15]。它通常生成在晴朗的天气下,由于地面受局部强烈增温,如果地面因高温形成很强的上升气流,并且此时有足够的低层风切变,上升的热气流就可能做小范围的气旋运动,便会形成尘卷[14]。尘卷(风)是在近地面气层中产生的一种尺度很小的旋风。尘卷(风)可以把尘土和一些轻小物体卷扬到空中,形成一个小尘柱,其直径在几米左右,持续时间只有几分钟。尘卷(风)一般出现在陆地,多见于草地、沙漠等地方,范围通常很小,破坏力有限[16]。

火龙卷是指裹挟着大火的龙卷风,又被称为火焰龙卷风。火龙卷往往与地震、火山爆发、森林火灾、山火和其他火灾相伴,由于这时候的高温热力使空气急剧上升,周围的空气便从四面八方乘虚而入。强烈的热量和涌动的旋风流吸入了大量燃烧残骸,并与涌入的易燃气体形成辐合,燃起了旋转上升的火龙。另外,龙卷风在形成移动的过程中恰遇火源,被它吸入后与易燃气体形成辐合,也能形成火龙卷[17]。

汽卷风是由蒸汽在升华的过程中受到涡旋气流的扰乱所形成,特点是规模小,持续时间短。

(2)等级

国际上通常使用藤田级数来量度龙卷风强度。藤田级数是由芝加哥大学的美籍日裔气象学家藤田哲也于1971年所提出用来评判风的标准。2007年2月之后,美国气象部门开始采用改进藤田级数为龙卷风划分等级(表11-3)。

表 11-3　改进藤田级数表[18]

改进藤田级数	风速/$(km \cdot h^{-1})$	发生比例(以美国为例)	潜在危害
EF0	105～137	53.50%	轻微或无损坏。一些屋顶损坏,树枝折断
EF1	138～178	31.60%	中等损坏。屋顶严重脱落,可移动房屋倾覆或者严重损毁
EF2	179～218	10.70%	相当的损坏。房屋撕裂,地基移动,可移动房屋被毁,汽车被抬离地面
EF3	219～266	3.40%	严重损坏。房屋各层尽毁,大型建筑损毁严重,火车翻车
EF4	267～322	0.70%	极端损坏。房屋结构夷为平地,汽车和其他大型物体被抛起
EF5	322 以上	小于 0.1%	全部损坏。房屋被刮走,钢筋混凝土结构严重损毁,高层建筑倒塌

我国《龙卷风强度等级》(GB/T 40243—2021)对龙卷风强度等级划分见表11-4。

表 11-4　龙卷风强度等级划分[19]

等级	阵风风速/$(m \cdot s^{-1})$	致灾程度
弱	$v_{max} \leqslant 38$	轻度
中	$38 < v_{max} \leqslant 49$	中等
强	$49 < v_{max} \leqslant 74$	严重
超强	$v_{max} > 74$	毁灭性

注:龙卷风强度等级与改进型藤田级数存在如下对应关系:弱——对应 EF0 及以下;中——对应 EF1;强——对应 EF2、EF3;超强——对应 EF4、EF5。

(3)成因

龙卷风是云层中雷暴的产物。湿热气团强烈抬升,产生了携带正电荷的云团,一旦正电荷在云团局部大量积聚,吸引携带负电荷的地面大气急速上升,在地面就形成小范围的超强低气压,带动汇聚的气流高速旋转,形成龙卷风。

龙卷风的形成过程大致可分为 4 个阶段：

① 大气的不稳定性产生强烈的上升气流,同时在急流中的最大过境气流的影响下气流被进一步加强。

② 由于与在垂直方向上速度和方向均有切变的风相互作用,上升气流在对流层的中部开始旋转,形成中尺度气旋。

③ 随着中尺度气旋向地面发展和向上伸展,它本身变细并增强。同时,一个小面积的增强辅合,即初生的龙卷在气旋内部形成,形成龙卷核心。

④ 当发展的涡旋到达地面高度时,地面气压急剧下降,地面风速急剧上升,形成龙卷[20]。

11.1.2.3 干旱

（1）分类

我国比较通用的定义如下：

① 气象干旱：指某时段内,由于蒸发量和降水量的收支不平衡,水分支出大于水分收入而造成的水分短缺现象。

② 农业干旱：在作物生育期内,由于土壤水分持续不足而造成的作物体内水分亏缺,影响作物正常生长发育的现象。

③ 水文干旱：由于降水的长期短缺而造成某段时间内地表水或地下水收支不平衡,出现水分短缺,使江河流量、湖泊水位、水库蓄水等减少的现象。

④ 社会经济干旱：由自然系统与人类社会经济系统中水资源供需不平衡造成的异常水分短缺现象。社会对水的需求通常分为工业需水、农业需水和生活与服务行业需水等。如果需大于供,就会发生社会经济干旱。

在四类干旱中,气象干旱是一种自然现象,最直观的表现为降水量的减少,而农业、水文和社会经济干旱更关注人类和社会方面。气象干旱是其他三种类型干旱的基础。由于农业、水文和社会经济干旱的发生受到地表水和地下水供应的影响,其频率小于气象干旱。当气象干旱持续一段时间,就有可能发生农业、水文和社会经济干旱,并产生相应的后果,经常是在气象干旱发生几周后,土壤水分不足导致农作物、草原和牧场受旱才表现出来。几个月的持续气象干旱才导致江河径流、水库水位、湖泊水位、地下水位下降,出现水文干旱。当水分短缺影响到人类生活或经济需水时,就会发生社会经济干旱。地表水与地下水系统水资源供应量受其管理方式的影响,使得降水不足与主要干旱类型的直接联系降低。例如,在发生气象干旱后,假如能及时为农作物提供灌溉,或采取其他农业措施保持土壤水分满足作物需要,就不会形成农业干旱。但在灌溉设施不完备的地方,气象干旱是引发农业干旱的最重要因素[20]。

（2）等级

《气象干旱等级》(GB/T 20481—2017)中将干旱划分为 5 个等级,分别为无旱、轻旱、中旱、重旱和特旱,并评定了不同等级的干旱对农业和生态环境的影响程度。

无旱：正常或湿涝,特点为降水正常或较常年偏多,地表湿润。

轻旱：特点为降水较常年偏少,地表空气干燥,土壤出现水分轻度不足,对农作物有轻微影响。

中旱:特点为降水较常年偏少,地表空气干燥,土壤出现水分轻度不足,对农作物有轻微影响。

重旱:特点为土壤出现水分持续严重不足,土壤出现较厚的干土层,植物萎蔫、叶片干枯,果实脱落,对农作物和生态环境造成较严重影响,对工业生产、人畜饮水产生一定影响。

特旱:特点为土壤出现水分长时间严重不足,地表植物干枯、死亡,对农作物和生态环境造成严重影响,工业生产、人畜饮水产生较大影响[21]。

（3）成因

造成干旱的原因既与气象等自然因素有关,也与人类活动及应对干旱的能力有关。从自然因素来说,干旱的发生主要与偶然性或周期性的降水减少有关,长时间无降水或降水偏少等气象条件是造成干旱的主要因素。

从人的因素上来考虑,人为活动导致干旱发生的原因主要有以下4个方面:

① 人口大量增加,当地社会经济快速发展,生活和生产用水不断增加,造成一些地区水资源过度开发,超出当地水资源的承载能力,导致有限的水资源越来越短缺。

② 森林植被被人类破坏,植物的蓄水作用丧失,加上抽取地下水,导致地下水和土壤水减少,再加上水利工程设施如水库、水井等不足带来的水源条件差,也会加重干旱。

③ 人类活动造成大量水体污染,使可用水资源减少。

④ 用水浪费严重,在我国尤其是农业灌溉用水浪费惊人,有效利用率偏低,导致水资源短缺[22]。

11.1.2.4 雪灾

（1）分类

根据雪灾的形成条件、分布范围和表现形式,雪灾类型普遍被分为雪崩、风吹雪（风雪流）和牧区雪灾。其中,雪崩是雪山地区易发的灾害,风吹雪则会阻断公路交通的正常通行。牧区雪灾是由于积雪过厚,维持时间长,掩埋牧草,使牲畜无法正常采食,导致牧区大量畜牧掉膘和死亡的自然灾害。牧区雪灾是中国发生频繁、影响最为严重的一类雪灾。在高纬度、高海拔地区,特别是有着广阔天然草场的内蒙古、新疆、青海和西藏等主要牧区,几乎每年都会不同程度地遭受这类灾害。

（2）等级

根据《城市雪灾气象等级》(GB/T 40239—2021),城市雪灾气象等级划分为轻度、中度、重度、严重4个级别(表11-5)。

表 11-5　城市雪灾气象等级划分[23]

等级	指数范围	可能影响
轻度	[18,30]	对城市运行与社会活动有一定影响,造成城市交通短暂阻塞;影响人们正常活动等
中度	[31,44]	对城市运行与社会活动有较大影响,城市交通运输受阻;电力和通信线路的运行受影响;严重影响人们正常活动等
重度	[45,60]	对城市运行和社会活动有很大影响,城市交通、铁路、民航运输中断;城市电力和通信线路的运行受到严重影响;易引起建筑与设施倒塌;易引起人员伤亡等
严重	[61,101]	对城市运行与社会活动有极大影响,交通、铁路、民航运输中断;易引起电力和通信线路中断;极易引起建筑与设施倒塌;极易引起人员伤亡等

暴雪预警按等级划分为 4 个等级：Ⅰ级、Ⅱ级、Ⅲ级和Ⅳ级。颜色分为蓝、黄、橙、红。

蓝色预警 12 h 内降雪量将达 4 mm 以上，或者已达 4 mm 以上且降雪持续，可能对交通或者农牧业有影响。

黄色预警 12 h 内降雪量将达 6 mm 以上，或者已达 6 mm 以上且降雪持续，可能对交通或者农牧业有影响。

橙色预警 6 h 内降雪量将达 10 mm 以上，或者已达 10 mm 以上且降雪持续，可能或者已经对交通或者农牧业有较大影响。

红色预警 6 h 内降雪量将达 15 mm 以上，或已达 15 mm 以上且降雪持续，可能或者已经对交通或者农牧业有较大影响[23]。

（3）成因

雪灾是由积雪引起的灾害。根据积雪稳定程度，将我国积雪分为 5 种类型：

① 永久积雪：降雪积累量大于当年消融量，积雪终年不化。

② 稳定积雪（连续积雪）：空间分布和积雪时间（60 d 以上）都比较连续的季节性积雪。

③ 不稳定积雪（不连续积雪）：虽然每年都有降雪，而且气温较低，但在空间上积雪不连续，多呈斑状分布，在时间上积雪日数为 10~60 d，且时断时续。

④ 瞬间积雪：主要发生在华南、西南地区，这些地区平均气温较高，但在季风特别强盛的年份，因寒潮或强冷空气侵袭，发生大范围降雪，但很快消融，使地表出现短时（一般不超过 10 d）积雪。

⑤ 无积雪：除个别海拔高的山岭外，多年无降雪。雪灾主要发行在稳定积雪地区和不稳定积雪山区，偶尔出现在瞬时积雪地区[24]。

11.1.2.5 寒潮

（1）等级

根据《寒潮等级》（GB/T 21987—2017），采用受寒潮影响的某地在一定时段内日最低气温降温幅度和日最低气温值 2 个指标来具体划分寒潮等级。

寒潮：使某地的日最低气温 24 h 内降幅≥8 ℃，或 48 h 内降幅≥10 ℃，或 72 h 内降幅≥12 ℃，而且使该地日最低气温下降到 4 ℃或以下的冷空气活动。

强寒潮：使某地的日最低气温 24 h 内降幅≥10 ℃，或 48 h 内降幅≥12 ℃，或 72 h 内降幅≥14 ℃，而且使该地日最低气温下降到 2 ℃或以下的冷空气活动。

特强寒潮：使某地的日最低气温 24 h 内降幅≥12 ℃，或 48 h 内降幅≥14 ℃，或 72 h 内降幅≥16 ℃，而且使该地日最低气温下降到 0 ℃或以下的冷空气活动。

（2）成因

我国位于欧亚大陆的东南部，北面是蒙古国和俄罗斯的西伯利亚。西伯利亚气候寒冷，西伯利亚北面是极其严寒的北极。影响我国的冷空气主要来自这些地区。极地和高寒地区的强冷空气沿着西风带和西北气流，向东南快速地、暴发式地侵入和移动，给沿途地区带来强降温、强风和强降雪，当达到一定标准时，即为寒潮。

位于高纬度的北极和西伯利亚地区，常年受太阳光的斜射，地面接收到的太阳辐射少。在冬季，北冰洋地区气温经常在 −20 ℃以下，最低时可达 −70~−60 ℃，1 月的平均气温常在 −40 ℃以下。气温很低使得大气的密度大大增加，空气不断收缩下沉，使气压增高，这样便形成一个势力强大、深厚宽广的冷高压气团。当这个冷性高压势力增强到一定程度时,就会汹涌澎湃地向其东南方向气压相对低的我国境内袭来,形成寒潮。每一次寒潮暴发后,西伯利亚的冷空气就要减少一部分,气压也随之降低。但经过一段时间后,冷空气又重新聚集堆积起来,孕育着一次新的寒潮的暴发[25]。

11.1.2.6 沙尘暴

(1)等级

根据《沙尘天气等级》(GB/T 20480—2017),沙尘天气等级主要依据沙尘天气时的水平能见度,同时参考风力大小进行划分。沙尘天气划分为浮尘、扬沙、沙尘暴、强沙尘暴、特强沙尘暴5个等级。

浮尘:无风或风力≤3级,沙粒和尘土飘浮在空中使空气变得混浊,水平能见度小于10 km。

扬沙:风将地面沙粒和尘土吹起使空气相当混浊,水平能见度在1~10 km。

沙尘暴:风将地面沙粒和尘土吹起使空气很混浊,水平能见度<1 km。

强沙尘暴:风将地面沙粒和尘土吹起使空气非常混浊,水平能见度<500 m。

特强沙尘暴:风将地面沙粒和尘土吹起使空气特别混浊,水平能见度<50 m。

(2)成因

沙尘暴天气成因:有利于产生大风或强风的天气形势,有利的沙、尘源分布和有利的空气不稳定条件是沙尘暴或强沙尘暴形成的主要原因。强风是沙尘暴产生的动力,沙、尘源是沙尘暴的物质基础,不稳定的热力条件是利于风力加大、强对流发展,从而夹带更多的沙尘,并卷扬得更高。

除此之外,前期干旱少雨,天气变暖,气温回升,是沙尘暴形成的特殊的天气气候背景;地面冷锋前对流单体发展成云团或飑线是有利于沙尘暴发展并加强的中小尺度系统;有利于风速加大的地形条件即狭管作用,是沙尘暴形成的有利条件之一。

沙尘暴形成的物理机制:在极有利的大尺度环境、高空干冷急流和强垂直风速、风向切变及热力不稳定层结条件下,引起锋区附近中小尺度系统生成、发展,加剧了锋区前后的气压、温度梯度,形成了锋区前后的巨大压温梯度。在动量下传和梯度偏差风的共同作用下,使近地层风速陡升,掀起地表沙尘,形成沙尘暴或强沙尘暴天气[26]。

11.1.3 气象灾害的时空分布特征

(1)时间分布规律

每年3—5月,我国华北地区和西北地区几乎都会出现比较明显的春旱。

雷暴和冰雹这类强对流性天气,大都是因冷暖气流交汇,大气运动十分激烈,促使大气中的能量急剧释放造成,所以大多出现在春夏过渡的季节,另外一个集中出现的时段是夏季6—8月。

夏半年是我国暴雨和洪涝灾害集中发生的时段。东部各地随副热带高气压的向北移动,先后出现汛期:华南地区4—5月,长江中下游地区6—7月,北方各地7—8月。汛期常常出现暴雨和洪涝灾害。

冬半年是我国寒潮和强冷空气活动最频繁的时段。寒潮发生时,受其影响的地区出现强烈降温,有时出现冰冻,并伴有大风、大雨或大雪天气[27]。

（2）空间分布规律

我国各地区常见气象灾害如下：

东北地区：暴雨、洪涝、低温冻害、干旱。

西北地区：干旱、冰雹和暴雨等。

西南地区：暴雨、干旱、低温冻害、高温、冰雹等。

华北地区：雷电、大风、暴雨、高温、大雾、雷雨大风、寒潮、冰雹和霜冻。

华中地区：雷电、暴雨、高温、大雾、大风和雷雨大风。

华南地区：暴雨、干旱、低温冻害、冰雹、热带气旋、台风等。

长江中下游地区：暴雨洪涝、干旱、热带风暴等[27]。

11.2　国内外重大气象灾害历史事件

11.2.1　国内案例

（1）全国干旱

1978年,全国大部地区降水偏少,全年旱情不断,从3月初开始,受旱面积基本维持在666万 hm² 以上,最大受旱面积超过 2 666万 hm²。重旱区主要在长江、淮河流域大部及河北南部、河南北部和山西、陕西、山东等省的部分地区。上述地区年降水量较常年偏少二至四成；河北南部、河南北部只有 300～400 mm,偏少三至四成；江淮之间大部地区一般有450～700 mm,偏少三至五成。

就降水量而言,全国的受旱范围之广、时间之长、程度之重超过了干旱严重的1959年、1961年、1972年等年份,为20世纪以来罕见的特大旱年。湖北、江西、河南、山西、陕西等省为50～70 a未有的大旱；江苏为60～100 a不遇的大旱；安徽为122 a不遇的特大干旱。1978年的干旱发生在一些主要粮棉产区和经济作物产地,对农业生产造成很大的危害[28]。

（2）南方雨雪冰冻灾害

自2008年1月3日起,我国发生了大范围低温、雨雪、冰冻等自然灾害。上海、江苏、浙江、安徽、江西、河南、湖北、湖南、广东、广西、重庆、四川、贵州、云南、陕西、甘肃、青海、宁夏、新疆等省(区、市)均不同程度受到低温、雨雪、冰冻灾害影响。截至2月24日,因灾死亡129人,失踪4人,紧急转移安置166万人；农作物受灾面积0.12亿 hm²,成灾8 764万亩,绝收169万 hm²,倒塌房屋48.5万间,损坏房屋168.6万间,因灾直接经济损失1 516.5亿元人民币。森林受损面积近0.19亿 hm²,3万只国家重点保护野生动物在雪灾中冻死或冻伤,受灾人口已超过1亿。其中,安徽、江西、湖北、湖南、广西、四川和贵州等7个省份受灾最为严重[29]。

（3）天鸽台风

2017年8月23日,台风"天鸽"在我国珠海南部沿海登陆,登陆时中心附近最大风力达14级(45 m/s),为当年登陆我国的最强台风。"天鸽"登陆前后,广东珠三角及沿海地区出现 11 级至 14 级大风,珠海、澳门、香港和珠江口等地阵风达 16 级至 17 级,局地超过 17 级。受其影响,广东西南部和沿海地区、广西东南部、福建东南部等地累计雨量超过 100 mm,其中广东江门和茂名、广西玉林局地达 250～361 mm,珠江口沿海地区出现 50～310 cm 的风暴潮。

台风"天鸽"造成福建、广东、广西、贵州和云南等省受灾。截至 8 月 25 日 9 时统计,总共有 74.1 万人受灾,11 人死亡,1 人失踪,6 600 余间房屋倒塌,800 余间遭到不同程度损坏,直接经济损失 121.8 亿元。此外,台风"天鸽"还重创澳门,导致 10 余人遇难,244 人受伤,经济损失达 114.7 亿澳元[30]。

11.2.2 国外案例

(1) 极端高温

2010 年 4 月,印度首都新德里 17 日最高气温达 43.7 ℃,创下 52 年以来 4 月气温新高,高温热浪造成至少 114 人死亡。5 月,印度西北部最高气温接近 50 ℃,高温热浪致使印度近 1 亿人口受到罕见旱情威胁[31]。

2013 年 6 月 17—19 日,德国大部地区最高气温在 35 ℃ 以上,19 日法兰克福气温接近 40 ℃。7 月上中旬,英国遭受持续高温热浪的袭击,至少 760 人因酷热死亡。8 月初,意大利避暑胜地阿尔卑斯山南麓出现 40 ℃ 高温。7—8 月,日本东京连续多日出现 35 ℃ 以上高温,创下近 150 年来高温日数纪录[32]。

2014 年 6 月,印度新德里再次遭遇连日罕见高温天气。8 日最高气温达 47.8 ℃,创 62 年来最高纪录。酷暑使新德里的电力供应负荷达到极限,多个社区出现电路故障,导致供电供水中断,居民苦不堪言[33]。

2015 年夏季,欧洲多地屡遭高温天气袭击,多国高温创纪录。7 月 1 日,伦敦希思罗机场气温达 36.7 ℃,是 19 世纪有气象记录以来 7 月最热的一天。同日,法国巴黎气温飙升到 39.7 ℃,西班牙马德里逼近 40 ℃。5 日,德国巴伐利亚州迎来 40.3 ℃ 的历史最高温[34]。

(2) 美国"桑迪"飓风

飓风"桑迪",是形成于大西洋洋面上的一级飓风。2012 年 10 月 24 日、25 日、26 日,飓风"桑迪"袭击了古巴、多米尼加、牙买加、巴哈马、海地等地,造成大量财产损失和人员伤亡。牙买加当地时间 2012 年 10 月 24 日下午,"桑迪"登陆加勒比海牙买加,造成狂风暴雨。至 2012 年 10 月 25 日,古巴东部 11 人死亡,并造成重大经济损失。北京时间 2012 年 10 月 30 日上午 6 点 45 分,"桑迪"在新泽西州登陆,截至 11 月 4 日上午,飓风桑迪已导致美国 113 人死亡,联合国总部受损。

2012 年 10 月 29 日晚,"桑迪"在美国新泽西州大西洋城附近沿海登陆,登陆时中心附近最大风力有 12 级。"桑迪"共造成美国 100 余人死亡,一度有 18 个州超过 820 万住户和商家停电,1.95 万架次航班取消,纽约、华盛顿与费城三大城市交通中断,美国大选中断,石油冶炼公司莫蒂瓦(Motiva)的 30 万 gal 柴油因储油设施破裂而泄漏,数百台银行自动取款机无法运作,纽约市及新泽西州的约半数加油站关闭。"桑迪"带来的经济损失可能高达 500 亿美元,仅次于 2005 年卡特里娜造成的 1 080 亿美元,远远超过飓风给美国造成经济损失的多年平均值(142.2 亿美元),成为美国历史上最严重的自然灾害之一[35]。

（3）美国"艾雷诺"龙卷风

"艾雷诺"龙卷风发生在 2013 年 5 月 31 日傍晚，是位于美国俄克拉荷马州中部艾雷诺市一场非常大的 EF3 龙卷风袭击事件。这次龙卷风是历史上最宽广的龙卷风，是 2013 年 5 月 26 日至 5 月 31 日龙卷风大爆发的一部分。龙卷风最初于 18:03 接触地面。距离艾雷诺西南约 13.4 km，之后规模迅速扩大。龙卷风大多在开阔地形上移动，并没有影响到许多建筑物。根据移动天气雷达的测量数据显示，涡流内的极端风速高达 484 km/h，是人类在地球上观测到的第二高风速，当它越过美国 81 号高速公路时，宽度已经发展到创纪录的 4.2 km。龙卷风向东北方向移动后很快就减弱了，穿过 40 号州际公路时，在 18:43 左右消散[36]。

11.3 气象灾害风险评估

11.3.1 基本概念与范围

气象灾害风险评估是一项在灾害危险性、承灾体暴露度和脆弱性、减灾能力分析及相关的不确定性研究的基础上进行的多因子综合分析工作。开展灾害风险评估有助于帮助决策者制定科学的防灾减灾策略，提高灾害风险管理水平，在制定防灾减灾规划、国土空间土地利用、重大项目工程建设、灾害风险管理、灾害保险以及法律法规制定等很多方面都起着重要作用。

气象灾害系统通常由孕灾环境、致灾因子、承灾体以及灾情 4 部分组成。通常而言，孕灾环境一般相对稳定，然而在全球气候变化和人类活动的影响下，孕灾环境在一定程度上也会发生变化。致灾因子是在孕灾环境中自然变异的具体体现，灾情的形成决定于致灾因子对承灾体的影响，同样的致灾因子作用于不同的承灾体，会形成不同的灾情。人类及其创造的文明社会在气象灾害系统中扮演承灾体的角色，人类活动不仅能改变承灾体，同时也影响到孕灾环境和灾情构成。

11.3.1.1 孕灾环境

气象灾害的孕灾环境主要由地质条件、地理环境、生态环境以及气候背景等因素组成。广义的孕灾环境还包括人文社会背景。其中：地形、地貌因素主要包括海拔、高差、走向等；水文条件主要指流域、水系、水位变化等条件；植被条件主要包括植被类型、覆盖率、植被分布等。大气环流和天气系统主要包括影响该地区的不同时期环流系统以及各种尺度的天气系统。

11.3.1.2 致灾因子

致灾因子指可能导致灾害的各种因素。极端天气气候事件通常是引起气象灾害的主导因素。由于一个灾种往往会引发其他的灾种，产生一系列次生灾害或衍生灾害。所以在灾情的调查和统计中，通常难以准确地把具体的灾种和灾情进行一一对应。另外，气象灾害致灾因子的出现具有群发性、连锁性、季节性等特点，这也是给防灾、减灾工作带来困难的关键所在。

11.3.1.3　承灾体

承灾体是致灾因子作用的对象,是遭受灾害的实体。承灾体的性质和结构基本决定其受灾的易损性。我国不同地区经济发展水平存在差异,导致各地的产业结构和人员分布不甚相同,这就造成承灾体分布的差异。随着产业的调整,气象灾害对农业造成的损失占灾害总损失的比例有一定的下降,对城市、基础工程等方面的损失比例在上升。近年来,中国政府投入巨资开展气象灾害工程型措施建设,为提高气象灾害防灾能力和减轻承灾体脆弱性发挥了极其重要的作用。

11.3.1.4　灾情

在特定的孕灾环境中,承灾体遭受致灾因子作用形成的生命、资源和物质财富损失情况就成为灾情,灾情是体现自然与人类社会两大系统相互作用的一种结果,致灾因子和承灾体是决定灾情的 2 个主要方面。

气象灾害灾情信息来源部门有民政、水利、气象、地矿、地震、海洋、农业、保险等,由于对灾情统计没有统一标准,各部门对同一灾害过程的灾情统计结果有较大出入。近几年,民政部门灾情统计较规范,统计项目较过去增加了许多。在历史灾情记录构成中,农业灾情占据了重要地位,如灾情统计项目中的受灾面积、成灾面积、绝收面积、减产程度等。灾情是灾害研究最基本的依据和素材,它反映了灾害对人类社会的影响。然而要研究这种影响的程度时,还必须考虑到社会经济的发展因素。也就是说,承灾体在发生变化,同样的致灾因子作用于不同的承灾体,其影响的程度必然不同。

11.3.2　不同灾种的风险评估方法

11.3.2.1　干旱灾害风险评估

根据全国自然灾害综合风险普查技术要求《干旱灾害风险调查评估与区划编制技术要求(试行)》(2021 年 6 月版),以县级行政区为单元开展干旱灾害风险评估,掌握不同干旱频率下的干旱灾害影响,进而获得不同地区干旱灾害风险严重程度及其空间分布情况,有助于积极主动预防和应对风险,切实推进干旱灾害风险管理进程[37]。

(1) 不同干旱频率下的水资源量计算

基于全国第三次水资源调查评价 1956—2016 年的水资源量成果,以年水资源量为指标进行水资源频率计算,得到县级行政区 5 a 一遇(75%来水频率)、10 a 一遇(90%来水频率)、20 a 一遇(95%来水频率)、50 a 一遇(97%来水频率)、100 a 一遇(99%来水频率)不同干旱频率下的水资源量。

(2) 不同干旱频率下的供水能力分析

当供水水源工程有设计供水能力资料时,根据设计供水能力相关参数,计算出县级行政区现状年 5 a 一遇、10 a 一遇、20 a 一遇、50 a 一遇、100 a 一遇不同干旱频率下的供水能力。

当供水水源工程缺乏设计供水能力资料时,考虑水源类型、水源结构等因素,折算出县级行政区现状年 5 a 一遇、10 a 一遇、20 a 一遇、50 a 一遇、100 a 一遇不同干旱频率下的供水能力。

（3）不同干旱频率下的影响分析

其一，基于 1990—2020 年旱情旱灾统计数据，逐年进行历史旱灾影响分析，进而通过典型年法找出县级行政区不同频率下（5 a 一遇、10 a 一遇、20 a 一遇、50 a 一遇、100 a 一遇）的历史旱灾影响。其中农业旱灾影响主要选择农业因旱受灾率为指标，人饮困难情况主要选择因旱人饮困难率为指标。指标计算方法如下：

$$I_d = \frac{A_d}{A} \times 100\% \tag{11-1}$$

式中：I_d 为农业因旱受灾率，%；A_d 为因旱受灾面积，hm^2；A 为农作物播种面积，hm^2。

$$P_d = \frac{N_d}{N_p} \times 100\% \tag{11-2}$$

式中：P_d 为因旱人饮水困难率，%；N_d 为因旱饮水困难人口；N_p 为农村总人口。

其二，考虑到随着水利工程建设，各地供水能力均有了较大提升，同一干旱频率下的影响随之减轻，为此需要建立不同干旱频率下现状年旱灾影响与历史典型年旱灾影响之间的关系。通过分析不同干旱频率下现状年供水与历史典型年供水能力的差异，确定干旱灾害影响折算系数。

其三，计算现状年不同频率下（5 a 一遇、10 a 一遇、20 a 一遇、50 a 一遇、100 a 一遇）的旱灾影响。

（4）干旱灾害风险等级确定

将全省各县级行政区现状年不同频率下（5 a 一遇、10 a 一遇、20 a 一遇、50 a 一遇、100 a 一遇）的农业受灾率分别作为样本，采用百分位数法，将农业干旱灾害风险等级划分为高风险、中高风险、中风险、中低风险、低风险 5 个等级（表 11-6）。具体而言，将全省各县级行政区某一干旱频率下的农业受灾率按其数值从小到大顺序排列，并按数据个数 100 等分。在第 P 个分界点上的数值，称为第 P 个百分位数。在第 P 个分界点到第 $P+1$ 个分界点之间的数据，称为处于第 P 个百分位数。百分位数计算公式如下：

$$P_x = L + \frac{\frac{x}{100} \times N - F_h}{f} \times i \tag{11-3}$$

式中：P_x 为第 x 个百分位数；N 为总频次；L 为 P_x 所在组的下限；f 为 P_x 所在组的次数；F_h 为小于 L 的累积次数；i 为组距。

表 11-6　农业干旱灾害风险等级划分标准[37]

风险等级	低	中低	中	中高	高
百分位数	$P \leqslant 50\%$	$50\% < P \leqslant 65\%$	$65\% < P \leqslant 80\%$	$80\% < P \leqslant 95\%$	$P > 95\%$

11.3.2.2　台风灾害风险评估

根据全国气象行业标准《气象灾害调查与风险评估　台风（征求意见稿）》（2022 年 9 月版），基于"风险（Risk）＝危险性×暴露度×脆弱性"定义[30]，计算针对不同承灾体的县域台风灾害风险。

（1）致灾危险性评估

根据各县历史上受台风影响过程中的 MW、AP 和 MP 因子，按照下式计算该县台风致

灾因子危险性:

$$H = \alpha \times H_{MW} + \beta \times \left(\frac{H_{AP} + H_{MP}}{2}\right) \qquad (11-4)$$

式中: H_{MW}、H_{AP}、H_{MP} 分别为 MW、AP、MP 危险性; α、β 分别为风、雨因子危险性权重,且

$$H_{MW} = \sum_{i=1}^{5} (w_i \times P_i) \qquad (11-5)$$

式中: $i = 1, \cdots, 5$ 表示等级区间; w_i 为第 i 区间的权重系数; P_i 为第 i 区间的累积概率; H_{AP}、H_{MP} 含义同上式。

（2）承灾体评估

承灾体主要包括县域人口、国民经济、农业、房屋建筑、公路交通等,其中人口和国民经济为必做项,其他为选做项。评估内容包括承灾体暴露度和脆弱性,分类如表 11-7 所示,有关内容可视承灾体组提供的信息做调整。

表 11-7 台风灾害承灾体暴露度和脆弱性因子* [38]

承灾体	暴露度因子(E)	脆弱性因子(V)	
		脆弱性要素(X)	易损性要素(Y)
人口	人口密度	0～14 岁及 65 岁以上人口数比重	年均人口受灾率
国民经济	地均 GDP	第一产业产值比重	年均直接经济损失率
农业	地均播种面积	单位面积产量	年均农作物受灾率
房屋建筑	地均房屋建筑面积	农村房屋建筑面积比重	年均房屋倒塌率
公路交通	地均公路里程	单位里程风险点数	年均公路损毁率

注: * 暴露度和脆弱性要素可以统一选用当年值或近 5 年某年值;受灾率为某年承灾体受灾数量与该承灾体数量的比值,一般选取近 10 年平均作为易损性要素。

对暴露度因子和脆弱性因子进行无量纲化处理,得到不同承灾体的暴露度和脆弱性指标。

根据危险性指标值分布特征,将危险性分为强、较强、一般、较弱、弱 5 个等级,如表 11-8 所示,绘制危险性区划图。

（3）灾害风险评估

表 11-8 台风灾害风险等级标准* [38]

等级值	名称	标准
Ⅰ	高	$H_{azard} = R \geqslant (ave + \sigma)$
Ⅱ	较高	$(ave + 0.5 \cdot \sigma) \leqslant H_{azard} < (ave + \sigma)$
Ⅲ	中	$(ave - 0.5 \cdot \sigma) \leqslant H_{azard} < (ave + 0.5 \cdot \sigma)$
Ⅳ	较低	$(ave - \sigma) \leqslant H_{azard} < (ave - 0.5 \cdot \sigma)$
Ⅴ	低	$H_{azard} < (ave - \sigma)$

注: * ave 为区域内非 0 风险值均值, σ 为区域内非 0 风险值标准差,各地可根据区域实际数据分布特征,对上述标准进行适当调整。

11.3.2.3 大风灾害风险评估

根据全国气象灾害综合风险普查技术规范《大风灾害调查与风险评估》（2020 年 9 月

版),大风灾害风险评估综合考虑致灾因子、孕灾环境及承灾体3方面,分别对不同承灾体进行风险评估,国家和省级按照要求编制全国、省、市、县四级大风风险区划图[39]。

国家级开展大风风险评估选择基于风险指数的评估方法,根据风险=致灾因子危险性×孕灾环境敏感性×承灾体易损性,确定风险评估指数。致灾因子危险性、孕灾环境敏感性和承灾体的易损性3个评价因子选择相应的评价指标计算得到。

各省根据灾情调查情况,选择基于风险指数的大风风险评估方法或者基于灾损脆弱性曲线的大风风险评估方法。

(1)大风孕灾环境敏感性评估指标

大风孕灾环境主要指地形、植被覆盖等因子对大风灾害形成的综合影响。综合考虑各影响因子对调查区域孕灾环境的不同贡献程度,运用层次分析法设置相应的权重,加权求和计算得到孕灾环境敏感性评估指标(S)。

(2)承灾体

大风承灾体主要包括人口、经济和农业、渔业、城市建设、交通、电力等行业,有关评估工作视相关部门提供的信息作遴选后再开展。在相关部门提供充分数据的基础上,开展国家级针对人口的大风风险评估,针对其他承灾体的大风风险评估为选做项。省级根据实际情况,选择一项承灾体为必做项。

(3)大风对人员安全影响的风险评估

大风对人员安全的影响风险评估以人口作为主要的承灾体,以人口密度因子描述承灾体的易损状况,评估方程为:

$$R_p = H \times S \times [E_p \times F(p)] \tag{11-6}$$

其中:R_p为大风灾害对人员安全影响的风险评价指数;H为大风危险性指数;S为孕灾环境敏感性指数;E_p为人口暴露度指数,即人口密度(人/km²);F为以人口密度p为输入参数的大风规避函数。

在城市地区,人口密度越大的地区,建筑物越多,大风可规避性越强,其函数的输出系数则越小,导致的风险则越低;在非城市地区,人口越多的地方,损失相对越大,$F(p)$计算式为:

$$F(p) = \begin{cases} \dfrac{1}{\ln(e + p/100)}, & 城市地区 \\ 1, & 非城市地区 \end{cases} \tag{11-7}$$

(4)大风对其他承灾体影响的风险评估

大风对其他承灾体的影响风险评估方程为:

$$R_i = H \times S \times V_i \tag{11-8}$$

式中:R_i为大风灾害对i类承灾体影响的风险评价指数;V_i为第i类承灾体的易损度指数。

承灾体的易损度包括承灾体的暴露度(E)和脆弱性(F)。

根据承灾体及灾情信息收集情况,承灾体易损度可使用承灾体暴露度和脆弱性共同表示,即$V = E \times F$,或者仅使用承灾体暴露度表示。

承灾体暴露度指标建议选取地均GDP代表经济的暴露度,农业用地面积比代表农业的暴露度,人均用电量代表电力系统的暴露度,河网密度和路网密度代表交通系统的暴露度等。

承灾体脆弱性指标建议选取大风直接经济损失占 GDP 的比重代表经济脆弱性,农业受损面积占农业面积比重代表农业脆弱性等。

(5)大风灾害综合风险指数

建立大风灾害综合风险指数(R):

$$R = \sum_{i=1}^{n} W_i \times R_i \tag{11-9}$$

式中:R_i 为大风灾害对 i 类承灾体影响的风险评价指数;W 为对应的权重,各省可采用层次分析法确定权重。

综合风险指数 R 越大,综合风险越大。

计算可在网格化或者行政区划(区/县或乡镇/街道)的评估单元的基础上进行,即针对每个评估单元下垫面的承灾体进行风险指数计算。

⑥ 风险区划

采用大风综合风险指数作为风险区划指标。计算全国大风灾害综合风险平均水平值 R',根据表 11-9 风险评估等级划分标准将全国大风灾害风险分为Ⅰ级、Ⅱ级、Ⅲ级、Ⅳ级、Ⅴ级,得到全国大风灾害风险等级结果,绘制全国风险等级空间分布图。各省计算省内大风灾害综合风险平均水平值,确定本省风险评估等级划分标准,将各省(市、县)大风灾害风险分为Ⅰ级、Ⅱ级、Ⅲ级、Ⅳ级、Ⅴ级,得到各省(市、县)大风灾害相对风险等级结果,绘制各省(市、县)相对风险等级空间分布图(表 11-9)。

表 11-9　大风灾害风险评估等级划分标准[39]

风险级别	级别含义	划分原则
Ⅰ级	高风险	$(5 \times R', +\infty)$
Ⅱ级	较高风险	$(2 \times R', 5 \times R')$
Ⅲ级	中等风险	$(R', 2 \times R')$
Ⅳ级	较低风险	$[0.2 \times R', R']$
Ⅴ级	低风险	$(0, 0.2 \times R')$

11.3.2.4　高温灾害风险评估

根据全国气象灾害综合风险普查技术规范《高温灾害调查与风险评估》(2020 年 9 月版),高温灾害风险评估指数如下式所示[40]:

$$MDRI = W_H Q_H + W_E Q_E + W_V Q_V \tag{11-10}$$

式中:$MDRI$ 为高温灾害风险评估指数;Q_H 为高温灾害致灾因子危险性指数;Q_E 为高温灾害承灾体暴露度指数;Q_V 为高温灾害承灾体脆弱性指数;W_H 为致灾因子危险性的权重系数;W_E 为承灾体暴露性的权重系数;W_V 为承灾体脆弱性的权重系数,且 $W_H + W_E + W_V = 1$。

根据高温灾害风险指标值分布特征,定义风险等级区间,使用自然断点分级法,将高温灾害风险按 5 级分区划分,即高风险区、次高风险区、中等风险区、次低风险区和低风险区,并绘制风险分布图,完成高温灾害风险区划。

（1）致灾因子危险性评估

综合考虑高温过程的强度、持续时间和发生频率等特征,定义一个综合高温指数来对高温过程危险性进行评价分级,该综合指数包括能够较好表征高温过程特征的关键性指标,例如高温过程的极端最高温度、平均最高温度、持续时间。综合高温指数通过上述多个过程指标的加权综合得到,不同过程指标的具体权重大小通过参考国内外相关研究并结合专家建议来确定。计算出不同重现期情景(5 a、10 a、20 a、50 a、100 a 一遇)的致灾因子危险性,并绘制高温灾害危险性的影响度分布图。

高温灾害致灾因子危险性的估算如下式所示:

$$Q_H = W_{H1}Q_{H1} + W_{H2}Q_{H2} + \cdots + W_{Hn}Q_{Hn} \tag{11-11}$$

式中:Q_H 为高温灾害致灾因子危险性指数;$Q_{H1}, \cdots, Q_{Hn}$ 为标准化处理的高温危险性评价指标,例如高温日数、极端最高气温、持续时间、过程最高气温等;$W_{H1}, \cdots, W_{Hn}$ 为致灾因子危险性各评价指标对应的权重系数,总和为1。

（2）承灾体暴露性评估

高温灾害承灾体暴露度的估算如下式所示:

$$Q_E = W_{E1}Q_{E1} + W_{E2}Q_{E2} + \cdots + W_{En}Q_{En} \tag{11-12}$$

式中:Q_E 为高温灾害承灾体暴露度指数;$Q_{E1}, \cdots, Q_{En}$ 为标准化处理的高温暴露度评价指标,例如人口密度、地区生产总值、耕地面积占土地面积比重等;$W_{E1}, \cdots, W_{En}$ 为承灾体暴露度各评价指标对应的权重系数,总和为1。

（3）承灾体脆弱性评估

$$Q_V = W_{V1}Q_{V1} + W_{V2}Q_{V2} + \cdots + W_{Vn}Q_{Vn} \tag{11-13}$$

式中:Q_V 为高温灾害承灾体脆弱性指数;$Q_{V1}, \cdots, Q_{Vn}$ 为经过标准化处理的高温脆弱性评价指标,例如居民可支配收入、单位面积农业产值、14 岁以下及 65 岁以上人口数比例、人均医疗床位数、人均园林绿地面积比例等;$W_{V1}, \cdots, W_{Vn}$ 为承灾体脆弱性各评价指标对应的权重系数,总和为1。

11.3.2.5 雪灾灾害风险评估

根据全国气象灾害综合风险普查技术规范《雪灾调查与风险评估(修订稿)》(2020 年 9 月版),国家级方案雪灾风险评估指数如下式所示[41]:

$$SDRI = (S_H{}^{AH})(S_E{}^{AE})(S_V{}^{AV}) \tag{11-14}$$

式中:$SDRI$ 为雪灾风险评估指数;S_H 为雪灾致灾因子危险性指数;S_E 为雪灾承灾体暴露度指数;S_V 为雪灾承灾体脆弱性指数;AH 为致灾因子危险性的权重系数;AE 为承灾体暴露度的权重系数;AV 为承灾体脆弱性的权重系数。

以专家打分法、熵值法、层次分析法等方法确定各指标对应的权重系数,权重总和为1,综合得到雪灾风险评估结果。

依据雪灾风险评估结果,基于地理信息系统中自然断点分级法,将雪灾风险等级大小划分为Ⅰ级、Ⅱ级、Ⅲ级、Ⅳ级、Ⅴ级 5 个等级,分别为高风险、较高风险、中风险、较低风险和低风险。

基于雪灾风险评估结果,综合考虑行政区划,对雪灾风险进行基于空间单元的划分。

（1）危险性评估

定义一个综合雪灾致灾因子危险性指数进行雪灾危险性评估。考虑到我国南方和北方降雪天气的区域差异，雪灾致灾因子有所区别。北方地区或高寒地区（主要指华北、东北、西北地区、西藏）致灾因子包括：累积降雪量、最大降雪量、积雪深度、积雪日数、最低气温、最大风速等要素；南方地区（主要指黄淮、江淮、江南、江汉、西南地区东部和南部）致灾因子主要以累计降雪量、积雪深度、降雪日数、最低温度等要素为主，不同评估区域可根据本地特点择优筛选。

基于专家打分法、熵值法、层次分析法等方法确定各危险性因子权重，建立综合雪灾危险性指数。计算不同重现期（5 a、10 a、20 a、50 a、100 a 一遇）致灾因子危险性，绘制雪灾致灾因子危险性评估图。雪灾致灾因子危险性的计算公式如下：

$$S_H = A_{H1}S_{H1} + A_{H2}S_{H2} + \cdots A_{Hn}S_{Hn} \tag{11-15}$$

式中：S_H 为雪灾致灾因子危险性指数；$S_{H1}, \cdots, S_{Hn}$ 为标准化处理的雪灾危险性评价指标；$A_{H1}, \cdots, A_{Hn}$ 为致灾因子危险性各评价指标对应的权重系数，总和为 1。

基于地理信息系统中自然断点分级法，将雪灾危险性指数划分为 Ⅰ 级、Ⅱ 级、Ⅲ 级、Ⅳ级、Ⅴ 级，分别为高危险性、次高危险性、中危险性、较低危险性和低危险性。

（2）承灾体暴露度评估

雪灾承灾体暴露度的计算公式如下：

$$S_E = A_{E1}S_{E1} + A_{E2}S_{E2} + \cdots A_{En}S_{En} \tag{11-16}$$

式中：S_E 为雪灾承灾体暴露度指数；$S_{E1}, \cdots, S_{En}$ 为标准化处理的雪灾暴露度评价指标，例如：经济暴露度（地区生产总值）、交通暴露度（公路和铁路密度）或其他承灾体暴露度（电力通信、设施农业、林业等数量或面积）。暴露度数据从本次大调查承灾体组共享获取，有关评估工作视承灾体组提供的信息项作遴选后开展。考虑到我国南、北方雪灾承灾体不同，北方或高寒地区承灾体主要以经济、交通、牧业、设施农业、电力通信等为主，而南方地区主要以交通、电力通信、农业、林业（包括园林绿地）等为主，承灾体应根据区域特征进行遴选。$A_E, \cdots,$ A_{En} 为对承灾体暴露度各评价指标进行归一化处理，基于专家打分法、熵值法、层次分析法等方法确定各指标对应的权重系数，权重总和为 1。

综合各暴露度评价指标和权重，得到雪灾承灾体暴露度指数。

（3）承灾体脆弱性评估

雪灾承灾体脆弱性的计算公式如下：

$$S_V = A_{V1}S_{V1} + A_{V2}S_{V2} + \cdots A_{Vn}S_{Vn} \tag{11-17}$$

式中：S_V 为雪灾承灾体脆弱性指数。$S_{V1}, \cdots, S_{Vn}$ 为标准化处理的雪灾脆弱性评价指标，例如：经济脆弱性（雪灾经济损失/GDP）、交通运输脆弱性（铁路、公路影响长度）、其他承灾体脆弱性（设施农业损毁面积、电力通信受损长度、林木受灾数量或面积、牧场损毁面积等）。脆弱性数据从大调查承灾体组共享获取，有关评估工作视承灾体组提供的信息项做遴选后开展，承灾体脆弱性评估也应根据区域特征进行遴选。$A_{V1}, \cdots, A_{Vn}$ 为对承灾体脆弱性各评价指标进行归一化处理，以专家打分法、熵值法、层次分析法等方法确定各指标对应的权重系数，权重总和为 1。

综合各脆弱性评价指标和权重，得到雪灾承灾体脆弱性指数。

11.3.2.6 低温风险评估

根据全国气象灾害综合风险普查技术规范《低温灾害调查与风险评估(修订稿)》(2020年9月版),低温灾害风险评估模型主要包含暴露度评估、脆弱性评估以及致灾因子危险性评估[42]。

(1) 暴露度评估

有关评估工作视承灾体组提供的信息项做遴选后开展。

暴露度评估可采用区划范围内各县或各乡镇农作物种植面积和平均产量、道路长度等作为评价指标来表征主要农作物、交通等承灾体暴露度。

以区划范围内各县或各乡镇承灾体分布面积(或长度)与各县或各乡镇总面积(或承灾体总长度)之比作为承灾体暴露度指标为例,暴露度指数计算方法如下:

$$I_{VS} = \frac{S_E}{S}$$ (11-18)

式中:I_{VS} 为承灾体暴露度指数;S_E 为各县或各乡镇承灾体分布面积(或长度);S 为各县或各乡镇总面积(或承灾体总长度)。

对各评价指标进行归一化处理,采用信息熵赋权法确定权重,加权计算不同要素归一化后的乘积之和作为暴露度指数。

暴露度评估可根据承灾体数据做出调整。

(2) 脆弱性评估

有关评估工作视灾情组提供的信息项做遴选后开展。

脆弱性评估可采用区划范围内各县或各乡镇低温灾害受灾面积、成灾面积、绝收面积、灾损率、道路受影响长度等作为评价敏感性的指标来表征脆弱性。

如:以区划范围内各县或各乡镇主要农作物受灾面积与各县或各乡镇总面积之比作为脆弱性指标为例,脆弱性指数计算方法如下:

$$V_i = \frac{S_V}{S}$$ (11-19)

式中:V_i 为第 i 类承灾体脆弱性指数;S_V 为各县或各乡镇第 i 类承灾体受灾面积;S 为各县或各乡镇总面积。

对各评价指标进行归一化处理,采用信息熵赋权法确定权重,加权计算不同要素归一化后的乘积之和作为脆弱性指数。

脆弱性评估可根据灾情信息处理结果做出调整。

(3) 风险评估模型

根据低温灾害的成灾特征和风险评估的目的、用途,推荐选择加权求积评估模型,权重确定方法采用熵值法。

加权求积评估模型如下:

$$I_{CRI} = I_{VH} \times W_m \times I_{VS} \times W_e \times I_{VE} \times W_e$$ (11-20)

式中:I_{CRI} 为特定承灾体低温灾害风险评价指数;I_{VH} 为致灾因子危险性指数;W_m 为致灾因子危险性指数的权重;I_{VS} 为承灾体暴露度指数;W_e 为承灾体暴露度指数的权重;I_{VE} 为脆弱性指数;W_e 为脆弱性指数的权重。

（4）风险区划

依据风险评估结果,结合行政单元对风险评估结果进行空间划分。依据风险评估模型评估结果,根据低温灾害风险指标值分布特征,定义风险等级区间,使用自然断点分级法,将低温灾害风险按5级分区划分(表11-10)。

表11-10 低温灾害风险区划等级[42]

等级	1	2	3	4	5
风险	低	较低	中	较高	高

11.3.2.7 冰雹灾害风险评估

根据全国气象灾害综合风险普查技术规范《冰雹灾害调查与风险评估(修订稿)》(2020年9月版),选择海拔高度作为孕灾环境敏感性指数VH。各地也可以根据当地的实际情况以及承灾体调查组提供的数据选择适合的影响因子构建孕灾环境敏感性指数VH,例如农业用地比例、城市用地比例等,可以采用加权综合评分法

$$VH = W_{VH1} \cdot X_{VH1} + \cdots + W_{VHn} \cdot X_{VHn} \tag{11-21}$$

式中:VH为孕灾环境敏感性指数;X_{VH}为孕灾环境影响因子;W_{VH}为孕灾环境影响因子权重,采用专家打分法确定权重。

为了消除各指标的量纲和数量级差异,应首先对入选的孕灾环境影响因子进行归一化处理。各地也可根据当地海拔高度与冰雹日数(或降雹频次)的关系,将海拔高度划分为不同的等级,对每个等级进行0~1的赋值来表征孕灾环境敏感性指数VH[43]。

根据评估区域的实际情况以及承灾体调查组提供的数据选择承灾体对象,采用加权综合评分法建立承灾体易损性指数

$$VS = W_{VS1} \cdot X_{VS1} + \cdots + W_{VSn} \cdot X_{VSn} \tag{11-22}$$

式中:VS为承灾体易损性指数;X_{VS}为承灾体;W_{VS}为承灾体权重,采用专家打分法确定权重。为了消除各指标的量纲和数量级差异,应首先对入选的承灾体数据进行归一化处理。

结合致灾因子危险性指数VE、孕灾环境敏感性指数VH、承灾体易损性指数VS采用加权求积,得到评估区域内的冰雹灾害风险评估指数:

$$V = VE^{WE} \cdot VH^{WH} \cdot VS^{WS} \tag{11-23}$$

式中:WE、WH、WS分别为各指数权重,推荐权重比为5:2:3,各权重系数之和为1,各地可结合当地实际情况进行调整。此处VE、VH、VS均为0~1之间的值,当权重越大时各指数影响反而越小,因此计算时需先将VE、VH、VS扩大10倍。

计算评估区域内冰雹风险指数的平均值$\bar{v}$,根据表11-11的划分原则将冰雹灾害风险划分为5个等级,绘制评估区域的冰雹灾害风险等级空间分布图。

表11-11 冰雹灾害风险评估等级划分标准[43]

风险级别	级别含义	划分原则
Ⅰ级	高风险	$[2.5\bar{v}, +\infty)$
Ⅱ级	较高风险	$[1.5\bar{v}, 2.5\bar{v})$
Ⅲ级	中等风险	$[\bar{v}, 1.5\bar{v})$
Ⅳ级	较低风险	$[0.5\bar{v}, \bar{v})$
Ⅴ级	低风险	$[0, 0.5\bar{v})$

11.3.2.8　雷电灾害风险评估

根据全国气象灾害综合风险普查技术规范《雷电灾害调查与风险评估(修订稿)》(2020年9月版),雷电风险评估主要从致灾危险性指数、承灾体暴露度、承灾体脆弱性三方面进行评估[44]。

(1)危险性评估

① 将行政区域范围划分为 3 km×3 km 网格,利用克里金(Kriging)插值法将利用雷暴日数据和闪电定位数据得到的雷击点密度插值成各网格数据,将雷电强度按百分位数法划分等级,对各网格的雷击点密度、雷电强度进行归一化处理再加权综合得到致灾因子指数。

注:数据的归一化处理方法参见《雷电灾害风险区划技术指南》(QX/T 405—2017)附录A,百分位数法参见《雷电灾害风险区划技术指南》(QX/T 405—2017)附录 B。

② 将孕灾环境的影响因子地形影响指数、海拔高度、土壤电阻率经归一化处理后,再等权重加权平均,计算得到 3 km×3 km 网格孕灾环境指数。

③ 根据综合致灾因子和孕灾环境指数,按照《雷电灾害风险区划技术指南》(QX/T 405—2017)附录 C 的层次分析法确定权重系数,根据致灾危险性指数 RH 模型进行计算。

$$RH=(L_d \times wd + L_n \times wn) \times (S_c \times ws + E_h \times we + T_r \times wt) \qquad (11-24)$$

式中:RH 为致灾危险性指数;L_d 为地闪密度;wd 为地闪密度权重;L_n 为地闪强度;wn 为地闪强度权重;S_c 为土壤电导率;ws 为土壤电导率权重;E_h 为海拔高度;we 为海拔高度权重;T_r 为地形起伏;wt 为地形起伏权重。

注:地闪密度可利用闪电定位资料的回击数统计得到,或根据所在区域台站的雷暴日数 T_d 用 $0.1 T_d$ 得到。地闪强度 L_n 的计算方法参见《雷电灾害风险区划技术指南》(QX/T 405—2017)中 5.2.2.5。

④ 根据致灾危险性指数 RH 计算结果,按照自然断点法(参见《雷电灾害风险区划技术指南》(QX/T 405—2017)附录 C 中 C.1)将危险性划分为 3 级(一般、高、极高),并绘制致灾危险性分布图,完成危险性评估。

(2)风险指数计算模型

风险指数计算公式如下:

$$LDRI=(RH^{wh}) \times (RE^{we} \times RF^{wf}) \qquad (11-25)$$

式中:$LDRI$ 为雷电灾害风险指数;RH 为致灾危险性指数;wh 为致灾危险性权重;RE 为承灾体暴露度;we 为承灾体暴露度权重;RF 为承灾体脆弱性;wf 为承灾体脆弱性权重。

各因子的权重按照《雷电灾害风险区划技术指南》(QX/T 405—2017)附录 C 的层次分析法进行确定。

注 1:致灾危险性指数 RH 的计算方法参见指南。

注 2:承灾体暴露度 RE 计算方法为

$$RE=P_d \times wp + G_d \times wg + U_r \times wu \qquad (11-26)$$

式中:RE 为承灾体暴露度;P_d 为人口密度;wp 为人口密度权重;G_d 为 GDP 密度;wg 为 GDP 密度权重;U_r 为城镇化率;wu 为城镇化率权重。当暴露度选用易燃易爆场所和旅游景区时,宜选用密度作为因子,并进行归一化处理。

注3：承灾体脆弱性RF的计算方法如下：

$$RF = C_l \times wc + M_l \times wm + (1 - P_c) \times wp \qquad (11-27)$$

式中：RF为承灾体脆弱性；C_l为生命损失指数；wc为生命损失指数权重；M_l为经济损失指数；wm为经济损失指数权重；P_c为防护能力指数；wp为防护能力指数权重。

各因子的计算方法参见《雷电灾害风险区划技术指南》（QX/T 405—2017），当防护能力选用政府、企业和基层减灾资源作为因子时，

$$P_c = \frac{1}{n} \sum_{i=1}^{n} (J_z \times wz) \qquad (11-28)$$

式中：P_c为防护能力指数；J_z为各类减灾资源密度的归一化指数；wz为各类减灾资源密度的权重；n为所选因子的个数。

注：RH、RE和RF在风险计算时底数统一乘以10。

风险区划流程见图11-1，雷电灾害风险计算与区划参数指标和等级见图11-2。

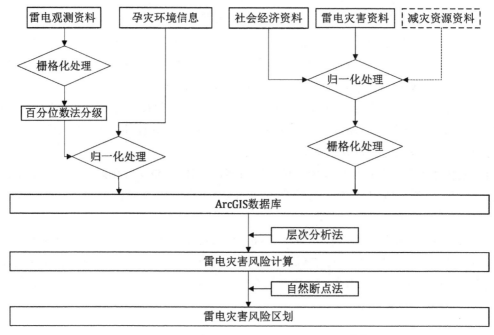

图 11-1　雷电灾害风险评估和区划流程图[45]

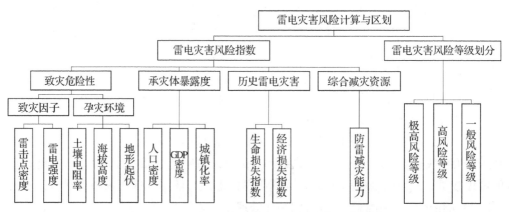

图 11-2　雷电灾害风险计算与区划参数指标和等级[45]

11.4 气象灾害防御规划的主要内容

11.4.1 法规依据

气象灾害防御规划依据的法律法规为《中华人民共和国气象法》《气象灾害防御条例》（中华人民共和国国务院令第 570 号）、《国务院关于加快气象事业发展的若干意见》（国发〔2006〕3 号）、《国务院办公厅关于印发国家气象灾害应急预案的通知》（国办函〔2009〕120 号）等。

其他包括《国家气象灾害防御规划（2009—2020 年）》、各省市气象条例、各省市人民政府关于加强气象灾害防御体系建设的实施意见等。

11.4.2 主要规划内容

11.4.2.1 气象灾害风险区划

气象灾害风险区划是气象灾害防御规划的依据，是构建防灾减灾体系的基础。通过对气象灾害风险区划的研究，进一步查清区域气象灾害的分布、形成原因以及发生规律，绘制区域各灾种气象灾害风险图、气象灾害综合防御分区图，对指导当前和未来一段时间的气象灾害防御工作，制定防灾减灾对策、规避风险、减少损失具有重要的指导意义，在城市规划、城镇建设、重大工程建设以及工农业生产等诸多方面也都具有重要的参考意义，可根据地方实际情况进行分灾种的气象灾害风险分布区划以及区域气象灾害综合风险区划。

11.4.2.2 气象灾害防御主要任务

（1）提高气象灾害监测预警能力

① 提高气象灾害综合探测能力；② 完善气象灾害信息网络；③ 提高气象灾害预警能力；④ 加强气象灾害预警信息发布。

（2）加强气象灾害风险评估

① 加强气象灾害风险调查和隐患排查；② 建立气象灾害风险评估和气候可行性论证制度；③ 加强气候变化影响评估。

（3）提高气象灾害综合防范能力

① 制定并实施气象灾害防御方案；② 加强气象灾害防御法规和标准体系建设；③ 加强气象灾害防御科普宣传教育工作。

（4）提高气象灾害应急处置能力

① 完善气象灾害应急预案；② 提高气象灾害应急处置能力；③ 提高基层气象灾害综合防御能力。

11.4.2.3 气象灾害防御工程

（1）城市气象灾害防御工程

建设完善城市近地边界层大气物理、化学成分立体观测和城市自动化探测系统，发展城市区域精细化数值模式与大气成分数值模式系统,完善城市气象灾害预警体系和城市突发事件气象紧急响应系统,建立气象灾害国家级实时业务灾难备份系统。

（2）农村气象灾害防御工程

开展农村气象及相关灾害普查,补充完善天基、空基、地基相结合的综合观测系统和快速、高效的信息传输系统。建立健全精细化的气象预报预测系统,提高农村易发气象灾害的监测预警能力。建立极端天气气候事件对农业影响的监测评估体系。

健全完善农村和农业气象灾害防御基础设施。发展乡镇气象服务站,依靠乡村气象信息员队伍,利用各种技术手段和建设成果解决预警信息发布到农村的瓶颈问题。

（3）台风灾害预警工程

建设完善由岸基气象站、海洋站、地波雷达站、海上观测平台、船舶、卫星遥感、飞机和火箭探测等组成的海洋气象灾害综合探测系统以及资料传输共享、灾害预警、灾害应急服务等系统。发展海-气耦合数值预报模式系统,建立海洋气象灾害预警平台。建设台风灾害影响预评估业务系统。

（4）高影响行业与重点战略经济区气象灾害综合监测预警评估工程

多部门联合建设完善重点战略经济区与高速公路、轨道交通、黄金水道、重大水利水电设施、架空输电线、重大通信设施、优势农产品主产区、重点矿山聚集区及危险化学品生产储存集中区等气象灾害防御综合监测系统;发展交通气象、航空气象、农业气象、地质灾害气象、林业气象、水文气象、环境气象、电力气象等灾害预警和评估系统。

（5）雷电灾害防御工程

整合现有区域性地闪定位网探测子站,形成覆盖全国的地闪监测网,实现全国雷电实时监测信息共享。完善雷电预报预警业务平台,对雷电发生发展演变趋势、雷电发生概率、雷击危害等级等开展综合预报预警。建立国家级和省级雷电研究实验室、雷电防护设备检测中心以及外场实验基地,开发新型雷电防护产品,完善雷电灾害防御工程体系。

（6）沙尘暴灾害防御工程

加强沙尘暴预警、预报综合能力建设,提高沙尘暴预警、预报的准确性和实时性。加强沙尘暴灾害监测基础设施建设,重点做好沙尘暴灾害监测、信息传输、灾情评估、应急指挥等方面的基础能力建设,建成由卫星遥感、地面监测站、信息平台和信息员等组成、覆盖我国北方地区的沙尘暴灾害综合监测网络。加强荒漠化和沙化土地治理,建成沙尘暴防灾减灾综合体系。

（7）气象卫星工程

加快发展具有我国自主知识产权的气象卫星体系,构建满足我国天气预报、气候监测与预测、生态环境与大范围自然灾害监测、灾害防御以及军事应用等业务服务需要的气象卫星遥感应用体系。完成风云二号03批气象卫星、风云三号02试验星、风云三号02批业务气象卫星、风云四号综合探测卫星和降水测量雷达卫星及其地面应用系统工程建设。接收利用资源卫星、环境与减灾小卫星以及海洋卫星等国内外有关卫星资料,为防灾减灾提供气象服务。

（8）气象防灾科普教育工程

充分利用各种资源,建立完善气象科普馆和气象科普展室。制作气象减灾公益广告。

开发气象防灾减灾宣传教育产品,编制系列防灾减灾科普读物、挂图和音像制品,编制防灾减灾宣传案例教材。利用广播电台、电视台、网络、宣传栏、电子显示屏等各种媒体,开展形式多样的气象灾害防御宣传教育活动。在国家级和省级开展气象灾害防御技术培训。

11.5　案例解析

11.5.1　《武汉市气象灾害防御规划(2015—2020年)》

11.5.1.1　规划目标

提高气象灾害监测预警能力,健全气象灾害防御体系,建设一批重大气象灾害防御工程,在全社会普及气象灾害防御知识,整体提升武汉市气象灾害防御现代化水平,减轻各类气象灾害对经济社会发展的影响。到2020年,实现重大气象灾害监测率达到98%以上,预警准确率达到90%以上,预警信息覆盖率达到100%[46]。

11.5.1.2　主要气象灾害防御

(1) 暴雨灾害

① 防御重点。暴雨灾害是武汉市影响最大的气象灾害,一年可多次发生。暴雨发生时,主要造成江河湖泊水库洪水、城乡内涝、山洪、滑坡泥石流等灾害。洪水的重点防范区域为:长江、汉江武汉段以及全市其他河流、湖泊和水库;内涝的重点防范区域为中心城区以及6个新城区的城镇和低洼农田;山洪的重点防范区域为黄陂区、新洲区的北部山区;滑坡泥石流地质灾害的重点防范区域为地质灾害易灾区及施工引起的临时易灾区。

② 防御措施。做好暴雨的监测预报预警和风险评估工作;加强长江、汉江武汉段以及全市其他河流、湖泊和水库致洪暴雨的监测预警;开展内涝风险预警和地质灾害气象风险等级预警;建立气象、水务、水文、农业、国土规划等部门联防工作机制,提高暴雨灾害防御能力。

(2) 雾霾灾害

① 防御重点。雾霾是武汉市近年来最受关注的气象灾害,一年四季都有发生。雾霾发生时,大气中颗粒物明显增加,能见度降低,造成机场关闭、航运停航、交通事故增多、空气污染加重、疾病增多、供电线路故障等后果。雾霾灾害的防御范围为全市所有行政区域,重点防范区域为建城区。

② 防御措施。做好雾霾的监测预警和信息发布工作,及时向公众发布雾霾灾害实况、影响范围、灾害发展趋势及持续情况等信息;及时采取控制颗粒物排放和人工增雨等应急处置措施,开展雾霾预警模式研究和灾害风险评估,为雾霾治理提供依据;气象、环保、交通运输、卫生计生等部门建立联防工作机制,有效应对雾霾灾害。

(3) 干旱灾害

① 防御重点。武汉市干旱灾害一年四季都有可能发生,中等以上干旱每2 a一遇。严重干旱发生时,将造成人畜饮水困难、农作物减产、树木枯死、渔业受损、水电发电量减少和

277

航运受阻等后果。干旱灾害的重点防范区域为全市农村地区。

②防御措施。实现工程性与非工程性措施有机结合,构建完善的流域抗旱减灾体系,切实防御全市农村地区流域大面积干旱、严重的季节性干旱。建立跨地区、跨部门的流域干旱联防机制,合理设置流域气象、水文监测网,及时获取雨量、水文信息,实现部门间信息共享;建立干旱灾害预警机制,开展干旱监测预报,建立全市重要河流、湖泊、水库的雨情监测预警系统;建立干旱灾害应急响应机制,对干旱状况进行评估,适时开展人工增雨等应急措施,合理开发利用空中水资源,科学调度水源。

(4)高温灾害

①防御重点。武汉市高温灾害主要集中在每年7—8月。受气候变暖和城市化进程加快的影响,高温灾害出现的频率越来越高,带来的危害更加广泛。高温发生时,将造成中暑、紫外线灼伤等疾病人数急剧增加,户外作业停工,农作物受害,用电量猛增等后果。高温灾害的防御范围为全市所有行政区域。因受热岛效应影响,重点防范区域为建城区。

②防御措施。开展夏季高温灾害精细化监测预报,向社会公众及时发布高温灾害预警信息;建立部门间应急联动机制,采取防暑降温应对措施,做好供电、供水、防暑医药用品和物资供应准备;开展城市高温灾害风险评估,向有关部门提供气象数据和参数,科学编制城市规划,加大城市绿化建设和风道建设,削减城市热岛效应。

(5)低温冻害

①防御重点。低温冻害主要出现在每年12月至次年3月。低温冻害发生时,将造成道路、电线、供水管道结冰及农作物受损等后果。道路结冰引起交通事故增多、交通瘫痪,电线结冰造成输变电线路断裂,供水管道结冰导致供水管道破裂。重点防范区域分别为全市城乡道路和桥梁、各输变电线路、供水管网,对农作物影响的重点防范区域是全市农村地区。

②防御措施。建立交通、电力、供水、农业等专业专项气象灾害监测网络体系,发展气象灾害监测预警技术和预警服务,实现部门间、行业间的信息与资源共享以及灾害协同防御;开展交通干线和重点输变电线路沿线以及农作物种植园区精细化低温冻害风险评估,建立低温冻害防御设计标准;开展交通干线和重点输变电线路沿线以及农作物种植园区工程设计气候可行性论证,合理规划布局,科学防灾避灾。

(6)雷电灾害

①防御重点。雷电灾害是武汉市出现频次最高的灾害,一年四季都有发生。雷电灾害发生时,主要对通信设备、电子设备、网络设备、信息设备、供电设备、供电线路、石油化工设施、高层建(构)筑物、高大物体、飞行器及群众生命安全造成危害。雷电灾害的防御范围为全市所有行政区域。建城区建筑密度大,各类设施集中,人口密集,受雷电灾害影响较大;农村地区由于防雷设施薄弱,为雷电危及生命安全的高发区。

②防御措施。在全市范围内合理设置闪电定位探测站网和大气电场监测网,加强雷电监测预警发布能力建设,提高灾害预警信息覆盖面,保障雷电灾害预警信息及时到达各级部门、企业、学校,进村入户;加强公共防雷设施建设,完善雷电灾害防御工程体系,做好防雷装置设计技术性评价及防雷装置检测工作;加强雷电灾害科普宣传,提高全民防灾避灾意识和避险自救能力,确保生命安全,避免或者减轻灾害损失。

(7)大风灾害

①防御重点。大风灾害主要由寒潮和强对流天气造成,主要出现在春季,强对流天气

造成的大风灾害常伴有雷暴雨、冰雹、龙卷风等。大风灾害发生时,常危及人民群众生命财产安全,对铁路运输、航运、高空作业以及电力设施、通信设施、高层建筑、农业等破坏性较大。大风灾害的防御范围为全市所有行政区域。建城区主要防范各类基础设施、施工工地、户外广告牌以及长江、汉江航运,农村地区主要防范农业大棚设施。

② 防御措施。加强大风气象监测预警能力建设,建立部门间预警应急联动机制,及时向高层建筑、电力、通信、农业、铁路、水上运输等部门和企业以及社会公众发布预警信息,提供防范措施建议;开展大风灾害风险评估,编制大风风险区划,修订基础设施和户外设施抗风标准,为建(构)筑物建设提供技术依据;开展现有基础设施和户外设施抗风能力普查,加固和改造现有设施,避免或者减轻灾害影响。

11.5.1.3 气象灾害防御工程

（1）新一代天气雷达工程

按照武汉市城市总体规划及气象灾害防御需要,重新选择雷达站址,更新建设武汉新一代天气雷达系统及其配套工程。

（2）暴雨精细化监测预警工程

优化全市雨量监测网,新建 100 个新型自动气象监测站。引进中尺度细网格数值预报模式,建立精细化降水预报预警系统,实现 1 h 时间分辨率、1 km 空间分辨率的暴雨预报预警。建立长江、汉江防汛气象服务系统,中小河流和水库防汛气象服务系统,城市内涝气象服务系统,实现气象、水文信息共享,为防汛排涝决策提供依据。

（3）雾霾监测预警工程

优化武汉市雾霾观测站网,新增 12 套能见度监测、5 套大气成分监测、6 套大气稳定度监测等设备。建立雾霾气象预报预警机制,开展雾霾、空气污染气象条件、空气质量和光化学烟雾等预报预警服务。建设环境气象移动应急服务系统,适时开展雾霾、有毒(害)气体扩散等应急服务。

（4）城市气象灾害监测预警工程

完善城市气象灾害社区尺度监测网和移动观测设备,建设多灾种城市区域精细化数值预报系统。建立城市规划气候可行性论证系统。加强城市雷电灾害防御基础设施建设。

（5）农村气象灾害监测预警工程

建设完善乡镇自动气象站观测网,增加监测密度,建立空间分辨率到乡镇的精细化气象预报系统。建设设施农业小气候观测站、水产养殖气象监测站等农业气象观测站,建立武汉农业气象服务平台和农村气象灾害预警信息发布网络。建设农村防雷塔等雷电灾害公共防护设施。推动基层气象信息服务站建设,发展农村气象信息员队伍,解决预警信息发布“最后一公里”的问题。

（6）气象数据和信息共享工程

建立气象大数据平台,结合“智慧城市”建设,健全多部门相关监测信息汇交共享网络、共享数据库和共享平台。建立气象大数据分析应用系统,开发多数据接口,将高时空分辨率数据应用到应急、水务、国土规划、环保、农业、森林防火、公安、交管等部门信息系统,实现无缝隙连接。建立气象多媒体信息系统,与广播、电视、互联网、电信等媒体互连互通[45]。

11.5.2 《厦门市气象灾害防御规划(2011—2020)》

11.5.2.1 规划目标

到 2020 年,基本建成与全面建设高水平小康社会相适应,与厦门市经济发展相协调的现代化气象防灾减灾体系,提高气象灾害监测、预警、评估及其信息发布能力,健全气象灾害防御方案,增强全社会气象灾害防御意识和知识水平,完善"政府领导、部门联动、社会参与"的气象灾害防御工作机制和"灾害监测预警、灾害信息发布、防灾科普宣传"的气象防灾减灾体系,建设一批具有基础性、全局性和关键性作用的气象灾害防御工程,减轻各种气象灾害对经济社会发展的影响,努力实现气象灾害造成的人员伤亡率减少50%以上,气象灾害造成的经济损失占国内生产总值的比例降低50%的目标[47]。

11.5.2.2 气象灾害风险区划

(1)台风

厦门岛内、鼓浪屿、内陆平坦地区以及沿海一带是人口密集、经济发达的区域,一旦受台风影响,经济损失相对较重,是台风灾害的高风险区。内陆靠山地区人口较少,经济活动较少,为台风灾害的次高风险区。

(2)暴雨洪涝

厦门岛内大部分地区、内陆平坦地区人口密集带经济发达,是暴雨洪涝灾害的较高风险区。其中的主要城镇和低洼地带易发生洪涝灾害,为高风险区;山区虽然人口较少,但是由于地质的原因,易引发山洪等气象衍生灾害,为中风险区。

(3)大风

大风风险区受地形影响较大,厦门岛内、沿海一带是大风灾害的高风险区;内陆的平坦地区为中风险区;靠山地区为低风险区。

(4)低温

厦门市北部高海拔乡镇、集美、同安、翔安等农林业较为集中的地区为低温灾害的中风险区;厦门岛内以及沿海一带为低风险区。

(5)高温

厦门岛内、海沧、集美、同安、翔安等人口密集地区以及经济发达地区属于高温灾害的中风险区;靠山地区的多属于低风险区。

(6)气象干旱

干旱将造成厦门岛内、人口密集带以及工农业生产发达地区用水困难,是气象干旱灾害的高风险区;靠山地区易发生森林火灾,为中等风险区。

(7)大雾

厦门岛内、沿海地区以及交通密度大的地区,一旦受大雾的影响,引起的经济损失较大,是大雾灾害的高风险区;中北部内陆其余乡镇以及山区为中风险区。

(8)雷电

厦门岛内、岛外的人口密集地带、经济发达的区域都是雷电灾害的高风险区;内陆平坦地区,靠山地区为中风险区;山区人口稀少,经济活动少,因此多为低风险区。

11.5.2.3　气象灾害防御工程

(1) 城市气象灾害防御工程

① 城市综合气象观测系统。优化综合气象观测站网布局,加密城市区域自动气象观测网,建成全市陆地自动气象站点空间平均分布密度达到 5 km,重点区域达到 1～3 km,满足城市气象灾害精细化预警服务的需要;建设移动式 X 波段双偏振天气雷达、车载风廓线雷达、移动自动气象站及移动通信指挥车等应急观测系统,增强和改进灾害性天气和应急气象服务的保障能力。

统筹规划和建设行业专业气象观测网,提高城市运行气象保障服务水平。增建大气电场仪,健全雷电监测网,提高雷电监测和防御能力;建立大气成分观测站、生态气象观测站和近海生态小浮标,提升环境生态监测能力;建设城市气象边界层观测塔,实现对城市气象要素的垂直梯度观测;在山地公园和重点旅游景区建设气象观测站;建设和完善交通气象观测网。

② 城市气象灾害预警预报。城市气象灾害预警能力建设。建立高分辨率中尺度数值预报业务系统,建设城市精细化预报系统,实现精细化气象要素的建模试验和客观预报;完善短时临近监测预报预警业务平台,实现对突发灾害性天气的监测、预报预警及信息发布;开发城市生命安全线运行气象保障服务平台,为城市交通、给排水、电力、航空等运行部门的调度、指挥、联动提供有效决策服务;开发城市积涝监测预报预警系统,减轻城市积涝灾害影响;开发城市环境气象监测预报系统,针对雾霾等天气向民众提供预报预警服务;建设交通气象监测预报预警系统,制作交通路段能见度、路面温度和路面状况(干燥、湿滑、结冰)的监测预报产品,为交通的安全和畅通提供服务;开发风景区雷电和强对流天气监测预警系统、旅游气象服务综合业务系统以及旅游行业气象信息互动平台,为滨海城市旅游提供优质旅游气象服务;建设重大活动专项气象服务平台,为厦门市各项重大活动提供高效、及时、准确的气象服务;建立移动气象应急保障指挥系统,为突发事件、灾害性天气和重大社会活动提供应急移动观测和气象保障;建设人工影响天气工程综合业务平台,为净化空气、农业抗旱和森林防火提供服务。

③ 突发公共事件预警信息发布。建设和完善城市突发公共事件预警信息发布系统。本系统作为城市突发公共事件应急体系的重要组成部分,接收各政府部门需要发布的自然灾害、事故灾难、公共卫生事件、社会安全事件 4 类突发公共事件信息。通过该系统,各类气象预警信息可以及时向受影响区域公众发布,为防灾减灾服务,从而最大限度地保障人民群众的生命财产安全。

(2) 岛内外一体化气象防灾减灾体系工程

① 基层气象防灾减灾体系。完善农业气象服务体系和农村气象灾害防御体系建设。加强农业气象观测,提升农业气象预测预报能力。建立健全农村预警信息发布网络,依托农村综合信息服务站,逐步完善镇(街)、村(居)气象预警信息发布系统,确保预警信息能及时传递到每个镇(街)、村(居);完善农村气象灾害防御机制,建立气象灾害信息管理系统,建立以村(居)为单元的农村气象灾害风险数据库,编制农村气象灾害风险图;逐步完善气象信息员队伍建设,建立预警信息传递机制。

加强基层气象防灾减灾组织体系建设。构建高效应急减灾组织体系,建立和完善以气象预警信息为先导的区级各部门应急联动机制,实现各单位预案联动、信息联动、措施联动;针对岛外农村气象灾害防御能力偏弱的现状,要建立预案到村、责任到人的农村气象灾害应急处置体系;加强区级气象服务机构建设,以建设"一流台站"为目标,重点加强和完善岛外区级气象服务机构建设;推进气象灾害防御法规建设,制定并实施气象灾害防御方案及应急预案;健全气象灾害防御主体责任的相关制度,完善气象灾害风险管理体制机制;建立敏感单位安全管理制度,制定《气象灾害敏感单位安全气象保障技术规范》,出台关于加强气象灾害敏感单位安全管理工作的规章或文件,在全市建立气象灾害敏感单位类别认证、应急服务、应急响应、考核督查、效益评估等管理机制;推进气象安全社区(村居)认证,制定安全社区标准,推动社区气象防灾减灾标准化建设。

② 山洪地质灾害防治气象保障系统。建设山洪地质灾害气象监测系统,加强监测系统运行监控系统、运行维修平台和计量检定标校系统建设;在市—区两级气象部门建立不同规模的中小河流洪水、山洪、地质灾害实时监测预警和风险评估系统;建设强降水监测和临近预报系统、山洪地质灾害精细化预报系统;建设灾害预警信息发布与服务系统。

③ 综合防灾减灾科普基地。完善狐尾山气象主题公园建设,重点升级改造厦门市青少年天文气象馆;在岛外各区分别建设区气象科普宣传设施;相关部门一起建设综合防灾减灾科普展览馆,切实加强防灾减灾科普、文化宣传工作,提升全民防灾减灾意识。

(3) 海洋气象防灾减灾工程

① 海洋气象综合监测系统。以(厦门翔安)海峡大气探测中心基地为中心,建设从崇武到东山沿海地区的包括岸基观测、海岛自动站、近海浮标和海上气象观测船为主要手段的海洋气象监测网;完善厦门沿海以及海域岛屿的多要素自动气象站布局,加密观测网;建设浮标气象站;建设风廓线雷达;建设微波辐射计;在沿海及部分岛屿布设强风测风塔;建设GPS/MET 水汽观测站网;建设高频地波雷达;建设微型无人驾驶飞机气象探空系统和海上气象观测应急保障船;建设海上船载移动气象应急和人工影响天气作业指挥系统。

② 海洋气象灾害预警预报。开发海洋气象预报预警业务平台,以提高海洋气象灾害预报和预警能力;开发海洋气象综合信息服务平台,以实现海洋气象信息的快速发布和快捷共享;开发海洋气象导航系统,为航行船舶提供不同天气状况下的最佳航线服务;开发海上应急气象保障服务系统,有效提升东南国际航运中心气象综合保障服务水平;开发滨海旅游气象服务系统,为滨海旅游景点、海上旅游线路、海上运营航线提供全方位服务。

③ 信息处理系统。升级和优化全市气象信息传输和交换网络,完善信息安全系统建设。升级改造现有小型计算机系统。建设本地海量存储系统和异地容灾备份系统,加强基础数据库、应用数据库和产品数据库的建设与管理,优化数据共享服务器。建设综合气象探测保障业务平台,完善维护维修平台。

(4) 应对气候变化系统工程

建设气候观测网工程,在厦门岛内、岛外分别建设太阳辐射观测站,建立厦门市太阳能监测、预报、评价业务技术平台;在岛内或岛外风能资源丰富区建设多功能观测梯度风塔;在岛内、同安和翔安各建立一个大气成分观测站。

在翔安大气探测中心基地成立"厦门市雾和霾研究中心",加强雾和霾研究;建立雾霾的观测分析、预警预报和评估与服务。

引进区域气候模式,实现本地化应用;建立气候信息综合分析的集成显示平台;建设气候变化影响评估系统,开展厦门气候变化及其对厦门市经济社会发展影响的分析与评估;建设气象灾害影响评估系统,健全气象灾害数据库,开展气象灾害风险评估业务。

（5）防灾减灾基础能力建设

① 厦门新一代天气雷达建设工程。建设厦门新一代天气雷达工程,建成最先进的新型双偏振多普勒天气雷达。在海沧区蔡尖尾山建成 1 个雷达主阵地,包括建设新一代双偏振天气雷达观测系统、一套辅助探测系统、一套移动 X 波段双极化多普勒雷达,以及配套业务、生活用房。

分别在同安和翔安建立雷达辅助阵地,建设综合观测场地、业务及附属用房,并配备相应的观测站设备,包括云雷达、风廓线、微波辐射仪、激光雨滴谱仪、GPS/MET,以及科普设施。

② 厦门市气象防灾减灾预警中心工程。建设厦门市气象防灾减灾预警中心及若干分中心。优化气象基础设施建设和业务布局,进一步完善同安、翔安 2 个区的气象局建设,推进海沧区气象局成立和建设。在海峡大气探测基地建设海峡两岸气象科技与文化交流基地、人工影响天气基地,建设海西气象防灾减灾培训中心。建设大都市区气象灾害联防远程大屏幕会商系统、大都市区气象预警信息发布平台、大都市区气象通信网络系统和数据处理共享中心、大都市数值天气预报业务平台等 4 个综合业务平台[47]。

主要参考文献

[1] 辛吉武,陈明,胡立蓉,等.气象灾害防御体系构建[M]北京:科学出版社,2014.

[2] 热带气旋[EB/OL].(2013 - 08 - 19)[2020 - 06 - 13].http://www.qxkp.net/qxbk/qx-sy/202103/t20210301_2787411.html.

[3] 中国气象报社.台风的定义[EB/OL].(2018 - 07 - 17)[2020 - 06 - 13].http://www.cma.gov.cn/2011xzt/kpbd/typhoon/2018050901/201807/t20180717_473579.html.

[4] SRC - 576.台风和飓风的区别[EB/OL].(2013 - 06 - 21)[2020 - 06 - 13].https://www.cma.gov.cn/2011xzt/2013zhuant/2013tfzt/2013tfrstf/201306/t20130621_217155.html.

[5] 中国气象报社.科普阅读:龙卷风形成原因及其影响[EB/OL].(2016 - 06 - 23)[2020 - 06 - 13].https://www.cma.gov.cn/2011xwzx/2011xqxxw/2011xqxyw/202110/t20211030_4080752.html.

[6] 中国气象局.【暴雨科普一】暴雨及其定义[EB/OL].(2012 - 08 - 20)[2020 - 06 - 13].https://www.cma.gov.cn/2011xwzx/2011xqxxw/2011xqxyw/202110/t20211030_4058957.html.

[7] 中国气象报社.雪灾的定义[EB/OL].(2012 - 10 - 25)[2020 - 06 - 13].https://www.cma.gov.cn/2011xzt/20120816/2012081601_2_1/201208160101/201210/t20121025_188234.html.

［8］ 中国气象报社.冰雹［EB/OL］.（2010－05－06）［2020－06－09］.https：//www.cma.gov.cn/2011qxfw/2011qqxkp/2011qqxcd/201110/t20111026_124600.html.

［9］ 新华网.沙尘天气是如何形成的？［EB/OL］.（2019－11－20）［2020－06－09］.https：//www.cma.gov.cn/kppd/kppdqxsj/kppdtqqh/201911/t20191120_540410.html.

［10］ 国务院办公厅.中华人民共和国国务院令第570号［EB/OL］.（2010－02－01）［2020－06－09］.https：//www.gov.cn/zwgk/2010－02/01/content_1525092.htm.

［11］ 中国气象局政策法规司.热带气旋等级：GB/T 19201—2006［S］.北京：中国标准出版社,2006.

［12］ National Hurricane Center，Central Pacific Hurricane Center. Saffir-simpson hurricane wind scale［EB/OL］.［2023－11－06］.https：//www.nhc.noaa.gov/aboutsshws.php.

［13］ 陆亚龙,肖功建.气象灾害及其防御［M］.北京：气象出版社,2001.

［14］ 佛山市龙卷风研究中心.佛山市龙卷风研究中心［EB/OL］.（2018－12－17）［2023－11－06］.https：//weibo.com/5248043565/H7CAqaobg.

［15］ 中国气象影视信息网.尘卷［EB/OL］.（2013－08－19）［2023－06－30］.http：//www.qxkp.net/qxbk/qxsy/202103/t20210301_2787366.html.

［16］ 尘卷风［EB/OL］.（2022－09－06）［2023－05－05］. https：//baike.baidu.com/item/％E5％B0％98％E5％8D％B7％E9％A3％8E/2101377.

［17］ 韩启德,马宗晋,高建国,等.十万个为什么 灾难与防护［M］.6版.上海：少年儿童出版社,2014.

［18］ National Weather Service. The Enhanced Fujita Scale (EF Scale)［EB/OL］.［2023－11－06］.https：//www.weather.gov/oun/efscale.

［19］ 全国气象防灾减灾标准化技术委员会.龙卷风强度等级：GB/T 40243—2021［S］.北京：中国标准出版社,2021.

［20］ SRC－776.干旱的几种类型［EB/OL］.（2013－08－09）［2020－06－09］.http：//www.cma.gov.cn/2011xzt/20120816/2012081601_4_1_1_2/201208160101/201308/t20130809_222632.html.

［21］ 全国气候与气候变化标准化技术委员会.气象干旱等级：GB/T 20481—2017［S］.北京：中国标准出版社,2017.

［22］ 中国气象局.干旱的成因［EB/OL］.（2013－08－09）［2023－05－05］. https：//www.cma.gov.cn/2011xzt/20120816/2012081601_4_1_1_2/201208160101/201308/t20130809_222634.html.

［23］ 全国气象防灾减灾标准化技术委员会.城市雪灾气象等级：GB/T 40239—2021［S］.北京：中国标准出版社,2021.

［24］ 突泉气象.【气象科普】积雪的类型［EB/OL］.（2017－12－03）［2023－06－06］.https：//www.sohu.com/a/208280778_100009194.

［25］ 全国气象防灾减灾标准化技术委员会.寒潮等级：GB/T 21987—2017［S］.北京：中国标准出版社,2017.

［26］全国气象防灾减灾标准化技术委员会.沙尘天气等级:GB/T 20480—2017［S］.北京:中国标准出版社,2017.

［27］shiyuewu20.我国气象气候灾害的时空分布差异［EB/OL］.(2022－05－18)［2023－05－15］.https://www.docin.com/p-3307759355.html.

［28］刘树坤.干旱灾害防治［M］.北京:中国社会出版社,2017.

［29］杨贵名,孔期,毛冬艳,等.2008年初"低温雨雪冰冻"灾害天气的持续性原因分析［J］.气象学报,2008(5):836－849.

［30］城市与减灾编辑部.台风"天鸽"［J］.城市与减灾,2017(5):2－3.

［31］中国气象报.近年极端高温天气事件［EB/OL］.(2016－03－16)［2023－06－30］.https://www.gaomingjiaoyu.com/html/yf2.html♯m.

［32］北京日报.美今年上半年史上最热:准备迎接高温年［EB/OL］.(2012－07－11)［2023－06－30］.https://wap.sciencenet.cn/blog-2277-591118.html.

［33］李清泉,王安乾,周兵,等.2014年全球重大天气气候事件及其成因［J］.气象,2015,41(4):497－507.

［34］吕嫣冉,姜彤,陶辉,等."一带一路"区域极端高温事件与人口暴露度特征［J］.科技导报,2020,38(16):68－79.

［35］刘铁民,王永明.飓风"桑迪"应对的经验教训与启示［J］.中国应急管理,2012(12):11－14.

［36］第一世界网.世界上最大的龙卷风:美国俄克拉荷马州的"艾尔-雷诺龙卷风"［EB/OL］.(2023－06－10)［2023－06－28］.https://www.gaomingjiaoyu.com/html/yf2.html♯m.

［37］水利部水旱灾害风险普查项目组.干旱灾害风险调查评估与区划编制技术要求(试行)［S］.2021.

［38］全国气象防灾减灾标准化技术委员会.气象灾害调查与风险评估 台风(征求意见稿)［S］.北京:中国气象局,2022.

［39］全国气象灾害综合风险普查技术组.大风灾害调查与风险评估［S］.2020.

［40］全国气象灾害综合风险普查技术组.高温灾害调查与风险评估［S］.2020.

［41］全国气象灾害综合风险普查技术组.雪灾灾害调查与风险评估(修订稿)［S］.2020.

［42］全国气象灾害综合风险普查技术组.低温灾害调查与风险评估(修订稿)［S］.2020.

［43］全国气象灾害综合风险普查技术组.冰雹灾害调查与风险评估(修订稿)［S］.2020.

［44］全国气象防灾减灾标准化技术委员会.气象灾害调查与风险评估 雷电(征求意见稿)［S］.北京:中国气象局,2022.

［45］全国雷电灾害防御行业标准化技术委员会.雷电灾害风险区划技术指南:QX/T 405—2017［S］.北京:中国气象局,2017.

［46］道客阅读.武汉市气象灾害防御规划(2015—2020年)［EB/OL］.(2015－04－30)［2022－10－20］.https://m.doc88.com/p-7252483936851.html.

［47］厦门市人民政府办公厅.厦门市气象灾害防御规划(2011—2020年)［EB/OL］.(2013－05－02)［2023－10－20］.http://fj.cma.gov.cn/xmsqxj/qxfw/fzjz/201704/t20170401_106524.htm.

12 防灾空间与避难疏散体系规划

12.1 防灾分区

12.1.1 基本概念

防灾分区：为优化调配防灾资源和救灾避灾活动，提高规划建设效率，按行政管辖、地形地物及防灾等条件划分的防灾设置配置和防灾管理单元。防灾分区的划分应当与城市的用地功能布局相协调，根据城市规模、结构形态、灾害影响场特征等因素合理分级与划定，并应针对高风险控制、防灾工程设施配置制定和实施规划控制内容及防灾措施和减灾对策[1]。

防灾生活圈的概念最初源自日本，是指由防灾隔离带围合而成的，灾时无需逃跑的安全区域。将路网、河道等线性轴线作为"防灾隔离带"，沿线布置耐火建筑、绿地等，形成带状的防灾空间，以分隔出具备一定的抗灾能力并且可以阻止灾势蔓延的各自独立的安全区域，方便各层级生活圈统筹防灾物质建设与管理。该概念在 1992 年的《首都圈基本计划》中被提出[2]。

1964 年新潟地震后，东京政府于 1971 年颁布《东京都防震条例》，倡导把社区作为城市防灾建设的支柱。1980 年 12 月，日本"我的城镇"（My Town）恳谈会首次提出建设防灾生活圈的构想；1981 年，出台《城市防灾设施基本计划》。防灾生活圈以小学和初中为单元，由路网、河道等延烧遮断带围合而成，沿线布置耐火建筑、绿地等，其主要目的是在地震发生时防止火势蔓延，形成防灾空间（图 12-1～图 12-3）。

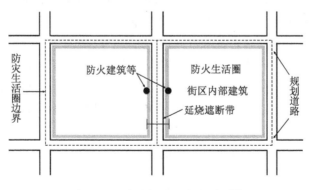

图 12-1 东京都的防灾生活圈[3]

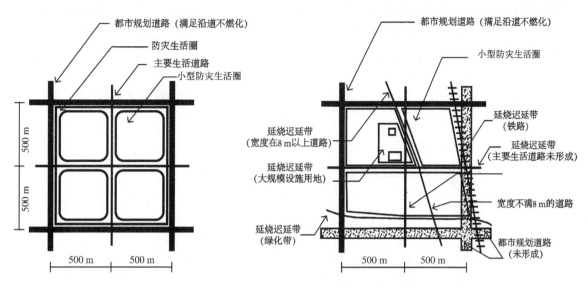

防灾生活圈及小型防灾生活圈形成的最终目标意向图　　　为形成小型防灾生活圈当前目标意向图

图 12-2　防灾生活圈[3]

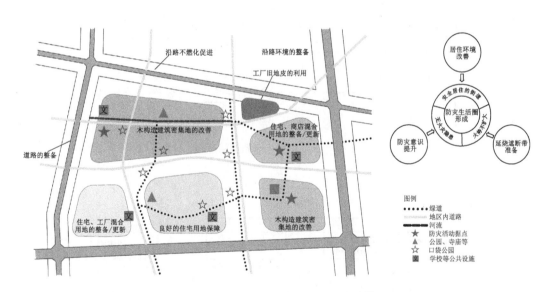

图 12-3　东京防灾生活圈建设目标[4]

　　以学校为单元进行防灾生活圈划分,是因为居民的活动大多发生在此范围内,如上学、休憩、购物等,居民之间、居民与环境之间相互熟悉。政府部门和社会组织的防灾教育、演习等通常以街区为单元进行,有利于在灾害来临时进行责任划分与邻里互助。同时,考虑到儿童、老年人等特殊群体的环境感知与步行速率,防灾生活圈的半径为 0.8~1.2 km。表面上看,防灾生活圈是以学校为基础划分的,实际上是以社区为基本单元进行布局安排。这样可以充分发挥社区组织和社区中人际关系的优势,通过良好的社区治理与基层组织,提高社区的灾时应对能力,组织临时避险行为,同时促进与政府的有效沟通[5]。

　　随着《都市防灾计划》(1997 年版)和《地区防灾计划》(2014 年版)的提出,日本防灾生活圈的设想不断完善,形成了近邻文化圈—文化生活圈—区域生活圈 3 个层级的圈域空间规划(图 12-4)。圈内规划防救灾避难路线及避难场所、防灾绿轴、防灾据点等防灾空间体系,并逐渐与城市规划体系相结合(图 12-5、图 12-6)。

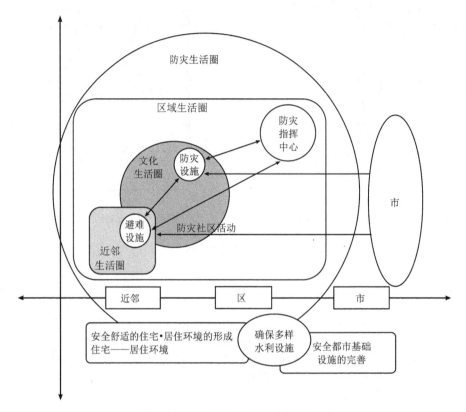

图 12-4　日本防灾生活圈空间层级[6]

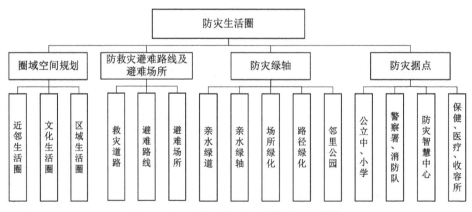

图 12-5　日本防灾生活圈的内容架构[1]

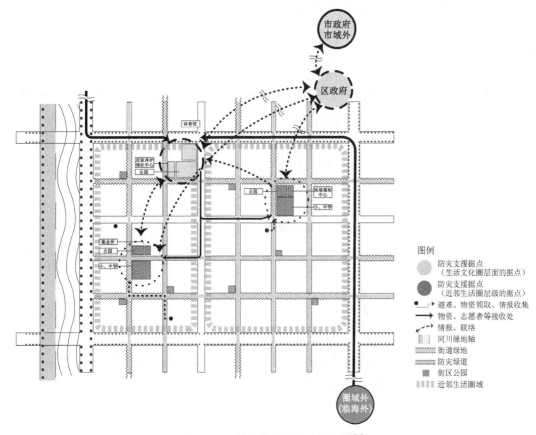

图 12-6　神户市地域防灾规划图[7]

12.1.2　规划内容

根据《城市综合防灾规划标准》(GB/T 51327—2018),对城市防灾分区的原则和划定有如下规定[8]。城市防灾分区应与城市的用地功能布局相协调,宜根据城市规模、结构形态、灾害影响场特征等因素合理分级与划定,并应针对高风险控制、防灾设施配置制定规划控制内容及防灾措施和减灾对策。

(1) 防灾分区的划分

① 水体、山体等天然界线宜作为防灾分区的分界,防灾分区划分尚应考虑道路、铁路、桥梁等工程设施分隔作用。

② 防灾分区划分宜考虑规划协调、工程建设和运营维护的日常管理要求。

③ 防灾分区可依据灾后应急状态时的行政事权分级管理划分。

(2) 防灾分区的规划控制内容应满足下述要求

① 防灾分区的分级设置。人口规模为 3 万～10 万人级别的防灾分区,宜设置固定避难场所、应急取水和储水设施、不低于 Ⅱ 级的应急通道,应急医疗救护场地、应急物资储备分发场地。此级别防灾分区宜与城市规划管理单元相衔接,协调落实规划控制内容和防灾措施。

人口规模为 20 万～50 万人级别或区级的防灾分区,宜设置中心避难场所、市区级应急指挥中心、Ⅰ 级应急保障医院、救灾物资储备库、应急保障水源及应急保障水厂、Ⅰ 级应急疏散通道、市区级应急医疗救护场地和应急物资储备分发场所。

② 通往每个防灾分区的应急通道不应少于 2 条。缺少应急通道的,应增加城市广场,预留直升机起降场地。

③ 防灾分区间应满足防止灾害蔓延的要求。

④ 防灾分区应制定应急保障水厂、应急保障医院、避难场所等重要防灾设施与城市主要应急通道、供电设施、通信设施的连接设施的规划要求。

⑤ 防灾分区应针对人员密集公共设施的紧急避险和紧急避难提出应急保障基础设施和应急服务设施配置及安全保障空间的规划要求和防灾措施。

(3) 城市居住区规划建设应落实防灾分区的综合防灾要求

① 居住区应符合突发灾害避险时的紧急疏散和临时避难要求,宜按小区安排紧急避难用地,并划定满足安全要求的有效避难区,满足所有常住人口和流动人口的避难要求。居住区用于紧急避难的平均有效避难用地面积按 $0.7 \sim 1.0 \text{ m}^2/$人控制,且不得小于 $0.45 \text{ m}^2/$人。任何居住街坊的紧急避难面积不得低于 $0.2 \text{ m}^2/$人。

② 居住区内疏散道路应确保内部人员安全有效疏散。居住街坊应有确保灾时安全的出入口,并与应急通道有效相连。

③ 绿地、广场宜兼顾避难用地功能。新建或改造的居住区宜考虑选择中小学校、居民运动场馆、公共服务或活动中心等设施作为避难建筑。避难用地和避难建筑相应的避难规模、设防标准和建设要求应纳入规划控制内容。

12.1.3 案例解析

(1) 北京城市副中心的防灾单元

构建立体化的防灾体系,将地上和地下等各类防灾设施进行空间整合,使之成为有机整体,充分发挥城市整体防灾效应。在平面布局上围绕城市避难场所安排应急物资储备系统,并将城市便民服务网点、学校等纳入应急避难据点,并综合考虑将副中心范围内的地下停车场、地铁轨道站点和地下重要的公共设施作为重要的地下避难场所。将地下步行系统与地面的疏散系统建立联系,使应急避难、疏散通道、物资储备等各项防灾子系统的立体叠加,实现防灾功能垂直分布和避难空间竖向拓展。同步与人防主管部门沟通,将人防系统纳入城市综合防灾系统,发挥其功能完整、组织规范、独立运作等优势,并将大数据中心、关键基础设施等重要防护目标布局在地下空间。考虑到消防作为应急救援的主要力量,在规划范围内尽量安排消防站与固定避难场所等应急避难场所临近设置;同时,在有条件的区域,消防站周边尽量预留建设条件,保障未来应对复杂灾害救援所需要的功能拓展。

采用"空间单元"逐级落实总体规划刚性要求是当前普遍采用的方式,城市综合安全体系的构建也亟须结合地域特征建立各类设施的空间单元落实模式。结合城市组团布局模式,采用防灾单元与组团单元相结合的新模式,形成防灾与生活单元复合体系,构成城市防灾生活圈。这样的单元划分兼具防灾与街区开发、社区融合等多种目的,实现防灾资源逐级配置成网,保障灾害发生时城市各组团具有一定的自救能力。

规划结合城市副中心 12 个组团、36 个家园的规划管控体系,以北运河为界划分为 2 个一级分区,二级防灾分区与组团范围一致,三级防灾分区与家园范围一致,建立三级应急功能保障体系。在副中心范围内构建"5—15—30 min安全城市"的目标,落实与防灾分区相匹配的各类应急保障基础设施。在副中心的防灾规划中探索将消防、公安等安全设施的辖区与空间单元相协调融合,构建韧性安全的防灾生活圈体系[9]。

（2）南通市的防灾分区/防灾空间单元

南通市区共划分为6个一级防灾分区和34个二级防灾分区,结合救灾通道布局构建水、陆、空三位一体的防灾空间网络格局[10]。

城市防止次生灾害蔓延防灾带设置:一级防灾分区防灾带,宽度应不低于40 m;二级防灾分区防灾带,宽度应不低于24 m。

针对南通市区不同层次防灾分区的防灾资源配置基本对策见表12-1。

表12-1　城市防灾空间布局对策[10]

分级	一级防灾分区	二级防灾分区
避震疏散	依托中心疏散场所	依托固定疏散场所
交通保障	以救灾干道为主干,保障中心疏散场所可达	由疏散主干道、疏散次干道交互连通,保障城市固定疏散场所可达
供水保障	具备应对巨震情况下的供水保障预案和对策	根据固定疏散场所分布,考虑社区分布和疏散要求,具备应对大震和中震情况下的供水预案和对策
供电保障	具备应对巨震情况下有供电需求的机构的有效供电,结合中心避震疏散场所建设配置应急供（发）电设施或设备	具备应对大震和中震情况下的供电预案和对策。通过紧急修复满足基本用电需求
医疗卫生保障	保障巨震下的紧急医疗用地,与中心疏散场所相对应,规划安排医疗保障措施,通常可安排三级医院作为对口救援	保障灾害发生时的紧急医疗,与大型固定疏散场所相对应,规划安排对口医疗救援对策,通常可安排二至三级医院作为对口救援
消防保障	通过一级防灾分区界线防止地震次生火灾的蔓延,区内如产生次生火灾可有效灭火	通过二级防灾分区界线防止地震次生火灾的蔓延,区内如产生次生火灾可有效灭火
物资保障	物资保障方案,物资紧急储藏用地,物资运输和分发对策	

（3）日本神户的防灾生活圈

1995年6月,神户重建计划提出安全都市创造体系中的防灾生活圈,并于1996年3月制定地域防灾计划,强化了以生活圈为防灾中心的都市创造体系,推进创造安心居住的都市环境。地域防灾计划在住区公园平时功能的基础上,强化了其在灾难时应有的功能作用,包括:① 避难地;② 救援、重建场地;③ 避难、救援、重建综合利用场地;④ 临时居住地;⑤ 垃圾堆放及汽车临时停放场地;⑥ 临时避难场地。

计划还推出了详细的防灾避难公园设计方案,如:① 三木综合防灾公园,面积30 800 m²,该公园在平时作为运动公园,在灾难时作为救援人员驻地、救助或重建车辆停车场、救援物资集散地、伤员临时收容地、临时避难地。② 末广中央公园,面积41 420 m²,公园设计提出了灾害发生3 h之后、灾害发生1~3 d后的利用形态变化,并配备了耐震性贮水槽、灾难时卫生间、防火植栽带、储备仓库等设施,另外,还建设了兵库县立消防学校,进行防灾教育活动[7]。

12.2 容灾空间

12.2.1 基本概念

容灾空间:容纳灾害的空间和用地,包括水库、调蓄湖、蓄滞洪区、湿地、冲沟等。

12.2.2 类型划分

(1)水库

水库:一般的解释为"拦洪蓄水和调节水流的水利工程建筑物,可以利用来灌溉、发电、防洪和养鱼"。它是指在山沟或河流的狭口处建造拦河坝形成的人工湖泊。水库建成后,可起到防洪、蓄水灌溉、供水、发电、养鱼等作用。水库规模通常按库容大小划分,分为小型、中型、大型等。水库是我国防洪广泛采用的工程措施之一。在防洪区上游河道适当位置兴建能调蓄洪水的综合利用水库,利用水库库容拦蓄洪水,削减进入下游河道的洪峰流量,达到减免洪水灾害的目的[11]。

(2)调蓄湖

调蓄湖:一般用来提高区域滞洪调蓄能力,调蓄过量雨水、排水防涝,实现"大雨不积水,暴雨不内涝";同时,还可以净化水体,改善区域水环境。人工打造的调蓄湖,如同一个巨大的蓄水池,具有消纳周边区域雨水的功能;同时,雨水也是调蓄湖的补给,二者形成良好的生态循环。

(3)蓄滞洪区

蓄滞洪区:河堤外洪水临时贮存的低洼地区及湖泊等,其中多数历史上就是江河洪水淹没和蓄洪的场所。蓄滞洪区包括行洪区、分洪区、蓄洪区和滞洪区。行洪区是指天然河道及其两侧或河岸大堤之间,在大洪水时用以宣泄洪水的区域。分洪区是利用平原区湖泊、洼地、淀泊修筑围堤,或利用原有低洼圩垸分泄河段超额洪水的区域。蓄洪区是指用于暂时蓄存河段分泄的超额洪水,待防洪情况许可时,再向区外排泄的区域[12]。滞洪区具有"上吞下吐"的能力,其容量只能对河段分泄的洪水起到削减洪峰或短期阻滞洪水的作用。

(4)湿地

湿地:自然形成的、常年或季节性积水的地域。在海滩低潮时水深不超过 6 m;在陆地是永久性或间歇性被浅水淹没的土地,地下水埋深小于 3 m,底泥含水率超过 30%,季节或年际水深变化较大,变化幅度超过 30%的水域,如沼泽地、湿原、泥炭地、滩涂、稻田或其他积水地带。湿地具有多种功能:保护生物多样性、调节径流、改善水质、调节小气候,以及提供食物及工业原料、提供旅游资源[13]。

12.2.3 案例解析

（1）杭州市铜鉴湖防洪排涝调蓄工程

历史上的铜鉴湖，承担着杭州整座城市防洪排涝调蓄的重要功能。但由于钱塘江泥沙淤塞、围湖造田，湖面渐渐成为陆地。自 20 世纪六七十年代以来，"旱季取不到水、雨季排不出水"的问题开始困扰当地群众的生产生活，再加上之江地区规划先天不足，水系断流不通，一到暴雨天就会大范围积水成涝[14]。

2019 年，位于杭州市西湖区双浦镇的铜鉴湖防洪排涝调蓄工程项目正式开工。根据规划，铜鉴湖防洪排涝调蓄工程总体结构概括为"一轴三核六片区"。一轴，即整体规划以水为主轴，将铜鉴湖"莼羹鲈脍"和名人典故作为文化主轴，同时，将铜鉴湖水面扩大作为空间主轴，形成完整的游线。三核，即"田园、湿地、文化"三大核心主题。紧扣"生态、农业、文化"的总体定位，既是对现状资源的提炼，又是区域发展的升华。六片区，即湿地涵养区、滨湖公园区、湿地科普区、农耕体验区、水上漫步区、八音聆听区。该区域西北侧为铜鉴湖入水口之一，将规划成斑块状的湿地区。岛岸临水区域培育大面积的芦苇湿地，将成为鸟类摄影和绘画爱好者的天堂。

2021 年末，铜鉴湖防洪排涝调蓄工程完成主湖区项目建设，开始进行生态蓄水。总库容达 500 万 m^3 的铜鉴湖工程建成后，将极大缓解周边区域的洪涝灾害，有效提升之江地区的调蓄能力、区域基础设施和配套功能，在引水配水、防洪减灾、生态修复等方面发挥重要作用。

（2）北京市顺义区汉石桥湿地自然保护区

汉石桥湿地自然保护区位于京东平原地带，总面积 1 900 hm^2，其中核心区面积约 200 hm^2，是北京市平原地区唯一的大型芦苇沼泽湿地。汉石桥湿地生态系统基本处于半自然状态，在北京地区其独特的地理环境和优良的环境孕育了丰富的物种多样性。保护区有较大面积的芦苇沼泽、开阔水域、岸边、草丛、堤岸防护林带、农田等，为多种鸟类提供了适宜的栖息地，每年有大量的鸟类在保护区栖息繁殖。加之，保护区处于鸟类南北迁徙的必经之地，因此，每年的鸟类迁徙季节有大量鸟类在此停留觅食[15]。

（3）淮北市中央湖带

淮北市自 1960 年建市以来，为国家发展提供了大量煤炭资源。淮北市城市周边遍布 20 余处大小不一的采煤塌陷区，土地资源锐减、生态环境破坏严重，城市可持续发展严重受限。淮北市共塌陷土地 2.33 万 hm^2，1 000 hm^2 山体遭采石破坏，地下水降落漏斗区已达 300 km^2。2009 年 3 月，淮北市被列为国家第二批资源枯竭城市。

淮北的"中央湖带"——濉溪县凤栖湖湿地生态保护项目，是 2016 年国家发展与改革委员会立项的塌陷区水域治理项目。该项目地形地貌因 1970 年代起煤矿采煤塌陷造成地表沉降，目前已经稳沉，形成了水面、沼泽、滩涂及零星土地分布的现状[16]。

东湖湿地公园：位于淮北市东部，距离市中心大约有 5 km，治理总面积约 697.74 hm^2，其中水域面积 190 hm^2，是在煤矿塌陷区上建设而成的湿地公园。

中湖治理项目：位于朱庄—杨庄矿塌陷区，以总体规划确定的"城市绿心"为基础，融合了中湖景区水库与湿地景区的不同特色,拟将采煤塌陷区打造成为集生态修复、资源保护、科学研究、旅游休闲为一体的城市中央公园。

南湖公园:基地总面积 492 hm²,其中,水域面积 248 hm²,陆地面积 244 hm²。改造前的基地以塌陷主湖为核心,外围为塌陷坑塘,北、东、南三面为集中的露地。露地以撂荒地为主,有少量农田和树林。

12.3　防护空间

12.3.1　基本概念

防护空间:为了防御某些灾害的蔓延或减轻灾害影响的范围而特地划定的防护区域,包括地震活动断层避让区、地质灾害缓冲区、防护林带、重大危险源防护区、核电站应急规划区、森林草原火灾隔离带、河湖岸线建设控制区、海岸建设控制区等。

12.3.2　类型划分

2.1　防护林带

防护林带,亦称林带,是指在农田、草原、居民点、厂矿、水库周围和铁路、公路、河流、渠道两侧及滨海地带等,以带状形式营造的具有防护作用的树行的统称。林带按形状分为条状和网状 2 种,除农田、草原防护林带多为网状外,其余防护林带大部分为条状;林带按防护要求和作用,可分为防风固沙林带、农田防护林带、草原或牧场防护林带、护岸林带、水土保持林、沿海防护林、水源涵养林等多种类型[17]。

每种林带具有不同的防护作用和特点。如防风固沙林带,系在风沙危害严重地区为防治流沙和改造沙地而营造,其作用在于降低风速,固定流沙;护路林带是在铁路、公路沿线两侧为保护铁路、公路,减轻或避免风沙、暴风雪、暴雨冲刷、泥石流、滑坡等危害而营造,具有保护路基、美化路容、改善道路环境等作用;护岸林带主要用于固持河川岸滩,防止堤岸受水流冲刷侵蚀而崩塌等。每种林带应根据不同的防护要求进行选择和配置[18]。

农田、草原防护林带一般采用乔木和灌木相混交或乔、灌、草结合的方式营造,由主林带和副林带组成,并按一定的距离和方式构成网状林网体系,主要起调节气候、防治灾害、改善环境、保障农牧业生产等作用。

沿海防护林体系由沿海基干林带和纵深防护林组成,是我国重要的沿海生态屏障。沿海防护林的生态效益包括:① 防护林能够消浪促淤,防灾减灾,净化海洋环境,改善沿海地区的生态环境,抗击台风风暴潮自然灾害袭击,并减轻其破坏程度。② 降低防护范围内的风速,改变气流性质,发挥其防风固沙功能,改善林带防护范围内的生物生长环境,调节区域小气候。③ 大幅减少水土流失,提高土壤肥力,保护农作物丰产稳收。④ 防护林在涵养水源、调节水量、净化水质、固碳释氧、保护生物多样性等方面也能发挥重要作用。

12.3.2.2　生物防火隔离林带

行业标准《生物防火林带经营管护技术规程》(LY/T 2616—2016),将生物防火林带定义为是以防火树种为主体,具有一定宽度和密度,具备阻火、扑火依托和安全避火功能,兼具经济效益和生态效益的带状林[19]。

行业标准《东北、内蒙古边境森林防火阻隔系统建设技术要求》(LY/T 2666—2016),将改培型防火林带定义为在有林地适宜地带,通过清除枯立木、倒木、部分小乔木、灌木、杂草和过量枯落物等易燃物,并采用培育、补植耐火树种等措施形成的森林防火阻隔带[20]。

广东省地方标准《生物防火林带建设　导则》(DB 44/T 195.1—2004),将生物防火林带定义为按照森林防火网络系统总体规划中的林地,采用抗火、耐燃树种营造的密集且具阻隔林火蔓延的带状林分。生物防火林带的林分属生态公益林[21]。

青海省地方标准《森林防火隔离带建设技术规程》(DB 63/T 1917—2021),将森林防火隔离带定义为植被或其他易燃物品的一个间断,使火与可燃物分离,使已燃的物质与未燃的物质分隔,用来阻止或减慢火焰的蔓延[22]。

行业标准《生物防火林带经营管护技术规程》(LY/T 2616—2016)中,对防护林带的密度和宽度做出如下规定:

(1)林带密度

① 生物防火林带的阔叶树,幼龄林密度不小于 2 500 株/hm²,中龄林、成熟林的林带密度为 1 000~2 500 株/hm²。

② 生物防火林带的针叶树,幼龄林密度不小于 6 000 株/hm²,中龄林、成熟林的林带密度为 4 000~5 000 株/hm²。

(2)林带宽度

林带宽度应以满足阻隔林火蔓延、安全避火、扑火依托,以及扑火队伍行进安全通道等为原则;不同类型的林带宽度规格有所差异,一般不小于被保护林分成熟林木的最大树高。

根据青海省地方标准《森林防火隔离带建设技术规程》(DB 63/T 1917—2021),对防火林带的设置提出如下要求:

(1)隔离林带设置条件

天然林面积在 100 hm² 以上,人工林面积在 10 hm² 以上,需配置生物隔离林带。

特种用途林分:树木园、品种园、采穗圃、科研试验林、母树林,自然保护区的实验区、森林公园等以及营造的公益林设置生物防火林带。

林区内的特种保护对象:加油站、居民村(寨)、居民定居点、重要通信设施、油气设施及输送管线、公路两侧及其他重要设施旁边,应设置生物防火林带。

(2)林带设置方向

主生物林带要与当地防火季节的主风方向垂直,或夹角不小于45°。

主生物防火林带与各级行政界线相吻合,副生物防火林带可以布设在山沟、山脊、农田边,并综合考虑利用林区道路等进行设置。

（3）林带设置规格

林带宽度:林带的宽度不低于当地成熟林最高树高的 1.5 倍。主生物防火林带宽度不低于 20 m,副生物防火林带宽度为不低于 15 m。在乡镇行政区域内主要山脊、高风险地区山边、路边建设的三级防火林带宽度不低于 8 m。陡坡和峡谷地段林带应适当加宽 3～5 m。

林带长度:因森林面积和地形而定。

（4）种类及设置规格

① 防火干线:设置在林区、营林区或林班的交界线,多处于主山脊线上用于阻隔森林火向更大的范围发展。宽度不低于平均树高的 1.5 倍,一般为 30～50 m。

② 防火副线:设置在经营强度较高的大面积针叶林区,一般宽度在 8～12 m,中央开设 1～2 m 的生土带。所谓生土带,是指在森林防火线中加设 1～2 m 宽清除地被物和粗腐殖质而现出土石(生土)的带条。其目的是用以加强隔离作用,并兼作道路。

③ 幼林防火隔离带:设置在大面积针叶幼林中保护幼林免遭林火,一般宽度为 4～6 m。

④ 特殊防火隔离带:设置在林区内工厂、村庄、贮木场、房屋、油库、仓库、人工景点等周围,防止火延烧到林内,宽度不低于 50 m。

12.3.3 案例解析

12.3.3.1 三北防护林工程

（1）背景情况

为了从根本上改变我国西北、华北、东北地区风沙危害和水土流失的状况,国务院批准上马了三北防护林工程。1978 年 11 月 3 日,国家计划委员会以计字〔1978〕808 号文件批准国家林业总局《西北、华北、东北防护林体系建设计划任务书》。1978 年 11 月 25 日,国务院以国发〔1978〕244 号文件批准国家林业总局《关于在西北、华北、东北风沙危害和水土流失重点地区建设大型防护林的规划》。至此,三北防护林工程正式启动实施[23]。

（2）建设范围

按照总体规划,三北防护林工程的建设范围东起黑龙江的宾县,西至新疆的乌孜别里山口,北抵国界线,南沿天津、汾河、渭河、洮河下游、布长汗达山、喀喇昆仑山,东西长 4 480 km,南北宽 560～1 460 km。包括陕西、甘肃、宁夏、青海、新疆、山西、河北、北京、天津、内蒙古、辽宁、吉林、黑龙江 13 个省(自治区、直辖市)的 551 个县(旗、市、区)。工程建设总面积 406.9 万 km²,占全国陆地总面积的 42.4%。

（3）建设期限

三北防护林工程规划从 1978 年开始到 2050 年结束,历时 73 年,分 3 个阶段、8 期工程进行建设。1978—2000 年为第一阶段,分 3 期工程。1978—1985 年为一期工程,1986—1995 年为二期工程,1996—2000 年为三期工程。2001—2020 年为第二阶段,分 2 期工程。2001—2010 年为四期工程,2011—2020 年为五期工程。2021—2050 年为第三阶段,分 3 期工程。2021—2030 年为六期工程,2031—2040 年为七期工程,2041—2050 年为八期工程。

（4）总体规划建设内容与规模

三北防护林工程规划造林 3 508.3 万 hm²（包括林带、林网折算面积）,其中人工造林 2 637.1 万 hm²,占总任务的 75.2%;飞播造林 111.4 万 hm²,占 3.2%;封山封沙育林 759.8 万 hm²,占21.6%;四旁植树52.4亿株。规划总投资为576.8亿元,建设任务完成后,使三北地区的森林覆盖率由 5.05% 提高到 14.95%,风沙危害和水土流失得到有效控制,生态环境和人民群众的生产生活条件从根本上得到改善。

（5）实施情况

截至 2020 年,累计营造防风固沙林 788.2 万 hm²,治理沙化土地 33.6 万 km²,保护和恢复严重沙化、盐碱化的草原、牧场 1 000 多万 hm²。全国荒漠化和沙化监测结果显示,2014 年以来,工程区沙化土地面积连续缩减,年均沙尘暴天数从 6.8 d 下降到 2.4 d,其中毛乌素、科尔沁、呼伦贝尔三大沙地得到初步治理,沙化土地面积持续净减少。累计营造水土保持林 1 194 万 hm²,治理水土流失面积 44.7 万 km²,年入黄河泥沙减少 4 亿 t 左右。累计营造农田防护林 165.6 万 hm²,有效庇护农田 3 019.4 万 hm²,防护效应使工程区粮食年均增产 1 060 万 t[23]。

12.3.3.2 《福建省沿海防护林体系建设工程规划(2016—2025 年)》

根据《全国沿海防护林体系建设工程规划（2016—2025 年）》分区布局,福建省沿海防护林体系地处东南沿海建设类型区的浙东南闽东基岩海岸山地丘陵建设类型亚区和闽中南沙质淤泥质海岸丘陵台地建设类型亚区。工程区涉及福州、宁德、莆田、泉州、漳州、厦门等 6 个设区市和平潭综合实验区的 49 个县（市、区）,其中 10 个县（市、区）属浙东南闽东基岩海岸山地丘陵区,39 个县（市、区）属闽中南沙质淤泥质海岸丘陵台地区[24]（表 12-2）。

（1）浙东南闽东基岩海岸山地丘陵区

本区包括罗源、连江、闽清、闽侯、福鼎、福安、霞浦、柘荣、古田、蕉城等 10 个县（市、区）。该区为典型的基岩海岸地段,山势陡峭,岸线较长,台风登陆频繁。区内多为纯林,树种较为单一,林分结构简单。马尾松纯林多有分布,森林病虫害危害较为严重,林分质量普遍不高。本区通过人工造林、封山育林、低效林改造等措施,巩固和完善临海一面坡基干林带,并加大区内红树林营造力度,增强防护功能。

（2）闽中南沙质淤泥质海岸丘陵台地区

本区包括长乐、永泰、福清、马尾、仓山、晋安、平潭、仙游、涵江、城厢、荔城、秀屿（含北岸、湄洲管委会）、惠安（含台商管委会）、晋江、石狮、南安、永春、安溪、德化、洛江、泉港、丰泽、龙海、漳浦、云霄、东山、诏安、长泰、南靖、平和、华安、芗城、龙文、同安、集美、海沧、翔安、思明、湖里等 39 个县（市、区）。该区不同岸线类型交替分布,岸线曲折,类型复杂,多为丘陵台地。区内台风登陆频繁,风暴潮威胁大,沿海基干林带灾损断带多,林带宽度不达标问题较突出,木麻黄严重老化亟须更新,红树林恢复与保护任务较重。本区以基干林带加宽增厚,灾损基干林带修复,断带基干林带补充,老化基干林带更新和滩涂营造红树林为主要任务。

表 12－2　福建省沿海防护林体系工程建设分区规划一览表[24]

类型区	类型亚区	福建省	县(市、区)	数量
东南沿海地区	浙东南闽东基岩海岸山地丘陵区	福州市	罗源、连江、闽清、闽侯	4
		宁德市	福鼎、福安、霞浦、柘荣、古田、蕉城	6
	闽中南沙质淤泥质丘陵台地区	福州市	长乐、永泰、福清、马尾、仓山、晋安	6
		平潭综合实验区	平潭	1
		莆田市	仙游、涵江、城厢、荔城、秀屿(含北岸、湄洲管委会)	5
		泉州市	惠安(含台商管委会)、晋江、石狮、南安、永春、安溪、德化、洛江、泉港、丰泽	10
		漳州市	龙海、漳浦、云霄、东山、诏安、长泰、南靖、平和、华安、芗城、龙文	11
		厦门市	同安、集美、海沧、翔安、思明、湖里	6
合计				49

12.3.3.3　浙江省台州市宝华林场新建生物防火林带

2022 年 2 月,天台县林业局启动建设岭头至沙地坑生物防火带,设计总长度为 3.5 km,其中 3 km 平均宽度 15 m,0.5 km 平均宽度 10 m,面积为 5.2 hm²。其中新建 3 km,改建 0.5 km。主要涉及造林地清理、整地挖穴、苗木定植、苗木抚育等内容。宝华林场生物防火带建成后,将进一步提高林区防火能力,形成减缓林火蔓延的保护带,阻隔森林大火。同时,防止和减少森林病虫害,明确和稳定山林权属,减少、避免山林纠纷[25]。

12.3.3.4　黑龙江省庆安县林场生物隔离带

在黑龙江省庆安国有林场管理局,林区公路两侧的生物防火隔离带也是人参、刺五加、玉竹、赤芍、黄精等中草药生长的"摇篮",一个个北药种植示范点连成了一条创造经济价值的"黄金带"。

庆安国有林场管理局地处黑龙江小兴安岭向松嫩平原过渡区,林业用地面积 13.5 万 hm²,下辖 8 个国有林场和 1 个中心苗圃,森林覆盖率达 67.6%。庆安国有林场管理局充分利用现有林区道路网,在道路两侧 60 m 范围全面清理林下可燃物,科学构筑生物防火阻隔网络体系,提高了对重特大森林火灾的预防和控制能力。目前,全局已建成生物防火阻隔带总长度 381.5 km,面积达 2288 hm²。从 2020 年开始,为充分利用林地资源、解决生物防火阻隔网络建设成本不足等问题,在生物防火阻隔带林下,仿野生种植人参以及刺五加、玉簪、玉竹、赤芍、黄精等中药材。先行打造"百公里生物防火阻隔经济带"示范点,再经过几年努力,将生物防火阻隔网络全部建成生物防火与林下经济双赢的产业带[26]。

12.4　留白空间

12.4.1　基本概念

　　自然资源部办公厅 2020 年 11 月发布的《国土空间调查、规划、用途管制用地用海分类指南》中,将"留白用地"界定为"国土空间规划确定的城镇、村庄范围内暂未明确规划用途、规划期内不开发或特定条件下开发的用地"。其核心内涵有 3 个:一是土地预留。在当前时间节点,特定的经济社会发展形势下,对条件不成熟或者导向不明确的留白区域暂不规定用途,而是待未来条件成熟后才对区域用途做出规划。二是保持现状。留白并不是使现状用地闲置荒废,而是在规划期内根据现状土地用途正常使用,在未来进一步明确开发导向和开发时序前严格限制范围内其他新的开发建设行为。三是应需而定。留白用地的功能用途与布局,应根据城乡建设发展、生产经营方式和结构调整、民生改善与公共设施建设需求,以及国内外安全保障的客观要求,谋定而后动[27]。

12.4.2　规划原则

　　(1) 安全性

　　"留白"空间应避开地震活动断层、地质灾害高风险区、洪涝灾害高风险区、海洋灾害高风险区、森林火灾高风险区、重大危险源高风险区、核设施放射性污染影响区、易发生疫情高风险区等危险区域[28]。

　　(2) 综合性

　　在布局"留白"空间时,需要考虑应对多种灾害的需求,且规模要适度,避免过大或过小,提高土地利用效率。大城市和特大城市还应考虑多处"留白"用地的选址,并考虑其在空间布局上的均衡分布,方便不同区域民众的使用。

12.4.3　案例解析

　　(1) 新加坡

　　1995 年,新加坡市区重建局开始试行"白地"这一新概念,这是一种土地利用的特殊模式。该模式可以概括为:预留一个区位好、交通便利、配套设施完善,具有开发潜力,但近期无法明确其开发用途的空间,以备不时之需[29]。

　　"白地"划定后,待条件允许时,政府会对"白地"的具体规划指标进行认定,并推入市场,获得开发权的开发商须在一定年限内完成开发,避免土地闲置。开发商在遵守合同规定的前提下,可在白色地块内混合布置商业、办公、居住、娱乐等设施。开发商可以根据土地开发需要灵活决定土地利用的性质、土地其他相关混合用途以及各类用途用地所占比例,从而更好地应对未来市场需求的不确定性。但同时它也是有刚性约束的,技术文件中将"白地"能够混合使用的功能及建筑指标做了硬性规定,也为后期的开发利用提供了重要依据。

（2）上海市

在建设卓越的全球城市目标指导下，为应对挑战和城市未来发展的不确定性，上海以成为高密度超大城市、可持续发展的典范城市为目标，落实规划建设用地总规模负增长要求，牢牢守住常住人口规模、规划建设用地总量、生态环境和城市安全4条底线，实现内涵发展和弹性适应，积极探索超大城市睿智发展的转型路径[30]。

在市级层面上，采用定量和定位相结合的方法，以市域功能布局调整为指导，在规划城市开发边界内明确战略留白的空间布局。主要包括现状低效利用待转型的成片工业区以及规划交通区位条件可能发生重大改变的地区等，尤其是当下未能明确发展方向的重点功能区及其周边关联区域，确保未来重大功能项目、重大事件落地。

重点针对规划主城区、新城、核心镇及周边地区，沿江、沿湾、沪宁、沪杭、沪湖市域发展廊道等未来受市场影响较大，对存在较多不确定因素的战略机遇区进行发展空间的预控，优先保障以上地区转型发展和功能提升的空间需求。

（3）北京市

《北京城市总体规划（2016—2035）》明确提出"减量发展"要求，实现城乡建设用地规模减量，促进城乡建设用地减量提质和集约高效利用。北京作为人口超过 2 000 万的超大型城市，全国政治中心、文化中心、国际交往中心、科技创新中心的战略定位在未来要求北京具有更高的规划适应性和应变能力，必须以更长远的战略跟光和责任担当谋求减量发展战略背景下北京的可持续发展之路。综合考虑自然资源硬约束、政策背景、定位与目标等因素，北京城市总体规划在现状城乡建设用地规模缩减约 160 km² 的基础上再预留了约 132 km² 战略留白用地，为首都的长远发展预留空间[31]。

建立"存控收养启"一体化的管控机制，实行常态化的战略留白用地储备，原则上 2035 年以前不予启用，留白总量只增不减，将其纳入国土空间近期建设规划和年度实施计划、城市体检持续跟踪、公众全程参与监督。北京的留白策略强度、力度空前，也展示了北京市长远的战略和责任担当，为首都第二个百年预留空间。预控多层次多元化的战略留白资源也将持续为北京实现高质量发展提供空间和机会。

12.5　避难场所

12.5.1　基本概念

根据国家标准《防灾避难场所设计规范》（GB 51143—2015）（2021 年版），将防灾避难场所定义为：配置应急保障基础设施、应急辅助设施及应急保障设备和物资，用于因灾害产生的避难人员生活保障及集中救援的避难场地及避难建筑，简称避难场所。

紧急避难场所：用于避难人员就近紧急或临时避难的场所，也是避难人员集合并转移到固定避难场所的过渡性场所。

固定避难场所：具备避难宿住功能和相应配套设施，用于避难人员固定避难和进行集中性救援的避难场所。

中心避难场所：具备城镇或城镇分区的城市级救灾指挥、应急物资储备分发、综合应急医疗卫生救护、专业救灾队伍驻扎等功能的固定避难场所。

12.5.2　规划内容

（1）基本要求

根据《防灾避难场所设计规范》（GB 51143—2015）（2021 年版），对避难场所有以下规定[32]：

① 防灾避难场所设计应遵循"以人为本、安全可靠、因地制宜、平灾结合、易于通达、便于管理"的原则。

② 在进行避难场所设计时，应根据城乡规划、防灾规划和应急预案的避难要求以及现状条件分析评估结果，复核避难容量，确定空间布局，设置应急保障基础设施，进行各类功能区设计，配置应急辅助设施及应急保障设备和物资，并应制定建设时序及应急启用转换方案。

③ 避难场所设计应包括总体设计、避难场地设计、避难建筑设计、避难设施设计、应急转换设计等。

④ 避难场所按照其配置功能级别、避难规模和开放时间，可划分为紧急避难场所、固定避难场所和中心避难场所 3 类。固定避难场所按预定开放时间和配置应急设施的完善程度可划分为短期固定避难场所、中期固定避难场所和长期固定避难场所 3 类。

⑤避难场所应与应急保障基础设施以及应急医疗卫生救护、物资储备分发等应急服务设施布局相协调，并应符合下列规定：避难场所的避难容量、应急设施及应急保障设备和物资的规模应满足遭受设定防御标准相应灾害影响时的疏散避难和应急救援需求；避难场所设计应结合周边的各类防灾和公共安全设施及市政基础设施的具体情况，有效整合场地空间和建筑工程，形成有效、安全的防灾空间格局；固定避难场所应满足以居住地为主就近疏散避难的需要，紧急避难场所应满足就地疏散避难的需要；用于应急救灾和疏散困难地区的避难场所，应制定专门的疏散避难方案和实施保障措施。

⑥ 避难场所设计应根据城市级和责任区级应急功能配置要求及避难住宿需求，按应急功能分区划分避难单元，分类、分级配置应急保障基础设施、应急辅助设施及应急保障设备和物资，并应符合下列规定：城市级应急指挥管理、医疗卫生救护、物资储备分发等设施应单独设置应急功能区，并宜依次选择设置在中心避难场所、长期固定避难场所或中期固定避难场所；专业救灾队伍宜单独划定临时驻扎营地，并应设置设备停放区；相邻或相近的专项避难、救助及安置场所或公共设施可选择统筹整合成一个综合型的中心避难场所或固定避难场所。

⑦ 用于婴幼儿、高龄老人、行动困难的残疾人和伤病员等特定群体的专门防灾避难场所、专门避难区或专门避难单元应满足无障碍设计要求。

⑧ 避难场所的设计开放时间不宜超过表 12-3 规定的最长开放时间。

表 12-3　避难场所的设计开放时间[32]

适用场所	紧急避难场所		固定避难场所		中心避难场所	
避难期	紧急	临时	短期	中期	长期	长期
最长开放时间/d	1	3	15	30	100	100

⑨ 避难场所的应急保障基础设施、应急辅助设施配置应满足其开放时间内的需求;

⑩ 避难场所应满足其责任区范围内避难人员的避难需求以及城市级应急功能配置要求,并应符合下列规定:紧急、固定避难场所责任区范围应根据其避难容量确定,且其有效避难面积、避难疏散距离、短期避难容量、责任区建设用地和应急服务总人口等控制指标宜符合表 12-4 的规定。

表 12-4　紧急、固定避难场所责任区范围的控制指标[32]

	有效避难面积/hm²	避难疏散距离/km	短期避难容量/万人	责任区建设用地/km²	责任区应急服务总人口/万人
长期固定避难场所	≥5.0	≤2.5	≤9.0	≤15.0	≤20.0
中期固定避难场所	≥1.0	≤1.5	≤2.3	≤7.0	≤15.0
短期固定避难场所	≥0.2	≤1.0	≤0.5	≤2.0	≤3.5
紧急避难场所	—	≤0.5	—	—	—

(2)选址要求

① 避难场所应优先选择场地地形较平坦、地势较高、有利于排水、空气流通、具备一定基础设施的公园、绿地、广场、学校、体育场馆等公共建筑与设施,其周边应道路畅通、交通便利,并应符合下列规定:中心避难场所宜选择在与城镇外部有可靠交通连接、易于伤员转运和物资运送并与周边避难场所有疏散道路联系的地段;固定避难场所宜选择在交通便利、有效避难面积充足、能与责任区内居住区建立安全避难联系、便于人员进入和疏散的地段;紧急避难场所可选择居住小区内的花园、广场、空地和街头绿地等;固定避难场所和中心避难场所可利用相邻或相近的且抗灾设防标准高、抗灾能力好的各类公共设施,按充分发挥平灾结合效益的原则整合而成。

② 防风避难场所应选择避难建筑。防洪避难场所可根据淹没水深度、人口密度等条件,通过经济技术比较选用避洪房屋、安全堤防、安全庄台和避水台等形式。

③ 避难场所场址选择应符合现行国家标准《建筑抗震设计规范》(GB 50011—2010)、《岩土工程勘察规范》(GB 50021—2001)、《城市抗震防灾规划标准》(GB 50413—2007)的有关规定,并应符合下列规定:避难场所用地应避开可能发生滑坡、崩塌、地陷、地裂、泥石流及震断裂带上可能发生地表错位的部位等危险地段,并应避开行洪区、指定的分洪口、洪水期间进洪或退洪主流区及山洪威胁区;避难场地应避开高压线走廊区域;避难场地应处于周围建(构)筑物倒塌影响范围以外,并应保持安全距离;避难场所用地应避开易燃、易爆、有毒危险物品存放点、严重污染源以及其他易发生次生灾害的区域,距次生灾害危险源的距离应满足国家现行有关标准对重大危险源和防火的要求,有火灾或爆炸危险源时,应设防火安全带;在避难场所内的应急功能区与周围易燃建筑等一般火灾危险源之间应设置不小于 30 m 的防火安全带,距易燃易爆工厂、仓库、供气厂、储气站等重大火灾或爆炸危险源的距离不应

小于 1 000 m;避难场所内的重要应急功能区不宜设置在稳定年限较短的地下采空区,当无法避开时,应对采空区的稳定性进行评估,并制定利用方案;在周边或内部林木分布较多的避难场所,宜通过防火树林带等防火隔离措施防止次生火灾的蔓延。

12.5.3　案例解析

(1) 北京市元大都城垣遗址公园

元大都城垣遗址公园位于北京中轴路东西两侧,北临奥林匹克公园和中华民族园,西起健德桥,东至太阳宫乡惠中庵村,全长 4.8 km。公园北面与亚运村街道办事处、小关街道办事处接壤,南面与安贞街道办事处、和平街街道办事处相邻。公园总占地面积 600 980 m²,减去河道及坡地等占用面积,用于地震应急避难场所面积约为 380 000 m²,按人均疏散面积 1.5 m² 考虑,可疏散 231 043 人。

本公园被 6 条道路分为 7 段,由西至东依次编为 1 至 7 号地区。1 号地区面积为 43 647 m²,划分为 5 块疏散区,疏散 25 359 人;2 号地区面积为 47 123 m²,划分为 4 块疏散区,疏散 28 928 人;3 号地区面积为 66 098 m²,划分为 4 块疏散区,疏散 39 514 人;4 号地区面积为 47 603 m²,划分为 3 块疏散区,疏散 29 410 人;5 号地区面积为 81 477 m²,划分为 7 块疏散区,疏散 52 745 人;6 号地区面积为 42 511 m²,划分为 2 块疏散区,疏散 24 970 人;7 号地区面积为 51 541 m²,划分为 3 块疏散区,疏散 30 117 人。

元大都城垣遗址公园主要为亚运村街道办事处、小关街道办事处、安贞街道办事处及和平街街道办事处的灾民提供避难场所。4 个街道办事处共 28 个社区,常住总人口 231 043 人。其中:亚运村街道办事处共 10 个社区,常住人口 53 560 人;小关街道办事处共 5 个社区,常住人口为 28 272 人;安贞街道办事处共 6 个社区,常住人口 69 651 人;和平街街道办事处共 7 个社区,常住人口为 79 560 人。4 个街道办事处流动人口约 60 000 人,其中 20 000 人可进入本辖区避难场所避难,其余人员由区政府统筹安排到其他场所避难。

(2) 北京市国际雕塑园

北京国际雕塑园应急避难场所是 2005 年建设的永久性避难场所,该场所位于石景山路 2 号,总面积为 40 万 m²;除去道路、建筑、水面等地区,22 万 m² 可作为棚宿区,可容纳避灾人员 11 万人,服务于八宝山、老山街道。

① 应急指挥设施:指挥部 2 处,公园管理处和中心建筑各 1 处,可使用公园系统的监控、广播无线电通信设备。

② 应急棚宿设施:应急棚宿区 22 个,总面积 22 万 m²,按 3 m×4 m 的帐篷计算,可搭建 19 000 顶帐篷。

③ 应急物资储备设施:应急物资储备供应中心 2 处,公园管理处和中心建筑作为应急期物资存放处,平时可将华普超市、顺天府超市作为应急物资储备供应处。

④ 应急医疗设施:应急医疗救护 2 处,也可根据救灾需要由石景山医院、402 医院、中医眼科医院调配。

⑤ 应急厕所:应急厕所 18 处,其中 13 处为暗坑式厕所、5 处为地面公厕。

⑥ 应急供水系统:新建成 1 套应急供水管线,设立 22 个取水点,平时以市政供水,应急时以公园内自备井水作为水源,也可由水车供水,水量按每人每天 15 L,达到每天供水 1 650 t。

⑦ 应急供电系统:有 2 套应急供电线路,其中新铺设应急供电管线 1 套,保证紧急供电,未配备发电机及机房。

⑧ 应急排污系统:由 1 条污水管线连接 22 个棚宿区的排污口,最后接入市政污水管线。应急消防使用公园消防系统。

⑨ 停机坪:设立应急直升停机坪 1 处。

⑩ 疏散通道:石景山路、鲁谷路、鲁谷西路、玉泉西路、玉泉路可作为疏散通道,公园设置应急疏散通道有 5 处,其中 4 处每天开放,3 处可以进出车辆,1 处为备用出入口。

(3) 日本东京都地震火灾避难场所

东京都区疏散点被指定为等待火灾扑灭的地方,以保护居民的生命免受地震火灾的侵烧。2018 年的第 8 次指定审查中,东京都区有 213 处避难所。此外,如果由于灾难而无法继续住在家中,避难所可用于疏散。与等待火灾扑灭的避难所不同,疏散地点是公园、绿地、广场、集体住宅和学校等开放空间,在这里暂时等待,直到火灾被扑灭。

(4) 日本大阪市避难场所

大阪市明确区分了大阪市地区防灾计划中规定的疏散设施,确保每个疏散地点的安全性,并明确了可以疏散的灾害类型,包括地震、海啸、洪水和大规模火灾,以便在发生灾害时更好地疏散。发生灾难时,可以疏散到针对灾难进行疏散的避难所。大阪市共有大面积疏散地点 34 处,发生大规模火灾并蔓延时,疏散地点包括大型公园。此外,还预先指定了通往大面积疏散地点的安全道路作为疏散路线[33]。

12.6 疏散通道

12.6.1 基本概念

根据国家标准《城市综合防灾规划标准》(GB/T 51327—2018),将应急通道定义为:应对灾害应急救援和抢险避难、保障灾后应急救灾和疏散避难活动的交通通道,通常包括救灾干道、疏散主通道、疏散次通道和一般疏散通道[8]。

12.6.2 规划内容

根据国家标准《防灾避难场所设计规范》(GB 51143—2015)(2021 年版),对于应急通道的有效宽度有以下规定(表 12-5):

① 对于应急通道的有效宽度,救灾主干道不应小于 15 m,疏散主干道不应小于 7 m,疏散次干道不应小于 4 m。

② Ⅳ级应急交通保障的通道宽度不宜低于 3.5 m。

③ 跨越Ⅲ级及以上应急交通保障的应急通道的各类工程设施,应保证通道净空高度不小于 4.5 m。

表 12-5　避难场所的应急交通保障级别和要求[32]

应急交通保障级别	应急道路	避难场所出入口数量/个
Ⅰ	救灾主干道或 2 个方向及以上的疏散次干道	≥4
Ⅱ	救灾主干道、疏散主干道或 2 个方向及以上的疏散次干道	≥2
Ⅲ	救灾主干道、疏散主干道及疏散次干道	≥2

灾害发生后,高速汽车国道、一般国道和连接这些公路的主要道路是确保紧急车辆通行的重要路线,用于疏散和救援以及供应物资等应急活动。日本将紧急疏散道路分为 3 个等级,其使用特征如表 12-6 所示。

表 12-6　日本紧急疏散道路等级划分及其使用特征[34]

紧急输送道路划分	使用特征
第一应急运输道路网络	县城、省中心城市和重要港口、机场等联系的道路
第二应急运输道路网络	第一紧急运输道路和市政办公室、主要防灾基地(行政机构、公共机构、主要车站、港口、直升机场、灾害医疗基地、自卫队等)之间的道路
第三应急运输道路网络	其他道路

12.6.3　案例解析

（1）日本东京都应急输送通道

东京都为了确保震灾时的救助活动以及复兴中不可缺少的应急输送道路的功能,不让因地震而倒塌的沿路建筑物堵塞道路,于 2011 年 4 月实施了《在东京推进应急输送道路沿路建筑物的抗震化条例》,又于 2011 年 6 月 28 日指定了特别有必要提高沿路建筑物的抗震化的道路(特定应急输送道路)[35]。

（2）日本神户疏散通道

在发挥神户地域特色的同时,致力于打造与自然环境相协调、人口与城市功能均衡的抗灾城市空间。将形成充分利用港口的广域交通网络,形成现有市区、西神/北上地区和海上市区相互合作的多核网络城市,建设抗灾城市结构[36]。

神户市根据《灾害对策基本法》第 42 条,制定了《神户市地区防灾计划》,其中规定了与防灾相关的工作和对策。"紧急运输道路"位于该计划内。

设想了地震发生后立即进行紧急运输的 4 项活动（① 紧急物资运输活动；② 救援、急救、医疗和灭火活动；③ 救灾组织活动；④ 道路检查、监管和启蒙活动）,并指定必要的路线作为紧急运输道路网络。

（3）北海道紧急交通道路网

根据阪神淡路大地震的经验教训,紧急运输道路包括国道、一般国道、连接它们的高速公路,这些道路是为了顺利、可靠地进行灾后立即发生的紧急运输、连接防灾据点的道路。

北海道于 1996 年制定了北海道紧急交通道路网络计划,并在 2000 年、2005 年、2010年、2016 年和 2020 年修订了与道路新建/改善、扩建或废止相关的文件。目标道路为现有道路和计划在 5 年内投入使用的道路,包括第一至第三应急运输道路。北海道紧急交通道路的延长线包括现有道路和计划在约 5 年内投入使用的道路,总长度为 11 371 km[37]。

主要参考文献

[1] 高晓明.城市社区防灾指标体系的研究与应用[D].北京:北京工业大学,2009.

[2] 城市防灾安全布局[EB/OL].(2022 - 01 - 20)[2023 - 05 - 20].https://www.zgbk.com/ecph/words? SiteID=1&ID=199862&Type=bkzyb&SubID=92716.

[3] 世田谷区都市整备部都市计划科.世田谷区防灾街区建设基本方针[R].1998.

[4] 鈴木隆雄.防災生活圏(安心生活圏)の整備[EB/OL].[2023 - 10 - 20].http://gwork.tank.jp/higasi/tosi1/10-02sho2-4.pdf

[5] 张田.基于防灾生活圈理论的社区防灾规划方法:以潍坊高新区为例[D].山东:山东建筑大学,2019.

[6] 戴政安,李泳龙,姚志廷.都市防灾生活圈服务潜力之区位问题研究[J].建筑与规划学报,2014,15:83 - 110.

[7] 神户市防灾会議.神户市地域防灾计画:安全都市づくり推進计画[EB/OL].[2023 - 10 - 20].https://www.docin.com/p-113132015.html.

[8] 北京工业大学抗震减灾研究所,中国城市规划设计研究院.城市综合防灾规划标准:GB/T 51327—2018[S].北京:中国建筑工业出版社,2019.

[9] 李彦熙,柴彦威,塔娜.从防灾生活圈到安全生活圈:日本经验与中国思考[J].国际城市规划,2022,37(5):113 - 120.

[10] 南通市住房和城乡建设局.南通市城市抗震防灾规划(2020—2035)[EB/OL].(2021 - 08 - 27)[2023 - 11 - 20].https://fgj.nantong.gov.cn/ntsfgj/gggs/content/18d331b3-9ddd-41ee-9699-a45f55c8cee7.html

[11] 水库[EB/OL].[2023 - 05 - 30].https://baike.baidu.com/item/%E6%B0%B4%E5%BA%93/2537919? fr=Aladdin.

[12] 蓄滞洪区[EB/OL].[2023 - 11 - 06].https://baike.baidu.com/item/%E8%93%84%E6%BB%9E%E6%B4%AA%E5%8C%BA/1304720? fr=ge_ala.

[13] 湿地[EB/OL].[2023 - 05 - 30].https://baike.baidu.com/item/%E6%B9%BF%E5%9C%B0/27043? fr=aladdin.

[14] 杭州日报.铜鉴湖防洪排涝调蓄工程已进入生态蓄水阶段[EB/OL].(2021 - 12 - 28)[2023 - 05 - 30].https://www.hangzhou.gov.cn/art/2021/12/28/art_812262_59046929.html.

[15] 汉石桥湿地[EB/OL].[2023 - 05 - 30].https://baike.baidu.com/item/%E6%B1%89%E7%9F%B3%E6%A1%A5%E6%B9%BF%E5%9C%B0? fromtitle=%E6%B1%89%E7%9F%B3%E6%A1%A5%E6%B9%BF%E5%9C%B0%E5%85%AC%E5%9B%AD&fromid=178958.

[16] 淮北市人民政府.淮北或再添一湿地公园[EB/OL].(2016 - 08 - 04)[2023 - 05 - 30].http://mp.weixin.qq.com/s? __biz = MzIyMTI1NDM1MQ = = &mid =

2649246687&idx=4&sn=6402f8661cb20032c7bb26b69351fc13

[17] 防护林带[EB/OL]. [2023 - 05 - 30]. https://baike. baidu. com/item/%E9%98%B2%E6%8A%A4%E6%9E%97%E5%B8%A6/14104539.

[18] 边淑琴. 防护林带是坝上治理风沙改善生态的有效措施[J]. 吉林水利,2001(9):8-12.

[19] 全国森林消防标准化技术委员会. 生物防火林带经营管护技术规程:LY/T 2616—2016[S]. 北京:中国标准出版社,2016.

[20] 全国森林消防标准化技术委员会. 东北、内蒙古边境森林防火阻隔系统建设技术要求:LY/T 2666—2016 [S]. 北京:中国标准出版社,2017.

[21] 广东省林业局,广东省林业调查规划院. 生物防火林带建设 导则:DB44/T 195.1—2004 [S]. 2004.

[22] 青海省林业和草原局. 森林防火隔离带建设技术规程(报批稿):DB63/T 1917—2021 [S]. 2021.

[23] 国家林业和草原局,国家公园管理局. 三北防护林工程概况[EB/OL]. (2006 - 12 - 27) [2023 - 05 - 30]. https://baike. baidu. com/reference/11046362/d1daFdXbOVBGgNPF0psS0Wq1sSwUsbNYi3JLYDZ KplFT6FqHA4yxOE07nz6K1Rf8nS1FeGW88BMZE-s470C8dY-s-aJbvMn3yD-WCo45 HCkF7W_6rNPU3Cvct5Lem.

[24] 福建省林业局. 福建省沿海防护林体系建设工程规划(2016—2025)[EB/OL]. (2019 - 07 - 18)[2023 - 05 - 30]. http://lyj. fujian. gov. cn/zfxxgk/zfxxgkml/ghjh_12420/201907/t20190718_4929536. htm.

[25] 潇湘晨报. 浙江天台加密宝华林场生物防火林带[EB/OL]. (2022 - 02 - 26)[2023 - 05 - 30]. https://baijiahao. baidu. com/s? id=1725786513629826361&wfr=spider&for=pc.

[26] 中国绿色时报. 黑龙江庆安 生物隔离带既防火又生金[N/OL]. (2021 - 12 - 16)[2023 - 05 - 30]. http://www. forestry. gov. cn/main/28/20211229/164159406694014. html

[27] 王笑笑,赵华甫. 留白用地的定位及管控机制研究:基于国土空间规划语境[J]. 中国土地,2021(1):22 - 24.

[28] 柴钰晗,郭小东. 城市避灾"留白"空间的研究与管控[C]//中国城市规划协会. 面向高质量发展的空间治理:2021 中国城市规划年会论文集(01 城市安全与防灾规划). 北京:中国建筑工业出版社,2021:53 - 61.

[29] 杨倩. 国土空间规划视角下的"留白"机制研究[C]//中国城市规划学会,成都市人民政府. 面向高质量发展的空间治理:2021 中国城市规划年会论文集(13 规划实施与管理),2021:373 - 379.

[30] 沈果毅,方澜,陶英胜,等. 上海市城市总体规划中的弹性适应探讨[J]. 上海城市规划,2017,135(4):46 - 51.

[31] 李曼. 城市"留白"机制研究:以长沙为例[J]. 城乡建设,2021(5):28 - 31.

[32] 河北省地震研究中心,北京工业大学北京城市与工程安全减灾中心. 防灾避难场所设计规范:GB 51143—2015[S]. 北京:中国建筑工业出版社,2015.

[33] 大阪市. 災害時の避難場所、避難所について[EB/OL]. [2023 - 05 - 30]. https://

www. city. osaka. lg. jp/kikikanrishitsu/page/0000012054. html.

［34］KOBE. 緊急輸送道路ネットワーク［EB/OL］.（2020-06-12）［2023-05-30］. ht-
tps：//www. city. kobe. lg. jp/a83166/shise/kekaku/kensetsukyoku/michikei/emer-
gencyroad. html.

［35］国土交通省. 緊急輸送道路［EB/OL］.［2023-05-30］. https：//www. mlit. go. jp/
road/bosai/measures/index3. html.

［36］吴熙平. 城市突发事件应急管理体制存在的问题及对策研究［D］. 湘潭：湘潭大
学,2013.

［37］北海道の緊急輸送道路［EB/OL］.［2023-05-30］. https：//www. pref. hokkaido. lg.
jp/fs/5/2/8/6/2/0/0/_/emergency_road. pdf.

13 应急公共服务设施规划

13.1 应急指挥设施

13.1.1 基本概念

自 2006 年我国成立应急管理体系以来,应急指挥主要是指在突发事件应急处置活动中,上级领导及其机关对所属下级的应急活动和应对突发事件进行的特殊的组织领导活动[1]。

应急指挥系统是指政府及其他公共机构在突发事件的事前预防、事发应对、事中处置和善后管理过程中,通过建立的必要的应对机制系统,采取一系列必要措施,保障公众生命财产安全,促进社会和谐健康发展的有关活动。应急指挥系统可以全面地提供如现场图像、声音、位置等具体信息[1]。

应急指挥中心是一个指挥中心,具有保障公共安全和处置突发公共事件的能力,最大程度地预防和减少突发公共事件及其造成的损害,保障公众的生命财产安全,维护国家安全和社会稳定,促进经济社会全面、协调、可持续发展[2]。

应急指挥中心的主要职责:承担应急值守、政务值班等工作,拟订事故灾难和自然灾害分级应对制度,发布预警和灾情信息,衔接解放军和武警部队参与应急救援工作。

应急指挥部是提高保障公共安全和处置突发公共事件的能力部门,最大限度地预防和减少突发公共事件及其造成的损害,保障公众的生命财产安全,维护国家安全和社会稳定,促进经济社会全面、协调、可持续发展。应急指挥部在整合和利用城市现有资源的基础上,采用现代信息等先进技术,建立集通信、指挥和调度于一体,高度智能化的城市应急系统,构建一个平战结合、预防为主的应急指挥平台,实现公共安全从被动应付型向主动保障型、从传统经验型向现代高科技型的战略转变,促进健全体制、创新机制,全面提升应急管理水平[3]。

13.1.2 规划内容

在国土空间规划领域,关于应急指挥设施的规划内容主要包括应急指挥设施的用地选址、空间布局、防护要求等。

13.1.3 案例解析

13.1.3.1 《四川省应急救援能力提升行动计划(2019—2021 年)》

(1) 应急救援指挥体系建设

建设省级应急指挥大厅及会商研判室、新闻发布室等配套设施;建设应急指挥信息系统和省级应急指挥信息网;完成应急通信保障骨干队伍装备配备(省级 1 支,攀枝花市、广元市、内江市、达州市、甘孜州各 1 支)。

建设市、县级应急指挥场所;在市、县级部署应急指挥信息系统,建设市、县级应急指挥信息网,在 21 个市(州)按需建设或改造卫星通信远端站,建设省、市级窄带集群通信系统;完成内江市、阿坝州等 16 支市级和道孚县、木里县等 80 支县级应急通信保障队伍装备配备[4]。

13.1.3.2 《河南省"十四五"应急管理体系和本质安全能力建设规划》

(1) 应急指挥体系建设项目

提升省级应急管理指挥中心效能,统筹现有资源建设 6 个区域性综合应急救援保障基地(物资储备中心),推进市、县、乡级和专项领域指挥中心建设,加强现场指挥规范化建设,逐步形成"一中心、六基地",覆盖全领域、贯通各层级的一体化指挥体系(表 13-1)。支持开封、洛阳、鹤壁、许昌、信阳、周口等 6 个区域性应急救援中心同步规划、同步实施、一体化建设[5]。

表 13-1　河南省应急指挥体系建设项目[5]

项目名称	具体要求
区域性综合应急救援保障基地(物资储备中心)	根据全省主要灾害风险分布、救援力量投射范围等因素,立足就近调配、快速响应。统筹现有资源,建设具备物资储备、协同调度、实训演练、直升飞机驻勤等功能的豫中、豫中南、豫东、豫西、豫南和豫北等 6 个区域性综合应急救援保障基地(物资储备中心),为应急救援提供物资装备保障。通过加强协同调度能力、备灾能力、基地保障能力、专业队伍能力建设,实现综合应急救援保障能力全面提升
省级区域性应急救援基地	依托省矿山抢险救援(排水)中心建设矿山救援(郑州)基地,依托新密市安全生产应急救援中心建设综合救援基地,依托河南秦岭黄金矿业有限公司救援队建设矿山救援(三门峡)基地,依托中国平煤神马集团矿护大队等建设综合救援(平顶山)基地,依托国家危化品应急救援(实训)基地建设危险化学品事故救援(濮阳)基地,依托蓝天集团应急救援大队建设天然气救援(驻马店)基地,依托中信重工机械股份有限公司、中铁隧道局集团有限公司西北救援队建设隧道及轨道交通应急救援(洛阳)基地
区域性应急救援中心	支持开封市建设黄河防汛应急救援中心、洛阳市建设安全生产和自然灾害区域性综合应急救援中心、鹤壁市建设安全生产事故和森林火灾区域性应急救援中心、许昌市建设矿山事故区域性应急救援(禹州)中心、信阳市建设自然灾害区域性应急救援中心、周口市建设防汛抗旱区域性应急救援中心

(2) 应急指挥通信系统建设项目

构建"空、天、地"三位一体的应急指挥通信网,推进市、县级指挥中心建设,完善全省应急指挥业务系统,实现省、市、县、乡四级应急指挥通信网立体式全覆盖,提高指挥场所规范化程度,提升信息资源共享、辅助决策、远程视频指挥效能(表 13-2)。

表 13 - 2　河南省应急指挥通信系统建设项目[5]

项目名称	具体要求
应急指挥通信网	融合窄带集群通信、卫星通信、地面数据光纤,构建全域覆盖、全程贯通、韧性抗毁的"空、天、地"三位一体应急指挥通信网。建设应急指挥地面光纤网络,承载应急指挥救援、大数据分析、视频会议、监测预警等关键应用;建设 370 M 窄带无线通信网,实现应急响应语音通信业务的统一指挥调度;完善卫星通信网,构建立体式、全覆盖应急指挥通信专网,为全省应急指挥提供统一高效的网络通信保障
应急指挥业务系统	建设具备值班值守、突发事件报送、信息发布、协同会商、应急决策、指挥救援、现场态势实时感知、综合研判、辅助分析、决策优化、灾害统计、灾情评估等多种业务功能的应急指挥业务系统,优化资源配置,实现统一指挥、协同行动,为全省应急管理人员提供全域综合业务支持,提高各类突发事件的快速响应处置能力
应急指挥场所	加强各级应急部门应急指挥场所建设,根据省统一建设标准,建设具备信息汇聚、视频会商、决策实施、值班值守和指挥救援等功能的应急指挥场所,满足重大灾害事故指挥处置和指挥中心日常工作需要

13.1.3.3 《泰安市重大突发事件应急保障体系建设规划(2021—2030 年)》

(1)规划目标

① 完善应急指挥平台体系。建设以市级应急指挥中心为中枢,以县级和有关部门(行业、单位)应急指挥中心为节点,覆盖全领域、贯通各层级的现代化智慧应急指挥平台体系,实现应急指挥信息共享、互联互通。② 设立现场应急指挥平台。根据重大突发事件现场应急处置需要,设立现场应急处置指挥部,完善指挥部功能,实现前后方协同应对与信息互通[6]。

(2)应急指挥中心建设工程

统筹规划、分步实施,建设各级应急指挥中心,为各级党委、政府处置突发事件提供主要指挥场所,具备值班调度、应急指挥、视频会议、综合会商、推演演练、情报分析、新闻发布、运行保障等功能。

建设移动应急指挥平台,包括应急指挥车、移动应急方舱、单兵系统等,为突发事件现场处置提供指挥场所,具备远程会商、指挥调度、应急通信、现场全景概览、现场保障等功能。

13.1.3.4　广东省应急指挥中心

广东省应急指挥中心是新时期广东省提升应急管理水平,实现突发事件快速有效处置的需要,是广东省推进"数字政府"建设,做好应急管理工作的要求。

广东省应急指挥中心是省级重点工程,对新时期广东提升应急管理水平、实现突发事件快速有效处置以及建设"数字政府"有重要意义。指挥中心总建筑面积 13 677 m²,建筑高度 30 m,共有 5 层,在建筑结构上可实现 8 级抗震、14 级防台风。建成后将融合应急值守、信息接报、监测预警、会商决策、指挥调度、处置救援、社会动员、救灾复产、综合协调等功能,成为广东的数字大脑中枢、应急指挥中枢。既可实现与国家应急指挥中心的互联互通,也与珠三角及粤东、西、北 4 个区域救援中心以及各地市的应急指挥中心纵向互联互通。横向上,实现与各类突发事件应急指挥部成员单位等的联动合作,在第一时间处置自然灾害、安全生产、社会安全、公共卫生等各类突发事故,并具备同时处置三起重大灾害事故的能力,符合"大应急、全灾种、快处置"的发展要求[7]。

13.1.3.5 湖北省突发公共卫生事件应急指挥中心

湖北省突发公共卫生事件应急指挥中心是湖北省公共卫生体系补短板工程的重点项目。中心建成后,将进一步提升湖北省重大疫情和突发公共卫生事件应急处置的决策、指挥、调度等功能,同时承担日常应急培训、演练、监测、预警等技术支持工作。此外,该中心作为全省健康医疗大数据中心暨公共卫生应急管理系统的运行平台,还将实现与公安、通信、生态环境、农业农村、林业、海关等部门的数据交换,构成全省传染病及突发公共卫生事件多渠道智慧化监测预警系统。全省突发公共卫生事件应急处置将实现指挥大数据"一图显示"、工作指令"一键下达"、信息反馈"一线穿珠"、应急处突"一呼百应"、检测检验"一锤定音"的目标[8]。

13.2 应急救援设施

13.2.1 基本概念

应急救援一般是指针对突发、具有破坏力的紧急事件采取预防、预备、响应和恢复的活动与计划。根据紧急事件的不同类型,分为卫生应急、交通应急、消防应急、地震应急、厂矿应急、家庭应急等领域的应急救援[9]。

根据《"十四五"应急救援力量建设规划》,我国应急救援力量按等级划分为:国家级和省级专业应急救援力量、社会应急力量和基层应急救援力量[10]。

其中,专业应急救援力量体系包括自然灾害工程应急救援中心和救援基地2类专业应急救援设施。地震、矿山、危险化学品、隧道施工、工程抢险、航空救援等国家级应急救援队伍和抗洪抢险、森林(草原)灭火、地震和地质灾害救援和生产安全事故救援等地方专业应急救援队伍是灾害事故抢险救援的重要力量。

社会应急力量参与山地、水上、航空、潜水、医疗辅助等抢险救援和应急处置工作,是应急救援力量体系的重要组成部分。

基层综合应急救援队伍由全国乡镇街道建成,是日常风险防范和第一时间先期处置的重要力量。

13.2.2 规划内容

在国土空间规划领域,对应急救援设施的规划内容主要包括应急救援设施的用地选址、空间布局、防护要求等。

13.2.3 建设规范

《湖北省应急救援训练基地建设规范》(DB42/T 1723—2021)共分为:第1部分矿山事故训练基地、第2部分危险化学品事故训练基地、第3部分建筑坍塌事故训练基地。

13.2.3.1 矿山事故训练基地

《湖北省应急救援训练基地建设规范 第1部分:矿山事故训练基地》(DB42/T 1723.1—

2021)对矿山事故训练基地的建设原则、训练基地选址和规划等方面做出了规定。

（1）建设原则

① 基地应满足应急救援人员实操训练、矿业及相关从业人员应急处置训练、社会民众的科普教育的需求。② 基地用地规模应以能够满足正常的办公、训练、演习、教学培训为原则。③ 基地建设应根据本标准进行总体设计，并且有计划地分步实施，重点建设，注重实效。④ 基地建设应充分考虑资金、土地、配置的装置和设备资源的合理配套使用。基地建设应根据地域、矿山企业分布情况进行合理规划和布局，满足矿山应急救援训练的需要。注重节约，避免重复建设、浪费资源。⑤ 基地建设应充分考虑装置和系统的信息化、智能化建设。⑥ 基地建设应充分考虑训练设施安全可靠的运行，并采取必要的技术措施以确保训练安全。⑦ 基地建设应充分考虑避免训练造成的环境污染[11]。

（2）训练基地选址

① 训练基地应选择工程地质和水文条件符合要求的区域，避免选在可能发生严重自然灾害的区域。② 训练基地应选择交通便利，以及供电、给排水、供气、通信等基础设施条件较完善的区域。③ 训练基地主体建筑距医院、学校、商场等人员密集场所及重大工程建筑的主要疏散出口不应小于 1 000 m。

（3）训练基地规划

① 训练基地建设应编制符合城市发展战略要求的规划，并完成报批报建流程。训练基地的场地、房屋建筑、训练设施应布局合理，节约资源。② 训练基地的平面布置应根据基地训练的需求进行合理的功能分区，分为训练区、教学区和生活区等，各个区域之间应联系方便、互不干扰。③ 训练区与教学区、生活区应有合理的间隔，各类训练设施应保持合理的间距，配套充足的训练场地，以保证训练的顺利开展和安全。④ 教学区和生活区应布置在训练基地相对安静的区域，为受训人员和基地工作人员提供良好的工作和生活环境。

13.2.3.2 危险化学品事故训练基地

《湖北省应急救援训练基地建设规范 第 2 部分：危险化学品事故训练基地》（DB42/T 1723.2—2021）对危险化学品事故训练基地的建设原则、训练基地选址和规划等方面做出了规定：

（1）建设原则

① 基地建设旨在提高区域危险化学品领域事故救援能力、相关从业人员事故处置能力、社会公众自救互救能力[12]。② 基地建设应根据地域、化工企业分布情况进行合理规划和布局，满足应急救援人员实操训练、化工及相关从业人员应急处置训练、社会民众的科普教育的需求。③ 基地建设应根据本标准进行总体设计，并且有计划地分步实施，重点建设，注重实效。④ 基地建设应充分考虑资金、土地、配置的装置和设备资源的合理配套使用，注重节约，避免重复建设、浪费资源。⑤ 基地建设应充分考虑训练设施安全可靠的运行，并采取必要的技术措施以确保训练安全。⑥ 基地建设应充分考虑避免训练造成的环境污染。

（2）训练基地选址

① 训练基地应选择工程地质和水文条件符合要求的区域，避免选在可能发生严重自然灾害的区域。② 训练基地应选择交通便利，以及供电、给排水、供气、通信等基础设施条件较完善的区域。③ 训练基地主体建筑距医院、学校、商场等人员密集场所及重大工程建筑

的主要疏散出口不应小于 1 000 m。

（3）训练基地规划

① 训练基地建设应编制符合城市发展战略要求的规划,并完成报批报建流程。训练基地的场地、房屋建筑、训练设施应布局合理,节约资源。② 训练基地的平面布置应根据基地训练的需求,进行合理的功能分区,各个区域之间应联系方便、互不干扰。③ 训练区与教学区、生活区应有合理的间隔,各类训练设施应保持合理的间距,配套充足的训练场地,以保证训练的顺利开展和安全。④ 训练基地应设置环境监测、三废处理等设施,以保障环境和训练人员安全。⑤ 训练基地各种用房的建筑耐火等级不应低于二级。训练基地各种用房及配套设备应保证建筑结构安全,并符合当地抗震设计规范要求。

13.2.3.3　建筑坍塌事故训练基地

《湖北省应急救援训练基地建设规范 第 3 部分:建筑坍塌事故训练基地》(DB42/T 1723.3—2021)对建筑坍塌事故训练基地的建设原则、训练基地选址和规划等方面做出了规定:

（1）建设原则

① 基地应满足应急救援人员实操训练、相关从业人员应急处置训练、社会民众的科普教育的需求。② 基地建设应根据本标准进行总体设计,并且有计划地分步实施,重点建设,注重实效。③ 基地建设应结合本地需求,统筹考虑建设规模、经济性、复杂性、逼真度、层次感,既可以设计成区域性的综合性训练场区,也可以建设为具有特定功能的单个训练设施。④ 基地建设应充分考虑训练设施安全可靠的运行,并采取必要的技术措施以确保训练安全。⑤ 基地建设应充分考虑避免训练造成的环境污染[13]。

（2）训练基地选址

① 训练基地应选择工程地质和水文条件符合要求的区域,避免选在可能发生严重自然灾害的区域。② 训练基地应尽量选择空旷、独立的场地,尽量远离居民区,避免外界的干扰和训练噪声扰民。③ 训练基地主体建筑距医院、学校、商场等人员密集场所及重大工程建筑的主要疏散出口不应小于 1 000 m。

（3）训练基地规划

① 训练基地建设应编制符合城市发展战略要求的规划,并完成报批报建流程。训练基地的场地、房屋建筑、训练设施应布局合理,节约资源。② 训练基地的平面布置应根据基地训练的需求,进行合理的功能分区,分为训练区、教学区和生活区等,各个区域之间应联系方便、互不干扰。③ 训练区与教学区、生活区应有合理的间隔,各类训练设施应保持合理的间距,配套充足的训练场地,以保证训练的顺利开展和安全。④ 教学区和生活区应布置在训练基地相对安静的区域,为受训人员和基地工作人员提供良好的工作和生活环境。⑤ 训练场应设置有足够宽度的消防车道或空地,以停靠重型抢险救援车辆及举高车辆。

13.2.4　案例解析

13.2.4.1　《"十四五"应急救援力量建设规划》

2022 年 6 月 22 日,应急管理部印发了《"十四五"应急救援力量建设规划》。目的是提升重大安全风险防范和应急处置能力,进一步明确"十四五"期间应急救援力量建设思路、发展目标、主要任务、重点工程和保障措施。

（1）应急救援中心建设工程

① 国家和区域应急救援中心建设项目。建设完成国家应急指挥总部和华北、东北、华中、东南、西南、西北等 6 个国家区域应急救援中心，在实战救援中发挥"尖刀拳头"作用，引领地方应急救援力量体系和能力建设发展。② 省级综合性应急救援基地建设项目。支持中西部地区、灾害事故多发地区依托、整合现有自然灾害、生产安全事故应急救援队伍等资源，建设完善省级综合性应急救援基地。建设综合指挥调度平台，配备先进适用的专业装备，完善训练设施，开展专业技战术、装备实操、特殊灾害环境等训练，提升灾害事故快速响应、高效救援能力[10]。

（2）航空应急救援体系建设工程

航空应急救援基础设施建设项目。实施《全国森林防火规划（2016—2025 年）》，加快建设航空护林站（机场）。在综合利用现有军民用机场设施的基础上，加强直升机起降场地建设，在森林（草原）火灾重点区域合理布设野外停机坪。利用国家综合性消防救援队伍、专业救援队伍驻地、应急避难场所、体育场馆、公园、广场、医院、学校等，增加一批直升机临时起降点。充分利用自然水源地，按照 30～50 km 的标准，完善森林（草原）火灾高危区、高风险区森林（草原）飞机灭火取水点、供油点，加强气象保障、训练基地、化学灭火等基础设施配备建设[10]。

13.2.4.2 《四川省应急救援能力提升行动计划(2019—2021 年)》

《四川省应急救援能力提升行动计划（2019—2021 年）》中应急救援设施建设内容主要包括：城乡消防站、队建设和四川综合应急救援基地建设。

（1）城乡消防站、队建设

依据《城市消防站建设标准》（建标 152—2017）和《乡镇消防队》（GB/T 35547—2017），新建城市消防站 137 个，其中：一级站 42 个、二级站 38 个、小型站 43 个、特勤站 5 个、战勤站 9 个；新建乡镇专职消防队 105 个，其中：一级乡镇专职消防队 36 个，二级乡镇专职消防队 69 个[14]。

加强森林航空消防基础设施建设。根据攀西和川西北偏远重点林区的地形地貌、森林资源分布、交通状况、防火设施建设等现状，选择在攀枝花市盐边县、绵阳市平武县等重点林区新建直升机起降点 20 个，为偏远地区配备移动加油设备 6 套。

（2）四川综合应急救援基地建设

按照"资源整合、共建共享、区位互补、形成合力"原则，采用"1＋2＋5"模式建设 1 个中心基地、2 个专业化基地、5 个区域性基地。依托四川省综合应急救援训练基地（简阳）建设 1 个中心基地；依托省煤矿抢险排水站（国际救援基地）建设 1 个集矿山抢险、隧道排水、城市排涝功能于一体的专业应急救援基地，依托四川石化（彭州基地）建设 1 个危险化学品专业应急救援基地；在攀枝花市、广元市、内江市、达州市、甘孜州建设 5 个区域性综合应急救援基地。

13.2.4.3 《河南省"十四五"应急管理体系和本质安全能力建设规划》

（1）省级综合应急救援中心建设项目

依托省应急救援排水中心，建设省级综合应急救援队伍，加强应急装备、救灾设施、会商平台等软硬件建设,承担洪涝、干旱、矿山事故等灾害事故救援任务,逐步拓展应对不同灾害险情的专业处置能力[15]。

(2) 省级航空救援体系建设项目

依托省森林航空消防站,建设省级航空应急救援队伍,加强灾害现场低空监测、卫星视频传输、飞行动态监控、航空应急资源协调调度等功能建设;充分利用省内已建机场,建设区域性航空应急救援分基地。重点推进洛宁森林航空消防机场建设,在灾害事故多发、易发、交通不便的地方建设一批野外停机坪,全面构建航空救援体系。

(3) 燕山水库防汛救援训练基地建设项目

依托燕山水库,新建防汛抢险演训场地和教学、食宿、仓储等设施,配齐配强防汛抢险训练器材装备,形成以水上救援为主的区域性抢险演训与物资储备基地,开展抢险队伍轮训,提升业务技能和实战水平。

13.2.4.4 贵州省《金沙县"十四五"应急体系建设规划》

(1) 推动区域应急救援中心建设

构建高效的应急救援指挥与协调机制,根据全县灾害事故特征、产业布局以及应急救援机构、应急救援队伍分布、救灾物资储备等情况,推动区域应急救援中心建设。建设 1 个县级和 1 个区域性应急救援处置中心(沙土东部应急救援处置中心),形成"1+1"区域应急救援中心体系[16]。

(2) 加快构建航空体系救援力量

积极参与国家、省、市应急救援航空体系建设,积极引导鼓励社会航空企业参与,建立以社会资本投入为主体,政府财政补贴为支撑,应急资源资讯共享的综合性低空救援队伍体系,加强空中快速应急救援能力。充分依托通用航空企业、无人机公司等资源,推动无人机参与应急救援试点建设。加强航空应急救援专业人才队伍、专业装备建设,积极参加省、市举办的空中任务员等专业技术培训,着力加快队伍专业化、职业化建设。构建空地一体的应急救援力量体系,形成空地一体化联动作战模式,丰富应急救援手段,提高应急救援效率。

(3) 山地航空应急救援能力建设工程

根据建设毕节山地"1+1+10"应急救援航空基地规划(即 1 个林直—Ⅱ型直升机起降场,1 个野外起降点,10 个应急救援起降点,配套建设飞机灭火取水点等),建设金沙应急救援起降点。同时,选择适宜型号的无人机系统,推进无人机在航空巡护、火场侦察和扑救火灾中的应用,实现飞机与火场前线指挥部之间指挥调度、视频图像等信息的实时传输,确保火场情况实时上报,指挥决策科学有效,提高航空应急救援支撑保障能力。

13.3 应急医疗设施

13.3.1 基本概念

根据《急救中心建筑设计规范》(GB/T 50939—2013),急救网络:由急救中心、急救分中心和急救站组成的 3 级机构。

急救中心:直接和城市 120 相连的、满足城市救护呼叫要求,并肩负应对各类突发事件紧急医疗救援和重大活动医疗救援保障责任的场所,一般由指挥调度中心及相应配套用房组成。

急救分中心:和城市某区域 120 相连的,满足城市某区域救护呼叫的场所,一般由指挥调度室及相应配套用房组成。

急救站:在特定的服务半径内配备一定数量急救车,内设急救车库并配备急救车用品房间的急救网点。

根据《城市综合防灾规划标准》(GB/T 51327—2018),应急保障医院:配置防灾设施,用于突发灾害应对重伤病人员医疗救护的医院。

根据《新型冠状病毒感染的肺炎传染病应急医疗设施设计标准》(T/CECS 661—2020),应急医疗设施:应对突发公共卫生事件、灾害或事故而快速建设的能够有效收治其所产生患者的医疗设施。

13.3.2　规划内容

在国土空间规划领域,对应急医疗设施的规划内容主要包括应急医疗设施的用地选址、空间布局、防护要求等。

13.3.2.1　机构设置

2020 年 9 月 17 日,国家卫生健康委员会等九部委联合发文《关于进一步完善院前医疗急救服务的指导意见》。其中,对急救服务设施提出了要求。

(1)具体指标

① 地市级以上城市和有条件的县及县级市设置急救中心(站)。② 合理布局院前医疗急救网络,城市地区服务半径不超过 5 km,农村地区服务半径10~20 km[17]。

(2)急救中心(站)建设

地市级以上城市和有条件的县及县级市设置急救中心(站),条件尚不完备的县及县级市依托区域内综合水平较高的医疗机构设置县级急救中心(站)。各地要按照《医疗机构基本标准(试行)》(卫医发〔1994〕30 号)和《急救中心建设标准》(建标〔2016〕268 号)的相关要求,加强对急救中心(站)建设的投入和指导,确保急救中心(站)建设符合标准。有条件的市级急救中心建设急救培训基地,配备必要的培训设施,以满足院前医疗急救专业人员及社会公众急救技能培训需求。2013 年 11 月 29 日,《院前医疗急救管理办法》(国家卫生和计划生育委员会令第 3 号)对机构设置提出了要求:

① 院前医疗急救以急救中心(站)为主体,与急救网络医院组成院前医疗急救网络共同实施。② 设区的市设立一个急救中心。因地域或者交通原因,设区的市院前医疗急救网络未覆盖的县(县级市)可以依托县级医院或者独立设置一个县级急救中心(站)。设区的市级急救中心统一指挥调度县级急救中心(站)并提供业务指导。③ 急救中心(站)应当符合医疗机构基本标准。县级以上地方卫生计生行政部门根据院前医疗急救网络布局、医院专科情况等指定急救网络医院,并将急救网络医院名单向社会公告。急救网络医院按照其承担任务达到急救中心(站)的基本要求。未经卫生计生行政部门批准,任何单位及其内设机构、个人不得使用急救中心(站)的名称开展院前医疗急救工作。④ 县级以上地方卫生计生行

政部门根据区域服务人口、服务半径、地理环境、交通状况等因素,合理配置救护车[18]。

13.3.2.2 建设标准

《急救中心建设标准》(建标 177—2016)对急救中心项目构成、空间布局与用地选址、平面布置等做出了规定:

(1)项目构成

急救中心项目构成包括房屋建筑、场地和附属设施。其中,房屋建筑主要包括功能用房、业务用房、后勤保障用房等。场地包括绿地、道路和停车场等。附属设施包括供电、污水处理、垃圾收集等。

(2)空间布局与用地选址

① 急救中心和急救站的设置和布局,应根据所在地区的急救服务半径、服务人口、地理交通、经济水平以及需求量等综合条件确定。② 急救中心选址应满足功能与环境的要求,应选择在交通便利、环境安静、地形比较规整、工程和水文地质条件较好的位置,并尽可能充分利用城市基础设施,应避开污染源和易燃易爆物的生产、贮存场所。急救中心的选址尚应充分考虑工作的特殊性质,按照公共卫生方面的有关要求,协调好与周边环境的关系。③ 急救中心宜紧靠城市交通干道并直接连接,宜面临两条道路,出入口不应少于 2 处,便于车辆迅速出发[19]。

(3)平面布置

① 建筑布局合理、节约用地。② 满足基本功能需要,并适当考虑未来发展。③ 功能分区合理,洁污流线清楚,避免交叉感染。④ 根据不同地区的气象条件,合理确定建筑物的朝向,充分利用自然通风与自然采光,提供良好的工作环境。⑤ 应充分利用地形地貌,在不影响使用功能和满足安全卫生要求的前提下,建筑宜适当集中布置,建筑的平面系数 K 值宜控制在大于 65%。⑥ 建筑周边应设有环通的双车道。

13.3.3 案例解析

13.3.3.1 北京市

2021 年 9 月,北京市卫生健康委员会和北京市规划和自然资源委员会发布了《北京市医疗卫生设施专项规划(2020 年—2035 年)》,对北京市的应急医疗设施提出了要求。

(1)健全院前医疗急救服务体系

持续发挥北京急救中心和平门部功能作用,优先考虑利用医疗卫生疏解项目腾退用地建设北京急救中心通州部,保障城市副中心日常院前医疗急救和突发事件紧急医疗救援工作需要,并对接京津冀协同发展和应急联动。依托医疗机构统筹规划设置急救中心站。

(2)加强应急医疗救治能力储备

选择大型场馆作为平战结合应急转换场所备选,预留平疫转换接口。在全市规划预留市级紧急医疗设施建设备用地,用于重大疫情暴发时的临时医疗救治[20]。

根据《北京市院前医疗急救机构设置规划指导意见》(京卫应急〔2018〕11 号),规划的急救服务体系分为 4 类:① 急救中心,是本市院前医疗急救服务三级网络的核心。② 急救分中心,是本市院前医疗急救服务三级网络的重要组成部分,原则上每个行政区建设一个急救分中心,根据实际工作需要市卫生、计生行政部门可指定增加建设。③ 急救工作站,是本市院前医疗急救服务三级网络的基础。④ 救护车：本市按照每 3 万人口 1 辆的标准配置院前医疗急救救护车，其中日常值班车、备班车及应急与保障用车按照 1：1：（0.5～1）的比例配置，各急救分中心、急救工作站配置的救护车数量根据院前医疗急救服务实际需求具体确定[21]。

根据《北京市院前医疗急救设施空间布局专项规划（2020 年—2022 年）》，明确全市共规划院前医疗急救设施 465 处，包括急救中心、急救中心站和急救工作站 3 类。

其中，急救中心 1 个，地址 2 处，保留北京急救中心和平门部（西城区），新设北京急救中心通州部（通州区）。

急救中心站共 17 处，每个行政区各 1 处，亦庄新城 1 处。依据相关建设标准，急救中心站建筑面积（不含公摊）原则上不少于 800 m²，救护车停车位不少于 30 个。急救中心站选址应确保长期持续使用，确保能够提供连续稳定的服务。

急救工作站共 446 处，分 2 级配置：A 级急救工作站的建筑面积（不含公摊）不小于 200 m²，有独立的出入口，至少设置 6 个救护车固定停车位，24 h 值班救护车 2～3 辆；B 级急救工作站的建筑面积（不含公摊）不小于 80 m²，有独立的出入口，至少设置 3 个救护车固定停车位，24 h 值班车 1 辆[22]。

13.3.3.2 上海市

2021 年 10 月 20 日，上海市卫健委发布了《上海市医疗机构设置规划（2021—2025 年）》，其中对上海市应急医疗设施的发展规划提出了具体要求。

（1）发展目标

健全院前急救转运体系，加强急救站点布局和急救装备配置，全市院前急救平均反应时间稳定在 12 min 以内，进一步提高应急处置能力。

（2）主要类别医疗机构配置要求

医疗急救机构：在新建的人口导入区、大型居住区等急救资源相对不足的区域，优先结合医疗机构新建医疗急救分站，对原有基础较为薄弱的急救分站进行标准化扩建或迁建。规划期内，新建急救站点 27 个，并根据新建急救分站数量，相应增加急救车辆和人员配置。全市院前急救平均反应时间稳定在 12 min 以内，急救站点平均服务半径 3.5 km，按每 3 万人 1 辆配置救护车辆[23]。

根据《上海市院前医疗急救事业发展"十三五"规划》，健全急救分站网络布点；进一步明确急救中心（站）在城市医疗卫生用地中的功能定位，急救中心、急救分中心、急救分站应结合城市医疗卫生用地优先设置。按照"统筹规划、整合资源、合理配置、提高效能"的原则，合理确定院前急救服务设施网络规划，并纳入城市总体规划中的卫生设施专项规划。分区规划中应包含院前急救服务设施网络规划的相关内容。在《上海市控制性详细规划技术准则》中明确院前急救服务设施的规划布局标准，并依据上位规划要求将院前急救服务设施予以规划落地，规划急救站点由所在区负责建设。加强公安、卫生计生等多部门联动，在现有空中与水上应急救援力量基础上，建立陆上、水面和空中立体化急救网络；加强军地联动，建立日常急救与核生化等应急救援相结合的急救网络。到 2020 年，新建 44 个急救分站[24]。

13.3.3.3 天津市

到 2025 年年底,天津市城市地区急救站点服务半径将不超过 4 km,涉农地区服务半径达到 10~20 km;每 3 万常住人口配置 1 辆救护车,负压救护车占比达到 40%;全市接报至到达现场平均时间降至 9 min 以内[25]。

"十三五"期间,全市建成并运行了市急救中心和 6 个急救分中心,按照每 8 万常住人口设置 1 个急救站点的标准建成并运行 204 个急救站点,院前医疗急救服务半径明显缩短。虽然天津市院前急救网络布局日趋完善,指挥体系不断健全,人员得到有效补充,车辆设施不断完备,但硬件条件仍需进一步改善,信息化水平仍需进一步提升。

"十四五"期间,天津市将重点完善院前急救机构建设和网络布局,继续实施急救中心及分部、急救分中心、急救站点分级管理和急救站点"市管区建"建设运维模式。具体包括:推进建设市急救中心梅江院区,全方位提升调度大厅、紧急医学救援基地、培训中心、档案病案库等设施水平,逐步改善市急救中心各急救分部办公和救护车停放条件。远郊五区和滨海新区政府加强对本区急救分中心建设的投入和指导,确保急救分中心符合建设标准并充分发挥日常院前医疗急救、紧急医学救援和传染病院前转运等核心作用。结合全市区域服务人口、服务半径、地理环境、交通状况、医疗急救需求实际调整现有急救站点规划布局。农村地区可依托乡镇卫生院建立急救站点,乡镇卫生院急救站点接受市急救中心或本区急救分中心统一调派。

按照规划,天津市还将优化车辆配置和设施配备。除了合理配置急救中心、急救分中心救护车数量,完善不同用途和性能的救护车配备,还将实施车上设施装备精细化管理,配备运载工具、急救设施和通信设备,同时满足新冠肺炎等突发传染病疫情院前医疗救治需求。打造"院前智慧急救"服务体系,推广设置路面执行任务救护车电子标识。通过安装"RFID 标签",由固定或移动识读基站快速准确识别救护车身份,实现正在执行任务的救护车在目标路面交口优先通行。推动院前医疗急救网络与院内急诊有效衔接,规范院前院内工作交接程序,依托胸痛中心、卒中中心、创伤中心、危重孕产妇和危重新生儿救治中心,建立院前院内一体化绿色通道。

13.3.3.4 武汉市

目前,急救中心在武汉地区已形成 1 个现代化的紧急救援中心指挥体系,武昌、汉口 2 个急救分中心的基地特色,21 个覆盖中心城区的急救站点,6 个远城区急救站,52 家网络医院的一体化格局,与 110、119、122 等部门建立联动机制,构建了可调用直升机 2 辆、急救快艇 6 艘,拥有 60 余辆急救车,急救设备精良、功能齐全的水陆空立体急救网络,打造了一支指挥高效、反应灵敏、救治有力的专业急救队伍[26]。

根据《关于进一步加强全市院前急救体系建设的通知》,武汉市急救体系中需要科学布局急救网络。建立覆盖市、区、街道(乡镇)的三级院前急救网络,鼓励民营医院建立急救站点。市急救中心可以依托二级及以上医疗机构完善中心城区急救站点布局。

深化水、陆、空院前急救协作联动机制,加强与应急管理、交通运输、海事、公安等部门合作,依托属地医疗机构或者利用现有资源,积极开展水上、航空医疗救援服务。科学布局新城区院前急救网络(表 13-3),新城区急救中心可以根据实际情况建立直属急救站点,也可以依托医疗机构建立合作急救站点[27]。

表 13-3 武汉市"水陆空"立体急救网络[26]

急救设施	数量
急救站	中心城区急救站点不少于 70 个,新城区急救站点不少于 40 个
中心城区	10 min 医疗急救圈,平均服务半径≤5 km
农村地区	12 min 医疗急救圈,平均服务半径 10~20 km
空中急救站	3 个
武汉市航空医学救护	1 h 急救圈
长江、汉江、东湖等地	3 个水上急救基地

《武汉市院前医疗急救发展规划(2014—2020)》中对武汉市应急医疗进行了规划。

(1)科学规划全市院前医疗急救网络布局

根据中心城区急救半径 5 km 覆盖、10 min 急救圈,新城区 15 min 急救圈的目标,逐步完善水陆空立体急救网络,形成"1+3+4+6"的网络格局。到 2020 年实现院前医疗急救网络全覆盖,缩小城乡差距。全市急救站累计至少达到 80 个。

"1"是健全中心城区急救网络。以完善资源配置为基础,推动全市院前医疗急救水平可持续发展,建成具有院前医疗急救专科化、信息化、应急救援储备、科研教学、质量控制、水陆空立体急救等功能的急救网络。全面提升全市院前医疗急救服务能力,建成国家级急救中心。

"3"是根据武汉地理特点,强化主城三镇,建设 3 个分中心。异地新建汉口急救分中心(同市急救中心大楼同步建设)、汉阳急救分中心,完善武昌急救分中心。将 3 个分中心逐步建设为具有日常急救、指挥调度、辖区突发事件应对、应急救援物资储备、急救培训、消洗等功能的急救分中心。

"4"是提高 4 个开发区院前医疗急救服务能力,依据各开发区人口结构、产业布局等特点,建设特色急救站,满足不同人群的急救服务需求。

"6"是大力扩展 6 个新城区院前医疗急救服务功能,新建各区急救中心,改善基础硬件设施与条件,提高指挥调度、急危重症患者现场救治和快速转运能力、紧急医疗救援水平,与中心城区急救体系形成有效衔接。到 2020 年,力争购置医用直升机,建设覆盖全市的空中医疗急救网络。开辟辐射中部地区的空中急救走廊,为患者提供更优质的院前医疗急救服务。开展直升机在地震灾害等突发事件紧急救援中危重症伤病员的抢救与转运,扩展医疗急救服务与紧急救援的方向与能力[28]。

(2)完善水上院前医疗急救平台

进一步加强与水上公安分局的合作,在长江、汉水武汉沿线的公安码头上设立急救站点,形成密切有效的水上救援联动机制。

(3)建立高速公路急救站

借鉴欧美等发达国家高速公路院前医疗急救先进经验,充分考虑国内实际情况,依托高速公路服务区设立急救站。与高速公路管理、公安等部门建立联动,逐步建立高速公路急救与紧急救援机制,缩短反应时间,降低伤病员伤残与死亡率。

13.3.3.5 南京市

根据《南京市 2018—2020 年医疗卫生服务体系规划》,设置急救医疗服务机构;认真贯彻落实《南京市院前医疗急救条例》,以市急救中心为龙头,区急救分站和院前急救网络医院共同建成较为完善的急救网络。全市形成统一的急救体系和调度指挥中心,市、区两级急救医疗中心(站)联网运行,覆盖城乡。二、三级综合医院急救科建设要符合《医院急诊科建设管理规范》要求,急救人员、物资配备等达到国家、省相关标准要求[29]。

根据《南京市院前医疗急救条例》,南京市院前医疗急救体系建设应满足以下要求:

① 建立市急救中心、急救网络医院及其设置的急救站(点)共同组成的院前医疗急救体系,并逐步提高市急救中心设置急救站(点)的占比。积极推动陆地、水面、空中等多方位、立体化救护网络建设。

② 市卫生计生行政主管部门应当会同规划、国土资源等行政主管部门,编制医疗卫生设施布局规划,明确急救站(点)设置,报市人民政府批准后纳入控制性详细规划中。自然资源行政主管部门应当根据医疗卫生设施布局规划,保障急救站(点)建设用地。

③ 本市实行城市化管理的区域,救护车活动半径 3～5 km 范围内至少设置 1 个急救站(点),人口密集的地区每 10 万人口设置 1 个急救站(点)。其他区域每个建制镇(街)设置 1 个急救站(点)。急救站(点)的配置标准由市卫生主管部门制定,并向社会公布[29]。

13.3.3.6 济宁市

《济宁市医疗急救站(点)设置原则和建设标准》(济卫医字〔2016〕4 号)对急救站的设置和建设标准提出了要求。

(1)急救站(点)设置要求

① 分级设置。根据区域卫生规划、医疗机构的类别和基本医疗条件,济宁市医疗急救机构设置分为三级急救站。

一般在三级综合医院设立三级急救站,在二级综合医院或具备条件的专科(含中医)医院设立二级急救站,在乡镇中心卫生院设立一级急救站。

考虑到有些急救站服务半径过大,为满足医疗需求,可以根据区域卫生规划,由二级及以上网络医院在适当的地域设置急救点,一般不跨区域设置。

② 按服务半径设置。服务半径一般不小于 5 km。

③ 按区域经济、人口密度和地理环境等条件综合设置。所属区域人口密集,道路复杂拥挤,救护车途中行驶时间较长,可以缩短服务半径设置。

④ 根据医疗机构基本医疗条件设置。所属医疗机构重点专业突出,功能完善,符合急救站(点)设置基本标准。

(2)急救站基本建设标准

① 三级急救站建设标准:业务用房布局合理,每室独立,建筑面积不少于 300 m²。应有停放救护车辆的专用场地和急救专用通道。

② 二级急救站建设标准:业务用房布局合理,每室独立,建筑面积不少于 200 m²。应有停放救护车辆的专用场地和急救专用通道。

③ 一级急救站建设标准:业务用房布局合理,每室独立,建筑面积不少于 60 m²。应有停放救护车辆的专用场地和急救专用通道。

④ 急救点建设标准:业务用房布局合理,应有值班室与调度室,每室相对独立。应有停放救护车辆的专用场地。

13.4 应急物资储备设施

13.4.1 基本概念

根据《救灾物资储备库建设》(建标 121—2009),将救灾储备物资定义为各级民政部门存储和调用的,主要用于救助紧急转移安置人口,满足其基本生活需求的物资,包括帐篷、棉被、棉衣裤、睡袋、应急包、折叠床、移动厕所、救生衣、净水机、手电筒、蜡烛、方便食品、矿泉水、药品和部分救灾应急指挥所需物资以及少量简易的救灾工具等。

应急物资具体可划分为以下 3 类:

一是基本生活保障物资,主要指粮食、食油和水、电等。

二是工作物资,主要指处理危机过程中专业人员所使用的专业性物资,工作物资一般对某一专业队伍具有通用性。

三是应急装备及配套物资,主要指针对少数特殊事故处置所需的特定物资,这类物资储备量少,针对性强,如一些特殊药品[30]。

根据《中华人民共和国突发事件应对法》,国家建立健全应急物资储备保障制度,完善重要应急物资的监管、生产、储备、调拨和紧急配送体系。

设区的市级以上人民政府和突发事件易发、多发地区的县级人民政府应当建立应急救援物资、生活必需品和应急处置装备的储备制度。

县级以上地方各级人民政府应当根据本地区的实际情况,与有关企业签订协议,保障应急救援物资、生活必需品和应急处置装备的生产、供给。

13.4.2 规划内容

在国土空间规划领域,对应急物资储备设施的规划内容主要包括应急物资储备设施的用地选址、空间布局、防护要求等。

(1)建设规模与项目构成

《救灾物资储备库建设》(建标 121—2009)对救灾物资储备库的建设规模和项目构成等提出了规定。

救灾物资储备库分为中央级(区域性)、省级、市级和县级 4 类,其建设规模由储备物资所需的建筑面积确定。救灾物资储备库的储备物资规模应根据辐射区域内自然灾害救助应急预案中三级应急响应启动条件规定的紧急转移安置人口数量确定[31]。

各类救灾物资储备库的建设规模应符合表 13-4 的规定。

表 13-4　救灾物资储备库规模分类表[31]

规模分类		紧急转移安置人口/万人	总建筑面积/m²
中央级(区域性)	大	72~86	21 800~25 700
	中	54~65	16 700~19 800
	小	36~43	11 500~13 500
省级		12~20	5 000~7 800
市级		4~6	2 900~4 100
县级		0.5~0.7	630~800

（2）用地选址与平面布局

救灾物资储备库的选址应符合当地国土空间规划,遵循储存安全、调运方便的原则,并满足以下要求:地势较高,工程地质和水文地质条件较好;市政条件较好;远离火源、易燃易爆厂房和库房等;交通运输便利,市级及市级以上救灾物资储备库宜临近铁路货站或高速公路入口;地势较为平坦,视野相对开阔,市级及市级以上救灾物资储备库的库址应便于紧急情况下直升飞机起降。

救灾物资储备库的总平面布置应符合功能要求,做到布局合理、流程通畅。

市级及市级以上救灾物资储备库应单设仓储区,其他功能区可根据实际需要设置。库房宜与生产辅助用房毗邻,并与管理用房和附属用房隔开。

救灾物资储备库内外道路应通畅便捷。省级及省级以上救灾物资储备库对外连接市政道路或公路的通路应能满足大型货车双向通行的要求。

救灾物资储备库的建设用地应根据节约用地的原则和总平面布置的实际需要,科学合理确定,并应包括建筑、场地、道路和绿化等用地。建筑系数宜为35%~40%,其中,专用堆场面积宜为库房建筑面积的30%。

13.4.3　案例解析

13.4.3.1　《安徽省应急物资保障规划(2021—2025年)》

（1）应急物资保障现状

应急物资储备网络粗具规模。结合全省主要灾害风险和社会经济条件,明确重点储备物资的品种和规模,形成以中央救灾物资合肥储备库为核心、各省级物资储备库为支撑、地方物资储备库为补充的应急物资储备网络格局(表13-5)。目前,全省市—县—乡森林草原防灭火物资储备库(点)192个、防汛抗旱物资储备库(点)120个、安全生产应急救援物资储备库(点)4个、综合性消防救援队伍应急物资储备库(点)86个(消防救援队伍应急物资储备库和森林消防队伍应急物资储备库各43个)、生活类救灾物资储备库(点)65个[32]。

表 13-5　安徽省省级应急物资储备库布局[32]

储备库类型	数量/个	所在城市
省级森林草原防灭火物资储备库	2	安庆市、黄山市
省级防汛抗旱物资储备库	5	合肥、蚌埠、寿县、霍邱、芜湖

续表

储备库类型	数量/个	所在城市
省级消防救援队伍应急物资储备库	16	合肥、淮北、亳州、宿州、蚌埠、阜阳、淮南、滁州、六安、马鞍山、芜湖、宣城、铜陵、池州、安庆、黄山
省级生活类救灾物资储备库	15	淮北、宿州、蚌埠、阜阳、寿县、六安、霍邱、金寨、和县、无为、铜陵、宣城、安庆、池州、黄山

（2）提升应急物资实物储备能力

优化应急物资储备库布局。充分利用全省符合存储受灾人员基本生活保障物资、防汛抗旱抢险救援保障物资条件的粮食和物资储备仓储资源，优化受灾人员基本生活保障、防汛抗旱抢险救援保障物资储备库的空间布局。实行省级生活类救灾物资储备库布局"全覆盖，1＋N"模式["全覆盖"指全省15个市都要设立省级生活类救灾物资储备库，"1＋N"指多灾易灾、偏远山区、革命老区等重点区域实行市区1个省级生活类救灾物资储备库＋县（市、区）多个省级生活类救灾物资储备库]。推动各级政府结合本地区灾害事故特点，优化所属行政区域内的应急物资储备库空间布局，重点推进县级应急物资储备库建设。紧密结合本地区灾害事故特点，加快推进基层备灾点建设，加强交通不便或灾害事故风险等级高的地区应急物资储备。重点保障人口密集区域和灾害事故高风险区域，适当向革命老区和经济欠发达等地区倾斜。

13.4.3.2　《山东省应急物资储备体系建设规划（2020—2030年）》

（1）应急物资储备体系科学完备

加快构建以政府实物储备为基础、企业（商业）储备和产能储备为辅助、社会化储备为补充的应急物资储备格局，重点加强生活保障类、医疗卫生类、抢险救援类和特殊稀缺类物资储备，逐步形成品类齐全、规模适度、布局完善、信息共享、调拨高效的应急物资储备体系，基本满足应对处置重大突发事件的需要[33]。

表13-6　山东省应急物资政府实物储备布局目标[33]

综合应急物资储备布局	
省级	建成仓储面积不低于20 000 m²的省级综合应急物资仓储基地；改造扩建烟台、潍坊、济宁、威海、临沂和滨州等6个省级救灾物资代储库
市级	新建或改扩建仓储面积不低于5 000 m²的市级综合应急物资仓储设施
县级	建成仓储面积不低于2 000 m²的县级综合应急物资仓库
医疗卫生应急物资储备布局	
在济南规划建设省级公共卫生应急物资储备库，在青岛、烟台、潍坊、济宁、威海、临沂、滨州、菏泽等市建设分储中心，构建省级公共卫生应急物资4 h运输圈。市县级形成一市一储、一县一储的市县两级公共卫生应急物资储备体系	
专业性应急物资仓库布局	
防汛抗旱	依托自然灾害区域应急救援中心（济南），建成仓储面积不低于10 000 m²的防汛抗旱物资分储中心。 结合省级综合应急物资仓库、省级防汛抗旱应急救援中心（济南、烟台、临沂、济宁、滨州等）建成不少于10个、总仓储面积不低于20 000 m²的防汛抗旱物资代储仓库。依托省防汛抗旱物资储备中心新建5个总仓储面积不低于50 000 m²的省级水旱灾害防御物资专业库和100 000 m²的水旱灾害防御培训演练基地，形成"6＋1"省级水旱灾害防御物资储备格局；市级水旱灾害防御物资库不低于5 000 m²；县级水旱灾害防御物资库不低于2 000 m²

森林灭火	省级储备依托森林火灾区域应急救援中心(泰安),储备不低于 700 人森林防灭火专业队员防灭火装备需要,仓储面积不低于 1 300 m²。 森林重点火险区,市级储备不低于 300 人森林防灭火专业队员防灭火装备需要,仓储面积不低于 300 m²;县级储备不低于 150 人森林防灭火专业队员防灭火装备需要,仓储面积不低于 200 m²
危化品 事故救援	依托危化品事故区域应急救援中心(淄博),已建的 19 支和新建专业抢险救援队伍,储备各类抢险救援、个人防护等物资
矿山事故 救援	依托矿山事故区域应急救援中心(济宁),已建的 19 支和新建专业抢险救援队伍,储备各类抢险救援、个人防护等物资
地震救援	根据全省地震活动发生特点,分别在东部(潍坊)、中部(济南)、西部(菏泽)新(改、扩)建 3 个储备库
消防火灾、食品药品安全、铁路事故、海难、飞机失事、交通枢纽瘫痪、大规模停电、城市高层建筑倒塌、网络瘫痪、大规模群体性聚集等应急物资,由各级各职能部门根据需求利用原有仓储设施或租赁等方式储备	

(2)优化提升仓储设施建设布局

加强政府实物储备能力建设,加强省级救灾物资中心库建设,新建省级综合应急物资仓储基地,增强仓储功能。各市结合区域突发事件特点,针对应对处置需求,新(改、扩)建市级综合应急物资仓储设施。县级可依托综合性物流中心、国有粮食储备库或产能企业仓库统筹建设综合应急物资仓库。综合考虑山东沿黄市县黄河防汛抢险物资储备需求,确保每个沿黄市县具有一处综合应急物资仓库。

13.4.3.3 《莱州市应急物资储备体系建设规划(2022—2030 年)》

规划目标:立足新发展阶段,完善全市应急物资储备体系。按照"补全短板、加强体系、持续优化"的建设原则,到 2025 年初步建成分级分类管理、部门协作、反应灵敏、保障有力的应急物资储备体系,全市应急物资储备能力和管理水平得到显著提升;到 2030 年建成分级分类分部门储备、规模适度、品种齐全、布局合理、管理有序的应急物资储备体系(表 13 - 7),实现统一规划、统一布局、统一管理和统一调度,进一步提高突发事件应急处置和保障能力[34]。

表 13 - 7 莱州市应急物资政府储备设施布局目标[34]

综合物资仓库布局	
县级	结合上级救灾物资储备设施建设布局,新建或改扩建 1 个仓储面积不低于 2 000 m² 的县级综合应急物资仓库
医疗卫生物资仓库布局	
依托莱州市疾病预防控制中心、莱州市人民医院、莱州市中医院等医疗卫生机构,代储市级医疗卫生应急物资,不断完善和优化市级医疗卫生物资仓储布局和体系,形成一市一储的市级公共卫生应急物资储备体系	
专业性物资仓库布局	
防汛抗旱	新建或改扩建市级防汛抗旱(水旱灾害防御)物资储备库,形成总仓储面积不低于 2 000 m²的防汛抗旱(水旱灾害防御)物资储备库,统筹储备防汛抗旱应急救援、水旱灾害防御等物资
森林灭火	在现有市级森林防火物资储备的基础上,新建或改扩建市级森林防火物资储备库。储备不低于 150 人森林防灭火专业队员所需的防灭火装备,仓储面积不低于 200 m²

危化品 事故救援	依托消防救援大队,加强指导和支持相关单位建设危化品事故救援应急物资库和专业抢险 救援队伍,采取"库队合一"管理模式,储备各类抢险救援、个人防护等物资
矿山事故 救援	依托莱州市矿山救护队,强化先进救援装备器材建设,按照"库队合一"管理模式,指导相关 矿企新建或改扩建至少1个矿山事故救援应急物资仓库,储备各类抢险救援、个人防护等 物资
地震救援	升级市消防救援大队物资储备库,储备各类应急物资
食品药品安全、铁路事故、海难、公共交通枢纽瘫痪、大规模停电、城市高层建筑倒塌、网络瘫痪、大规模 群体性聚集、地质灾害等应急物资,由各级各职能部门根据需求利用原有仓储设施或租赁等方式储备	

13.4.3.4 《桓台县应急物资储备体系建设规划(2021—2030年)》

规划目标:以补短板强弱项为导向、以理顺体制机制为保障、以整合优化职能为支撑,2025年初步建成分级分类管理、反应迅速、保障有力的应急物资储备体系,全县应急物资储备能力和管理水平得到提升。2030年建成分级分类储备、规模适度、品类齐全、布局合理、管理有序的应急物资储备体系(表13-8),实现统一规划、统一布局、统一管理和统一调度,增强防范应对处置突发事件能力[35]。

表13-8 桓台县应急物资政府(实物)储备布局目标[35]

综合物资仓库布局	
县级综合应急物资仓库仓储面积原则上不低于2 000 m²。 各镇(街道)设置综合应急物资储备库房	
医疗卫生物资仓库布局	
依托桓台县疾病预防控制中心、桓台县人民医院等医院和医疗机构建设全县卫生应急物资储备体系。 各镇办依托本地医院、卫生院等建立卫生应急物资储备体系	
专业性物资仓库	
危化品事故救援	依托县消防救援大队应急物资储备库,以及金诚石化、东岳集团、汇丰石化、博汇集团 等重点化工企业应急物资储备仓库加强各类抢险救援、个人防护物资装备储备
消防救援	依托县消防救援大队建立应急物资储备基地,同时在金诚石化、东岳集团、汇丰石化、 博汇集团等重点企业设置4个化工火灾事故应急救援物资保障站,形成以县级储备 为中心、4个物资保障站为支撑的消防救援物资储备体系。依托桓台县境内的鲁中区 域灭火与应急救援中心(在建)增强物资储备
防汛抗旱	依托桓台县水利局桓台县小清河管理所物资仓库,荆家镇水务站物资仓库,以及县综合应 急物资仓库,建立运行县防汛抗旱物资储备仓库
森林灭火	依托县自然资源局林业防灭火物资储备仓库,建立县防灭火物资储备库,加强防灭火 装备、物资储备
环境事件	县生态环境局储备仓库加强县级环境事件应急物资储备。依托省生态环境厅委托山 东汇丰石化集团有限公司在桓台县建设鲁中环境应急物资储备库(库房面积 2 065 m²),加强环境事件应急物资储备
其他专业物资 储备库布局	以现有应急物资储备库为基础,根据规划储备物资需求新建或改(扩)建专业物资储 备库,满足规划物资储备需求,达到科学合理布局

13.4.3.5 《费县应急物资储备体系建设规划(2021—2030年)》

（1）规划目标

以补短板强弱项为导向、以理顺体制机制为保障、以整合优化职能为支撑,2025年初步建成反应迅速、保障有力的应急物资储备体系,全县应急物资储备能力和管理水平得到提升。2030年建成规模适度、品类齐全、布局合理、管理有序的应急物资储备体系,实现统一规划、统一布局、统一管理和统一调度,增强防范应对处置突发事件的能力[36]。

（2）优化提升仓储设施建设布局（表13-9）

表13-9 费县应急物资政府(实物)储备布局目标[36]

分项目标	具体措施
优化县级综合物资仓储布局	依托本区域国有粮食储备库、产能企业仓库或相关部门仓库,采取新建、改扩建或代储等方式,统筹建设仓储面积不低于2 000 m²的综合应急物资储备库
提升森林防灭火专业队员装备仓库布局	在天蒙、东蒙镇、薛庄镇、大田庄乡、梁邱镇等重点林区规划靠前驻防物资储备直属库。建设储备不低于150人森林防灭火专业队员防灭火装备需要的仓储面积不低于200 m²装备仓库
统筹防汛抗旱类应急物资仓库布局	进一步统筹县水利、住建、综合行政执法、许家崖水库管理中心等部门、单位分散的仓储设施,优化职能部门储备布局,满足仓储需求

13.4.3.6 《临沂市应急物资储备体系建设规划(2021—2030年)》

（1）规划目标

以补短板强弱项为导向、以理顺体制机制为保障、以整合优化职能为支撑,到2025年初步建成分级分类管理、反应迅速的储备体系,全市应急物资储备能力和管理水平得到提升。到2030年建成分级分类储备、规模适度、品类齐全、布局合理的管理体系,实现统一规划、统一布局、统一管理和统一调度,增强防范和应对处置突发事件的能力[37]。

（2）优化提升仓储设施建设布局

提升市级仓储布局。加快推进山东省鲁南区域应急物资(医疗防护)储备中心项目和国家区域性公路交通应急装备物资(山东)储备中心项目(表13-10)。依托全市商贸物流优势,加快推进应急物资智慧仓储物流园建设。

表13-10 临沂市应急物资政府(实物)储备布局目标[37]

分项目标	具体措施
加大县级仓储布局	各县区依托本区域综合性物流中心、国有粮食储备库或产能企业仓库,采取新建、改扩建或代储等方式,统筹建设1处仓储面积不低于2 000 m²的综合应急物资储备库
推进森林防灭火专业队伍装备仓储布局	市级在平邑县建设1处仓储面积不低于300 m²的专业队伍防灭火装备仓库;各县建设仓储面积不低于200 m²的专业队伍防灭火装备仓库
完善防汛抗旱类应急物资仓库布局	改造临沂市防汛抗旱物资储备中心,统筹水利、城市管理、沂沭河水利管理等部门分散的仓储设施,优化职能部门储备布局,满足仓储需求

13.5 应急物流设施

13.5.1 基本概念

根据国家标准《物流术语》(GB/T 18354—2021),应急物流指应对突发事件提供应急生产物资、生活物资供应保障的物流活动[38]。

《"十四五"国家综合防灾减灾规划》中提出,要建设物资调配现代化工程。依托应急管理部门中央级、省级骨干库建立应急物资调运平台和区域配送中心。充分利用社会化物流配送企业等资源,加强应急救援队伍运输力量建设,配备运输车辆装备,优化仓储运输衔接。健全应急物流调度机制,提高应急物资装卸、流转效率。探索推进应急物资集装单元化储运能力建设,完善应急物资配送配套设施,畅通村(社区)配送"最后一公里"[39]。

13.5.2 应急物流解决方案

(1) 建立健全应急物流体系

① 抓紧研究制定加强我国应急物流体系建设的政策。特别是针对自然灾害、重大突发公共卫生事件、重大安全事故等紧急情况,建立应急物流的分级响应和保障体系,统筹利用国家储备资源和网络,发挥好行业协会、骨干企业的组织协调能力和专业化优势,提高包括快速运转、冷链物流在内的应急物流快速响应和保障能力[40]。

② 从更加中长期的角度,研究提升现代供应链水平。支持专业化的供应链管理企业发展,促进制造业与物流业,包括商贸业、金融业深度融合,提高产业链、供应链运行一体化协同水平,提升风险应对和应急保障能力。

③ 我国各类应急物资的采购、储存、调配、运输、回收等职能分散在不同部门,不利于有效协调、沟通和整合,同时在一定程度上提高了救灾保障成本。应在国家公共危机控制指挥系统中常设应急物流调度部门,统筹负责全国的应急物资储存和运输,及时处理突发事件。完善应急物流法律标准体系,将现有法律和规范作为基础,明确各参与主体权责、主要物资的存储及配送标准、基础设施使用标准、救援人员执行工作标准等,以法律的约束性和强制性确保应急物流体系运作。

④ 以政府为主导建立多元化的补偿机制,提高资本市场的参与水平,政府出台政策引导"基金"与"保险"作为应急物流补偿的主要模式。充分发挥市场机制调配社会资源。采取行政机制与市场相结合的形式,实现政府储备与社会储备、集中储备与分散储备、生产技术储备与实物储备相结合。同时提高市场储备企业的准入门槛,对相关企业尤其是药品生产厂家等重点领域企业进行定期审查,保证物资质量。

⑤ 建立应急物流数字化平台,将上下游数据信息整合起来,形成产业导向和产业链的高度整合;对产业集群进行数据分级,深挖产业里细分领域,引导供应链不同角色、不同环节、不同场景的不同应用;引导供应链基于不同资源和需求做出快速响应和抵抗风险,增强供应链的可视度、反应速度、敏捷性、抗风险能力和应急管理能力。

（2）三位一体应急物流管理体系

在武汉疫情工厂停产、小区封闭的情况下，蒙牛公司提出了物流解决方案和应急管理体系：

① "三位一体"即"企业仓储物流＋慈善机构＋专业救援队"应急物流救援模式。

② 捐建"中华慈善总会（蒙牛）疫情防控应急物资中心"，携手蓝天救援队，三方协同有效解决武汉捐赠物资"最后一公里"的难点问题。

③ 乳业员工在最短时间内建立起调度周转体系，从生产到物流配送，保障了牛奶、婴幼儿奶粉等必需品及时送到武汉及湖北其他地区人民的餐桌上[41]。

（3）利用智慧物流优势

2015 年国务院积极推进"互联网＋"行动的指导意见，将物流明确为"互联网＋"重点行动领域。2016 年 7 月，国务院常务会议部署推进"互联网＋"高效物流，以现代信息技术为标志的智慧物流已成为物流业供给侧结构性改革的先行军。2019 年，国务院正式发布了《交通强国建设纲要》，提出发展"互联网＋"高效物流，创新智慧物流营运模式。这些举措也为推动智慧物流发展营造了良好的政策环境。

积极运用大数据、人工智能、5G 等新技术，以无人机、自动分拣等为代表的智慧物流设备，在提高物流效率、减少人员交叉感染方面凸显优势。这不仅对在突发公共卫生事件、重大自然灾害等这样的场景下提高应急保障能力具有重要意义，对促进物流业整体提质增效也具有深远影响。

从物流行业近年的发展过程能够发现，行业内的信息化程度日趋升高，已经具备智慧物流发展的基础，进入到一个新的发展阶段。数据显示，当前物流企业对智慧物流的需求主要包括物流数据、物流云、物流设备三大领域。预计到 2025 年，智慧物流市场规模将超过万亿，年均同比增速近 10％[42]。

13.5.3 案例解析

（1）发展即时配送和城郊大仓

2022 年 12 月 29 日，在国家发展改革委召开的新闻发布会上，相关负责人表示，现代物流不仅是促进市场供需对接和实体商品流通的重要基础，而且创造了大量就业岗位。特别是在应对疫情期间，现代物流在保障生活物资供应、维持正常生产生活秩序等方面发挥了重要作用，与水电气等重点行业一样，成为保障社会民生的重要支撑[43]。

一是完善商贸、快递、冷链物流网络，健全城市特别是超大特大城市物流设施网络，加强重点生活物资保障能力；补齐农村物流设施和服务短板，加快工业品下乡、农产品出村双向物流服务通道升级扩容、提质增效，扩大优质消费品供给。

二是保障食品药品消费安全。依托国家骨干冷链物流基地等大型冷链物流设施，加强生鲜农产品检验检疫等质量监管。加快建立覆盖冷链物流全链条、医药物流全流程的动态监测和追溯体系，提升冷链物流质量保障水平。

三是促进即时配送行业健康有序发展。即时配送是综合运用新一代信息技术和人力众包等模式，实现点到点、无仓储、无中转、即需即送的快捷物流服务。在餐饮外卖特别是疫情催生的"宅经济"带动下，即时配送实现高速发展，在保障生活物资供应、改善居民消费体验、促进扩大消费等方面发挥了积极作用。

四是推进城郊大仓基地布局建设。城郊大仓基地直接面向城市消费市场,具备仓储、分拣、加工、包装等综合服务能力,与即时配送等新兴物流业态紧密相关,是优化城市物流体系、完善城市消费流通网络、提高城市应急保障能力的重要手段。为贯彻落实国务院有关工作部署,正在组织开展城郊大仓基地布局建设研究工作。拟重点面向大城市布局建设一批城郊大仓基地,统筹发挥城郊大仓基地贴近消费市场、综合服务能力强,以及国家物流枢纽、国家骨干冷链物流基地资源集聚能力强、服务辐射范围广、一体化运作效率高等优势,推动形成"平时服务、急时应急"的"国家物流枢纽(国家骨干冷链物流基地)＋城郊大仓基地"的生活物资物流设施网络,有效提高城市物流体系"平急转换"水平、城市生活物资和消费品保障能力。

(2)上海疫情期间保供物流

2022年4月,上海市商务委员会印发《浙江省平湖市、江苏省昆山市和上海市西郊国际生活物资中转站使用指引》。

该指引显示,为切实做好疫情期间生活物资保供工作,根据国务院应对新型冠状病毒感染肺炎疫情联防联控机制《关于切实做好货运物流保通保畅工作的通知》精神,上海市在浙江省平湖市、江苏省昆山市(市外中转站)和上海西郊国际批发市场(市内中转站)设立了生活物资保供中转站,对外省市入沪生活物资运输车辆和人员全程落实闭环管理,提供"无接触"物流服务,确保生活物资运输通畅[44]。

我国目前已拥有众多互联网平台型物流企业,其本身已经成为社会保供体系不可分割的重要组成部分。在疫情防控阶段,这些企业也有着很强的参与防疫保供意愿。但由于种种原因和现实掣肘,这种平台优势很多时候都没能充分发挥,这实际上也是战疫时期出现保供难现象的一个重要原因。封控防疫阶段,城市缺的往往不是物资,而是能够打通物资配送"最后一公里"的人力资源[45]。

(3)湖北疫情期间应急物流

2020年1月24日,湖北省新型冠状病毒感染的肺炎疫情防控指挥部发布通告,启动重大突发公共卫生事件一级响应。1月25日,多家物流企业已宣布开启绿色通道向武汉运送相关救援物资[46]。

1月24日,菜鸟位于浙江嘉兴的全国口罩应急核心仓正式上线,所有天猫超市补货的口罩可以通过嘉兴这个核心仓实现一仓发往全国。1月25日,京东物流宣布正式开通全国各地驰援武汉救援物资的特别通道。中国邮政宣布,各省(区、市)分公司应按照集团指挥调度中心的调度指令,动态调整进出武汉的一级干线邮路作业及发运计划,实行"满载开行"。

2月2日,按照国务院有关新型冠状病毒感染肺炎防控工作的部署要求,为确保外省进鄂道路运输通道畅通,有效保障湖北省疫情防控各类物资的及时运输,湖北省新型冠状病毒感染肺炎防控指挥部在武汉、鄂州、襄阳3地确定了5个物流园区作为进鄂应急物资道路运输中转调运站,为外省进鄂的各类应急物资运输提供中转转运服务[47]。

武汉周边5个物流园区分别为:武汉市东西湖区捷利物流园、武汉市黄陂区武湖萃元冷链食品物流园、武汉市汉南区宝湾物流园、鄂州赤湾东方物流有限公司、襄阳市光彩国际物流基地。

13.6 应急治安设施

13.6.1 基本概念

应急治安是指当突发事件发生时,对社会公共秩序的维护,为社会秩序正常化而采取的一种对策措施,为保证安全而进行的社会治理、保障秩序的措施。

根据《国家突发公共事件总体应急预案》,治安维护的内容包括要加强对重点地区、重点场所、重点人群、重要物资和设备的安全保护,依法严厉打击违法犯罪活动。必要时,依法采取有效管制措施,控制事态,维护社会秩序。

13.6.2 规划内容

在国土空间规划领域,对应急治安设施的规划内容主要包括应急治安设施的用地选址、空间布局、防护要求等。

13.6.3 案例解析

(1)上海市疫情临时警务站

2022年3月下旬起,上海市南京西路街道升平、中凯居民区及周边辖区不断出现阳性感染者,居委、物业多人"中招",居民不满情绪增多,涉疫110警情多发。在此情况下,静安公安分局南京西路派出所全力配合南西街道社区防疫工作,以"专人进驻、24 h驻守"的专班形式,前移疫情防控工作关口进驻居民区,临时警务站应运而生。临时警务站细致制定了包括人员管理、小区巡查、纠纷调解、秩序维护、宣传教育、物资保障等工作职责清单,以公安逆风前行、警民齐心抗疫的实实在在行动,全力配合街道战"疫"[48]。

(2)台湾地区防灾空间系统规划中的治安系统

我国台湾地区的防灾规划中包括防灾空间六大系统,分别是避难系统、道路系统、消防系统、医疗系统、物资系统和警察系统[49]。避难圈体系是防救灾空间规划的核心内容,其中基础避难圈是指在步行可及的范围内,适当配置避难场所与救难设施,是避难的基础空间单元。当大规模灾害发生时,基础避难圈内救灾避难据点可以提供作为指挥、避难或紧急救护等用途的设施(图13-1)。警察系统包括2个层级,一是指挥所,二是情报收集据点(表13-11)。

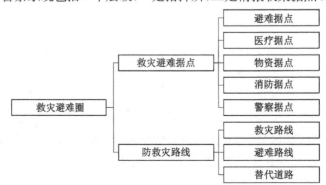

图 13-1 防救灾圈空间功能体系[49]

表 13-11 都市计划防灾空间警察系统[50-51]

空间系统	层级	都市计划空间名称	划设原则
警察系统	指挥所	市政府	① 由市政府、警察局设置指挥系统; ② 就近输送,救援道路
		警察局	
	情报收集据点	派出所	① 由派出所负责进行灾情收集与发布; ② 就近输送,救援道路

主要参考文献

[1] 应急指挥[EB/OL].[2023-05-30]. https://baike.baidu.com/item/%E5%BA%94%E6%80%A5%E6%8C%87%E6%8C%A5/9357576? fr=aladdin.

[2] 应急指挥中心[EB/OL].[2023-05-30]. https://baike.baidu.com/item/%E5%BA%94%E6%80%A5%E6%8C%87%E6%8C%A5%E4%B8%AD%E5%BF%83/8685142? fr=Aladdin.

[3] 应急指挥部[EB/OL].[2023-05-30]. https://baike.baidu.com/item/%E5%BA%94%E6%80%A5%E6%8C%87%E6%8C%A5%E9%83%A8/13383758.

[4] 盐边县人民政府.四川省应急救援能力提升行动计划(2019—2021年)实施意见[EB/OL].(2021-07-28)[2023-05-30]. http://www.scyanbian.gov.cn/zwgk/fggw/bmwj/1940060.shtml.

[5] 河南省人民政府.河南省人民政府关于印发河南省"十四五"应急管理体系和本质安全能力建设规划的通知[EB/OL].(2022-02-23)[2023-05-30]. https://www.henan.gov.cn/2022/02-23/2403410.html.

[6] 泰安市人民政府.泰安市人民政府办公室关于印发泰安市重大突发事件应急保障体系建设规划(2021—2030年)的通知[EB/OL].(2021-06-08)[2023-05-30]. http://www.taian.gov.cn/art/2021/6/8/art_188984_10295986.html.

[7] 人民资讯.装配率达91%,省应急指挥中心项目加速建设[EB/OL].(2022-04-07)[2023-05-30]. https://baijiahao.baidu.com/s? id=1729451476822267743&wfr=spider&for=pc.

[8] 湖北日报.湖北省突发公共卫生事件应急指挥中心开工[EB/OL].(2022-01-01)[2023-05-30]. https://www.hubei.gov.cn/zwgk/hbyw/hbywqb/202201/t20220101_3947950.shtml.

[9] 应急救援[EB/OL].[2023-05-30]. https://baike.baidu.com/item/%E5%BA%94%E6%80%A5%E6%95%91%E6%8F%B4/3287380? fr=Aladdin.

[10] 中华人民共和国中央人民政府.应急管理部关于印发《"十四五"应急救援力量建设规划》的通知[EB/OL].(2022-06-22)[2023-05-30]. https://www.beijing.gov.cn/zhengce/zhengcefagui/201905/t20190522_61329.html.-07/01/content_5698783.htm.

[11] 湖北省应急管理标准化技术委员会.湖北省应急救援训练基地建设规范 第1部分:矿

山事故训练基地：DB42/T 1723.1—2021[S]. 武汉：湖北省市场监督管理局，2021.

[12] 湖北省应急管理标准化技术委员会. 湖北省应急救援训练基地建设规范 第2部分：危险化学品事故训练基地：DB42/T 1723.2—2021[S]. 武汉：湖北省市场监督管理局，2021.

[13] 湖北省应急管理标准化技术委员会. 湖北省应急救援训练基地建设规范 第3部分：建筑坍塌事故训练基地：DB42/T 1723.3—2021[S]. 武汉：湖北省市场监督管理局，2021.

[14] 盐边县人民政府. 四川省应急救援能力提升行动计划（2019—2021年）实施意见[EB/OL]. （2021-07-28）[2023-05-30]. http://www.scyanbian.gov.cn/zwgk/fggw/bmwj/1940060.shtml.

[15] 河南省人民政府. 河南省人民政府关于印发河南省"十四五"应急管理体系和本质安全能力建设规划的通知[EB/OL]. （2022-02-23）[2023-05-30]. https://www.henan.gov.cn/2022/02-23/2403410.html.

[16] 金沙县人民政府. 金沙县"十四五"应急体系建设规划[EB/OL]. （2022-04-01）[2023-05-30]. http://www.gzjinsha.gov.cn/zfbm/yjglj_5686904/gzdt_5686909/202204/t20220401_73208040.html.

[17] 中国医院协会信息专业委员会. 关于印发进一步完善院前医疗急救服务指导意见的通知[EB/OL]. （2022-09-25）[2023-05-30]. https://www.chima.org.cn/Html/News/Articles/6111.html.

[18] 国家卫生健康委员会. 院前医疗急救管理办法[EB/OL]. （2014-02-01）[2023-05-30]. http://www.nhc.gov.cn/wjw/c100022/202201/d2c289eadddf4b758154035c9205a736.shtml.

[19] 中华人民共和国国家卫生和计划生育委员会. 急救中心建设标准：建标 177—2016[S]. 北京：中国计划出版社，2016.

[20] 北京市卫生健康委员会. 北京市医疗卫生设施专项规划（2020年—2035年）[EB/OL]. （2021-09-10）[2023-05-30]. http://wjw.beijing.gov.cn/zwgk_20040/ghjh1/202109/t20210910_2490429.html.

[21] 北京市卫生和计划生育委员会. 北京市卫生和计划生育委员会关于印发《北京市院前医疗急救机构设置规划指导意见》的通知[EB/OL]. （2018-07-18）[2023-05-30]. https://www.beijing.gov.cn/zhengce/zhengcefagui/201905/t20190522_61329.html.

[22] 北京日报. 北京规划院前医疗急救设施465处！2022年底全部完成[EB/OL]. （2022-08-23）[2023-05-30]. https://new.qq.com/omn/20200823/20200823A0I5ZH00.html.

[23] 上海市卫生健康委员会. 关于印发《上海市医疗机构设置规划（2021—2025年）》的通知[EB/OL]. （2021-10-22）[2023-05-30]. https://wsjkw.sh.gov.cn/zxghjh/20211022/50bb0973811b44469af11e55bd983e95.html.

[24] 上海市卫生健康委员会，上海市中医药管理局. 关于印发《上海市院前医疗急救事业发展"十三五"规划》的通知[EB/OL]. （2016-12-09）[2023-05-30]. https://wsjkw.

sh. gov. cn/zxghjh/20180815/0012-56768. html.

[25] 天津市人民政府. 我市院前医疗急救服务体系"十四五"发展规划公布 2025 年底实现每 3 万人配 1 辆救护车[EB/OL]. (2021－10－18)[2023－05－30]. https：//www. tj. gov. cn/sy/tjxw/202110/t20211018_5652944. html.

[26] 武汉市急救中心[EB/OL]. [2023－05－30]. https：//baike. baidu. com/item/％E6％AD％A6％E6％B1％89％E5％B8％82％E6％80％A5％E6％95％91％E4％B8％AD％E5％BF％83/3989204.

[27] 武汉市发展和改革委员会. 市人民政府办公厅关于进一步加强全市院前急救体系建设的通知[EB/OL]. (2021－05－19)[2023－05－30]. http：//fgw. wuhan. gov. cn/zfxxgk/zfxxgk_1/zc/202107/t20210715_1739710. html.

[28] 武汉市院前医疗急救发展规划(2014—2020 年)[EB/OL]. (2021－03－26)[2023－05－30]. http：//www. doc88. com/p-54859543075028. html.

[29] 南京市人民政府办公厅. 市政府办公厅关于印发南京市 2018—2020 年医疗卫生服务体系规划的通知[EB/OL]. (2018－05－15)[2023－05－30]. https：//www. nanjing. gov. cn/xxgkn/zfgb/201812/t20181207_1290555. html.

[30] 应急物资[EB/OL]. [2023－05－30]. https：//baike. baidu. com/item/％E5％BA％94％E6％80％A5％E7％89％A9％E8％B5％84/9001771？fr＝Aladdin.

[31] 中华人民共和国民政部. 救灾物资储备库建设：建标 121—2009[S]. 北京：中国计划出版社,2009.

[32] 张大伟. 安徽省应急管理厅印发《安徽省应急物资保障规划(2021－2025 年)》[EB/OL]. (2022－04－02)[2023－05－30]. http：//yjt. ah. gov. cn/xwdt/gzdt/146557511. html.

[33] 山东省人民政府办公厅. 山东省人民政府办公厅关于印发《山东省应急物资储备体系建设规划(2020—2030 年)》的通知[EB/OL]. (2020－12－29)[2023－05－30]. http：//www. shandong. gov. cn/art/2020/12/29/art_107851_109947. html.

[34] 莱州市政府公办室. 莱州市应急物资储备体系建设规划(2022—2030 年)[EB/OL]. (2022－05－25)[2023－05－30]. http：//www. laizhou. gov. cn/art/2022/5/25/art_44602_2946588. html.

[35] 桓台县人民政府办公室. 桓台县应急物资储备体系建设规划(2021—2030 年)[EB/OL]. (2021－09－14)[2023－05－30]. http：//www. huantai. gov. cn/gongkai/site_htxrmzfbgs/channel_c_5f9f6c9be592f315dca00f94_n_1605682846. 6681/doc_6145aeda26a3b6a4f06c181e. html.

•[36] 费县人民政府. 费县人民政府办公室关于印发《费县应急物资储备体系建设规划(2021—2030 年)》的通知[EB/OL]. (2021－12－29)[2023－11－20]. http：//www. feixian. gov. cn/info/1108/130230. htm.

[37] 河东区应急管理局. 《临沂市应急物资储备体系建设规划(2021—2030 年)》的解读[EB/OL]. (2022－08－29)[2023－05－30]. http：//hedong. gov. cn/info/

2572/115637.

[38] 全国物流标准化技术委员会,全国物流信息管理标准化技术委员会.物流术语:GB/T 18354—2021[S].北京:国家市场监督管理总局,2021.

[39] 中华人民共和国应急管理部.国家减灾委员会关于印发《"十四五"国家综合防灾减灾规划》的通知[EB/OL].(2022－07－21)[2023－05－30].https://www.mem.gov. cn/gk/zfxxgkpt/fdzdgknr/202207/t20220721_418698.shtml.

[40] 疫情下我国应急物流短板待补[EB/OL].(2020－04－15)[2023－05－30].https:// m.gmw.cn/toutiao/2020-04/15/content_1301147006.htm?tt_from＝copy_link&tt_ from＝copy_link&utm_campaign＝client_share&timestamp＝1658572405&app＝news_ article&utm_source＝copy_link&utm_medium＝toutiao_android&use_new_style＝1&req_ id＝20220723183325010130037 1441C4EAEFF&share_token＝3a019847-1ad0-429d-afba- c9e04e4622c0&group_id＝6815718070468739598.

[41] 重走武汉抗疫路!蒙牛打造"三位一体"优质应急物流仓储管理体系[EB/OL].(2020－ 10－15)[2023－05－30].https://www.toutiao.com/article/6883765270096118276/?app ＝news_article&timestamp＝1658572064&use_new_style＝1&req_id＝ 20220723182743010131035 0741D4C895B&group_id＝6883765270096118276&share_ token＝974ff226-46c3-4de3-9169-031d605c7441&tt_from＝copy_link&utm_source＝ copy_link&utm_medium＝toutiao_android&utm_campaign＝client_share&source＝ m_redirect.

[42] 澎湃新闻.新冠疫情席卷全球,智慧物流遭遇危机还是邂逅转机?[EB/OL].(2022－ 07－22)[2023－05－30].https://www.thepaper.cn/newsDetail_forward_19129174.

[43] 周晛.发改委:拟面向大城市建一批城郊大仓[EB/OL].(2022－12－29)[2023－05－ 30].https://www.toutiao.com/article/7182453130507125263/?app＝news_ article&timestamp＝1672305198&use_new_style＝1&req_id＝20221229171317 CE28289657C7DB01434C&group_id＝7182453130507125263&tt_from＝mobile_ qq&utm_source＝mobile_qq&utm_medium＝toutiao_android&utm_campaign＝client_ share&share_token＝dd098b63-f1a5-497a-8cc4-bbdbd1f3f0d6&source＝m_redirect.

[44] 邹娟.上海市内外设3处生活物资保供中转站,全程"无接触"物流[EB/OL].(2022－ 04－15)[2023－05－30].https://www.toutiao.com/article/7086811191493788168/?app ＝news_article&timestamp＝1658583521&use_new_style＝1&req_id＝ 20220723213841010133049 1480B59F147&group_id＝7086811191493788168&share_ token＝c887ae2c-a1a9-4a10-994a-ed6502072449&tt_from＝copy_link&utm_source＝ copy_link&utm_medium＝toutiao_android&utm_campaign＝client_share&source＝ m_redirect.

[45] 新京报.物流企业驰援上海,为战疫保供注入市场化力量[N/OL].(2022－04－16) [2023－05－30].https://www.toutiao.com/article/7087183876279566882/?app＝ news_article&timestamp＝1658583908&use_new_style＝1&req_id＝

2022072321450701014017111441A5B26F1&group_id＝7087183876279566882&share_token＝f4cea92c-9b99-4832-bccc-65996e069e33&tt_from＝copy_link&utm_source＝copy_link&utm_medium＝toutiao_android&utm_campaign＝client_share&source＝m_redirect.

［46］新京报.绿色通道已开启,这些物流企业正在助力武汉！［N/OL］.（2020-01-25）［2023-05-30］. https：//baijiahao. baidu. com/s? id＝16566920650122199758&wfr＝spider&for＝pc.

［47］湖北确定5个应急物流中转园区 保应急物资进鄂［EB/OL］.（2020-02-04）［2023-05-30］. https：//m. gmw. cn/toutiao/2020-02/04/content_123058246. htm? tt_from＝copy_link&tt_from＝copy_link&utm_campaign＝client_share&timestamp＝1658570950&app＝news_article&utm_source＝copy_link&utm_medium＝toutiao_android&use_new_style＝1&req_id＝202207231809100101401950120 14F0C1F&share_token＝9fcae30b-26f1-4058-af11-ac85834bd030&group_id＝6789492712111342094.

［48］上海法治报.最近,这个"临时警务站"撤走了［N/OL］.（2022-06-13）［2023-11-06］. https：//www. jingan. gov. cn/rmtzx/003008/003008005/20220613/103e9f4f-9c3b-4fbf-9862-71ef364ddfd4. html.

［49］台湾省政府住宅及都市发展处市乡规划局. 都市防灾规划研究［R］.南投,1999.

［50］李繁彦. 台北市防灾空间规划［J］.城市发展研究,2001(6)：1-8.

［51］戴瑞文. 地震灾害之防灾系统空间规划及灾害潜势风险评估之研究［D］.台南：成功大学都市计划研究所,1995.

14 应急保障基础设施规划

14.1 应急水源

14.1.1 基本概念

根据《城市供水应急和备用水源工程技术标准》(CJJ/T 282—2019),应急水源:为应对突发性水源污染而建设,水源水质基本符合要求,且具备与常用水源快速切换运行能力的水源,通常以最大限度满足城市居民生存、生活用水为目标[1]。

备用水源:为应对极端干旱气候或周期性咸潮、季节性排涝等水源水量或水质问题导致的常用水源可取水量不足或无法取用而建设,能与常用水源互为备用、切换运行的水源,通常以满足规划期城市供水保证率为目标。

根据《城市综合防灾规划标准》(GB/T 51327—2018),应急保障水源:突发灾害应对中,承担保障基本生活和应急救灾的市政供水水源[2]。

应急保障水厂:突发灾害应对中,承担保障基本生活和救灾应急供水的水质净化处理厂,包括主要水处理建(构)筑物、配水井、送水泵房、中控室、化验室等设施。

14.1.2 规划内容

在国土空间规划领域,对应急水源的规划内容主要包括应急水源的用地选址、空间布局、防护要求等。

《城市供水应急和备用水源工程技术标准》(CJJ/T 282—2019)对应急水源和备用水源工程建设做出了规定[1]。

(1) 基本规定

① 应急水源和备用水源的建设应依据城市总体规划和给水工程专项规划,结合城市近、远期发展规划和应急、备用供水需求,合理确定建设规模和水源布局,统筹协调应急水源、备用水源和常用水源的关系。

② 应急水源和备用水源的选择应以水资源综合利用规划为依据,应满足应急、备用水量和水质及可持续利用的要求。

③ 应急水源和备用永源可统筹考虑,建设一处水源,兼顾应急和备用的功能。

④ 应急水源应具有快速启动的功能。

⑤ 应急水源和备用水源在具备条件时可部分参与正常供水。

⑥ 备用水源应采用与常用水源相同的保护标准和措施,应急水源根据实际情况采取必要的保护标准和措施。

(2) 一般规定

① 应急水源和备用水源工程规划应遵循应急、备用与常用供水设施统筹协调、近远结

合、经济合理的原则。

② 应急水源和备用水源工程规划应包括下列主要内容：水源风险评估及应急水源和备用水源建设的必要性、可行性论证；应急、备用水量预测与供需平衡分析；水源工程布局；供水调度方案；水源保护和管理。

③ 应急水源和备用水源建设的必要性和可行性，应根据水源水质和水量风险、可能的影响范围及人口、水资源条件、城市规模及经济社会条件等因素充分论证。

④ 应急水源和备用水源工程规划的期限和范围应与城市总体规划的期限和范围一致。

⑤ 应对应急水源和备用水源供水工况进行分析，确定应急水源和备用水源供水的调度方案。

（3）水源地要求

① 应急水源和备用水源地应根据应急、备用供水规模和水源特性、取水方式、调节设施大小等合理布置，并应节约用地。

② 应急水源和备用水源地应设置必要的水源保护设施，并应符合现行行业标准《饮用水水源保护区标志技术要求》（HJ/T 433—2008）[3]、《饮用水水源保护区划分技术规范》（HJ 338—2018）[4]及当地环保、卫生防疫等部门的规定。

③ 选用地下水作为应急和备用水源时，应根据应急水源和备用水源的开采方案，进行可开采量分析评价，并应采用开采与养蓄相结合的方式。

《"十四五"全国城市基础设施建设规划》（建城〔2022〕57 号）提出提高城市应急供水救援能力建设水平[5]。构建城市多水源供水格局，加强供水应急能力建设，提高水源突发污染和其他灾害发生时城市供水系统的应对水平。加强国家供水应急救援基地设施运行维护资金保障，提高城市供水应急救援能力。

14.1.3　案例解析

14.1.3.1　长江经济带

2016 年 9 月，水利部正式印发由长江委牵头组织编制完成的《长江经济带沿江取水口、排污口和应急水源布局规划》（水资源函〔2016〕350 号）。

（1）应急水源现状

目前，92 个地级以上城市中有 40 个城市已建成应急备用水源，40 个城市已完成应急备用水源地选址，两者之和占总数的 87%；南京、鹰潭、株洲、湘潭、衡阳、永州、吉首、内江、巴中、资阳、马尔康、都匀等 12 个城市尚未完成应急备用水源地规划选址。92 个地级以上城市中已经建成、正在建设或改（扩）建以及规划的应急水源中，主要为地表水源，地下水应急水源供水能力不到 1%。各地级以上城市已建或已完成规划水源选址的应急水源名称见表 14-1。

表 14-1 各省(直辖市)应急水源现状统计表[6]

省(直辖市)	已建应急水源城市	已完成应急水源选址城市	尚未确定应急水源城市
上海市	上海市		
江苏省	无锡市、扬州市、苏州市、镇江市、泰州市	常州市、南通市	南京市
浙江省	杭州市、嘉兴市、湖州市		
安徽省	马鞍山市、滁州市、铜陵市	合肥市、芜湖市、安庆市、池州市、宣城市	
江西省	赣州市	南昌市、景德镇市、萍乡市、九江市、新余市、吉安市、宜春市、抚州市、上饶市	鹰潭市
湖北省	宜昌市、孝感市、随州市、咸宁市	武汉市、黄石市、荆州市、十堰市、襄阳市、鄂州市、荆门市、黄冈市、恩施土家族苗族自治州(恩施市)	
湖南省	长沙市	邵阳市、岳阳市、常德市、张家界市、益阳市、郴州市、怀化市、娄底市	株洲市、湘潭市、衡阳市、永州市、湘西土家族苗族自治州(吉首市)
重庆市	重庆市		
四川省	成都市、自贡市、攀枝花市、德阳市、广元市、遂宁市、乐山市、眉山市、宜宾市、雅安市、甘孜藏族自治州(康定市)	泸州市、绵阳市、南充市、广安市、达州市、凉山州(西昌市)	内江市、巴中市、资阳市、阿坝藏族羌族自治州(马尔康市)
贵州省	六盘水市、遵义市、毕节市、铜仁市、黔东南苗族侗族自治州(凯里市)	贵州市	黔南布依族苗族州(都匀市)
云南省	昆明市、昭通市、丽江市、楚雄彝族自治州(楚雄市)、迪庆藏族自治州(香格里拉市)		
合计城市/个	40	40	12

(2)战略定位和主要任务

战略定位:主要是针对长江经济带,沿江取水口、排污口布局不合理,应急供水安全保障能力不足等问题,提出突发水污染事件时保障重要城市供水安全的应急水源布局规划意见。

主要任务:以提高城市供水安全保障和应急供水能力为目标,重点针对突发水污染事故提出城市应急水源布局方案。

(3)规划范围

应急水源布局规划覆盖长江经济带,涉及长江流域 145 万 km² 范围内的 11 个省(直辖市)的 92 个地级以上城市(含 9 个自治州政府所在地)(表 14-2)。

表 14-2　应急水源布局规划区涉及地级市以上城市名录[6]

省（直辖市）	地级及以上城市	城市数量/个
上海市	上海市	1
江苏省	南京市、泰州市、扬州市、镇江市、南通市、常州市、无锡市、苏州市	8
浙江省	杭州市、嘉兴市、湖州市	3
安徽省	合肥市、马鞍山市、芜湖市、宜城市、铜陵市、池州市、安庆市、滁州市	8
江西省	南昌市、景德镇市、萍乡市、九江市、新余市、鹰潭市、赣州市、吉安市、宜春市、抚州市、上饶市	11
湖北省	武汉市、黄石市、襄阳市、十堰市、荆州市、宜昌市、荆门市、鄂州市、孝感市、黄冈市、咸宁市、随州市、恩施土家族苗族自治州（恩施市）	13
湖南省	长沙市、株洲市、湘潭市、衡阳市、邵阳市、岳阳市、常德市、张家界市、益阳市、郴州市、永州市、怀化市、娄底市、湘西土家族苗族自治州（吉首市）	14
重庆市	重庆市	1
四川省	成都市、绵阳市、自贡市、攀枝花市、泸州市、德阳市、广元市、遂宁市、内江市、乐山市、南充市、宜宾市、广安市、达州市、眉山市、雅安市、巴中市、资阳市、阿坝藏族羌族自治州（马尔康市）、甘孜藏族自治州（康定市）、凉山彝族自治州（西昌市）	21
云南省	昆明市、昭通市、丽江市、楚雄彝族自治州（楚雄市）、迪庆藏族自治州（香格里拉市）	5
贵州省	贵阳市、六盘水市、遵义市、铜仁市、毕节市、黔东南苗族侗族自治州（凯里市）、黔南布依族苗族自治州（都匀市）	7
合计		92

（4）规划目标

到 2020 年，实现取水口、入河排污口和应急水源布局基本合理，单一水源供水的地级以上城市基本完成应急备用水源建设，应急备用水源应具备不少于 7 d 的供水能力。到 2030 年，形成城市供水及应急水源安全保障体系。

（5）应急水源布局规划措施

应急水源布局规划主要是立足现状，提出突发水污染事故时保障城市用水安全的规划意见。各城市应急水源应以河流、水库、湖泊等地表水源为主，地下水源为辅；应急备用水源应当具备不少于 7 d 的供水能力，且供水水质应优于Ⅲ类水标准；各地市人民政府应当按照水源互补、科学调度的原则，合理规划、建设应急备用水源和跨行政区域的联合供水项目，鼓励地理位置相近的地级城市建立共同的应急水源；提高城市供水系统安全程度和应对突发事件能力，并按照《国家突发公共事件总体应急预案》要求，结合实际编制应急供水预案。

14.1.3.2　南京市

2019 年 3 月，南京市确定建设以杨库水库为应急水源地，以城南水厂、北河口水厂为应急供水水厂的主城应急水源系统。2021 年 9 月，主城区 400 多万居民基本生产生活用水有了安全"备份"。为实现全市应急水源全覆盖目标，江北地区、江宁区也分别建设以三岔水库、新济洲凤凰湖为应急水源地的应急水源系统，应急供水规模均为 65 万 m³/d[7]。

目前,南京市现有省政府批准的县级以上集中式饮用水水源地 10 个(长江 8 个,水库、湖泊各 1 个),其中常用 8 个、备用 2 个;区级以上公共供水企业 6 家,共有 13 座制水厂。至 2020 年年底,总供水能力已达 520 万 t/d,日均供水量约 321 万 t。

14.1.3.3　南通市

根据《省政府关于江苏省长江经济带沿江取水口排污口和应急水源布局规划实施方案的批复》要求,南通市要落实有关排污口整治和应急水源建设任务。通过落实方案,到 2020 年实现长江经济带南通沿江入河排污口和应急水源布局基本合理的总目标,重要水功能区水质明显改善,城市供水安全保障体系基本形成(表 14-3)[8]。

表 14-3　南通市应急水源地建设工程实施计划[8]

地级行政区	南通市
县级行政区	主城区
应急水源工程名称	李港水厂应急水库建设工程
工程主要建设内容	结合李港水厂建设,建成李港水厂应急水库,库容 300 万 m^3
水厂名称	李港水厂
供水范围	市区、通州、如东
供水规模/(万 $m^3 \cdot d^{-1}$)	60
水源地类型	水库
实施时间	2020 年

14.1.3.4　肇庆市

《肇庆市城市饮用水源地安全保障规划(2021—2035)》将肇庆市应急备用水源地分为 6 个分区,分别为江北中心城市带供水系统、高要区供水系统和封开县、德庆县、怀集县、广宁县等山区 4 县供水系统。在常规水源地及原有的供水系统基础上,通过对供水管挖潜和适度改造提升,完善各区供水系统之间的联网,提高现有系统的抗风险能力(表 14-4)[9]。

表 14-4　肇庆市应急备用水源规划情况(2013 版)[9]

规划分区	应急备用水源	备注
江北中心城市带	各区供水管网实现互联,西江、绥江、北江互为备用,九坑河水库为端州区、鼎湖区、肇庆新区第一备用水源	四会市城区广利供水工程完工后,绥江作为四会市城区备用
高要区	杨梅水库	新兴江治理改善后,可作为补充备用水源
封开县城	西江	
德庆县城	冲源水库	
怀集县城	中洲河	第二水厂完成后
广宁县城	诗洞河	近期以西门坑为应急备用水源

14.1.3.5　江门市

江门市蓬江区、江海区、新会区西江片和大鳌片、鹤山市以西江过境水为主要常规水源,新会区银洲湖东片和西片、台山市、开平市、恩平市以水库为主要常规水源。因此,在讨论应急备用水源工程时,蓬江区、江海区、新会区及鹤山市主要规划针对西江发生突发性水污染事件时的应急备用水源工程,台山市、开平市及恩平市主要规划针对特殊枯水年与连续干旱年的应急备用水源工程[10]。江门市各分区应急备用水源规划方案汇总成果如表 14 - 5所示。

表 14 - 5   江门市各分区应急备用水源规划方案[10]

规划分区		备用水源	备注
蓬江区、江海区		那咀水库、那围水库	联合供水
新会区	西江片	潭江大泽牛勒、石涧水库、潭江鸣乔	近期
		东方红水库、龙潭水库、潭江鸣乔	远期
	银州湖东片	石板沙水道	
	银州湖西片	东方红水库	
	大鳌片	东方红水库	
台山市		合水水闸上游河段	近期
		大隆洞水库	远期
平开市		龙山水库	首选备用水源
		潭江开平段	补充备用水源
鹤山市		四堡水库	
恩平市		锦江、凤子山水库	首选备用水源
		锦江河	补充备用水源

14.2   应急电源

14.2.1   基本概念

根据《民用建筑电气设计标准》(GB 51348—2019),备用电源:当正常电源断电时,由于非安全原因用来维持电气装置或其某些部分所需的电源[11]。将应急电源用作应急供电系统组成部分的电源。

14.2.2   规划内容

在国土空间规划领域,对应急电源的规划内容主要包括应急电源的用地选址、空间布局、防护要求等。

《重要电力用户供电电源及自备应急电源配置技术规范》(GB/T 29328—2018)对重要电力用户的界定、分级和自备应急电源配置原则做出了规定[12]。

（1）重要电力用户的界定

① 重要电力用户是指在国家或者一个地区（城市）的社会、政治、经济生活中占有重要地位，供电中断将可能造成人身伤亡、较大环境污染、较大政治影响、较大经济损失、社会公共秩序严重混乱的用电单位或对供电可靠性有特殊要求的用电场所。

② 重要电力用户的认定按电力安全事故应急处置和调查处理条例要求，由县级以上地方人民政府电力主管部门组织供电企业和用户统一开展，采取一次认定，每年审核新增和变更的重要电力用户。

（2）重要电力用户分级

① 根据供电可靠性的要求以及供电中断的危害程度，重要电力用户可分为特级、一级、二级重要电力用户和临时性重要电力用户。

② 特级重要电力用户是指在管理国家事务中具有特别重要的作用，供电中断将可能危害国家安全的电力用户。

③ 一级重要电力用户是指供电中断将可能产生下列后果之一的电力用户：直接引发人身伤亡的；造成严重环境污染的；发生中毒、爆炸或火灾的；造成重大政治影响的；造成重大经济损失的；造成较大范围社会公共秩序严重混乱的。

④ 二级重要电力用户是指供电中断将可能产生下列后果之一的电力用户：造成较大环境污染的；造成较大政治影响的；造成较大经济损失的；造成一定范围社会公共秩序严重混乱的。

⑤ 临时性重要电力用户是指需要临时特殊供电保障的电力用户。

（3）自备应急电源配置原则

① 重要电力用户均应配置自备应急电源，电源容量至少应满足全部保安负荷正常启动和带载运行的要求。

② 重要电力用户的自备应急电源应与供电电源同步建设、同步投运，可设置专用应急母线，提升重要用户的应急能力。

③ 自备应急电源的配置应依据保安负荷的允许断电时间、容量、停电影响等负荷特性，综合考虑各类应急电源在启动时间、切换方式、容量大小、持续供电时间、电能质量、节能环保、适用场所等方面的技术性能，合理地选取自备应急电源。

④ 重要电力用户应具备外部应急电源接入条件，有特殊供电需求及临时重要电力用户，应配置外部应急电源接入装置。

⑤ 自备应急电源应符合国家有关安全、消防、节能、环保等相关技术标准的要求。

⑥ 自备应急电源应配置闭锁装置，防止向电网反送电。

14.2.3 案例解析

（1）杭州市

杭州电网 1 号应急电源基地将执行杭州电网的电能质量调节、现场移动保电、带电作业保电等任务。杭州电网 1 号应急电源基地由 4 辆一体式移动储能车、2 个移动储能舱和 8 个移动储能舱 3 部分组成，储存电量总计 2 万 kW·h，能支撑 2 万台空调同时开启[13]。

萧山 220 kV 凤凰变电站将为 2022 年亚运会主会场、亚运村供电。2020 年 1—8 月，该站单日最大负荷峰谷差达 3.81 万 kW。在夏季用电高峰,杭州电网 1 号应急电源基地储能系统可通过晚上存储、白天释放电能的方式,弥补凤凰变电站用电高峰时的供电能力缺口。

（2）天津市

《天津市电力发展"十四五"规划》对天津市应急电源提出了规定[14]。

① 构建电力安全保障体系。建设坚强局部电网。在全国范围内率先建成坚强局部电网,形成"坚强统一电网联络支撑、本地保障电源分区平衡、应急自备电源承担兜底、应急移动电源作为补充"的四级保障体系,提升在极端状态下的电力供应保障能力。实施保障电源建设重点工程,推动军粮城电厂、城南燃气电厂和杨柳青电厂具备孤岛运行能力。

保障电源建设项目,自备应急电源建设工程。针对部分目标重要用户未配置应急自备电源或配置容量不达标问题,实施用户侧自备应急电源建设项目 12 项。实施目标重要用户电源线优化工程,实施天津广播电视电影集团技术中心 10 kV 电源线优化工程和中国电信集团公司天津市电信分公司 10 kV 电源线优化工程,满足纳入坚强局部电网保障的重要电力用户应至少具备两路独立电源供电,其中一路电源为"生命线"通道的要求。

② 加速电力绿色低碳转型。应急调峰电源。按照国家部署要求,积极推动大港电厂现役机组退而不拆作为应急备用电源;建设华能临港燃机第二套机组;推动北郊热电厂项目,争取"十四五"期间开工;继续推进蓟州抽水蓄能项目前期工作。

14.3　应急通信

14.3.1　基本概念

我国是一个灾难频发、多发的国家,特别是地震等自然灾害时有发生,给国民经济和人民生命财产造成了很大的损失,而保持信息通畅是抢险救灾的关键保障,通信是救灾的生命线,从预警发布、救灾指挥、信息报送到灾民联络等各个环节,通信无处不在,贯穿始终。

现代意义的应急通信,一般指在出现自然的或人为的突发性紧急情况时,同时包括重要节假日、重要会议等通信需求骤增时,综合利用有线、无线、卫星等各种通信资源,保障应急指挥、紧急救援救助和必要通信所需的通信手段和方法,是一种具有暂时性的、为应对自然或人为紧急情况而提供的特殊通信机制。应急通信的类型包括:应急卫星网、短波网、各类车载应急通信系统、小型便携通信终端等。

14.3.2　规划内容

在国土空间规划领域,对于应急通信设施,需要明确的内容是应急通信设施的类型、关键应急通信设施的用地选址、空间布局、建设标准、防护要求等。具体要求可以参考《应急指挥通信保障能力建设规范(征求意见稿)》《卫生应急卫星通信系统技术规范》(DB32/T 3162—2016)等行业规范和地方标准。

14.3.3　案例解析

（1）《"十四五"国家应急体系规划》

国务院于 2022 年 2 月印发的《"十四五"国家应急体系规划》指出：应急通信和应急管理信息化建设是综合支撑能力提升工程中的一项，旨在构建基于天通、北斗、卫星互联网等技术的卫星通信管理系统，实现应急通信卫星资源的统一调度和综合应用。提高公众通信网整体可靠性，增强应急短波网覆盖和组网能力。实施智慧应急大数据工程，建设北京主数据中心和贵阳备份数据中心，升级应急管理云计算平台，强化应急管理应用系统开发和智能化改造，构建"智慧应急大脑"。采用 5G 和短波广域分集等技术，完善应急管理指挥宽带无线专用通信网。推动应急管理专用网、电子政务外网和外部互联网融合试点。建设高通量卫星应急管理专用系统，扩容扩建卫星应急管理专用综合服务系统。开展北斗系统应急管理能力示范创建工作[15]。

（2）广东省

《广东省应急管理"十四五"规划》提出完善应急通信网络，提升卫星、短波、现场自组网等非常规通信能力，构建布局合理、技术先进、自主可控的应急通信网络体系。推进卫星地面站、通信指挥保障车、卫星电话、单兵图传、无人机、宽窄带集群等应急通信设备应用，保障"断网断电断路"等极端情况下的通信能力，使灾害事故救援现场应急通信保障率达到 100%。加快偏远地区应急通信基础设施建设，提升区域通信网络保障能力。推动省、市、县（市、区）应急通信保障队伍建设，强化通信技术装备配备[16]。

（3）福建省

《福建省"十四五"应急体系建设专项规划》（闽政办〔2021〕41 号）提出，强化应急通信准备是加强重大灾害事故应对准备的重要组成部分[17]。具体内容包括：全面建成空、天、地、海一体化的应急通信网络体系。充分整合相关部门应急通信资源，构建由应急指挥信息网和国家电子政务外网、互联网、卫星通信网、无线通信网等共同组成的应急通信网络，为应急救援指挥提供统一高效的通信保障。省政府相关部门主导建成窄带数据集群系统，保障抢险救援现场指挥调度的稳定无线通信。按照"资源集约"原则，基于 370 MHz 应急专用无线电频率建设应急指挥窄带无线通信网，分级建设固定和移动设施，构建部、省、市、县四级联通、固移结合的应急指挥窄带无线通信网。消防救援、森林消防队伍完成终端配备及入网，按需补充建设所需通信设施，基本实现重点任务区域无线通信网覆盖逐步过渡到应急指挥窄带无线通信网。加强公众通信网络多路由、多节点和关键基础设施的容灾备份体系建设，在灾害多发易发地区、关键基础设施周边区域建设一定数量的塔架坚固抗毁、供电双备份、光缆卫星双路由的超级基站，提升公众通信网络防灾抗毁能力。加强应急通信装备体系建设，推进基层各类专业救援队伍和应急机构配备通信终端，强化现场应急通信保障。

在重点工程方面，提出要构建空、天、地、海一体的应急通信网络，加强应急通信及感知网络体系建设。具体包括采用 5G、软件定义网络（SDN）、IPv6、专业数字集群（PDT）等技术，运用综合专网、互联网、宽窄带无线通信网、北斗卫星、通信卫星、无人机、移动装备、单兵装备等手段，建成空、天、地、海一体、全域覆盖、全程贯通、韧性抗毁的应急通信网络。构建全省覆盖的感知网络体系。通过物联感知、卫星遥感感知、航空感知、视频感知和全民感知等感知途径,依托应急通信网络、公共通信网络和低功耗广域网,构建福建省全域覆盖的感知数据采集体系,实现对自然灾害易发多发频发地区和高危行业领域全方位、立体化、无盲区动态监测,为全省风险信息多维度分析提供数据支撑。

(4)晋江市

《晋江市"十四五"应急体系建设专项规划》中提出,构建天地一体、全域覆盖、全程贯通、韧性抗毁的应急通信网络,实现应急救援天、空、地一体化全方位的应急通信网络和救援现场移动指挥通信系统。加强无线电频率管理,满足应急状态下海量数据、高宽带视频传输和无线应急通信等业务需要。加强公众通信网络多路由、多节点和关键基础设施的容灾备份体系建设,在灾害多发易发地区、关键基础设施周边区域建设一定数量的塔架坚固抗毁、供电双备份、光缆卫星双路由的超级基站,提升公众通信网络防灾抗毁能力。支持基层各类专业救援队伍和应急机构配备小型便携应急通信终端。

加强城市应急感知网络建设。利用物联网、航空遥感、视频识别、移动互联等技术统筹推进自然灾害监测感知、安全生产感知、城市安全感知和应急处置现场感知等网络建设。实现感知设备的统筹部署和全域的感知监测,进行多模态信息采集,规范化数据采集和划分,提高采集精度和效率[18]。

(5)淄博市

淄博市建成地市级三网融合应急通信网络,实现 370 MHz 窄带通信网络、卫星通信网络和应急指挥信息网络深度融合,打通各级应急指挥中心与救援现场"最后一公里"。

淄博市以南部山区为重点,建成 7 个 370 MHz 固定基站,配备 5 套 370 MHz 背负式基站,并为各市直有关部门单位、区县和 661 个洪涝灾害重点村配备了 370 MHz 手持终端共计 1 100 部,保障全市 370 MHz 网络通信全覆盖。同时,配备了 3 台卫星便携站,实现音视频、数据传输,同时在各级各有关部门单位、重点村(居)配备卫星电话 435 部,为极端天气下应急指挥调度实时通信提供保障,保障全时全域通信畅通。在应急指挥信息网络建设方面,先后开发应急指挥平台视频会商、指挥调度和融合通信等功能,并配备了应急指挥车(1 辆)、通信保障车(1 辆)、单兵(46 部)、无人机(16 台)、布控球(13 台)等通信装备[19]。

14.4   应急气源

14.4.1   基本概念

应急气源:在发生突发状况时,为保障城市正常运行、居民生活而准备的气源储备。

14.4.2   规划内容

在国土空间规划领域,对应急气源的规划内容主要包括应急气源的用地选址、空间布局、规模容量、防护要求等。

2018 年 4 月 26 日,国家发展改革委和国家能源局发布了《关于加快储气设施建设和完善储气调峰辅助服务市场机制的意见》(发改能源规〔2018〕637 号),对储气能力指标做出规定[20]。

供气企业应当建立天然气储备,到 2020 年拥有不低于其年合同销售量 10% 的储气能力,满足所供应市场的季节(月)调峰以及发生天然气供应中断等应急状况时的用气要求。

县级以上地方人民政府指定的部门会同相关部门建立健全燃气应急储备制度,到 2020 年至少形成不低于保障本行政区域日均 3 d 需求量的储气能力,在发生应急情况时必须最大限度保证与居民生活密切相关的民生用气供应安全可靠。

北方采暖的省(区、市),尤其是京津冀大气污染传输通道城市等,宜进一步提高储气标准。

城镇燃气企业要建立天然气储备,到 2020 年形成不低于其年用气量 5% 的储气能力。

不可中断大用户,要结合购销合同签订和自身实际需求统筹供气安全,鼓励大用户自建自备储气能力和配套其他应急措施。

储气设施类型包括:一是地下储气库,含枯竭油气藏、含水层、盐穴等;二是沿海液化石油气(LNG)接收站或调峰站、储配站等;三是陆上(含内河等)具备一定规模,可为下游输配管网、终端气化站等调峰的液化石油气(LNG)、压缩天然气(CNG)储罐等。

14.4.3 案例解析

(1)沿海地区 LNG 储运体系

① 沿海 LNG 接收站建设现状。截至 2019 年年底,我国已建成投产的 LNG 接卸泊位 19 个,设计通过能力约 1 亿 t/a,接收站核准系统接收能力约 6 100 万 t/a;在建项目共计 4 处,分别位于盐城港滨海港区、温州港大小门岛港区、厦门(漳州)后石港区和深圳港大鹏港区。各大型 LNG 接收站泊位配套储罐以 2~4 个 16 万 m^3 的储罐规模为主,规模普遍较小,储运系统能力不足,调峰和跨区域调节能力有限。目前有多个已建接收站的储罐、气化装置和管线等配套设施在逐渐扩能完善中,沿海 LNG 接收站整体的接收能力在逐步提升中[21]。我国沿海港口已建 LNG 接收站泊位(具有接卸功能泊位)设施现状如表 14-6 所示。

表 14-6　截至 2019 年年底我国沿海港口已建 LNG 接收站码头现状[21]

所在港口	所在港区	主体	投产年份	设计靠泊最大船型/万 m^3
大连港	鲇鱼湾港区	中石油	2011	26.7
唐山港	曹妃甸港区	中石油	2014	27.0
天津港	大港港区	中石化	2018	26.6
	南疆港区	中海油	2013	26.6
青岛港	董家口港区	中石化	2014	27.0
南通港	洋口港区	中石油	2011	26.7
	吕四港区	广汇能源	2017	15.1
上海港	洋山港区	申能集团	2008	21.5
	外高桥港区	上海天然气管网公司	2008	9.0
宁波舟山港	穿山港区	中海油	2000	26.6
	白泉港区	新奥团	2018	26.6

所在港口	所在港区	主体	投产年份	设计靠泊最大船型/万 m³
湄洲湾港	秀屿港区	中海油	2008	21.5
揭阳港	惠来沿海港区	中海油	2017	26.7
深圳港	大鹏港区（广东大鹏）	中海油	2006	21.7
	大鹏港区（中海油迭福）	中海油	2018	26.6
珠海港	高栏港区	中海油	2013	27.0
北海港	铁山西港区	中石化	2015	26.6
海口港	马村港区	中石油	2014	4.0
洋浦港	神头港区	中海油	2014	26.7

② 沿海地区 LNG 储运体系。为了解决京津冀等重点地区的天然气保供问题,国家发展改革委正在积极研究制定沿海地区 LNG 储运体系建设和实施方案,相关储罐建设规模不仅要确保供气企业 10% 的储气能力达标,还要统筹考虑地方的 3 d、燃气公司 5% 的能力要同步建设。在新疆、重庆、东北以及湖北、湖南、江苏,这些地方由于具备地下储气库建库条件,可以引导各方通过投资地下储气库来履行储气的责任[22]。

（2）天津南港

北京燃气天津南港液化天然气应急储备项目根据国家发展改革委、能源局发布的《环渤海地区 LNG 储运体系建设实施方案（2019—2022 年）》,被列为国家督办的首要工程,是国家天然气保障体系中的重要一环。同时,也是积极响应北京市政府《民生用气保障责任书》中要求"2022 年,城市燃气企业要形成不低于其年用气量 5% 的应急储气能力"的具体举措。

天津南港液化天然气应急储备项目整体计划建设 10 座 LNG 储罐及相关配套设施,投运后应急储备能力将达到 11 亿 m³ 以上,保障首都供气,同时辐射津冀地区,提高供气系统保障度和应急保障能力。

天津南港液化天然气应急储备项目建设内容主要包括接收站、码头及外输管道 3 个部分。接收站建设 10 座 LNG 储罐及相关配套设施,应急储备能力将达到 11 亿 m³ 以上,最大气化外输能力为 6 000 万 m³/d;建设 1 座 LNG 船舶接卸码头,设计接卸能力为 500 万 t/a;新建一条外输管道,途经天津、河北两省市,终点为北京市城南末站,线路全长预计 215 km。该项目一期将完成 1 座 LNG 码头、4 座储罐及配套工艺设施、外输管线建设;二期建设 4 座储罐;三期建设 2 座储罐[23]。

（3）湖南省

按照国家发展改革委要求,地方人民政府至少形成不低于保障本行政区域日均 3 d 需求量的储气能力,湖南省政府层面 3 d 应急调峰气源气量要达到 5 000 万 m³。2021 年 6 月,湘投天然气提前锁定了 5 000 万 m³ 保供气量,打通了中海油气源入湘的国家管网和省内管网输送路径。12 月进入供暖季后,调峰气源启动[24]。

（4）西安市

当前（2021 年）,西安市每日用气量约 2 300 万 m³。为储备充足应急气源,全市 13 家管道燃气企业按照要求,落实年供气量 5% 应急气源储备规定;通过自建 LNG 设施,已形成应急气源储气能力 6 346 万 m³,最大补供量可达到 450 万 m³/d,与上游管道气可共同保障全市民生用气需要[25]。

（5）杭州东部

杭州东部 LNG 应急气源站位于钱塘区下沙枢纽,于 2015 年建成投运,占地6.48 hm²。该项目设置 1 台 10 000 m³ 全包容低温常压罐,罐直径 28 m,高 44 m,用于储存 LNG,储存的天然气可以供一户普通人家用上 3.3 万年,集城市应急气源、城市调峰补气、LNG 转运及LNG/CNG 汽车加气等多功能于一体,综合功能应用属国内首创。该项目的顺利建成,大大提高了杭州市用气高峰期天然气供应的稳定性和安全性,加快了杭州天然气"多点接气、环状供应"管网格局建设[26]。

14.5　应急热源

14.5.1　基本概念

应急热源:在发生突发状况时,具备与常用热源快速切换运行能力的热源,通常以最大限度满足城市居民用热为目标。

14.5.2　规划内容

在国土空间规划领域,对应急热源的规划内容主要包括应急热源的用地选址、空间布局、防护要求等。

14.5.3　案例解析

（1）北京市

2017 年 11 月,北京在试供暖期首次增加了 3 个临时应急热源,分别是石景山大唐高井电厂、松榆里热源厂和国华一热。华能北京热电厂燃煤机组停机后,将一期燃煤机组作为北京市热网应急备用热源。

《北京市"十四五"时期供热发展建设规划》(京管发〔2022〕16 号)要求,实施首都功能核心区供热锅炉清洁转型,提升首都功能核心区环境空气质量及供热保障能力。按照"优先电力、优先并入热网"的原则,推进 72 座燃油供热锅炉房清洁转型。将二热燃重油锅炉房改造成绿色、安全的应急热源中心。研究燃气供热锅炉房绿色转型技术路径,推进实施试点示范。构建更加清洁、安全、低碳的首都功能核心区供热体系[27]。

（2）包头市

2022 年 1 月 20 日晚间,包头市华电河西电厂 2#机组辅机发生故障,青山区、稀土高新区近 900 万 m² 供热区域受到严重影响。故障发生后,按照包头市供热应急预案要求,紧急启动阿东热源厂应急热源,保障燃气正常供应。截至 1 月 21 日晚间,阿东热源厂三台备用燃气锅炉满负荷投运,受影响区域已全面实现正常供热。22 日凌晨 3 台燃气锅炉正式启动。

截至 23 日,阿东热源厂已启动 3 台 29 MW 燃气锅炉,每台锅炉出力 70%,锅炉循环流量达 1 288 t/h,锅炉出水温度 87 ℃,整体运行工况良好[28]。

（3）其他城市

内蒙古锡林浩特:第二发电厂、锡林浩特热源厂为备用热源厂[29]。

山西运城:运城热力有限公司城西热源厂为调峰备用热源[30]。

辽宁营口:滨海热电厂的循环硫化床蒸汽锅炉、营口热电集团第三热源厂为备用热源[31]。

河南许昌:首山电厂建成后将向中心城区提供热源,同时关停能信电厂。天健电厂、宏伟电厂、瑞达生物热源厂将在新热源启用后陆续关停或转为备用热源厂[32]。

河南洛阳:4 个区域锅炉房分别是东区临时热源、东区热源厂、九都路集中供热中心和伊滨区一号热源厂,根据节能减排清洁生产相关要求,这些燃煤供热锅炉需要关停并作为备用热源[33]。

14.6　数据灾备中心

14.6.1　基本概念

灾备:容灾和备份的简称。不论是自然灾难还是人为灾难,只要有数据传输、存储和交换的地方,就会产生数据失效、丢失、损坏等风险,一旦发生,就会给数据中心带来难以估计的损失;而灾备,就是业务数据安全的重要保障。

容灾:在相隔较远的两地(同城或异地)建立两套或多套功能相同的信息技术(IT)系统,互相之间可以进行健康状态监视和功能切换。当一处因意外(天灾、人祸)停止工作时,整个应用系统可以切换到另一处,使得该系统功能可以继续正常工作,侧重数据同步和系统持续可用。

备份:用户为应用系统产生的重要数据(或者原有的重要数据信息)制作一份或多份拷贝,以增强数据的安全性。侧重数据的备份和保存。

根据《数据中心设计规范》(GB 50174—2017),数据中心:为集中放置的电子信息设备提供运行环境的建筑场所,可以是一栋或几栋建筑物,也可以是一栋建筑物的一部分,包括主机房、辅助区、支持区和行政管理区等[34]。

数据中心就是指大型机房,利用通信运营商已有的互联网通信线路、带宽资源,建立标准化的数据中心机房环境,为企事业单位、政府机构、个人提供计算、存储、安全等方面的全方位服务,具有运行速度快、存储量大、安全性高等特点。现代的数据中心往往还具备同城双活数据中心,即同个城市部署 2 个数据中心,2 个数据中心以主备形式同时运行业务,在一个数据中心发生故障或灾难的情况下,其他数据中心可以正常运行并对关键业务或全部业务实现接管,实现用户的"故障无感知"。

数据灾备中心:也是数据中心,能够为核心数据中心提供容灾和备份,能在遭遇灾害、病毒入侵、误删除时保证核心数据中心正常运行。数据灾备中心可分为同城灾备中心和异地灾备中心 2 种,其中同城灾备中心是距离核心数据中心小于 200 km 区域内建立另外一个数据中心,异地灾备中心是在距离核心数据中心大于 200 km 的区域内建立另外一个数据中心。灾备中心的建立需要一定的条件,对于地方电力、通信、交通等基础设施的建设具有促进作用,能够形成区域内要素保障高地。

数据灾备中心是信息化建设的重要组成部分,是信息化时代防范灾难、降低损失的重要手段。而灾备中心的选址失误将导致灾备中心本身面临灾难,最终导致灾难备份措施的失效。

14.6.2　规划内容

在国土空间规划领域,对数据灾备中心的规划内容主要包括数据灾备中心的用地选址、空间布局、防护要求等。

（1）选址要求

数据灾备中心的选址需要考虑以下 7 个方面要素的影响:

① 当地的自然地理条件:包括地震、台风、洪水等自然灾害记录,政治和军事地域安全性。无论灾备中心的规模大小,有良好的选址是灾备中心建设的基石,是保证灾备中心高可靠性和高安全性的首要条件。尽可能选在不会发生强地震、洪水、内涝、飓风等灾难的地点,且地址条件良好。

② 配套设施条件:包括交通、水电气供应和消防等其他市政配套设施。交通方便,到机场的道路有 2 条或者 2 条以上,能在 1 h 内从机场赶到灾备中心。当客户的主数据中心发生灾难时,客户的业务专家和 IT 工程师能方便地赶到灾备中心现场,尽快恢复业务。应考虑有足够和稳定的电力供应,且不宜与主运行中心来源于相同的大电网。尽量选择独立的建筑物来建设灾备中心,可以有效地隔离灾备中心与周围的建筑。当周围建筑发送火灾或其他紧急情况时,不会影响到灾备中心。应考虑有充足的水源供应,保证空调及消防用水。应该有足够的网络资源,接入骨干网的带宽不小于 2.5 GHz,多光纤接入,光纤从多点接入,并且从 2 个以上管道接入灾备中心机房。附近有较好的生活配套设施,场址有良好的通信条件。

③ 周边环境:包括生粉尘、油烟、有害气体源,具有腐蚀性、易燃、易爆物品的工厂、仓库、堆场,具有强振动源、强噪声源、强污染源、强放射源等。尽可能选在上空无航线,附近无高速路、无高压电站、无发射电台等处,减少电磁干扰。避免位于公共交通主干道边及闹市区,周围无重大军事目标,增加灾备中心的物理安全性。不应设置在治安复杂地点,远离政治性群体事件易发区域。

④ 成本因素:包括人力成本、水电气资源成本、土地成本、各种个人消费成本。

⑤ 政策环境:包括土地政策、人才政策、税收政策。

⑥ 高科技人才资源条件:包括高校数量、IT 人员数量、其他科研教育机构数量。

⑦ 社会经济人文环境的优越性:包括经济发展水平和人文发展水平。

（2）布局方式

数据灾备中心的部署方式有 3 种:同城灾备中心、异地灾备中心、云灾备。

生产数据中心：毋庸置疑，生产数据中心是信息化总体核心，是支撑业务开展、应用系统部署及数据资源存储中心。故而，对生产中心的技术等级、安全等级及连续性等方面有更严格的要求。

同城灾备中心：是指灾备中心与生产中心位于同一地理区域，一般距离数十千米，可采用较好的网络线路与生产中心互联。因此，数据实时复制和应用快速切换比较容易实现，可防范生产中心机房或楼宇发生的灾难或电力、通信系统中断等事件。同时也可设计为双活数据中心，实时备份并分担部分业务。

异地灾备中心：是指灾备中心与生产中心处于不同地理区域，一般距离在 300 km 以上，不会同时面临同类区域性灾难风险，如地震、台风和洪水等，即不在同一地震带，不在同一电网，以及不在同一江河流域，从而避免灾害降临时，灾备中心和机构主体被一并殃及。因与生产中心有一定的距离，所以在异地灾备中心与生产中心连接的网络线路及质量上存在一定的局限性，一般采用数据的异步复制，应用系统的切换也需要一定的时间。因此，异地灾备中心可以实现在业务限定的时间内进行恢复和可容忍丢失的范围内的数据恢复。

云灾备的几种常见的架构如下：

① 云搭建异地容灾中心：本地物理机房为主数据中心，仅将数据备份到云端。

② 基于公共云的同城灾备：将全部系统迁移上云，并部署在同一个地域的两个不同可用区中，实现系统的同城灾备。

③ 基于公共云的异地灾备：将全部系统迁移上云，并部署在两个不同的地域中，实现跨地域灾备。

④ 结合公共云同城灾备和异地灾备：如两地三中心、三地五中心等。

14.6.3　案例解析

从目前已建灾备中心选址情况看，数据灾备中心主要集中在北京、上海，以及广东的深圳、南海、佛山、东莞等地。典型的如：中国工商银行、中国建设银行、中国农业银行、中国银行这四大银行都是把全国数据中心分别建设在北京和上海两地；交通银行、光大银行等股份制银行的全国数据中心和灾备中心也都建在上海和北京；中央银行已在无锡建立了灾难应急备份中心，在上海建设全国支付系统数据的备份中心；招商银行的生产中心在深圳，灾难备份中心建在南京；2006 年，国家开发银行灾难备份中心选址深圳。证券交易所将灾备中心建在东莞。国内首个国家级电信灾难备份服务中心在成都建成[35]（表 14 - 7）。

按照国家布局，电信在北京、上海、广州等地建立 5 个国家级异地灾备中心，为多个行业提供租赁式信息灾备服务。国家税务总局数据中心 2005 年年底正式落户广东南海，该数据中心与国家税务总局数据中心（北京）共同作为全国税务系统骨干网络核心节点。国家旅游数据灾备中心落户贵州，该大数据库灾备中心在贵州揭牌。成都打造"国家级数据存储中心"和"国家级信息灾备基地"。

2021 年，重庆市大数据应用发展管理局发布消息，重庆市政务云平台灾备中心选址区县（开发区）如下：实行同城双活的有南岸区、璧山区、长寿区；实行同城灾备的有高新区、巴南区、綦江区；实行异地灾备的有万州区。

表 14-7　国内部分数据灾备中心设置地点[35]

设立时间	机构名称	设置地点
2018 年 9 月	国家大数据灾备中心	宁夏中卫市
2021 年 7 月	国家科技管理信息系统青海西宁数据灾备中心	青海西宁市
2010 年 2 月	中国国际电子商务中心国家数据灾备中心	重庆市北部新区
2010 年 6 月	EC 国际信息技术服务外包产业平台既国家数据灾难备份中心	福建安溪县
2017 年 2 月	水利部南方数据灾备中心	贵州贵阳市
2020 年 11 月	内蒙古政务云大数据灾备中心	乌兰察布市集宁区
2023 年 1 月	湖南省大数据灾备中心	郴州市
2018 年 8 月	中国电信要客灾备中心青岛基地	青岛西海岸新区
2020 年 4 月	京北同城灾备数据中心	怀柔市
2020 年 12 月	桂林华为云计算数据中心(桂林市政务云、警务云、财政云等的数据灾备中心和云服务中心)	桂林市

主要参考文献

[1] 北京市市政工程设计研究总院有限公司. 城市供水应急和备用水源工程技术标准:CJJ/T 282—2019[S]. 北京:中国建筑工业出版社,2019.

[2] 北京工业大学抗震减灾研究所,中国城市规划设计研究院. 城市综合防灾规划标准:GB/T 51327—2018[S]. 北京:中国建筑工业出版社,2019.

[3] 环境保护部科技标准司. 饮用水水源保护区标志技术要求:HJ/T 433—2008[S]. 北京:中国环境科学出版社,2008.

[4] 环境保护部水环境管理司、科技标准司. 饮用水水源保护区划分技术规范:HJ 338—2018[S]. 北京:环境出版社,2018.

[5] 国家发展改革委关于印发"十四五"全国城市基础设施建设规划的通知[EB/OL]. (2022-07-07)[2023-06-08]. https://www.gov.cn/zhengce/zhengceku/2022-07/31/content_5703690.htm.

[6] 江苏省水利厅. 江苏省长江经济带沿江取水口排污口和应急水源布局规划实施方案[EB/OL]. (2017-03-28)[2023-06-08]. http://jswater.jiangsu.gov.cn/art/2017/3/28/art_84414_10431776.html.

[7] 南京日报. 南京应急水源年内实现全覆盖[N/OL]. (2021-11-19)[2023-05-30]. http://shuiwu.nanjing.gov.cn/mtbd/202111/t20211119_3200880.html.

[8] 南通市人民政府. 市政府办公室关于组织实施《江苏省长江经济带沿江取水口排污口和应急水源布局规划实施方案》的通知[EB/OL]. (2018-01-15)[2023-06-02]. https://www.nantong.gov.cn/ntsrmzf/2017ndsq/content/69001b6c-88e7-4934-bd79-544aa61cbd82.html.

[9] 肇庆市生态环境局. 肇庆市生态环境局关于《肇庆市城市饮用水源地安全保障规划（2021—2035）（征求意见稿）》[EB/OL]. (2021 - 06)[2023 - 06 - 02]. https://www. doc88. com/p-68461768701022. html.

[10] 何民辉, 万育安. 城市应急备用水源保障规划研究：以广东省江门市为例[J]. 中国农村水利水电, 2013(8)：55 - 57, 61.

[11] 中国建筑东北设计研究院有限公司. 民用建筑电气设计标准：GB 51348—2019[S]. 北京：中国建筑工业出版社, 2019.

[12] 全国电力监管标准化技术委员会. 重要电力用户供电电源及自备应急电源配置技术规范：GB/T 29328—2018[S]. 北京：中国标准出版社, 2018.

[13] 钱英. 杭州启动可移动应急电源基地建设[EB/OL]. (2020 - 11 - 19)[2023 - 05 - 30]. https://news. bjx. com. cn/html/20201119/1116814. shtml.

[14] 天津市发展和改革委员会. 市发展改革委关于印发天津市电力发展"十四五"规划的通知[EB/OL]. (2022 - 01 - 27)[2023 - 06 - 08]. https://fzgg. tj. gov. cn/zwgk_47325/zcfg_47338/zcwjx/fgwj/202201/t20220127_5791194. html.

[15] 国务院. 国务院关于印发"十四五"国家应急体系规划的通知[EB/OL]. (2021 - 12 - 30)[2023 - 05 - 30]. https://www. gov. cn/zhengce/content/2022-02/14/content_5673424. htm.

[16] 广东省人民政府. 广东省人民政府关于印发广东省应急管理"十四五"规划的通知[EB/OL]. (2021 - 10 - 09)[2023 - 06 - 02]. https://www. gd. gov. cn/zwgk/gongbao/2021/33/content/post_3693471. html.

[17] 福建省人民政府. 《福建省"十四五"应急体系建设专项规划》政策解读[EB/OL]. (2021 - 08 - 30)[2023 - 06 - 08]. http://www. fujian. gov. cn/jdhy/zcjd/202108/t20210830_5678253. htm.

[18] 晋江市人民政府办公室. 晋江市人民政府办公室关于印发晋江市"十四五"应急体系建设专项规划的通知[EB/OL]. (2022 - 07 - 25)[2023 - 05 - 30]. http://www. jinjiang. gov. cn/xxgk/zfxxgkzl/ml/03/202207/t20220725_2754405. htm.

[19] 淄博日报. 淄博建成"三网融合"应急通信系统[N/OL]. (2022 - 07 - 12)[2023 - 06 - 02]. https://www. hubpd. com/hubpd/rss/toutiao/index. html? contentId = 2017612633063423176&appkey=&key=&type=0.

[20] 国家发展改革委, 国家能源局. 印发《关于加快储气设施建设和完善储气调峰辅助服务市场机制的意见》的通知[EB/OL]. (2018 - 4 - 27)[2023 - 06 - 08]. https://www. ndrc. gov. cn/xxgk/zcfb/ghxwj/201804/t20180427_960946. html.

[21] 中国沿海 LNG 接收站运营特点分析[EB/OL]. (2020 - 10 - 22)[2023 - 06 - 02]. https://www. 163. com/dy/article/FPHF1QL805509P99. html.

[22] 证券时报. 发改委：正在研究沿海地区 LNG 储运体系建设[N/OL]. (2018 - 04 - 27)[2023 - 06 - 02]. https://baijiahao. baidu. com/s? id=15989020663599960625&wfr=spider&for=pc.

［23］北京日报.国内首座大型陆上 LNG 薄膜罐成功升顶,为北京储备应急气源［N/OL］.(2021
－06－07)［2023－06－02］. https：//www. toutiao. com/article/6970976873 396306468/?
app ＝ news _ article&timestamp ＝ 1659717341&use _ new _ style ＝ 1&req _ id ＝
2022080600354101014019715024289BAB&group _ id ＝ 6970976873396306468&tt _ from ＝
mobile_qq&utm_source＝mobile_qq&utm_medium＝toutiao_android&utm_campaign＝cli-
ent_share&share_token＝aafb3df6-458c-4698-8d49-3516790a9fd8&source＝m_redirect.

［24］华声在线.湖南天然气应急调峰补短板 应急气源保障达 5 000 万方［EB/OL］.(2022－
04－07)［2023－06－02］. https：//www. toutiao. com/article/7083700562377572878/?
app＝ news_article&timestamp ＝ 1659717719&use _ new _ style ＝ 1&req _ id ＝ 20220
8060041580101420050371128419B&group_id＝7083700562377572878&tt_from＝mo-
bile_qq&utm_source＝mobile_qq&utm_medium＝toutiao_android&utm_campaign＝
client_share&share_token＝c8f9a530-23bb-48a2-8cf0-f16c09c873b3&source＝m_redi-
rect.

［25］西安:应急气源储气能力 6 346 万立方米与上游管道气可共同保障民生用气需要［EB/
OL］.（2021－12－24）［2023－06－02］. https：//www. toutiao. com/article/
7045209036035490312/? app ＝ news_article&timestamp ＝ 1659717818&use _ new _
style＝1&req _ id ＝ 202208060043370101330360361D28556E&group _ id ＝ 704520903
6035490312&tt_from＝mobile_qq&utm_source＝mobile_qq&utm_medium＝toutiao_
android&utm _ campaign ＝ client _ share&share _ token ＝ 4387369f-4a05-46fa-bd7d-
896c1fe79b24&source＝m_redirect.

［26］杭州日报.“杭州第一罐”:东部 LNG 应急气源站［N/OL］.(2022－05－07)［2023－06－
02］. https：//baijiahao. baidu. com/s? id＝1732165012737896576&wfr＝spider&for＝pc.

［27］北京市城市管理委员会.《北京市“十四五”时期供热发展建设规划》正式发布［EB/
OL］.(2022－07－27)［2023－06－02］. https：//news. bjx. com. cn/html/20220727/
1244127. shtml.

［28］包头市应急备用热源关键时刻保供热［EB/OL］.(2022－01－24)［2023－06－02］. ht-
tp：//k. sina. com. cn/article_7517400647_1c0126e4705902j2ty. html.

［29］锡林浩特第二发电厂锡林浩特热源厂成为备用热源厂随时待命启动［EB/OL］.(2020－
05－30)［2023－05－30］. https：//www. sohu. com/a/398628629_648639.

［30］法眼观三晋.运城中心城区集中供热热源基本稳定 供热部门全面开展入户暖心服务
［EB/OL］.（2022－12－07）［2023－05－30］. https：//m. 163. com/dy/article/
HO2D5B8S05509SC2. html.

［31］刁雪峰.营口热电集团有限公司 启动两处备用热源［EB/OL］.(2020－11－27)［2023－
05－30］. http：//www. yingkou. gov. cn/001/001001/20201127/1997179b-5dc7-42fb-
9e61-2ab88d7e0eb7. html.

［32］文明许昌.许禹供热长输管线项目和中心城区“汽改水”工程正加快推进［EB/OL］.
（2022－11－08）［2023－05－30］. https：//mp. weixin. qq. com/s? __biz ＝

MjM5NTAxODE3MA==&mid=2649666817&idx=2&sn=062517c9425f7d386bac c998e5fb7f51&chksm=bee4f1d4899378c21d7805e4bf9a01a2f73befd5d40c0836bf5398c e49d093af0508cc537960&scene=27.

［33］洛阳热力供热面积突破5000万平方米［EB/OL］.(2021－06－29)［2023－05－30］. ht-tps://henan. china. com/news/cj/2021/0629/2530188316. html.

［34］中国电子工程设计院. 数据中心设计规范:GB 50174—2017［S］.北京:中国计划出版 社,2017.

［35］gaoyun.地震给灾备中心建设带来的思考［EB/OL］.(2017－08－10)［2023－05－30］. http://www. i2yun. com/news/336. html.

15 灾害风险控制线与风险区用途管制

15.1 总体概述

15.1.1 灾害风险控制线

灾害风险控制线：为保障防灾减灾功能有效发挥，减缓、消除或控制灾害的长期风险和危害效应，在特定区域采取特定规划管控措施的风险控制区界线。

在实践操作层面，各地可根据当地的实际情况来划设下列不同类型的灾害风险控制线，如：① 地震活动断层风险控制线；② 地质灾害风险控制线；③ 洪涝灾害风险控制线；④ 海岸退缩线；⑤ 森林草原火灾风险控制线；⑥ 危险化学品重大危险源风险控制线；⑦ 油气输送管道风险控制线；等等。

15.1.2 灾害风险区的用途管制

本章的灾害风险区特指各类灾害的极高风险区、高风险区或较高风险区，尤其是前两级。必须严格控制此类区域内的用途类型。原则上禁止不符合主导功能定位的开发性、生产性建设活动。从基本原理角度，本节内以下的用途准入和用途退出要求均适用于各类灾害的极高、高或较高风险区。

（1）基本方法

具体而言，灾害风险区的用途管制主要体现在以下 3 个维度上：范围区划、功能管制和边界管护。

① 范围区划。范围区划：划定特定灾害类型的各等级风险区的空间边界，并明确需要在国土空间规划中有土地利用方面特别的限制性政策要求的风险等级。范围边界对应的是灾害风险控制线。

② 功能管制。功能管制：在灾害风险区内，明确可以进入的用地功能类型，以及需要退出的用地功能类型。主要任务是制定各类灾害风险区的鼓励、允许、限制、禁止准入、在内部可以进行用途转变的功能，以及依法依规应退出的功能。对灾害高风险区内的用地用海功能进行强制性管制。

对各类灾害的极高风险区和高风险区，原则上禁止开发建设，应实施正面和负面清单制度。对于特定类型的新建建设活动，需要设定用途准入清单，即正面清单。对于特定类型的现状建设活动，需要设定用途退出清单，即负面清单。

③ 边界管护。边界管护：对灾害风险控制线进行规范化管理和日常维护，包括界桩、界碑、界网、护栏、警戒标识等相关设施的修建、维护、更新调整、拆除等工作。

（2）用途准入

① 经依法批准或依据各类规划开展的各类防灾减灾工程，以及与灾害相关的标识物，包括灾害风险区和灾害隐患点的警示标识，灾害防控区或风险控制线的标识，禁止人类活动

类型的警告标识;避难场所、疏散通道、灾害监测设施、报警设施和救援设施的指示引导标识;重点防御设施的标识。

② 依据国土空间规划和生态保护修复专项规划开展的生态修复类项目,如防护林、水源涵养林、生态护坡、石坎地堰整治、水土流失治理项目等。

③ 必须且无法避让、符合县级以上国土空间规划的线性基础设施、通信和防洪、供水设施建设以及船舶航行、航道疏浚清淤等活动;对已有的合法的水利、道路交通运输等设施运行进行维护改造。

④ 经依法批准的管护巡护、保护执法、科学研究、调查监测、测绘导航、军事国防、疫情防控、地质调查与矿产资源勘查、考古调查发掘与文物保护、边界边境设施的修建维护和拆除、有限度的参观旅游和科普宣教等活动及相关的必要设施修筑。

⑤ 法律法规规定允许的其他人为活动。

(3) 用途退出

① 禁止新建住宅项目、人员密集型的公共服务设施和商业设施,以及重大民生项目和工业设施,如学校、图书馆、医院、体育场馆等文教体卫设施,商场、影剧院、酒店等商业设施,交通枢纽设施、行政机构、养老机构、幼儿看护机构、福利设施、产业集聚区或工业园区等,现有此类项目应逐步退出。

② 禁止新建重大危险源项目,现有重大危险源项目应逐步退出。

③ 现有违法违章建设项目。

④ 对区内环境和人员安全有重大负面影响的新建建设项目,现状此类项目应逐步退出。

⑤ 国家和省市政策文件、国土空间规划和其他相关规划中要求退出的用途。

同时,退出不应对此类区域内的灾害风险和生态环境造成重大负面影响,现有项目退出后应及时进行生态修复。

15.2　地震灾害

15.2.1　地震活动断层风险控制线

(1) 基本概念

根据国家标准《活动断层探测》(GB/T 36072—2018),地震活动断层:曾发生和可能发生地表破裂型地震的活动断层[1]。

"活动断层":距今12万年以来有过活动的断层,包括晚更新世断层和全新世断层。

晚更新世断层:晚更新世期间发生过位移,但无全新世活动证据的断层。

全新世断层:全新世期间或距今12 000年以来发生过位移的断层。

隐伏活动断层:在平原或盆地区被第四纪散沉积物覆盖的,地表没有明显迹线的活动断层。

根据国家标准《活动断层避让(征求意见稿)》,地震活动断层风险控制线:以探明的地震活动断层的迹线位置为中心线,基于最小安全避让距离,划定的带状安全防护范围界线,并对范围内的土地利用和建设、人为活动进行引导或限制[2]。活动断层在地表形成的破裂带是造成地震灾害最直接的危险源,通过划定地震活动断层风险控制线可避免建(构)筑物遭受活动断层同震破裂、错动或蠕滑滑动的直接毁坏以及近场强地面震动破坏效应,解决建(构)筑物的"抗断问题",达到有效减轻地震灾害风险和灾害损失的目标。

(2) 划设原理

我国目前尚未出台地震活动断层风险控制线划定方法的标准或政策文件,可由地震灾害主管部门参照国家标准《活动断层避让(征求意见稿)》中的避让距离确定规则,以避让活动断层外边界的最小安全距离为底线,其划定办法需要着重考虑以下 2 个方面:

① 明确划定对象。明确界定需要划定地震活动断层风险控制线的地震活动断层类型,建议可针对地表有迹线活动断层和城市活动断层探测定位的上断点埋深较浅、探槽开挖能够揭露的隐伏活动断层来划定。

② 细化划定范围标准。应综合考虑断层陡坎发育、断层倾角、断层时期的影响,针对不同类型、重要程度的建(构)筑物应制定对应的地震活动断层风险控制线划定范围标准。

15.2.2　相关法规的管控要求

1971 年,美国加利福尼亚在圣费尔南多(San Fernando)地震时,注意到地震断层产生的直接地震灾害,并于次年通过《特别调查法案》,1994 年又修订为《地震活动断层划定法案》,主要目的是防止房屋建在活动断层的地表形迹之上,并规定在地震断层两侧各避让 15 m。

《中华人民共和国防震减灾法》明确规定了规划建设活动要避开地震活动断层。例如,第六十条"过渡性安置点应当设置在交通条件便利、方便受灾群众恢复生产和生活的区域,并避开地震活动断层和可能发生严重次生灾害的区域"。第六十七条"地震灾区内需要异地新建的城镇和乡村的选址以及地震灾后重建工程的选址,应当符合地震灾后恢复重建规划和抗震设防、防灾减灾要求,避开地震活动断层"[3]。

《活动断层避让(征求意见稿)》编制说明中明确,标准起草的目的是禁止地面重要建(构)筑物或重大工程基础设施坐落或跨越活动断层建设,确保大地震发生时不造成重大人员伤亡和重大工程设施功能的维持。"政府相关职能部门应规定以活动断层迹线为中心,两侧各划出宽约 250 m 的管制区,凡场址位于管制区内的工程,均应按本标准开展活动断层避让工作。"

《建筑抗震设计规范》(GB 50011—2016)(2016 年版)对地面建筑对于发震断裂的最小避让距离做出了明确规定:在抗震设防烈度(表示建筑应达到的抗御地震破坏的准则和技术指标)8 度区,对于甲类建筑(特殊设防类)、乙类建筑(重点设防类)、丙类建筑(标准设防类)对发震断裂的最小避让距离是:"专门研究"、200 m 和 100 m。在抗震设防烈度 9 度区,上述 3 类建筑对发震断裂的最小避让距离是:"专门研究"、400 m 和 200 m[4]。

2006 年,山东省政府发布了《山东省地震活动断层调查管理规定》(山东省人民政府令第 159 号)。第十三条:跨越地震活动断层的公路、铁路(地下铁路)、输油(气)管线、通信光(电)缆和远距离调(输)水管线等重大建设工程,应当按照国家有关规定采取相应的防御措施。第十四条:在距今 1 万年以来有过活动的断层沿线以及国家规定的避让范围内进行工程建设的,应当按照国家规定执行。在距今 1 万～10 万年有过活动的断层沿线以及国家规定的避让范围内,不得建设重大工程、可能发生严重次生灾害工程、核电站和核设施……。在距今 10 万年以前有过活动的断层沿线,工程建设可不进行避让,但必须在工程地基处理时按照有关规定采取相应的措施,以防止断层造成的地基不均一性。第十五条:本规定施行前已经建成的工程没有避开地震活动断层的,应当采取相应的措施进行加固或者搬迁[5]。

2001—2005 年间,宁夏银川市规划部门根据地震部门的"地震活动断层探测"结果,将隐伏在地下的 3 条地震活动断层标注在城市发展规划图上,并以断层在地表的投影线为中心,向两侧各外扩 100 m,作为地震活动断层避让带的宽度范围。一方面,规定避让带内不允许新建和改建 3 层及以上的房屋;另一方面,要求处在避让带内的已有建筑,按照工程使用年限要求,逐步拆除。把避让带建设成"城市绿色生态安全屏障、地震科普宣传基地、地震数据观测点、城市一类应急避难场地、市民运动休闲"五位一体的地震公园,并竖立"地震活动断层避让牌"。

2009 年,宁夏印发了《全区地震活动断层避让工作方案》(宁政办发〔2009〕156 号)。根据活动断层勘查清晰程度的实际情况,实地勘查活动断层位置,按照轻重缓急的原则,在断层通过的村庄设置标识牌,先依次完成全新世和晚更新世活动断层实地勘查和设置标识牌工作,再进行隐伏断层的探测和设置标识牌工作;先在中卫市试点,再按固原市、吴忠市、石嘴山市、银川市的顺序依次展开。地震活动断层标识牌的设置要科学、明确、醒目、牢固,注明地震活动断层的名称、方位、编号和避让要求,便于群众识别和保护。各种建筑物避开地震活动断层不得少于 200 m,有条件的可避让至 500 m[6]。全区地震活动断层标识牌由自治区地震局负责统一设计、统一制作、统一编号、统一安装、统一管理。

2009 年,结合宁夏南部危窑危房改造、新农村建设和生态移民工程的实施,固原市对沿地震活动断层走向两侧 200 m 内的居民逐步进行搬迁。任何单位和个人不得在已划定的避让区域内新建居民点等建设工程,确保各类建筑物达到抗震设防要求。

15.2.3 地震灾害风险区用途管制

地震灾害风险区特指地震灾害的 I 级风险区和 II 级风险区。地震灾害风险评估的依据是《地震灾害风险评估技术规范》(FXPC/DZ P—02)(2022 年 1 月版)。在此类区域内,应严格禁止开发性、生产性建设活动,在符合现行法律法规前提下,除国家重大战略项目外,仅允许对灾害风险不造成破坏的有限人为活动。

(1)用途准入

① 地震灾害的监测设施、预警设施和救援设施及其升级改造项目。

② 有利于防震抗震安全的建设项目,现有各类工程和设施抗震隐患的治理和除险项目,如农村民房抗震加固、水库大坝抗震加固、重要生命线设施的抗震加固等。

③ 有利于地震灾害次生灾害防治安全的治理和建设项目。

④ 地震灾害的疏散通道项目。

⑤ 重大地震灾害事件的遗址公园、纪念碑等纪念性设施。

⑥ 此类区域内其他类型灾害的防灾减灾治理和建设项目。

(2)用途退出

① 禁止新建影响防震抗震安全的生产性、开发性建设活动,现有此类项目应逐步退出。

② 禁止新建容易引发重大地震灾害及其次生灾害的建设项目,现有此类项目应逐步退出。

③ 禁止在此类区域内新增建设用地指标。

15.3 地质灾害

15.3.1 地质灾害风险控制线

(1)基本概念

地质灾害风险控制线是对具有发生地质灾害的环境条件且容易发生地质灾害的区域,以及采空塌陷区、尾矿库等所在区域划定的安全防护范围界线。通过对控制线范围内的土地利用和建设、人为活动进行引导或限制,最大限度防范和化解地质灾害风险。

(2)划设原理

① 明确划定基础工作。明确地质灾害风险控制线的具体划定对象和范围,地质灾害风险控制线应基于地质灾害风险评估基础上划定。

② 明确地质灾害风险评估方法。综合《地质灾害危险性评估规范》(GB/T 40112—2021)[7]和《地质灾害风险调查评价技术要求(1∶50 000)》(2020 年 3 月版)中关于地质灾害的评估要求,确定地质灾害风险评估方法。

③ 细化划定范围标准。应综合考虑地质灾害风险区所在区域的重要程度,制定对应的地质灾害风险控制线划定范围标准。在地质灾害威胁严重的集镇、迁建区、集中安置点等人口聚集区适当提高要求标准,涵盖可能的高风险区。对于已建项目提出工程治理、避险搬迁、排危除险、监测预警等一种或多种风险管控建议。

15.3.2 相关法规的管控要求

《地质灾害防治条例》(中华人民共和国国务院令第 394 号)第十九条中明确,"对出现地质灾害前兆、可能造成人员伤亡或者重大财产损失的区域和地段,县级人民政府应当及时划定为地质灾害危险区,予以公告,并在地质灾害危险区的边界设置明显警示标志。在地质灾害危险区内,禁止爆破、削坡、进行工程建设以及从事其他可能引发地质灾害的活动"。第二十条"地质灾害险情已经消除或者得到有效控制的,县级人民政府应当及时撤销原划定的地质灾害危险区,并予以公告"[8]。

瑞士发布了《滑坡危险性与土地利用规划的实践规则》,将土地按滑坡危险性划分为四大类。红区(高危险区),原则上禁止建筑物的建造,对已存在的建筑物不允许扩建或重建,现有建筑物的翻修只有在保证不会增加滑坡风险和不增加土地占用的条件下才能得到许可;同时要为突发滑坡灾害准备应急预案,应对突发灾害。蓝区(中等危险区),根据滑坡类型确定土地开发的限制性条件,包括地基处理、采用的特殊建造技术、适当的保护措施、特别的规划措施等;在蓝区内禁止建设医院和老年公寓,禁止实施重大的开发项目。黄区(低风险区),允许建造房屋,但必须告知土地所有者存在滑坡危险性;要采取适当的预防措施,以保证斜坡的稳定性;对特殊敏感的场所加以特殊保护。黄白区(非常低危险区),对一般的土地开发不加以限制,但对特殊敏感的场所(如化工厂)必须采取保护措施。

15.3.3 地质灾害风险区用途管制

地质灾害风险区特指地质灾害的极高风险区和高风险区。在此类区域内,应严格禁止开发性、生产性建设活动,在符合现行法律法规的前提下,除国家重大战略项目外,仅允许对灾害风险不造成破坏的有限人为活动。

(1) 用途准入

① 在地质灾害极高风险区和高风险区的边界上,应设置明显的警示标志。

② 地质灾害的监测设施、预警设施和救援设施及其升级改造项目。

③ 地质灾害防治工程,如排水沟、排水井、护坡、护墙、抗滑桩、拦挡坝、丁坝、导流堤、停淤场、排导槽、渡槽、防护堤等,以及疏散通道类建设项目。

④ 有利于地质灾害防治的生态修复类或水土保持类项目,如植树种草项目、涵养水源项目、水土保持耕作项目、水土保持林草项目、坡面治理工程、沟道治理工程和护岸工程等。

⑤ 有利于地质灾害次生灾害和其他类型灾害防治安全的治理和建设项目。

⑥ 重大地质灾害事件的遗址公园、纪念碑等纪念性设施。

⑦ 对现状已经位于地质灾害极高或高风险区内的建成区,特别是高强度或高密度建成区,应进一步开展详细的地质灾害风险评估。根据评估结果,审慎制定分类治理措施,减少地质灾害风险,降低风险等级。

⑧ 在地质灾害极高或高风险区的灾害险情尚未得到有效控制。风险等级尚未得到降低之前,对该区域内的开发建设应进行严格管控。

⑨ 对于已批未建的位于地质灾害极高或高风险区内的新建项目,应由具有地质灾害风险评估资质的专业机构出具评估报告,根据评估结果制订后续计划,或停建或制定详细的地质灾害防治方案,并经主管部门审批通过后,方可建设。

⑩ 地质灾害极高或高风险区的险情已经消除或得到有效控制的,县级人民政府应及时撤销原划定的地质灾害极高或高风险区,并予以公告。

此外,应符合国家和省市地质灾害主管部门的其他管理要求。

(2) 用途退出

① 新建项目的用地选址,原则上应避让地质灾害极高风险区和高风险区。

② 禁止新建容易引发重大地质灾害及其次生灾害的(开发性、生产性)建设项目和建设活动,现有此类项目应逐步退出。

③ 禁止在此类区域内新增建设用地指标。

15.4 洪涝灾害

15.4.1 洪涝灾害风险控制线

(1) 基本概念

根据《市级国土空间总体规划编制指南(试行)》,洪涝风险控制线:为雨洪水蓄滞和行洪划定的自然空间和重大调蓄设施用地范围,包括河湖湿地、坑塘农区、绿地洼地、涝水行洪通道等,以及具备雨水蓄排功能的地下调蓄设施和隧道等预留的空间。通过划定洪涝风险控制线,对控制线范围内的土地利用、建设项目和人为活动进行管控,保障防洪排涝系统的完整性和通达性,达到城市防洪、防涝安全的目的。

目前,我国尚未出台有关划定洪涝灾害风险控制线的技术指南,类似的概念有河道管理范围线。河道管理保护范围包括我国领域内所有的湖泊、人工水道、行洪区、蓄洪区、滞洪区和河道内的航道。根据《中华人民共和国河道管理条例》(中华人民共和国国务院令第3号)的规定,河道保护范围分为:① 有堤防的河道,其管理范围为两岸堤防之间的水域、沙洲、滩地(包括可耕地)、行洪区,两岸堤防及护堤地。② 无堤防的河道,其管理范围根据历史最高洪水位或者设计洪水位确定。河道的具体管理范围由县级以上地方人民政府负责划定[9]。

(2)划设原理

① 明确划定范围。洪水风险控制线的划定范围应包括蓄滞洪区、行洪区、洪泛区中的禁止开发区以及防洪工程设施用地和调蓄空间等,如河流湖泊和湿地、行洪通道、排洪渠道、排洪沟、截洪沟、水库大坝等等。雨涝风险控制线的划定范围应包括涝水行洪道和各类内涝防治设施用地和空间,如涝水控制、渗透、蓄滞、调蓄和排出设施等。

② 明确划定范围的确定方法。如蓄滞洪区、洪泛区等主要防洪区范围可参照《洪水风险区划技术导则(试行)》中有关区划单元划分的规定。对于防洪规划中已明确边界范围的洪泛区、蓄滞洪区和防洪保护区,应按照防洪规划所确定的边界划定。

15.4.2 相关法规的管控要求

《中华人民共和国水法》《中华人民共和国防洪法》中明确禁止在河道、湖泊管理范围内建设妨碍行洪的建筑物、构筑物,种植阻碍行洪的林木和高秆作物。此外,在防洪工程设施管理和保护范围内,禁止进行爆破、打井、采石、取土等危害防洪工程设施安全的活动[10]。

《中华人民共和国河道管理条例》(中华人民共和国国务院令第3号)中对于河道管理范围内的用途管理规定如下[9]:

第二十一条:在河道管理范围内,水域和土地的利用应当符合江河行洪、输水和航运的要求;滩地的利用,应当由河道主管机关会同土地管理等有关部门制定规划,报县级以上地方人民政府批准后实施。

第二十二条:禁止损毁堤防、护岸、闸坝等水工程建筑物和防汛设施、水文监测和测量设施、河岸地质监测设施以及通信照明等设施。在防汛抢险期间,无关人员和车辆不得上堤。因降雨雪等造成堤顶泥泞期间,禁止车辆通行,但防汛抢险车辆除外。

第二十三条:禁止非管理人员操作河道上的涵闸闸门,禁止任何组织和个人干扰河道管理单位的正常工作。

第二十四条:在河道管理范围内,禁止修建围堤、阻水渠道、阻水道路;种植高秆农作物、芦苇、杞柳、荻柴和树木(堤防防护林除外);设置拦河渔具;弃置矿渣、石渣、煤灰、泥土、垃圾等。在堤防和护堤地,禁止建房、放牧、开渠、打井、挖窖、葬坟、晒粮、存放物料、开采地下资源、进行考古发掘以及开展集市贸易活动。

第二十五条:在河道管理范围内进行下列活动,必须报经河道主管机关批准;涉及其他部门的,由河道主管机关会同有关部门批准:① 采砂、取土、淘金、弃置砂石或者淤泥;② 爆破、钻探、挖筑鱼塘;③ 在河道滩地存放物料、修建厂房或者其他建筑设施;④ 在河道滩地开采地下资源及进行考古发掘。

对于位于洪涝灾害高风险区内的新建项目,应由具有洪水风险评估资质的专业机构发具洪水影响评估报告,评估结果应符合国家和省市的相关规定,并经主管部门审批通过后,方可建设。

对现状已经位于洪涝灾害高风险区的建成区,应加强洪涝灾害的防治措施,减少洪涝灾害的风险影响,降低灾害风险等级。

此外,对洪涝灾害高风险区的管控还应符合国家和省市洪涝灾害主管部门的其他管理要求。

15.4.3　洪涝灾害风险区用途管制

洪涝灾害风险区特指洪水灾害的很高风险区和高风险区,以及雨涝灾害的高危险区和次高危险区。在此类区域内,应严格禁止开发性、生产性建设活动,在符合现行法律法规的前提下,除国家重大战略项目外,仅允许对灾害风险不造成破坏的有限人为活动。

(1)用途准入

① 洪涝灾害的监测设施、预警设施和救援设施。

② 有利于防洪排涝安全的灾害防御工程建设项目,如蓄滞洪区、水库大坝、调蓄湖、堤防、围堤围堰、水闸、涵洞、排涝泵站、堰坝、塘坝、沟渠、蓄水池、湿地等。

③ 现有防洪排涝工程隐患的治理和除险项目。

④ 有利于洪涝灾害次生灾害防治安全的治理和建设项目。

⑤ 洪涝灾害的疏散通道,如防洪临时撤离道路。

⑥ 重大洪涝灾害事件的遗址公园、纪念碑等纪念性设施。

⑦ 此类区域内其他类型灾害的防灾减灾治理和建设项目。

(2)用途退出

① 禁止新建影响行洪和排涝安全的生产性、开发性建设活动,现有此类项目应逐步退出。

② 禁止新建重大危险源项目,以及生产易燃、易爆、有毒物品的工业用地和存放危险品的仓储用地,现有此类项目应逐步退出。

③ 禁止在此类区域内新增建设用地指标。

15.5　海洋灾害

15.5.1　海岸退缩线

15.5.1.1　基本概念

海岸线:多年大潮平均高潮位时海陆分界痕迹线[11]。

根据自然资源部海洋减灾中心起草的《海岸退缩线划定技术导则（征求意见稿）》，海岸退缩线：根据海岸带自然禀赋及环境特征，综合考虑海洋灾害影响、生态环境保护和亲海空间需求，基于平均大潮高潮线，向陆一侧延伸一定的距离，划定的禁止或限制特定类型开发活动的控制区域界线[12]。划定海岸退缩线，能有效避免风暴潮、海岸侵蚀、海平面上升等自然灾害的影响，为海岸带地区保护和开发提供规划控制依据，保障沿海社会经济的持续发展。在一定程度上，海岸退缩线还能起到生态廊道的作用[13]。

15.5.1.1.2 划设原理

2022 年 10 月，自然资源部海洋减灾中心发布了行业标准《海岸退缩线划定技术导则（征求意见稿）》。明确海岸退缩线的划定原则为：保护生命，保障安全；生态优先，绿色发展；以人为本，便民宜居；陆海统筹，因地制宜；保障利益，维持稳定 5 个方面。其工作程序可划分为准备阶段、调查阶段、划定阶段、协调阶段和成果编制阶段。

具体划定阶段主要分为海岸线基础退缩距离划定和退缩线划定修正两大步骤。首先，根据我国不同岸线类型的海岸侵蚀监测数据、建筑物设计使用年限、海岸带开发利用现状以及国内外退缩线划定经验，制定"不同类型海岸线基础退缩距离划定标准表"，完成海岸线基础退缩距离划定工作（表 15-1）。

表 15-1 不同类型海岸线基础退缩距离划定标准表[12]

岸线类型		岸线描述	基础退缩距离
一级类	二级类		
自然岸线	基岩岸线	中坚硬岩石组成的海岸线称为基岩岸线	城镇开发边界以内大于等于 100 m
			城镇开发边界以外大于等于 200 m
	砂质岸线	陆地岩石风化或河流输入的沙粒在海浪作用下堆积形成的岸线	城镇开发边界以内大于等于 200 m
			城镇开发边界以外大于等于 300 m
	泥质岸线	泥质海岸是由淤泥或夹杂粉沙的淤泥组成，多分布在输入细颗粒泥沙的大河入海口沿岸	城镇开发边界以内大于等于 400 m
			城镇开发边界以外大于等于 500 m
人工岸线	填海造地岸线	因填海造地建设活动而形成的人工岸线	大于等于 0 m
	其他人工岸线	除了因填海造地建设活动之外而形成的人工岸线	城镇开发边界以内大于等于 100 m
			城镇开发边界以外大于等于 200 m
其他岸线	河口岸线	包括开放式河口连接线和封闭式河口连接线（防潮闸/坝等）	大于等于 0 m
	生态恢复岸线	经整治修复后具有自然海岸形态特征和生态功能的海岸线	城镇开发边界以内大于等于 200 m
			城镇开发边界以外大于等于 300 m

在此基础上，针对划定区域的岸段，综合考虑海洋灾害、生态系统保护、亲海空间、海岸带开发利用现状、规划需求等因素影响，修正划定退缩线的最终位置。《海岸退缩线划定技术导则（征求意见稿）》为地方开展海岸退缩线的划定工作提供了指导和规范，避免各地划定标准不统一造成的差异性。地方政府可以根据国家的统一要求，结合各地海岸带实际，综合

考虑海岸线侵蚀、海平面上升、风暴潮影响以及生态系统边界等因素划定海岸退缩线的具体范围,明确管理措施。

15.5.1.3 案例解析

(1)广东省

《广东省海岸带综合保护与利用总体规划》(2017年版)规定:海岸线向陆地延伸最少100~200 m范围内,不得新建、扩建、改建建筑物等,确需建设的,应控制建筑物高度、密度,保持通山面海视廊通畅,高度不得高于待保护主体[14]。

2023年1月,广东省自然资源厅发布了《关于建立实施广东省海岸建筑退缩线制度的通知(试行)》(征求意见稿)和《广东省海岸建筑退缩线划定技术指引(试行)》。

海岸建筑退缩线是指为保护海岸地形地貌、生态环境和海岸景观,降低海洋灾害影响,拓展公共亲海空间,向陆一侧设置的禁止或限制建筑活动的控制线。

综合考虑广东省的自然因素(岸线自然属性、海洋灾害影响)和社会因素(岸线陆海两侧的使用功能、生态系统保护、沿海防护林建设要求、亲海空间保护要求、岸线后方用地建设与审批建设情况、规划建设需求等),尊重历史与现状,对接规划需求,提出广东省海岸建筑退缩线的划定方法思路,明确基础退缩距离,为各沿海地市开展海岸建筑退缩线划定工作提供参考。

海岸建筑退缩基准线即海岸建筑退缩的起始线,以2022年广东省人民政府批准公布的海岸线作为广东省海岸建筑退缩线划定的基准线。

参照《省级海岸带综合保护与利用规划编制指南(试行)》[简称《指南(试行)》],自然岸线在综合考虑岸线自然属性、海洋灾害影响等因素基础上,计算出一定期限内可能受到影响的距离,作为确定自然岸线海岸建筑退缩线基础退缩距离的参考;人工岸线根据岸线功能确定基础退缩距离[15]。

根据《全国海岸线修测技术规程》,岸线划分为自然岸线、人工岸线和其他岸线。其中,自然岸线划分为砂质、淤泥质、基岩和生物岸线等不同的类型,其他岸线划分为河口岸线和生态恢复岸线。由于物质组成、动力条件和沉积/侵蚀环境等方面的差异,自然过程和自然灾害表现的方式和程度因海岸类型而不同,确定退缩距离时需要重点考虑的因素也有所差异。

自然岸线中砂质、淤泥质、生物岸线受海洋灾害影响较大,须考虑台风风暴潮、海岸侵蚀和海平面上升3方面的影响。以下计算方法在参考指南的基础上根据广东省的情况进行适当修正。

参考《指南(试行)》和已有省市海岸建筑退缩线划定的要求,基于自然属性,并结合岸线功能,提出广东省的大陆海岸线海岸建筑退缩线的基础退缩距离(表15-2)。

表 15-2 大陆海岸线海岸建筑退缩线的基础退缩距离划定标准表[16]

岸线类型		基础退缩距离	备注
一级类	二级类		
自然岸线	砂质岸线	≥100 m	基于岸线自然属性和受海洋灾害影响程度确定
	淤泥质岸线	≥100 m	基于岸线自然属性和受海洋灾害影响程度确定
	基岩岸线	≥100 m	基于岸线自然属性和基岩海岸地形地貌特点确定
	生物岸线	≥100 m	基于岸线自然属性和受海洋灾害影响程度确定
人工岸线	港口、码头（含渡口）、渔港、修造船厂、临海工业区等生产作业类岸线	不做退缩距离要求	由于生产作业类建设属于赖水性作业，须沿岸线建设，因此不做退缩距离要求
	农田防护堤、养殖堤坝等生产防护类岸线	位于河口海域，≥38 m	与河道岸线控制线的管控距离相衔接
		位于开阔海域，≥80 m	
	城镇生活、休闲、旅游等生活类岸线	≥50 m	城镇空间内的生活型岸线重点考虑公众亲海功能和景观建设。由于部分沿海地市的生活类岸线开发强度较大，建筑较难退出，故选取 50 m 作为最低退缩距离。有条件的地市可适当扩大该距离
	生态保护、科普等生态类岸线	≥100 m	参照自然岸线的标准确定退缩距离
其他岸线	河口岸线	不做退缩距离要求	考虑现实情况，河口岸线一般不进行建筑物建设，不做退缩要求
	生态恢复岸线	根据岸线规划功能或参考自然岸线确定	①已建设海岸工程的岸段基于生态恢复后岸线规划的功能利用属性来确定；②无海岸工程的岸段根据生态恢复后的具体岸线类型，参考相应的自然岸线确定基础退缩距离

注：各沿海地市可根据本地市海洋灾害影响分析的结果，对大陆海岸线的基础退缩距离进行适度调整。

海岸建筑退缩线的划定须统筹考虑生态保护红线现状（图 15-1）、沿海防护林现状（图 15-2）、滨海道路现状（图 15-3）、亲海空间现状（图 15-4）、海洋灾害风险区现状（图 15-5）等社会因素。基于海岸带空间的保护和开发利用现状资料，结合划定地区的实际情况和自然条件禀赋，修正基础退缩距离，形成海岸建筑退缩线。

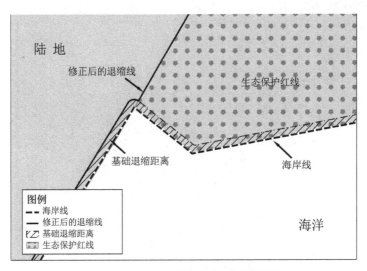

图 15-1　生态保护红线修正示例图[16]

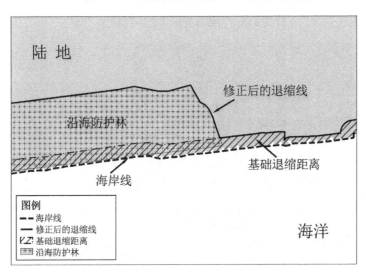

图 15-2　沿海防护林修正示例图[16]

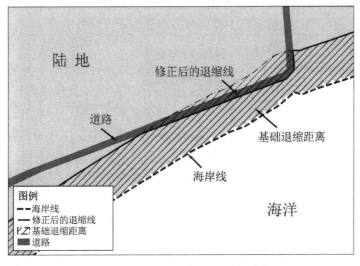

图 15-3　滨海道路修正示例图[16]

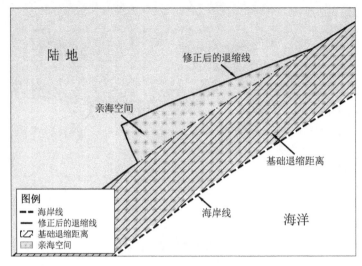

图 15-4　亲海空间修正示例图[16]

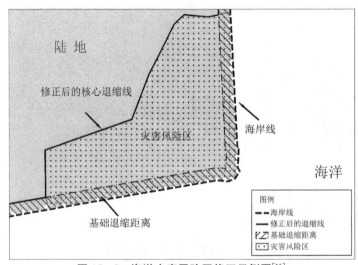

图 15-5　海洋灾害风险区修正示例图[16]

　　沿海地区在编制详细规划、建设工程设计方案和城市设计方案时,应严格落实海岸建筑退缩要求,并进一步细化管控措施。

　　海岸建筑退缩线范围内的建设应以绿地与开敞空间为主。除以下情形外,原则上禁止开展各类建设活动:① 国家、省重大项目;② 应急减灾、安全保障和水利等设施;③ 交通基础设施(不含顺岸布置的铁路、高速公路及一、二级公路);④ 市政基础设施;⑤ 公共观测监测设施;⑥ 文化遗产保护、科普宣教、旅游观光等公共配套设施;⑦ 生态修复、生态环境治理工程;⑧ 农业设施;⑨ 军事设施;⑩ 法律法规规定的其他建设活动。

　　退缩线范围内的改、扩建应按照尊重历史、实事求是的原则,分类实施海岸建筑退缩管控。允许退缩范围内的现状合法合规建筑在原规划条件下进行改建、修缮;需改变原规划条件在退缩范围内进行扩建的,采取"一事一议"的方式提出处置方案,报地级以上市人民政府批准。已取得合法用地用海手续尚未建设的项目,原则上应落实海岸建筑退缩要求,确实无法满足要求的,可按照原规划条件建设。

海岸建筑退缩线后方的规划建设活动应严格控制沿海建筑布局、高度、风貌等要素,加强景观视廊、天际线以及滨海横向、纵向公共通廊的管控,保护海岸沿线景观,保持通山面海视廊通畅。

(2) 山东省

2022年1月,山东省自然资源厅等11部门联合发布了《关于建立实施山东省海岸建筑退缩线制度的通知》和《山东省海岸建筑退缩线划定技术指南(试行)》。两项法规主要内容包括"两线、两区、两办法、两管控、三级分工"[17]。

两项法规明确了"两线""两区"的概念定义和适用范围,即海岸建筑核心退缩线和一般控制线、核心退缩区和一般控制区。核心退缩线指以海岸线为基准,除特定开发活动外,禁止或限制建筑活动的界线。一般控制线指为控制建筑物的高度、密度、体量和容积率等而划定的界线。海岸线与核心退缩线之间的区域为核心退缩区。核心退缩线与一般控制线之间的区域为一般控制区。适用范围为山东省管辖大陆海岸线向陆一侧的海岸带区域。

两项法规提出了核心退缩线和一般控制线划定办法。核心退缩线按照"基础退缩距离划定＋特定要素修正"方式划定,首先根据不同海岸线类型确定基础退缩距离,然后利用滨海道路、沿海防护林、亲海空间、海洋灾害影响、自然保护地等特定要素修正基础退缩距离,形成核心退缩线。结合全省海岸带保护与利用现状,确定海岸线向陆一侧1 km距离的界线为海岸建筑一般控制线。核心退缩距离小于1 km的,划定一般控制线;核心退缩距离大于或等于1 km的,不划定一般控制线。

两项法规制定了核心退缩区和一般控制区管控措施。在核心退缩区内,除军事、港口及其配套设施、安全防护、生态环境保护、必要的市政设施、必需的旅游观光公共配套设施和经国家、省委省政府批准的特殊项目外,不得新建、扩建建筑物。确需在核心退缩区内开展的上述建设活动,须经科学论证评估,原则上不得占用自然岸线;划入核心退缩区的村庄区域,新建、改扩建建筑物要在村庄建设边界内,严格控制村庄规模;对核心退缩区内合法合规建筑进行改建时,要科学论证,不得扩大规模,严格控制建筑物高度。一般控制区内,新建、改扩建建筑物应控制建筑高度、密度、体量和容积率,依据生态环境和城市风貌的要求,加强空间规划的管控,保护好海岸带地区的天际线、山际线、海际线和景观视廊。沿海各市要进一步明确核心退缩区、一般控制区的管控要求,细化管控措施。

两项法规建立了海岸建筑退缩线制度实施三级分工。各沿海市政府是实施海岸建筑退缩线制度的责任主体,依据技术标准全面负责辖区海岸建筑退缩线划定与管理工作。县(市、区)政府负责辖区内海岸建筑退缩线制度的实施。省自然资源厅会同有关部门,加强对海岸建筑退缩线制度实施的指导和备案管理[18]。

核心退缩区内已有建筑物要进行分类处置。对已取得合法手续的建筑物,采取"一事一议"的方式严格评估,依据对生态环境和城市风貌的影响程度确定是否予以保留或拆除修复,同时开展"负面影响"建筑物的评价工作;对未取得合法手续的建筑物予以拆除,并开展整治修复工作。核心退缩区内已取得合法用地手续尚未建设的项目,原则上不再实施,确需实施的,要进行科学评估和论证,强化体量管控。核心退缩区和一般控制区内存在自然保护地、滨海公园等敏感目标的,应遵从管控强度不降低的原则。

15.5.2 海洋灾害风险区用途管制

海洋灾害风险区特指海洋灾害的高风险区和较高风险区。在此类区域内,必须强制性严格控制该区域内的用途类型,原则上禁止不符合主导功能定位的开发性、生产性建设活动。

风暴潮灾害风险区特指风暴潮灾害的高风险区(Ⅰ级)和较高风险区(Ⅱ级)。海啸灾害风险区特指海啸灾害的高风险区(Ⅰ级)和较高风险区(Ⅱ级)。海平面上升风险区特指海平面上升的高风险区(Ⅰ级)和较高风险区(Ⅱ级)。海浪灾害风险区特指海浪灾害的Ⅰ级和Ⅱ级。海冰灾害风险区特指海冰灾害的高风险区(Ⅰ级)和较高风险区(Ⅱ级)。绿潮灾害风险区特指绿潮灾害的高风险区(Ⅰ级)和较高风险区(Ⅱ级)。以下用风暴潮灾害来说明风险区内的用途管制要求。

(1)用途准入

① 风暴潮灾害的监测设施、预警设施、救援设施和救灾抢险物资储备设施。

② 风暴潮防御工程设施,包括沿海、沿江堤坝、海塘、防波堤、消浪堤、挡潮闸、码头、护岸,沿海城市的排涝工程、农田和鱼塘排水工程,以及海上渔业养殖设施、海上油气平台等生产设施的加固项目。

③ 海岸带生态减灾修复项目,包括红树林、木麻黄、防护林、珊瑚礁、海草床、牡蛎礁、砂质海岸、盐沼、湿地等。

④ 风暴潮灾害及其主要次生灾害防治工程的隐患排查和除险加固工程。

⑤ 避风港、避风锚地,以及转移避险路线。

⑥ 重大风暴潮灾害事件的遗址公园、纪念碑等纪念性设施。

⑦ 经依法批准的,符合国土空间规划要求的渔业用海项目、交通运输用海项目、工矿通信用海项目、游憩用海项目、特殊用海项目等。

(2)用途退出

① 禁止新建对海岸防护设施有重大安全和生态负面影响的建设活动,现有此类建设项目应逐步退出。

② 禁止新建救灾物资储备设施、急救设施,现有此类设施应逐步迁移至安全区域。

15.6 森林草原火灾

15.6.1 森林草原火灾风险控制线

(1)基本概念

《森林防火条例》[19]《草原防火条例》中根据森林、草原火灾发生的危险程度和影响范围等划分了森林火险区与草原火险区。此处借鉴相关描述,定义森林草原火灾风险控制线为:针对火险程度高,防范条件十分艰巨,易造成重大以上火灾的草原、森林区域划定的禁止或限制开发和人为活动的控制区域界线。通过划定森林草原火灾风险控制线,可有效预防森林草原火灾发生,提高森林草原防火科学管理水平,保障人民群众生命财产和生态资源安全。

(2)划设原理

① 明确与火险区关系。目前多数地方已经开展森林火险区与草原火险区划定,可考虑在此基础上进一步划定森林草原火灾风险控制线。

② 细化划定范围标准。应综合考虑地形地貌、山脉分布状况以及森林草原覆盖率、针叶树种植被比例等,制定对应的森林草原火灾风险控制线划定范围标准,确保最小安全防护间距控制的要求不小于30 m。

③ 考虑防火期影响。根据气候特点和森林草原火灾的发生规律,将森林草原容易发生火灾的季节规定为防火期。不同地方的森林草原防火期不同,防火期内的控制标准应进一步提升,风险控制线划定应考虑防火期影响。

④ 考虑周边环境。尤其要考虑与周边城镇建成区之间的关系。

15.6.2　相关法规的管控要求

《草原防火条例》(2008年修订版)中明确规定在草原防火管制区内,禁止一切野外用火。第十九条规定,在草原防火期内,禁止在草原上使用枪械狩猎;在草原上进行爆破、勘察和施工等活动的,应当经县级以上地方人民政府草原防火主管部门批准,并采取防火措施,防止失火;部队在草原上进行实弹演习、处置突发性事件和执行其他任务,应当采取必要的防火措施。

《森林防火条例》(中华人民共和国国务院令第541号)第二十五条:森林防火期内禁止在森林防火区野外用火[19]。因防治病虫鼠害、冻害等特殊情况确需野外用火的,应当经县级人民政府批准,并按照要求采取防火措施,严防失火;需要进入森林防火区进行实弹演习、爆破等活动的,应当经省、自治区、直辖市人民政府林业主管部门批准,并采取必要的防火措施;中国人民解放军和中国人民武装警察部队因处置突发事件和执行其他紧急任务需要进入森林防火区的,应当经其上级主管部门批准,并采取必要的防火措施。

《山东省实施〈森林防火条例〉办法》第十七条:在森林防火期内,除森林防火指挥机构批准的计划用火外,任何单位和个人不得在森林内和距离森林边缘500 m范围内实施下列行为:① 烧荒、焚烧农作物废弃物料;② 燃放烟花爆竹、吸烟、野炊、祭祀用火;③ 投放空中移动火源;④ 开山爆破等工程用火;⑤ 其他易引发森林火灾的行为。第十八条规定:禁止任何单位和个人在森林防火区内擅自建设墓地[20]。

成都《关于加强野外火源管控防止森林草原火灾的通告》中明确,以森林为载体的省级以上风景名胜区、自然保护区、森林公园、地质公园为成都市森林草原高火险区,严禁一切野外用火;在森林草原高火险期,林区边缘50 m内,严禁吸烟、上坟烧香烧纸、燃放烟花爆竹、烧地草、点放孔明灯、野炊、烧烤等一切形式的林区野外用火[21]。

15.6.3　森林草原火灾风险区用途管制

森林草原风险区特指森林草原火灾的极高风险区和高风险区。在此类区域内,应严格禁止开发性、生产性建设活动,在符合现行法律法规的前提下,除国家重大战略项目外,仅允许对灾害风险不造成破坏的有限人为活动。

（1）用途准入

① 森林草原火灾的监测设施、预警设施、救援设施。

② 有利于森林草原火灾安全的灾害防御工程建设项目，如瞭望设施、消防设施、蓄水池、防火道路、防火林带和防火隔离带，以及防火检查站、巡护站等。

③ 现有森林草原火灾防治工程隐患的整治项目。

④ 有利于森林草原火灾次生灾害防治安全的治理和建设项目。

⑤ 重大森林草原火灾事件的遗址公园、纪念碑等纪念性设施。

⑥ 此类区域内其他类型灾害的防灾减灾治理和建设项目。

（2）用途退出

① 禁止新建对森林草原火灾安全有负面影响的生产性、开发性建设活动，现有此类项目应逐步退出。

② 禁止在此类区域周边防护范围内新建重大危险源，现有此类项目应逐步退出。

③ 禁止在此类区域内新增建设用地指标。

15.7 重大危险源

15.7.1 重大危险源风险控制线

（1）基本概念

危险化学品重大危险源（以下简称"重大危险源"）：按照《危险化学品重大危险源辨识》（GB 18218—2018）标准辨识确定，生产、储存、使用或者搬运危险化学品的数量等于或者超过临界量的单元（包括场所和设施）[22]。

现将危险化学品重大危险源风险控制线的概念界定为：为了预防和减缓重大危险源潜在事故（火灾、爆炸和中毒等）对厂外防护目标的影响，在重大危险源与防护目标之间设置的外部安全防护距离所构成的范围界线[23]。通过对控制线范围内的土地利用和建设、人为活动进行引导或限制，最大限度防范和化解重大危险源风险。

（2）划设原理

① 明确划定对象。明确界定需要划定危险化学品重大危险源风险控制线的场所、设施、区域。《危险化学品安全管理条例》（中华人民共和国国务院令第 344 号）[24]提到危险化学品生产装置或者储存数量构成重大危险源的危险化学品储存设施（运输工具加油站、加气站除外），与 8 类场所、设施、区域的距离应当符合国家有关规定：居住区以及商业中心、公园等人员密集场所；学校、医院、影剧院、体育场（馆）等公共设施；饮用水源、水厂以及水源保护区；车站、码头（依法经许可从事危险化学品装卸作业的除外）、机场以及通信干线、通信枢纽、铁路线路、道路交通干线、水路交通干线、地铁风亭，以及地铁站出入口；基本农田保护区、基本草原、畜禽遗传资源保护区、畜禽规模化养殖场（养殖小区）、渔业水域以及种子、种畜禽、水产苗种生产基地；河流、湖泊、风景名胜区、自然保护区；军事禁区、军事管理区；法

律、行政法规规定的其他场所、设施、区域[24]。

② 明确安全防护距离。危险化学品重大危险源风险控制线的划定关键在于确定外部安全防护距离,应参照《危险化学品安全管理条例》(中华人民共和国国务院令第 344 号)[24]、《危险化学品重大危险源辨识》(GB 18218—2018)[25]、《危险化学品生产装置和储存设施外部安全防护距离确定方法》(GB/T 37243—2019)[23]、《危险化学品仓库储存通则》(GB 15603—2022)[26]、《危险化学品生产装置和储存设施风险基准》(GB 36894—2018)[27]、《危险化学品经营企业安全技术基本要求》(GB 18265—2019)[28]、《建筑设计防火规范》(GB 50016—2014)(2018 年版)[29]、《石油化工企业设计防火标准》(GB 50160—2008)(2018 年版)[30]等标准予以明确。

③ 细化划定范围标准。应综合考虑危险源的类型特征和影响范围,制定对应危险化学品重大危险源风险控制线划定方法和标准。

15.7.2　重大危险源风险区的土地用途管制

重大危险源风险区特指重大危险源的高风险区和较高风险区。在此类区域内,应在符合现行法律法规前的提下,符合以下要求:

(1)用途准入

① 重大危险源事故灾害的监测设施和预警设施。

② 重大危险源防御工程设施,包括房屋建筑和设施的消防改造工程,消防站、消火栓、消防车通道、消防水池、消防通信设施等。

③ 重大危险源及其主要次生灾害防治工程的隐患排查和整理工程。

④ 疏散通道和防护绿地。

⑤ 重大危险源重大灾害事件的遗址公园、纪念碑等纪念性设施。

(2)用途退出

① 禁止新建影响重大危险源安全的生产性、开发性建设活动,现有此类项目应逐步退出。

② 禁止在此类区域内新增建设用地指标。

15.7.3　化工园区周边土地安全控制线

(1)基本概念

2019 年 8 月,应急管理部发布了《化工园区安全风险排查治理导则(试行)》。其中,第3.5 条规定:化工园区安全生产管理机构应依据化工园区整体性安全风险评估结果和相关法规标准的要求,划定化工园区周边土地规划安全控制线,并报送化工园区所在地设区的市级和县级地方人民政府规划主管部门、应急管理部门。

第 3.6 条规定:化工园区所在地设区的市级和县级地方人民政府规划主管部门应严格控制化工园区周边土地开发利用,土地规划安全控制线范围内的开发建设项目应经过安全风险评估,满足安全风险控制要求。

土地规划安全控制线:为预防和减缓化工园区危险化学品潜在安全事故(火灾、爆炸、泄漏等)对化工园区外防护目标的影响,用于限制化工园区周边土地开发利用的控制线。

化工产业园周边土地规划安全控制线划定依据包括：① 不小于相关标准规范规定的安全间距；② 不小于园区现有、在建项目 $3×10^{-7}$/a 个人风险等值线的范围；③ 综合考虑相关重大事故后果影响范围[31]（图 15-6）。

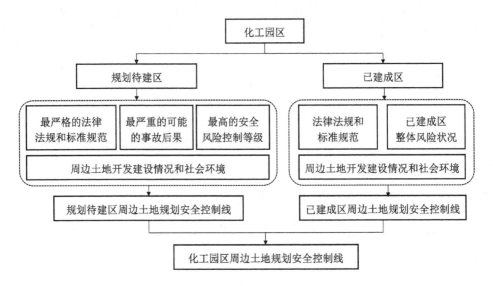

图 15-6 化工园区周边土地规划安全控制线基本程序[31]

（2）案例解析

① 山东省淄博市桓台县马桥化工产业园周边土地规划安全控制线：以现有化工园区边界为起点，向西、南、东南侧延伸 500 m 范围，综合考虑 $3×10^{-7}$/a 个人风险等值线影响范围，园区边界东侧最远延伸 1 230 m，向北最远延伸 2 190 m 划定马桥化工产业园周边土地规划安全控制线。

② 山东省淄博市桓台县唐山镇东岳氟硅材料产业园周边土地规划安全控制线：以现有园区边界为起点，向东、北、西、南侧延伸 500 m 范围划定化工园区周边规划安全控制线。

③ 山东省青岛市新河化工产业园土地规划安全控制线：禁建区范围为园区规划红线外500～1 000 m 范围（胶莱河西岸 50 m，海青线南侧 30 m 叠加 500 m 防护带，东南、东北 500 m 防护带）。限建区范围为园区规划红线外 2 km 范围。

④ 河北省唐山市海港经济开发区的化工园区安全控制线范围：园区东南侧（文化大街以南、中浩大路以东、港兴大街以北区域），以园区边界向外扩展 600 m 确定土地规划安全控制线；其余区域以园区边界向外扩展 300 m 确定土地规划安全控制线。化工园区安全控制线范围内的具体要求：土地规划安全控制线以园区边界向外扩展 600 m 控制范围内不应设置《危险化学品生产装置和储存设施风险基准》（GB 36894—2018）规定的高敏感防护目标、重要防护目标以及一般防护目标中的一类防护目标；土地规划安全控制线以园区边界向外扩展 300 m 控制范围内不应新增居民区、公共福利设施、村庄。

⑤ 四川省大英县红旗化工园区周边土地规划安全控制线：以现有化工园区边界为起点，向东、西、南、北侧延伸 500 m 范围，综合考虑 $3×10^{-7}$/a 个人风险等值线影响范围，园区边界西侧最远延伸 700 m（图 15-7）。

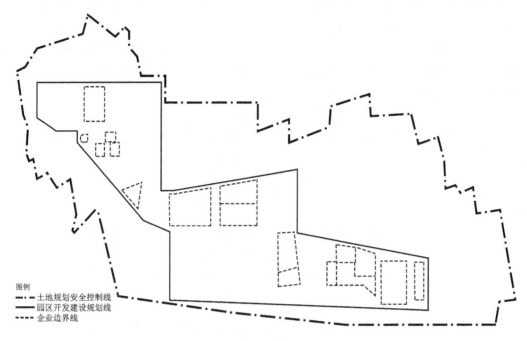

图例
—·—· 土地规划安全控制线
—— 园区开发建设规划线
----- 企业边界线

图 15-7 某化工园区开发建设规划范围界线和土地规划安全控制线界线[31]

15.8 油气输送管道

15.8.1 油气输送管道风险控制线

（1）基本概念

目前,在我国的相关法规和标准中没有对油气输送管道风险控制线做出解释。现将油气输送管道风险控制线定义为:为保障油气管道安全,以及保护管道周边人员和财产安全而划定的安全防护范围界线。

（2）划设原理

① 明确安全防护目标。根据《中华人民共和国石油天然气管道保护法》释义可知,管道中心线两侧各5 m 的地域范围,是为保护管道免受近距离施工作业影响和损害,而不是为保护管道周边人员。油气输送管道风险控制线的防护目标既包括管道本身,也包括周边地区设施和人员。

② 明确安全防护距离。《输气管道工程设计规范》(GB 50251—2015)第 4.1.1 条规定:输气管道中心线与建(构)筑物的水平净距不应小于 5 m。《输油管道工程设计规范》(GB 50253—2014)第 4.1.6 条规定:原油、成品油管道与城镇居民点或重要公共建筑的距离不应小于 5 m。

但是,从油气管道各类重大事故的危害后果看,其影响范围远大于 5 m,不建议按照现有标准规范里的最小距离规定来划定油气输送管道风险控制线,应当按照《石油天然气管道

377

保护法》规定,按照"既有利于保证管道和建筑物安全,又有利于节约用地"的原则,科学、合理地确定油气管道的安全防护距离。

③ 细化划定范围标准。应当综合考虑管道的特性、运行参数、输送介质的危险性、所通过地区周边人员敏感程度、密集程度、地质地形情况、气象条件,以及管道的特殊安全防护措施等因素,采用定量风险评价方法来划定风险控制线。

管道环境风险评估,宜包括资料收集、管段划分、风险控制水平(M)分析、最大可能泄漏量(Q)分析、环境风险受体敏感性(E)判别和环境风险分级等过程建议的评估流程(图 15-8)。

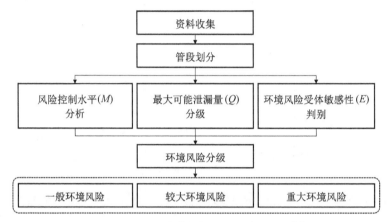

图 15-8　输油管道环境风险评估流程图[32]

(3)案例解析

国家石油天然气管网集团有限公司西气东输分公司郑州输气分公司于 2021 年发文规定:① 途经郑州市的西气东输管道两侧各 200 m 范围内严禁规划、建设居民小区等人员密集型建筑物、构筑物,防止管道周边地区等级升高。② 途经郑州市的西气东输管道两侧各 318 m 范围内严禁规划、建设学校、医院、商场等《油气输送管道完整性管理规范》(GB 32167—2015)中规定的特定场所,防止形成新的高后果区。③现状已建、在建项目根据现场情况分别开展安全风险评估,并根据评估结果采取相应防护措施后,方可投入运营或继续建设。

15.8.2　油气输送管道风险区用途管制

《中华人民共和国石油天然气管道保护法》第十三条规定,管道建设的选线应当……与建筑物、构筑物、铁路、公路、航道、港口、市政设施、军事设施、电缆、光缆等保持本法和有关法律、行政法规以及国家技术规范的强制性要求规定的保护距离。

第三十条规定,在管道线路中心线两侧各 5 m 地域范围内,禁止……挖塘、修渠、修晒场、修建水产养殖场、建温室、建家畜棚圈、建房以及修建其他建筑物、构筑物。

第三十一条规定,在管道线路中心线两侧和管道附属设施周边修建下列建筑物、构筑物的,建筑物、构筑物与管道线路和管道附属设施的距离应当符合国家技术规范的强制性要求:① 居民小区、学校、医院、娱乐场所、车站、商场等人口密集的建筑物;② 变电站、加油站、加气站、储油罐、储气罐等易燃易爆物品的生产、经营、存储场所。

第三十五条规定,进行下列施工作业,施工单位应当向管道所在地县级人民政府主管管道保护工作的部门提出申请：① 穿跨越管道的施工作业；② 在管道线路中心线两侧各5～50 m和本法第五十八条第一项所列管道附属设施周边100 m地域范围内，新建、改建、扩建铁路、公路、河渠，架设电力线路，埋设地下电缆、光缆，设置安全接地体、避雷接地体；③ 在管道线路中心线两侧各200 m和本法第五十八条第一项所列管道附属设施周边500 m地域范围内，进行爆破、地震法勘探或者工程挖掘、工程钻探、采矿。

主要参考文献

[1] 全国地震标准化技术委员会.活动断层探测:GB/T 36072—2018[S].北京:中国标准出版社,2018.

[2] 全国地震标准化技术委员会.活动断层避让(征求意见稿)[S].北京:中华人民共和国国家质量监督检验检疫总局,2019.

[3] 中国地震局震害防御司(法规司).中华人民共和国防震减灾法[EB/OL].(2016-06-02)[2023-06-08].https://www.mem.gov.cn/fw/flfgbz/201606/t20160602_231755.shtml.

[4] 中国建筑科学研究院.建筑抗震设计规范:GB 50011—2010(2016年版)[S].北京:中国建筑工业出版社,2016.

[5] 山东省人民政府.山东省地震活动断层调查管理规定(省政府令第159号)[EB/OL].(2005-11-14)[2023-06-02].http://www.shandong.gov.cn/art/2005/11/14/art_2259_27759.html.

[6] 中国知网百科.自治区人民政府办公厅关于印发《全区地震活动断层避让工作方案》的通知[EB/OL].(2009-06-17)[2023-06-15].https://xuewen.cnki.net/CJFD-NXZB200921010.html.

[7] 全国自然资源与国土空间规划标准化技术委员会.地质灾害危险性评估规范:GB/T 40112—2021[S].北京:国家市场监督管理总局,2021.

[8] 中华人民共和国中央人民政府.地质灾害防治条例[EB/OL].[2023-06-02].https://www.gov.cn/gongbao/content/2004/content_63064.htm.

[9] 中华人民共和国河道管理条例(1988年发布,2011年修正,2017年两次修正,2018年修正)[EB/OL].(2018-04-05)[2023-06-02].http://www.mwr.gov.cn/zw/zcfg/xzfghfgxwj/201707/t20170713_955708.html.

[10] 环境保护部网站.中华人民共和国水法[EB/OL].(2012-11-13)[2023-06-08].https://www.gov.cn/bumenfuwu/2012-11/13/content_2601280.htm.

[11] 全国海洋标准化技术委员会.海洋学术语 海洋地质学:GB/T 18190—2017[S].北京:中国标准出版社,2017.

[12] 全国海洋标准化技术委员会.海岸退缩线划定技术导则(征求意见稿)[S].北京:自然资源部,2022.

[13] 王江波,陈敏,苟爱萍.超强台风背景下小型离岛海岸建设退缩线设置方法研究[J].城市建筑,2020,17(31):34-38.

[14] 广东省人民政府. 国家海洋局关于印发广东省海岸带综合保护与利用总体规划的通知[EB/OL]. (2017 - 12 - 12)[2023 - 06 - 02]. http://www. gd. gov. cn/gkmlpt/content/0/146/post_146486. html♯7.

[15] 中华人民共和国自然资源部. 自然资源部办公厅关于开展省级海岸带综合保护与利用规划编制工作的通知[EB/OL]. (2021 - 07 - 23)[2023 - 06 - 08]. http://gi. mnr. gov. cn/202109/t20210913_2680305. html.

[16] 广东省自然资源厅. 广东省自然资源厅关于征求《关于建立实施广东省海岸建筑退缩线制度的通知(试行)》(征求意见稿)意见的函[EB/OL]. (2023 - 01 - 11)[2023 - 06 - 08]. http://nr. gd. gov. cn/hdjlpt/yjzj/answer/26020.

[17] 山东省海洋局. 关于建立实施山东省海岸建筑退缩线制度的通知[EB/OL]. (2022 - 01 - 14)[2023 - 06 - 08]. http://hyj. shandong. gov. cn/zwgk/fdzdgk/jfwj/202202/t20220217_3859590. html.

[18] 山东省海洋局.《关于建立实施山东省海岸建筑退缩线制度的通知》和《山东省海岸建筑退缩线划定技术指南(试行)》的政策解读[EB/OL]. (2022 - 01 - 17)[2023 - 06 - 08]. http://hyj. shandong. gov. cn/zwgk/fdzdgk/zcjd/202202/t20220217_3859594. html.

[19] 中华人民共和国中央人民政府. 森林防火条例[EB/OL]. (2008 - 11 - 19)[2023 - 06 - 08]. https://www. gov. cn/gongbao/content/2008/content_1175820. htm.

[20] 山东省人民政府. 山东省实施《森林防火条例》办法[EB/OL]. (2005 - 08 - 31)[2023 - 06 - 08]. http://www. shandong. gov. cn/art/2005/8/31/art_107875_71802. html.

[21] 成都龙泉山城市森林公园管委会. 成都市人民政府关于加强野外火源管控防止森林草原火灾的通告[EB/OL]. (2020 - 04 - 03)[2023 - 06 - 08]. http://cdlqs. chengdu. gov. cn/lqsslgygwh/s00012g/2020 - 05/14/content_0982747641bb4618afc82565f924217d. shtml.

[22] 中央政府门户网站. 危险化学品重大危险源监督管理暂行规定[EB/OL]. (2011 - 09 - 13)[2023 - 06 - 08]. http://www. gov. cn/flfg/2011 - 09/13/content_1945888. htm.

[23] 中华人民共和国应急管理部. 危险化学品生产装置和储存设施外部安全防护距离确定方法:GB/T 37243—2019 [S]. 北京:中国标准出版社,2019.

[24] 中华人民共和国中央人民政府. 危险化学品安全管理条例[EB/OL]. (2002 - 01 - 26)[2023 - 06 - 08]. https://www. gov. cn/gongbao/content/2002/content_61929. htm.

[25] 中华人民共和国应急管理部. 危险化学品重大危险源辨识:GB 18218—2018[S]. 北京:中国标准出版社,2018.

[26] 全国安全生产标准化技术委员会化学品安全分技术委员会. 危险化学品仓库储存通则:GB 15603—2022[S]. 北京:中国标准出版社,2022.

[27] 中华人民共和国应急管理部. 危险化学品生产装置和储存设施风险基准:GB 36894—2018[S]. 北京:中国标准出版社,2018.

[28] 中华人民共和国应急管理部. 危险化学品经营企业安全技术基本要求:GB 18265—2019[S]. 北京:中国标准出版社,2019.

[29] 公安部天津消防研究所.建筑设计防火规范:GB 50016—2014(2018年版)[S].北京:中国计划出版社,2018.

[30] 中石化洛阳工程有限公司,中国石化工程建设有限公司.石油化工企业设计防火标准:GB 50160—2008(2018年版)[S].北京:中国计划出版社,2019.

[31] 王向阳,曹炳志,杨春生,等.化工园区周边土地规划安全控制线确定方法研究[J].中国安全生产科学技术,2021,17(S1):135 - 139.

[32] 全国石油天然气标准技术委员会.输油管道环境风险评估与防控技术指南:GB/T 38076—2019[S].北京:中国标准出版社,2019.

后 记

2011 年秋,我开始给本科生上"城市综合防灾规划"这门课,至今已有 12 个年头。这其中,感受颇多,收获也颇多。一路走来,需要感谢很多人,感谢很多机会。

首先,感谢我的导师——同济大学戴慎志教授,他是我在防灾领域的引路人,带领我走上了研究防灾的道路,也督促我不断地前行。同时,也感谢同师门的各位师兄、师姐、师弟、师妹,尤其感谢张翰卿老师、高晓昱老师、毛媛媛老师、刘婷婷博士等,与大家的每次讨论和交流,总是带给我很多思想上的火花。

其次,感谢我可爱的学生们,特别是每年上这门课的本科生。每个期末,大家的作业总会给我带来一些惊喜,总会有同学让我眼前一亮。

接着,要感谢我的所有研究生们,大家都很优秀,很努力,每届同学的论文选题都是在防灾减灾这个领域,大家的研究也给了我很多启发。

然后,要感谢具体参加这次编写工作的三届研究生,尤其是陈涛、温佳林、曾繁宇、郑嘉琪、吴宇凡、赵梦涵、陈书润、胡勤才、王晗、李义姝、许明明。在两年多的时间里面,大家牺牲了很多节假日时间,从资料查阅、图纸绘制、文稿输入到格式校核等环节,都投入了大量的热情和精力,谢谢你们!

最后,特别感谢国家自然科学基金委员会的多次资助,感谢基金委员会对青年学者的关爱,也感谢各位同行的厚爱,感谢所有帮助过我的人,使得我能够在这个领域里不断地努力探索,不停地走下去。同时,也希望能有更多的年轻人加入进来,共同推动防灾减灾研究的进步,为提高城乡韧性做出贡献,为实现安全稳定和发展强盛的目标打下坚实的基础。

王江波

2023 年端午于亚青村